“十二五”职业教育国家规划教材
经全国职业教育教材审定委员会审定
21世纪建筑工程系列规划教材

高层与大跨建筑施工技术

第2版

主　编　陈晋中　郝临山
副主编　王素琴
参　编　张廷瑞　杨　斌
主　审　白晓红

机械工业出版社

本书是“十二五”职业教育国家规划教材，经全国职业教育教材审定委员会审定。全书根据新修订的建筑施工类规范、规程、标准及建筑业推广应用的新技术编写而成，反映了国内高层建筑与大跨建筑施工的新技术、新工艺、新标准，内容包括高层建筑基础工程、高层建筑现浇混凝土结构工程、高层建筑钢结构与钢-混凝土组合结构工程、高层建筑幕墙工程、大跨建筑结构安装施工等，并附有工程示例。

本书可供高职高专土建类专业、成人高校和应用型本科土木工程及相关专业的学生使用，也可作为建筑工程技术人员的参考用书。

为方便教学，本书配有电子课件，凡使用本书作为教材的教师可登录机械工业出版社教育服务网 www.cmpedu.com 注册下载。咨询邮箱：cmp-gaozhi@sina.com。咨询电话：010-88379375。

图书在版编目（CIP）数据

高层与大跨建筑施工技术/陈晋中，郝临山主编.—2版.—北京：机械工业出版社，2016.10

“十二五”职业教育国家规划教材　21世纪建筑工程系列规划教材

ISBN 978-7-111-55046-4

Ⅰ.①高…　Ⅱ.①陈…②郝…　Ⅲ.①高层建筑-工程施工-高等职业教育-教材②大跨度结构-建筑工程-工程施工-高等职业教育-教材　Ⅳ.①TU974②TU745.2

中国版本图书馆CIP数据核字（2016）第239203号

机械工业出版社（北京市百万庄大街22号　邮政编码100037）
策划编辑：覃密道　责任编辑：覃密道　于伟蓉
责任校对：刘怡丹　封面设计：路恩中
责任印制：李　洋
保定市中画美凯印刷有限公司印刷
2017年1月第2版第1次印刷
184mm×260mm·17印张·420千字
0 001—3 000册
标准书号：ISBN 978-7-111-55046-4
定价：39.00元

凡购本书，如有缺页、倒页、脱页，由本社发行部调换

电话服务
服务咨询热线：010-88379833
读者购书热线：010-88379649

网络服务
机 工 官 网：www.cmpbook.com
机 工 官 博：weibo.com/cmp1952
教育服务网：www.cmpedu.com
金 书 网：www.golden-book.com

第 2 版前言

高层与大跨建筑是城市化、工业化和科技发展的产物，是一个国家或地区经济综合实力的体现。随着城市工商业的发展、人口的增加和建设用地的紧张，高层建筑物不断向高空和地下发展；而人们对物质生产与文化生活的需求，也需要越来越大的空间。因此，高层与大跨建筑的建设成为我国 21 世纪城市化发展的必然趋势。

21 世纪初期，为了适应我国高层与大跨建筑的发展，部分高职高专院校建筑工程专业开设了高层与大跨建筑施工技术课程。2003 年机械工业出版社组织相关院校的教师和行业、企业的专家，对该课程设置的意义及教学大纲、教学内容进行了充分研讨，并确定编写《高层与大跨建筑施工技术》教材，以作为一般建筑施工技术教材的延伸。2004 年 2 月该书正式出版，并受到许多高职、高专院校师生及广大工程技术人员的欢迎。

该书出版 10 年来，我国高层与大跨建筑的发展又进入了一个新的阶段，一大批规模宏大、结构新颖、施工难度大的高层建筑和大跨建筑拔地而起。如上海中心大厦（高 632m，127 层，2014 年中国第一、世界第二高楼）、上海环球金融中心（高 492m，101 层，2014 年中国第三、世界第五高楼）、南京紫峰大厦（高 450m，89 层，2014 年中国第五、世界第九高楼）等世界著名超高层；“鸟巢”“水立方”等北京奥运建筑；中国馆、世博中心等上海世博建筑，以及北京南站（建筑面积 42 万 m^2）、南京南站（建筑面积 45.8 万 m^2）、上海虹桥站（建筑面积 42 万 m^2）等大批高铁站房。它们无论是技术、质量还是工期都可以与国外同类工程相媲美，同时也对我国施工技术的发展产生了巨大的推动作用，使我国施工技术水平上了一个新的台阶。因此，在总结我国高层与大跨建筑施工领域的新技术、新工艺、新材料、新设备和新标准的基础上，我们重新编写《高层与大跨建筑施工技术》一书。

本书在重新编写的过程中，更强调学生的创造能力、创新精神和解决实际问题能力的培养，改变过去教材内容偏多、理论偏深的弊端，以“必需”“够用”为限度；同时，邀请行业和企业专家全程参与本书的规划和指导，以解决教材建设与实践“慢半拍”的问题。

本书由陈晋中、郝临山任主编，王素琴任副主编，太原理工大学白小红教授主审。各章编写分工如下：第 1 章由南京交通职业技术学院王素琴编写，第 2 章由浙江建设职业技术学院张廷瑞编写，第 3 章由江苏城市职业学院杨斌编写，

第4章由山西大同大学郝临山编写，第5章由南京交通职业技术学院陈晋中编写。全书由陈晋中负责统稿。本书在编写过程中得到了许多院校领导和老师的帮助，白晓红教授在全书成稿后进行了认真审阅，并提出了许多宝贵修改意见，在此一并表示感谢。

由于时间和编者水平有限，书中如有不妥之处敬请批评指正。

编　者

目　　录

第 1 章　高层建筑基础工程

高层建筑工程中，随着建筑物高度的增加和地下空间的开发利用，基础的埋深越来越大，施工复杂性日益突出，造价进一步提高，其中深基坑支护技术是地基基础工程领域的一个难点、热点问题。据统计，高层建筑基础工程的造价一般为整幢建筑总造价的20%～30%，而深基坑支护结构的费用约占工程总造价的 10%。因此，基础工程是控制高层建筑施工进度、工程质量和建筑造价的重要环节。

高层建筑基础工程包括土方开挖、基坑降水、基坑支护、地基处理、桩基和大体积混凝土基础施工等。基础工程施工应符合现行国家标准《建筑地基基础工程施工质量验收规范》（GB 50202—2002）和行业标准《建筑基坑支护技术规程》（JGJ 120—2012）等有关规范、规程的规定。

本章主要介绍内支撑、锚杆与土钉墙、连续墙与逆作法等几种深基坑支护施工。

1.1　高层建筑基础工程概述

1.1.1　高层建筑基础类型

目前国内高层建筑常用的基础类型，可分为筏形基础、箱形基础、桩基础和复合基础（桩与筏板或箱形基础复合）等。

1. 筏形基础

筏形基础又称筏板基础（简称筏基），分为平板式和梁板式两类。它是一块支承着许多柱子的整体钢筋混凝土筏板，可建在砂土、卵石或岩石地基上，也可支承在桩基上。

高层及超高层建筑一般采用平板式厚板筏形基础，其厚度已经从 1m 发展到 4m。钢筋混凝土厚板筏形基础，承载力较高，刚度较大，能满足一般地基承载力及高层建筑变形要求，并能调节地基的不均匀沉降。

2. 箱形基础

箱形基础是由钢筋混凝土底板、顶板、外墙和内墙构成的空间整体结构。其承载力和刚度均高于筏形基础，适用于在软土或不均匀地基上兴建的带有地下室的高层和超高层建筑。

当需要有通畅地下室作为停车场或其他功能用途时，箱形基础的内部纵横墙可以由地下室厚底板来代替，以弥补刚度的不足。在软土地基上建造超高层建筑物时，常采用带有桩基的箱形基础，来满足变形和稳定上的要求。

3. 桩基础

桩基础具有承载力高、沉降小而均匀的特点，几乎可以用于各种地质条件和各种类型的工程，尤其适用于软弱地基的高层建筑。

桩基础可分为：预制桩，包括钢筋混凝土预制桩、预应力管桩及钢桩；灌注桩，包括不同直径、不同施工方法就地成孔的灌注钢筋混凝土桩；大直径扩底桩，即由机械或人工成孔，桩底部扩大，现场灌注混凝土，桩身直径不小于800mm，桩长不小于5.0m的桩。

4. 复合基础

复合基础是指在桩基上做箱形基础或筏形基础，适用于地基承载力很小或变形不能满足设计要求的高层或超高层建筑。

1.1.2 高层建筑基础工程施工方案

高层建筑基础施工方案，应根据基础形式、埋深、地质勘察资料以及现场施工条件而定，并通过技术经济比较，选择最优方案。

1）如果基础工程周围无建筑物，且深度较浅又有足够场地时，可采用放坡开挖；如果基础较深，且周围无足够场地又不允许放坡开挖，则基础的开挖应采用切实可行的支护措施。

高层建筑深基坑的开挖，宜采用机械施工。土方开挖的方法应根据基坑面积的大小、开挖深度、支护结构的形式、环境条件等因素确定。应做好基坑工程的监测工作。

2）当地下水位较高时，应根据地下水位情况采取适当的降水措施，保证基坑和基础的正常施工。

3）桩基础施工，可根据桩的形式选用合适的施工工艺及相应的施工机械，应尽量克服振动和噪声大的问题。

4）高层建筑采用的箱形基础或筏形基础，往往都有较厚的钢筋混凝土底板，均属于大体积混凝土范畴，因此在确定施工方案时，应采取有效的措施控制温度应力和收缩裂缝，以保证工程质量。

5）对于有多层地下室的高层建筑，可因地制宜地选择逆作法施工，以取得较好的经济效益和社会效益。

1.1.3 深基坑开挖

基坑土方开挖是深基坑工程施工的重要工序，应精心准备，合理组织施工，并要控制好基坑的稳定和变形，保护好工程桩。基坑土方开挖由于地基卸荷、土体应力释放，总会不同程度地引起基坑的稳定和变形问题。合理地分层、分区、对称、均衡开挖，有利于控制变形的发展。

1. 深基坑开挖方式

深基坑开挖分为放坡开挖和支护开挖两类。

（1）放坡开挖

基坑放坡开挖时，由于邻近基坑周围无特别需要保护的设施，且无内部支护结构，因此便于组织机械化施工。一般多用正铲挖土机分层开挖土方，汽车下坑运土。但是，大规模机械挖土速度快，卸载快，迅速改变了原来土体的平衡状态，降低了土体的抗剪强度，对呈流塑或软塑状态的软土，则极易造成滑坡。如果再在坑顶邻近基坑处堆载，则更易形成边坡失稳。为此放坡开挖需进行边坡稳定计算，如边坡暴露时间长还应对坡面进行处理，防止坡面滑动。有时尚需对坡脚进行加固。

（2）支护开挖

深基坑支护开挖时，需配合支撑的加设，先撑后挖。即挖土至支撑设置标高时，要停止挖土，待支撑加设完毕并能起作用后，再继续往下开挖土方，这是保证支护结构安全和限制其变形的重要措施。深基坑支护开挖，主要有下列三种方式：

1）盆式开挖。首先分层开挖基坑中间部分的土方，周边一定范围内的土方暂不开挖，形成中间低、周边高的盆形。开挖时，可视土质情况，按 1:1 ~1:2.5 放坡。挖土机利用坡道下至挖土工作面进行作业，运土汽车亦下坑运土。这种挖土方式由于围护墙的前面留有土坡，对围护墙起支撑作用，可减少围护墙的变形。但这种挖土方式当基坑较深时需设较长的坡道供挖土机和运土汽车上下，否则难以采用。

2）岛（墩）式开挖。开挖基坑土方时先挖除基坑周边的土方，在基坑中央（或偏于一边）留一顶面稍低于地面的土墩，搭设栈桥或留通道，供挖土机经此下坑挖土，运土汽车亦可停在土墩处装土外运。由于运土汽车不下到坑内，则需由几部挖土机传递至装车处装土。待基坑周边挖至设计标高后，挖土机边退边挖，最后挖除土墩。

3）栈桥挖土。当处于建筑物密集地区施工，施工现场十分狭窄时，则可于基坑上方搭设栈桥（亦可利用或部分利用上层的支撑结构），利用抓斗挖土机在栈桥上抓土或垂直运土。这种挖土方式需设栈桥，且挖土速度较慢，只在必要时才采用。

2. 深基坑开挖要求

根据《建筑基坑支护技术规程》（JGJ 120—2012）的规定，深基坑开挖的要求如下：

1）深基坑开挖应符合下列规定：

① 当支护结构构件强度达到开挖阶段的设计强度时，方可向下开挖；对采用预应力锚杆的支护结构，应在施加预加力后，方可开挖下层土方；对土钉墙，应在土钉、喷射混凝土面层的养护时间大于 2d 后，方可开挖下层土方。

② 应按支护结构设计规定的施工顺序和开挖深度分层开挖。

③ 开挖至锚杆、土钉施工作业面时，开挖面与锚杆、土钉的高差不宜大于 500mm。

④ 开挖时，挖土机械不得碰撞或损害锚杆、腰梁、土钉墙墙面、内支撑及其连接件等构件，不得损害已施工的基础桩。

⑤ 当基坑采用降水时，地下水位以下的土方应在降水后开挖。

⑥ 当开挖揭露的实际土层性状或地下水情况与设计依据的勘察资料明显不符，或出现异常现象、不明物体时，应停止挖土，在采取相应处理措施后方可继续挖土。

⑦ 挖至坑底时，应避免扰动基底持力土层的原状结构。

2）软土基坑开挖除应符合上述 1）的规定外，尚应符合下列规定：

① 应按分层、分段、对称、均衡、适时的原则开挖。

② 当主体结构采用桩基础且基础桩已施工完成时，应根据开挖面下软土的性状，限制每层开挖厚度，不得造成基础桩偏位。

③ 对采用内支撑的支护结构，宜采用局部开槽方法浇筑混凝土支撑或安装钢支撑；开挖到支撑作业面后，应及时进行支撑的施工。

④ 对重力式水泥土墙，沿水泥土墙方向应分区段开挖，每一开挖区段的长度不宜大于 40m。

3）当基坑开挖面上方的锚杆、土钉、支撑未达到设计要求时，严禁向下超挖土方。

4）采用锚杆或支撑的支护结构，在未达到设计规定的拆除条件时，严禁拆除锚杆或支撑。

5）基坑周边施工材料、设施或车辆荷载严禁超过设计要求的地面荷载限值。

6）深基坑开挖和支护结构使用期内，应按下列要求对基坑进行维护：

① 雨期施工时，应在坑顶、坑底采取有效的截排水措施；对地势低洼的基坑，应考虑周边汇水区域地面径流向基坑汇水的影响；排水沟、集水井应采取防渗措施。

② 基坑周边地面宜做硬化或防渗处理。

③ 基坑周边的施工用水应有排放系统，不得渗入土体内。

④ 当坑体渗水、积水或有渗流时，应及时进行疏导、排泄、截断水源。

⑤ 开挖至坑底后，应及时进行混凝土垫层和主体地下结构施工。

⑥ 主体地下结构施工时，结构外墙与基坑侧壁之间应及时回填。

7）支护结构或基坑周边环境出现报警情况或其他险情时，应立即停止开挖，并应根据危险产生的原因和可能进一步发展的破坏形式，采取控制或加固措施。危险消除后，方可继续开挖。必要时，应对危险部位采取基坑回填、地面卸土、临时支撑等应急措施。当危险由地下水管道渗漏、坑体渗水造成时，尚应及时采取截断渗漏水水源、疏排渗水等措施。

1.1.4 地下水控制

为保证支护结构、基坑开挖、地下结构的正常施工，防止地下水变化对基坑周边环境产生影响，可采用截水、降水、集水明排、回灌或其组合方法进行地下水控制。

截水是用截水体阻隔或减少地下水通过基坑侧壁与坑底流入基坑，并防止基坑外地下水位下降的方法。当降水会对基坑周边建筑物、地下管线、道路等造成危害或对环境造成长期不利影响时，应采用截水方法控制地下水。基坑截水方法应根据工程地质条件、水文地质条件及施工条件等，选用水泥土搅拌桩帷幕、高压旋喷或摆喷注浆帷幕、搅拌－喷射注浆帷幕、地下连续墙或咬合式排桩。支护结构采用排桩时，可采用高压旋喷或摆喷注浆与排桩相互咬合的组合帷幕。

降水是用抽水井或渗水井降低基坑内外地下水位的方法。基坑降水可采用管井、真空井点、喷射井点等方法。当基坑降水引起的地层变形对基坑周边环境产生不利影响时，宜采用回灌方法减少地层变形量。回灌方法宜采用管井回灌，回灌井应布置在降水井外侧，回灌后的地下水位不应超过降水前的水位。

集水明排是用排水沟、集水井、泄水管、输水管等组成的排水系统将地表水、渗漏水排泄至基坑外的方法。对基底表面汇水、基坑周边地表汇水及降水井抽出的地下水，可采用明沟排水；对坑底渗出的地下水，可采用盲沟排水；当地下室底板与支护结构间不能设置明沟时，基坑坡脚处也可采用盲沟排水；对降水井抽出的地下水，也可采用管道排水。

1.1.5 深基坑工程监测

根据基坑工程事故的调查情况，深基坑工程发生重大事故前或多或少都有预兆，如果能够切实做好监测工作，及时发现事故预兆并采取适当措施，则可避免重大基坑事故的发生，减少基坑事故所带来的经济损失和社会影响。同时深基坑支护体系的复杂性和不确定性，计算理论和技术方法的不成熟以及主观认识与客观实际难以完全统一，也决定了深基坑开挖、支护与地下结构建造必须强调信息化施工。

深基坑工程监测应符合《建筑基坑支护技术规程》（JGJ 120—2012）的相关规定。

1）深基坑开挖前必须做出系统的监测方案，包括监测项目、监测方法及精度要求、监测点的布置、观测周期、监控时间、工序管理和记录制度、报警标准以及信息反馈系统等。

2）深基坑监测项目应根据支护结构类型和地下水控制方法按表 1-1 选择，并应根据支护结构的具体形式、基坑周边环境的重要性及地质条件的复杂性确定监测点部位及数量。选用的监测项目及其监测部位应能够反映支护结构的安全状态和基坑周边环境受影响的程度。

表 1-1　深基坑监测项目选择

监测项目	支护结构的安全等级		
	一　级	二　级	三　级
支护结构顶部水平位移	应测	应测	应测
基坑周边建（构）筑物、地下管线、道路沉降	应测	应测	应测
坑边地面沉降	应测	应测	宜测
支护结构深部水平位移	应测	应测	选测
锚杆拉力	应测	应测	选测
支撑轴力	应测	应测	选测
挡土构件内力	应测	宜测	选测
支撑立柱沉降	应测	宜测	选测
挡土构件、水泥土墙沉降	应测	宜测	选测
地下水位	应测	应测	选测
土压力	宜测	选测	选测
孔隙水压力	宜测	选测	选测

注：1. 表内各监测项目中，仅选择实际基坑支护形式所含有的内容。

2. 支护结构安全等级：一级指支护结构失效、土体过大变形对基坑周边环境或主体结构施工安全的影响很严重；二级指支护结构失效、土体过大变形对基坑周边环境或主体结构施工安全的影响严重；三级指支护结构失效、土体过大变形对基坑周边环境或主体结构施工安全的影响不严重。

3）安全等级为一级、二级的支护结构，在基坑开挖过程与支护结构使用期内，必须进行支护结构的水平位移监测和基坑开挖影响范围内建（构）筑物、地面的沉降监测。

4）各类水平位移观测、沉降观测的基准点应设置在变形影响范围外，且基准点数量不应少于两个。

5）各监测项目应在基坑开挖前或测点安装后测得稳定的初始值，且次数不应少于两次。

6）支护结构顶部水平位移的监测频次应符合下列要求：

① 基坑向下开挖期间，监测不应少于每天一次，直至开挖停止后连续三天的监测数值稳定。

② 当地面、支护结构或周边建筑物出现裂缝、沉降，遇到降雨、降雪、气温骤变，基坑出现异常的渗水或漏水，坑外地面荷载增加等各种环境条件变化或异常情况时，应立即进行连续监测，直至连续三天的监测数值稳定。

③ 当位移速率大于或等于前次监测的位移速率时，则应进行连续监测。

④ 在监测数值稳定期间，尚应根据水平位移稳定值的大小及工程实际情况定期进行监测。

7）支护结构顶部水平位移之外的其他监测项目，除应根据支护结构施工和基坑开挖情况进行定期监测外，尚应在出现下列情况时进行监测：

① 支护结构水平位移增长时。

② 出现第6）条第②、③款的情况时。

③ 锚杆、土钉或挡土构件施工时，或降水井抽水等引起地下水位下降时，应进行相邻建筑物、地下管线、道路的沉降观测。

当监测数值比前次数值增长时，应进行连续监测，直至数值稳定。

8）在支护结构施工、基坑开挖期间以及支护结构使用期内，应对支护结构和周边环境的状况随时进行巡查，现场巡查时应检查有无下列现象及其发展情况：

① 基坑外地面和道路开裂、沉陷。

② 基坑周边建筑物开裂、倾斜。

③ 基坑周边水管漏水、破裂，燃气管漏气。

④ 挡土构件表面开裂。

⑤ 锚杆锚头松动，锚杆杆体滑动，腰梁和锚杆支座变形，连接破损等。

⑥ 支撑构件变形、开裂。

⑦ 土钉墙土钉滑脱，土钉墙面层开裂和错动。

⑧ 基坑侧壁和截水帷幕渗水、漏水、流砂等。

⑨ 降水井抽水不正常，基坑排水不通畅。

9）基坑监测数据、现场巡查结果应及时整理和反馈。当出现下列危险征兆时应立即报警：

① 支护结构位移达到设计规定的位移限值，且有继续增长的趋势。

② 支护结构位移速率增长且不收敛。

③ 支护结构构件的内力超过其设计值。

④ 基坑周边建（构）筑物、道路、地面的沉降达到设计规定的沉降限值，且有继续增长的趋势；基坑周边建筑物、道路、地面出现裂缝，或其沉降、倾斜达到相关规范的变形允许值。

⑤ 支护结构构件出现影响整体结构安全性的损坏。

⑥ 基坑出现局部坍塌。

⑦ 开挖面出现隆起现象。

⑧ 基坑出现流土、管涌现象。

基坑监测点的设置，参见《建筑基坑支护技术规程》（JGJ 120—2012）的有关规定。

1.2 深基坑支护结构方案

深基坑支护的目的是要保证相邻建（构）筑物、地下管线及道路的安全，防止坑外土方沉陷、坍塌，保证基坑内土方挖到预定标高及基础和地下室工程的顺利施工。

1.2.1 深基坑支护结构的类型

高层建筑基坑具有深、大的特点，挖深一般在15～20m之间，宽度与长度达100m。基坑邻近多有建筑物、道路和管线，施工场地拥挤，在环境安全上又有很高要求，所以过去对基坑支护结构的选型比较单一，基本上采用柱列式灌注桩排桩或连续墙作为围护结构，当用明挖法施工时通常采用多道支撑。近年来土钉支护尤其是复合土钉支护，在合适的地质条件下已成为建筑深基坑的首要选型，而逆作法施工国内也已日趋成熟。

1. 排桩墙支护结构

排桩墙支护结构是指沿基坑侧壁排列设置的支护桩及冠梁所组成的支挡式结构，包括钢板桩、灌注桩、预制桩等类型的桩所构成的支护结构。

（1）钢板桩支护

钢板桩支护是用打桩机（或液压千斤顶）将带锁口或钳口的钢板打（压）入地下，互相连接形成的围护结构。钢板桩常用的断面形式有 U 形（拉森式）、Z 形和直腹板式等（图 1-1）。

钢板桩施工简便、有一定的挡水能力、可重复使用。但其刚度不够大，用于较深的基坑时需设置多道支撑或拉锚系统；在透水性较好的土层中不能完全挡水；在砂砾层及密实砂中施工困难；拔除时易引起地基土和地表土变形，危及周围环境。因此，钢板桩支护一般多用于周围环境要求不高、深 5 ~ 8m 的软土地区基坑。

（2）H 型钢（工字钢）桩加挡板支护

H 型钢（工字钢）桩加挡板支护，是用打桩机将 H 型钢（工字钢）桩打入土中预定深度，基坑开挖的同时在桩间加插横板用以挡土（图 1-2）。这种挡土桩适用于地下水位较低的黏土、砂土地基，在软土地基中要慎用，在卵石地基较难施工。其优点是桩可以拔出，造价低，施工简便。缺点是打、拔桩噪声大，扰民，并且桩拔出后留下的孔洞要处理。这种桩除悬臂外，常与锚杆或锚拉相结合作支护结构。

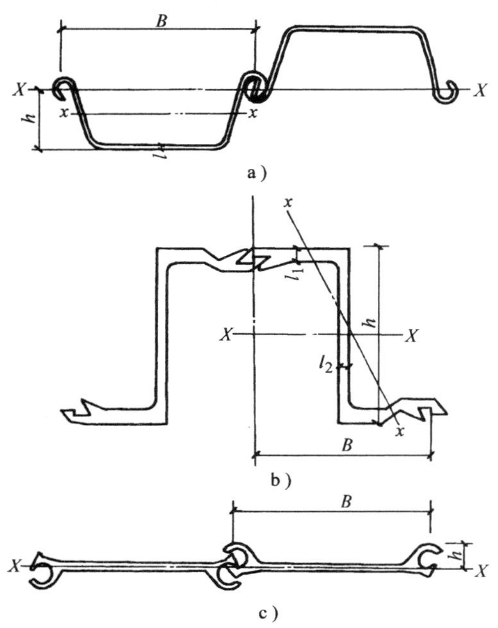

图 1-1　钢板桩截面形式

a）U 形截面　b）Z 形截面　c）直腹板式

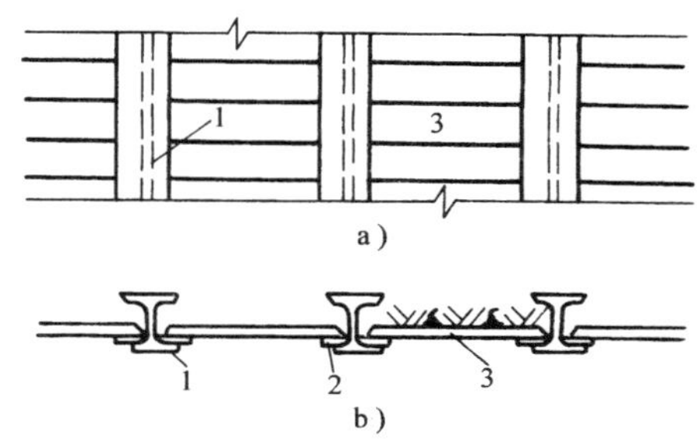

图 1-2　H 型钢（工字钢）桩加挡板支护

1—H 型钢桩　2—楔子　3—横挡板

(3) 柱列式灌注桩排桩支护

柱列式灌注桩排桩根据施工工艺不同，可分为钻孔灌注桩和挖孔灌注桩。柱列式灌注桩排桩支护是我国应用广泛的一种桩排式围护结构，具有成本低、施工方便、刚度较好、无噪声、无振动、无挤压、无需大型机械等优点，但各桩之间的联系差，必须在桩顶浇筑较大截面的钢筋混凝土冠梁加以可靠联结。人工挖孔施工费用低，可以多组并行作业，成孔精度高(垂直中心偏差小)，当坑底下卧坚硬岩层时，还可在底部设置竖向锚杆将桩体与岩层连成整体而减少嵌入深度。

柱列式灌注桩排桩按支护结构形式不同，分为悬臂式排桩支护和锚拉式或支撑式排桩支护。在大多数情况下悬臂式柱列桩适用于安全等级为三级的基坑支护工程，锚拉式或支撑式柱列桩适合于安全等级为一、二级的基坑支护工程。

柱列式灌注桩排桩多为间隔布置，分为桩与桩之间有一定净距的疏排布置形式和桩与桩相切的密排布置形式。由于不具备挡水功能，在地下水位较高的地区应用时需采取挡水措施，如在桩间、桩背采用高压注浆、设置深层搅拌桩或旋喷桩等，或在桩后专门构筑挡水帷幕（图1-3)。

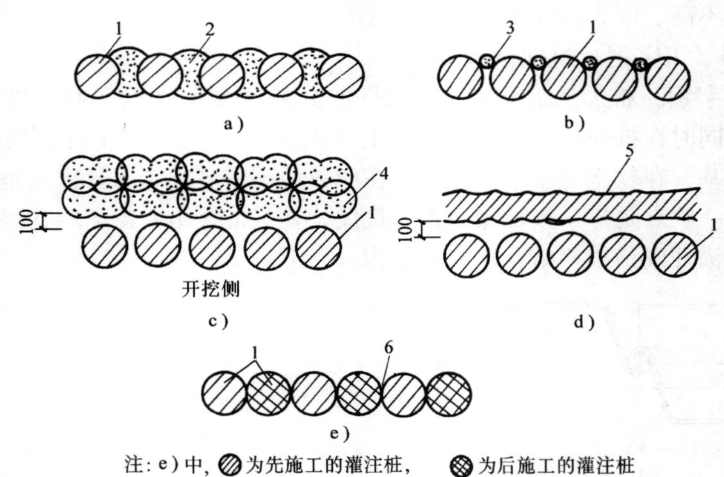

图1-3 柱列式灌注桩排桩支护

a）桩间高压注浆 b）桩背设置旋喷桩 c）设置深层搅拌桩 d）设置挡水帷幕 e）桩间咬合搭接

1—灌注桩 2—高压注浆 3—旋喷桩 4—水泥搅拌桩 5—注浆帷幕 6—桩间搭接部分

2. 水泥土桩墙支护结构

水泥土桩墙支护结构是指水泥土桩相互搭接成格栅或实体的重力式支护结构，包括深层搅拌水泥土桩墙、加筋水泥土桩墙、高压喷射注浆桩等构成的支护结构。

(1) 深层搅拌水泥土桩墙

深层搅拌水泥土桩墙是加固饱和软土的一种方法。它是利用水泥作为固化剂，通过搅拌机械将水泥和地基土强制搅拌，硬结后构成具有整体性、水稳定性和一定强度的水泥土桩墙(图1-4)。因为水泥用量少（约加固土重的7%～15%)，且可防止地下水渗漏，节省费用，故近年在基坑工程中应用较多。

深层搅拌水泥土桩墙适合在软黏土地区作防渗帷幕，或作浅基坑挡土重力墙，也可对桩墙式挡土结构的桩前或桩背软土加固，以增加侧向承载力。如在桩坑内一侧加固，可增加被动土压力。

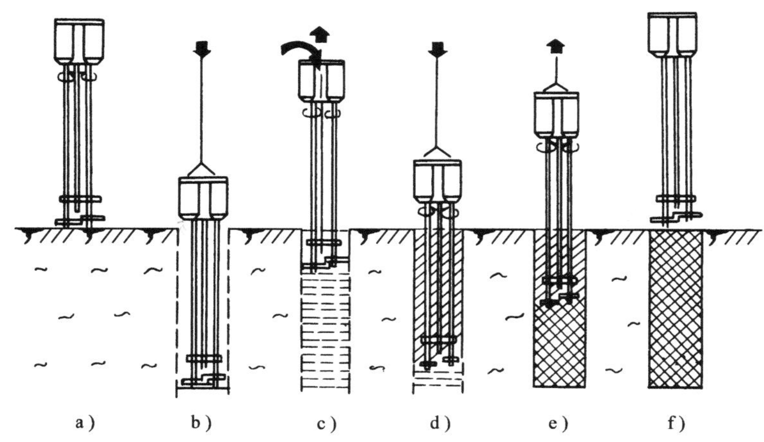

图 1-4　深层搅拌水泥土桩墙施工流程
a）定位　b）预拌下沉　c）提升喷浆搅拌　d）重复下沉搅拌　e）重复提升搅拌　f）成桩结束

（2）加筋水泥土桩墙

加筋水泥土桩墙又称为劲性水泥土桩墙，是在深层搅拌水泥土桩墙中插入 H 型钢、钢板桩、混凝土板桩等劲性材料，形成的具有挡土、止水功能的支护结构（图 1-5）。坑深时亦可加设支撑。由于 H 型钢、钢板桩等可以回收，因此可以降低造价。当拔出 H 型钢、钢板桩时，应采取措施减少周围土体的变形。

这种支护方法在日本应用较多（日本称为 SMW 工法），基坑开挖深度已达 20m。

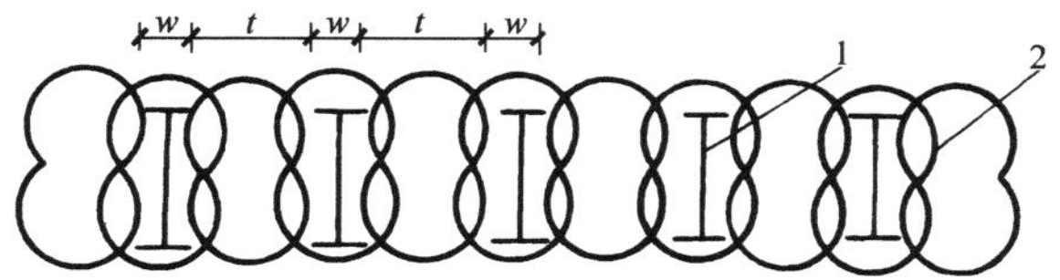

图 1-5　加筋水泥土桩墙
1—H 型钢　2—水泥土桩

（3）高压喷射注浆桩墙

高压喷射注浆桩墙所利用材料亦为水泥浆，只是施工机械和施工工艺与深层搅拌水泥土桩不同，它是利用钻机把带有特制喷嘴的注浆管钻至土层的预定位置后，以高压设备使水泥浆液从喷嘴中喷射出来，冲击破坏土体，同时，钻杆以一定速度渐渐向上提升，使浆液与土体强制混合，待浆液凝固后形成固结体，固结体相互搭接用以挡土和止水。施工采用单独喷出水泥浆的工艺，称为单管法；施工采用同时喷出高压空气与水泥浆的工艺，称为二重管法；施工采用同时喷出高压水、高压空气及水泥浆的工艺，称为三重管法（图 1-6）。

高压喷射注浆桩的施工费用高于深层搅拌水泥土桩，但它可用于较小空间施工。

3. 土钉墙支护结构

土钉墙支护结构是指由随基坑开挖分层设置的、纵横向密布的土钉群、喷射混凝土面层

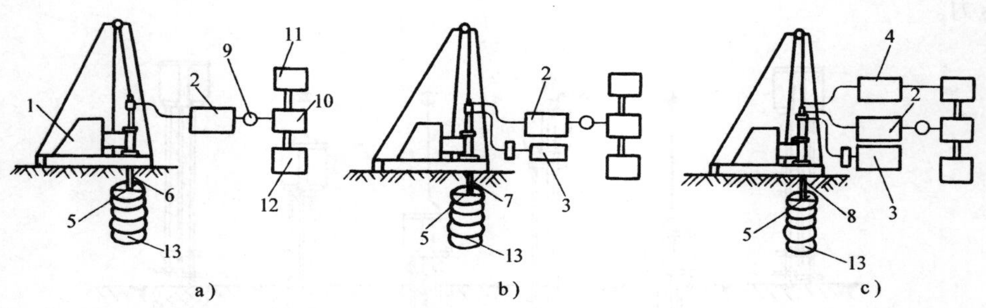

图1-6 高压喷射注浆法

a）单管法 b）二重管法 c）三重管法

1—钻机 2—高压注浆泵 3—空压机 4—高压水泵 5—喷嘴 6—单管 7—二重管 8—三重管 9—浆桶 10—灰浆搅拌机 11—水箱 12—水泥仓 13—喷射注浆固结体

及原位土体所组成的支护结构（图1-7）。其具有施工速度快、用料省、造价低等特点，与桩墙支护相比，工期可缩短一半以上，成本可节省2/3。土钉支护还可以紧贴已有建筑物施工，省出桩体或墙体所占位置。

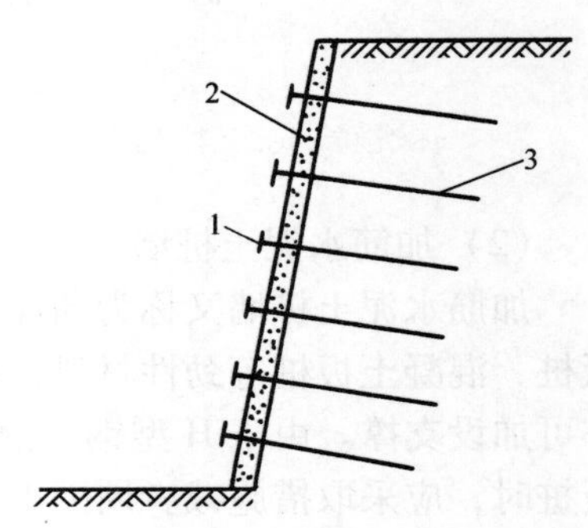

图1-7 土钉墙

1—土钉 2—喷射混凝土面层 3—垫板

土钉支护施工对土体搅动小，其分层（通常1~1.5m）、分段（通常不超出5m）小步开挖迅速支护的施工工序，能较好地控制土体变形，使土钉墙具有较高的安全可靠性。

为了严格控制支护变形和在不良地层（如夹有局部软黏土层）中施工，土钉支护可以和锚杆联合使用，从而形成复合土钉墙。复合土钉墙对于使用周期较长且基坑较深的支护工程更为适合。

4. 地下连续墙支护结构

地下连续墙是在泥浆护壁的条件下分槽段构筑的钢筋混凝土墙体。具有整体刚度大、防渗性能好，能承受较大的侧土压力，施工振动小、噪声低，能紧邻建筑物和地下管线施工，对周围建筑物和地下管线危害小等特点，适用于各种复杂施工环境和多种地质条件。当基坑深度大，周围环境复杂并要求严格时，往往首先考虑将地下连续墙作为支护结构。

地下连续墙单独用作围护墙成本较高，如作为主体结构地下室外墙采用逆作法施工，实现两墙合一，则能降低成本。

逆作法施工是指地下工程采取自上而下施工，地上工程与地下工程同时进行的方法，具有减少和取消临时支护结构，降低成本及加快施工速度等特点，适用于基坑周围环境特别困难的情况，如相邻建筑物极为靠近，坑周土质非常软弱，地下水位较高且水压较大，对周围道路、管线的变形有严格限制等情况。

1.2.2 支护结构的内支撑和拉锚

深度较大的基坑，为使支护结构经济合理和受力后变形的控制在一定范围内，都需沿支护结构竖向增设支承点，以减小跨度。在坑内对支护结构加设支撑，称为内支撑（图

1-8a）；在坑外对支护结构加设拉杆，则称为拉锚（图 1-8b、c、d）。

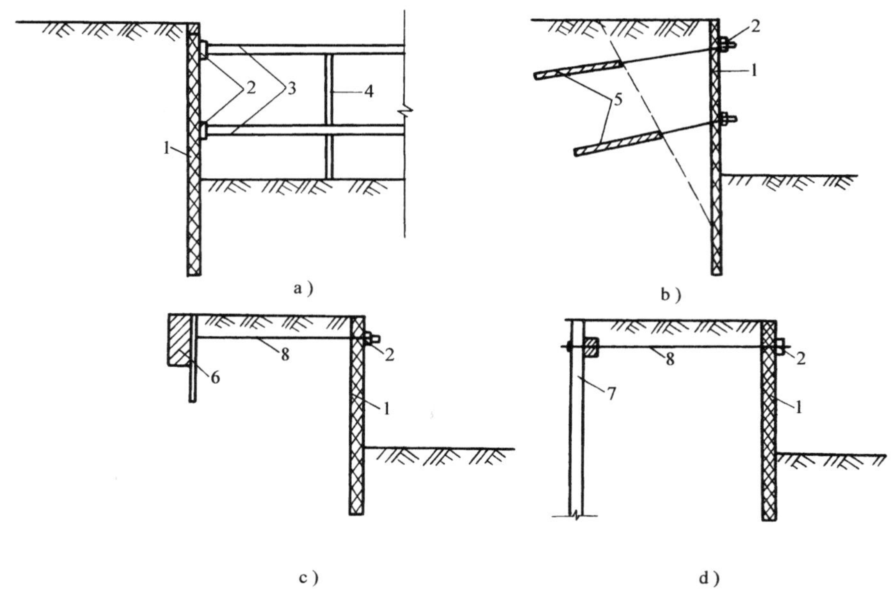

图 1-8　支护结构内支撑和拉锚

a）内支撑　b）土层锚杆　c）锚碇拉锚　d）锚桩拉锚

1—支护墙体　2—内支撑　3—支撑立柱　4—围檩　5—土层锚杆　6—锚碇　7—锚桩　8—拉杆

内支撑是指设置在基坑内的由钢筋混凝土或钢构件组成的用以支撑挡土构件的结构部件。支撑构件采用钢材、混凝土时，分别称为钢内支撑、混凝土内支撑。内支承受力合理，安全可靠，易于控制围护墙的变形，但内支撑的设置给基坑内挖土和地下室结构的支模和浇筑带来一些不便，需通过换撑加以解决。

拉锚常用形式为锚杆，除此之外还有锚碇拉锚和锚桩拉锚等。锚杆是指由杆体（钢绞线、普通钢筋、热处理钢筋或钢管）、注浆形成的固结体、锚具、套管、连接器所组成的，一端与支护结构构件连接，另一端锚固在稳定岩土体内的受拉杆件。杆体采用钢绞线时，亦可称为锚索。用锚杆拉结支护结构，锚杆位于坑外，坑内施工无任何阻挡，同时也可省去拆撑、换撑等工序，经济效果好，但用于软土地区锚杆变形较难控制，且锚杆有一定长度，在建筑物密集地区如超出红线尚需专门申请，否则是不允许使用。

一般情况下，在软土地区为便于控制围护墙的变形，应以内支撑为主；在土质好的地区，如具备锚杆施工设备和技术，应采用锚杆。

1.2.3　支护结构方案选择

根据《建筑基坑支护技术规程》（JGJ 120—2012）的规定，支护结构选型时，应综合考虑下列因素：

1）基坑深度。

2）土的性状及地下水条件。

3）基坑周边环境对基坑变形的承受能力及支护结构一旦失效可能产生的后果。

4）主体地下结构及其基础形式、基坑平面尺寸及形状。

5）支护结构施工工艺的可行性。

6）施工场地条件及施工季节。

7）经济指标、环保性能和施工工期。

各类支护结构的适用条件见表1-2。

表1-2 各类支护结构的适用条件

<table>
<tr><th colspan="2" rowspan="2">结构类型</th><th colspan="3">适用条件</th></tr>
<tr><th>安全等级</th><th colspan="2">基坑深度、环境条件、土类和地下水条件</th></tr>
<tr><td rowspan="5">支挡式结构</td><td>锚拉式结构</td><td rowspan="5">一级、二级、三级</td><td>适用于较深的基坑</td><td rowspan="5">1. 排桩适用于可采用降水或截水帷幕的基坑
2. 地下连续墙宜同时用作主体地下结构外墙，可同时用于截水
3. 锚杆不宜用在软土层和高水位的碎石土、砂土层中
4. 当邻近基坑有建筑物地下室、地下构筑物等，锚杆的有效锚固长度不足时，不应采用锚杆
5. 当锚杆施工会造成基坑周边建（构）筑物的损害或违反城市地下空间规划等规定时，不应采用锚杆</td></tr>
<tr><td>支撑式结构</td><td>适用于较深的基坑</td></tr>
<tr><td>悬臂式结构</td><td>适用于较浅的基坑</td></tr>
<tr><td>双排桩</td><td>当锚拉式、支撑式和悬臂式结构不适用时，可考虑采用双排桩</td></tr>
<tr><td>支护结构与主体结构结合的逆作法</td><td>适用于基坑周边环境条件很复杂的深基坑</td></tr>
<tr><td rowspan="4">土钉墙</td><td>单一土钉墙</td><td rowspan="4">二级、三级</td><td>适用于地下水位以上或经降水的非软土基坑，且基坑深度不宜大于12m</td><td rowspan="4">当基坑潜在滑动面内有建筑物、重要地下管线时，不宜采用土钉墙</td></tr>
<tr><td>预应力锚杆复合土钉墙</td><td>适用于地下水位以上或经降水的非软土基坑，且基坑深度不宜大于15m</td></tr>
<tr><td>水泥土桩复合土钉墙</td><td>用于非软土基坑时，基坑深度不宜大于12m；用于淤泥质土基坑时，基坑深度不宜大于6m；不宜用在高水位的碎石土、砂土、粉土层中</td></tr>
<tr><td>微型桩复合土钉墙</td><td>适用于地下水位以上或经降水的基坑。用于非软土基坑时，基坑深度不宜大于12m；用于淤泥质土基坑时，基坑深度不宜大于6m</td></tr>
<tr><td colspan="2">重力式水泥土墙</td><td>二级、三级</td><td colspan="2">适用于淤泥质土、淤泥基坑，且基坑深度不宜大于7m</td></tr>
<tr><td colspan="2">放坡</td><td>三级</td><td colspan="2">1. 施工场地应满足放坡条件
2. 可与上述支护结构形式结合</td></tr>
</table>

注：1. 当基坑不同部位的周边环境条件、土层性状、基坑深度等不同时，可在不同部位分别采用不同的支护形式。

2. 支护结构可采用上、下部以不同结构类型组合的形式。

1.3 支护结构内支撑施工

支护结构的内支撑，可选用钢支撑、混凝土支撑、钢与混凝土的混合支撑。

内支撑体系包括围檩、支撑和立柱。围檩固定在围护墙上，将围护墙承受的侧压力传给支撑（纵、横两个方向）。支撑为受压构件，较长时（一般超过 15m）稳定性不好，中间需加设立柱。立柱下端应固定在支承桩上。内支撑设置如图 1-9 所示。

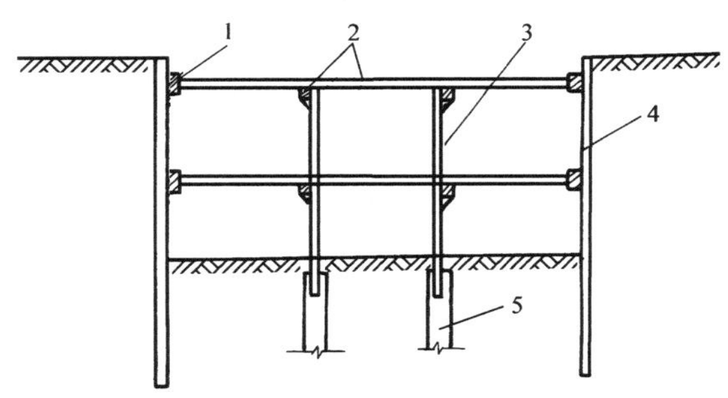

图 1-9　对撑式内支撑

1—围檩　2—支撑　3—立柱　4—围护墙　5—工程桩（临时桩）

1.3.1　支撑系统布置

支护结构的支撑在平面上的布置形式，有角撑、对撑、桁架式、框架式、环形等。有时在同一基坑中混合使用，如对撑加角撑、环梁加边桁（框）架、环梁加角撑等（图 1-10）。主要是根据基坑平面形状和尺寸设置最适合的支撑。

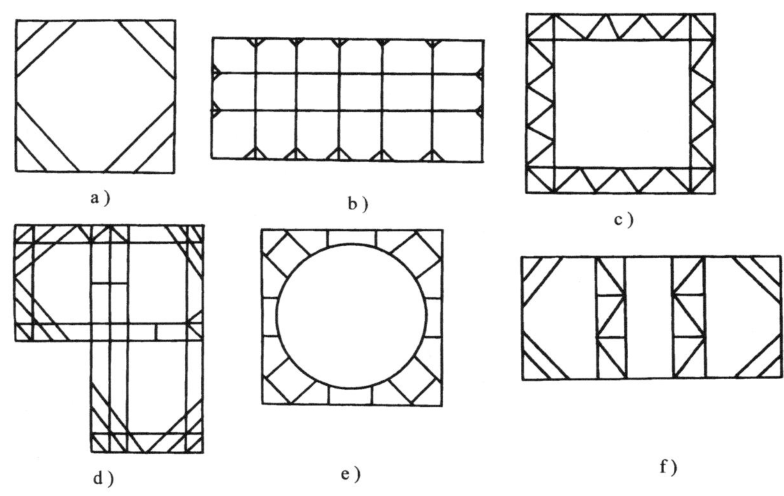

图 1-10　支撑平面布置形式

a）角撑　b）对撑　c）边桁架式　d）边框架式　e）环梁与边框架　f）对撑加角撑

为使支撑可靠，受力合理，便于控制变形，并能在基坑中间提供较大的空间，方便挖土作业，一般情况下对于平面形状接近于方形且尺寸不大的基坑，宜采用角撑；平面形状接近方形但尺寸较大的基坑，宜采用的环形、桁架式、边框架式支撑（图 1-11）；长方形的基坑，宜采用对撑或对撑加角撑的形式（图 1-12）。

钢支撑多为角撑、对撑等直线杆件的支撑。钢筋混凝土支撑为现场浇筑，直线、曲线及各种形式的支撑皆便于施工。

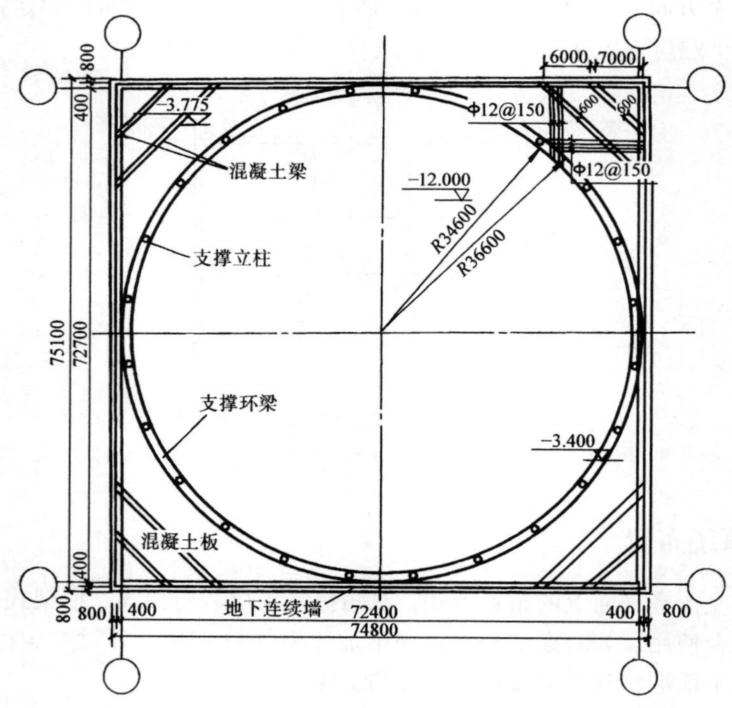

图1-11 深圳益田花园综合楼基坑支撑布置平面图

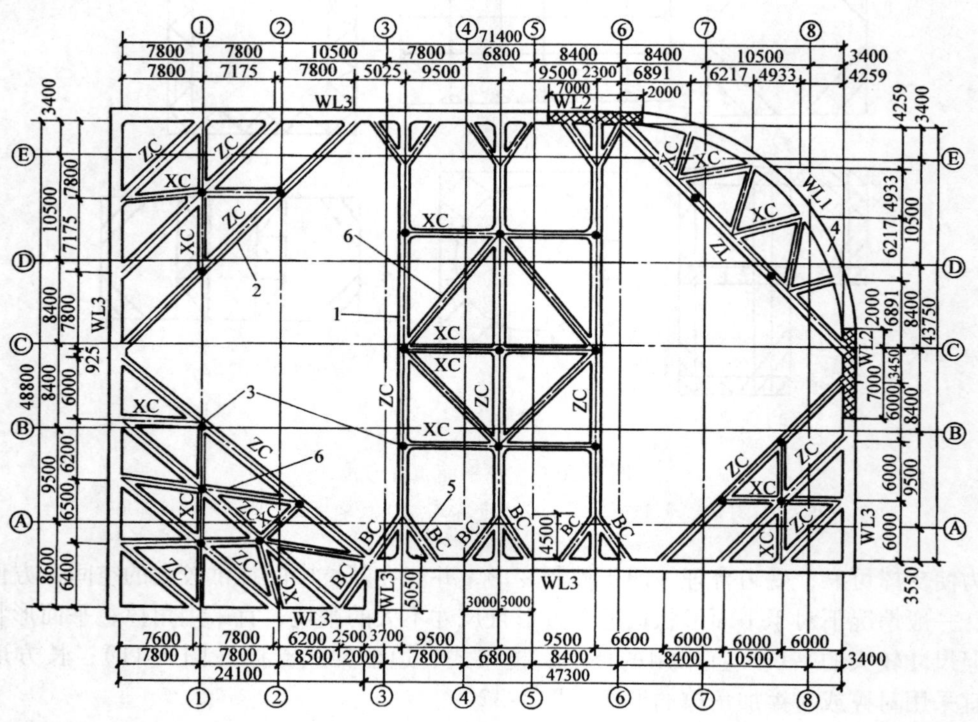

图1-12 上海汽车工业大厦基坑支撑布置平面图

1—对撑 2—角撑 3—立柱 4—拱形支撑 5—八字撑 6—连系杆

支护结构的支撑在竖向的布置，主要取决于基坑深度、围护墙种类、挖土方式、地下结构各层楼盖和底板的位置等。支撑层数与基坑深度有关，为使围护墙不产生过大的弯矩和变形，基坑深度越大，则支撑层数越多。支撑设置的标高要避开地下结构楼盖的位置，以便于支模浇筑地下结构和换撑，支撑一般布置在楼盖或底板之上，其净距离 B 最好不小于 600mm。支撑竖向间距还与挖土方式有关，如人工挖土，支撑竖向间距 A 不宜小于 3m；如挖土机下坑挖土，支撑竖向间距 A 最好不小于 4m（图 1-13）。

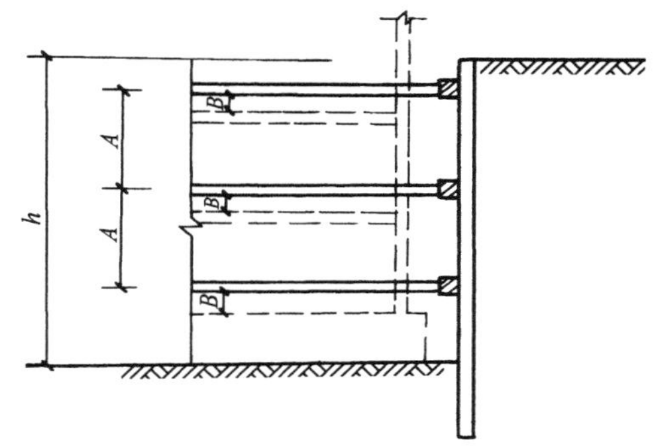

图 1-13　支撑竖向布置

1.3.2　支撑施工

1. 支撑施工的基本原则

支撑施工应遵循下列基本原则：

1）支撑的安装与拆除顺序，应同基坑支护结构的设计计算工况相一致。

2）支撑的安装必须按“先支撑后挖土”的顺序施工。支撑的拆除，除最上一道支撑拆除后设计容许处于悬臂状态外，均应按“先换撑后拆除”的顺序施工。

3）基坑竖向土方施工应分层开挖。土方在平面上分区开挖时，支撑应随开挖进度分区安装，并使一个区段内的支撑形成整体。

4）支撑安装应采用开槽架设。当支撑顶面需运行挖土机械时，支撑顶面的安装标高宜低于坑内土面 200～300mm，支撑与基坑挖土之间的空隙应用粗砂回填，并在挖土机及土方车辆的通道外架设路基箱（图 1-14）。

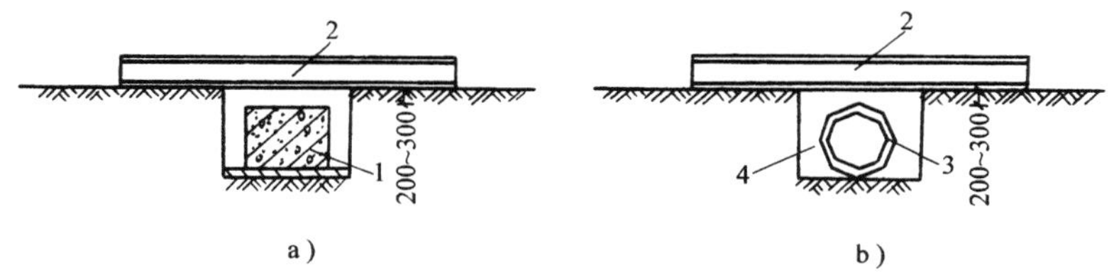

图 1-14　支撑开槽架设

1—钢筋混凝土支撑　2—路基箱　3—钢支撑　4—回填砂

5）立柱穿过主体结构底板以及支撑结构穿越主体结构地下室外墙的部位，必须采用可靠的止水构造措施。

2. 钢支撑施工

钢支撑适用于各种不同的支护墙体。其优点是安装和拆除速度快，能尽早发挥支撑作用，减小围护墙因时间效应增加的变形；可以重复利用，便于专业化施工；可以施加预紧力，并根据需要加以调整以限制围护墙变形发展。其缺点是整体刚度相对较弱，支撑的间距相对较小；由于在两个方向施加预紧力，使纵、横向支撑的连接处处于铰接状态。

钢支撑常用形式主要有钢管支撑和H型钢支撑两种。钢管支撑有$\phi609\times16$、$\phi609\times14$、$\phi580\times14$、$\phi580\times12$及直径较小的$\phi406$钢管等，其单根支撑承载力较大，但安装与连接施工要求高，现场拼装尺寸不易精确。H型钢有焊接H型钢及轧制H型钢，现场装配简单，可用螺栓连接，在支撑杆件上安装检测仪器也较方便。

钢支撑一般均做成标准节段，在安装时根据支撑长度再辅以非标准节段。非标准节段通常在工地上切割加工。标准节段长度为6m左右，节段间多为高强螺栓连接，也有采用焊接方式连接（图1-15）。螺栓连接（为减小节点变形，宜采用高强螺栓）施工方便，尤其是坑内的拼装，但整体性不如焊接好。

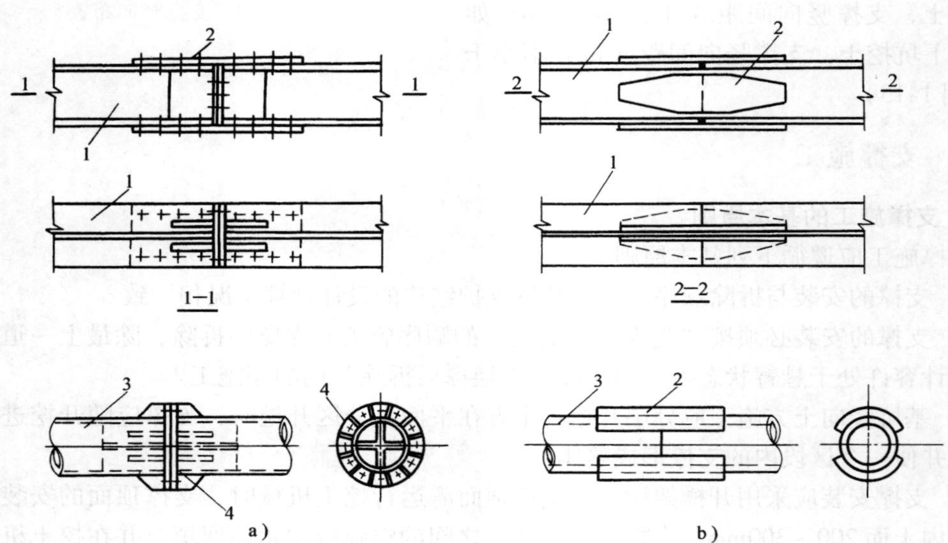

图1-15　钢支撑连接

a）高强螺栓连接　b）焊接

1—H型钢　2—钢板　3—钢管　4—法兰

钢围檩多采用H型钢或双拼工字钢、双拼槽钢等，截面宽度一般不小于300mm。围檩可通过设置于支护墙上的钢牛腿与墙体连接，或通过墙体伸出的吊筋予以固定，围檩与墙体间的空隙用细石混凝土填塞（图1-16）。

支撑立柱通常采用格构式钢柱，以利于底板基础钢筋通过。立柱一般支承在专用灌注桩上（图1-17），在条件允许的情况下可直接支承在工程桩上。立柱间距应根据支撑的稳定及竖向荷载大小确定，但一般不大于15m，其截面及插入深度应按计算确定。立柱穿过基础底板时应采用止水构造措施。

钢支撑安装工艺流程是：在基坑四周支护墙上弹出围檩轴线位置与标高基准线→在支护墙上设置围檩托架或吊杆→安装围檩→在基坑立柱上焊支撑托架→安装短向（横向）水平支撑→安装长向（纵向）水平支撑→对支撑预加压力→在纵、横支撑交叉处及支撑与立柱相交处，用夹具或电焊固定→在基坑周边围檩与支护墙间的空隙处，用混凝土填充。

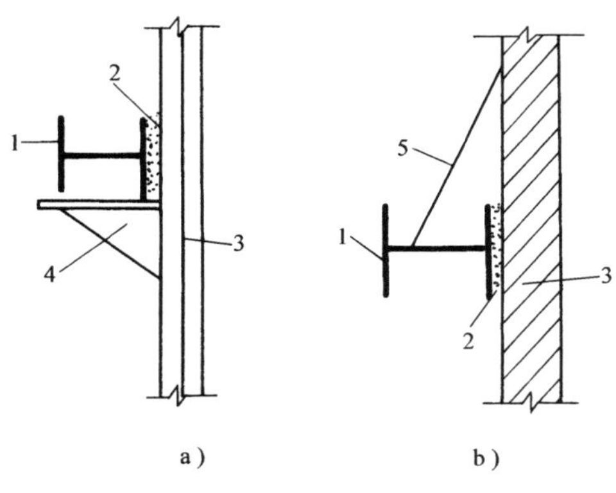

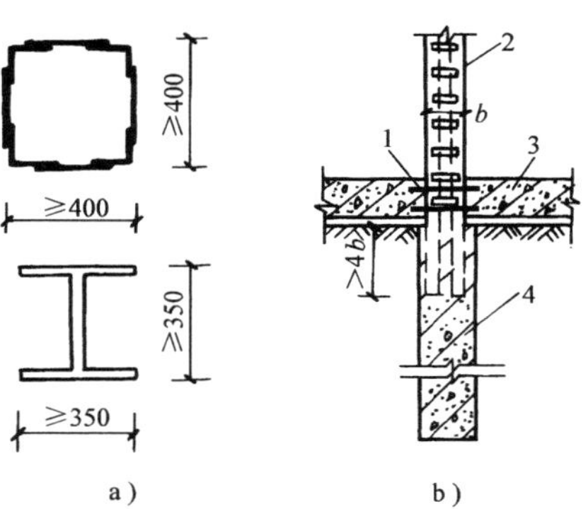

图 1-16　钢围檩与支护墙的固定
a）钢牛腿支承钢围檩　b）用吊筋固定钢围檩
1—钢围檩　2—填塞细石混凝土
3—支护墙体　4—钢牛腿　5—吊筋

图 1-17　立柱设置
a）立柱截面形式　b）立柱支撑
1—止水片　2—钢立柱
3—地下室底板　4—立柱支撑桩

钢支撑施工要点如下：

1）支撑端头应设置厚度不小于 10mm 的钢板作封头端板，端板与支撑杆满焊，焊缝高度及长度应能承受全部支撑力或与支撑等强度，必要时，增设加劲肋板。肋板数量、尺寸应满足支撑端头局部稳定要求和传递支撑力的要求。为便于对钢支撑预加压力，端部可做成“活络头”，活络头应考虑液压千斤顶的安装及千斤顶顶压后钢楔的施工（图 1-18）。

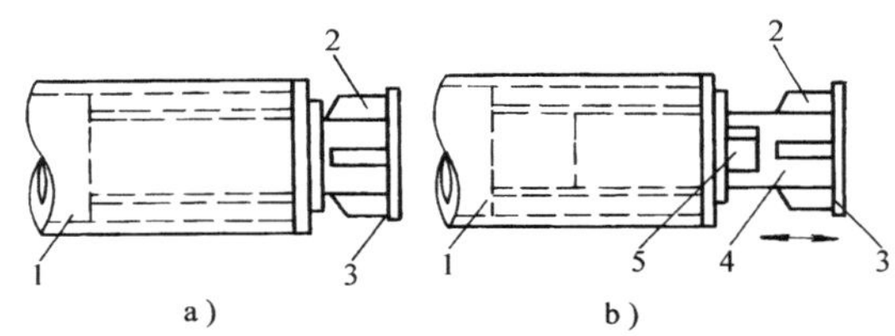

图 1-18　钢支撑端部构造
a）固定端头　b）活络端头
1—钢管支撑　2—肋板　3—端头封板　4—活络头　5—钢楔

2）施工中要严格控制支撑轴线及交汇点的偏心，承压板与垫板要均匀接触，承压板中心与支撑轴线要尽量一致。长支撑中间与立柱的连接构造，应具有三向约束作用而又能使单向或双向支撑预加压力时不致使节点产生不可忽略的强迫位移（图 1-19）。

3）钢支撑轴线与围檩轴线不垂直时，应在围檩上设置预埋铁件或采取其他构造措施以承受支撑与围檩间的剪力（图 1-20）。

4）纵横向水平支撑应尽可能设置在同一标高上，宜采用定型的十字节头连接（图 1-21a、b），这种连接整体性好，节点可靠。重叠连接（图 1-21c、d）虽然施工安装方便，但支撑结构的整体性较差，应尽量避免采用。重叠连接时，相应的围檩在基坑转角处不在同一平面内相交，也需采用叠交连接（图 1-22）。

5）钢支撑预加压力。对钢支撑预加压力是钢支撑施工中很重要的措施之一，它可大大减少支护墙体的侧向位移，并可使支撑受力均匀。

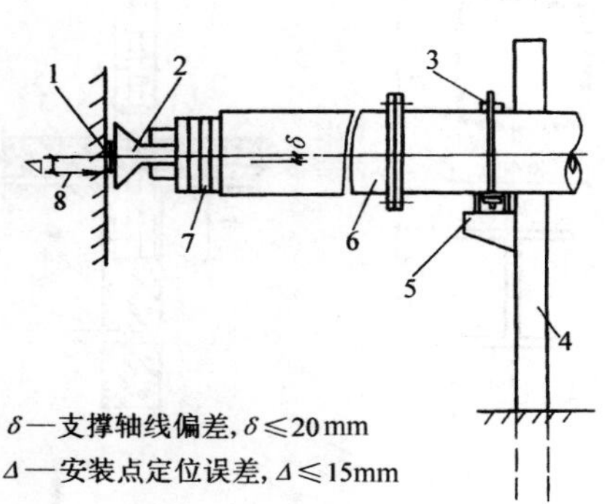

图1-19 钢支撑安装定位及支撑与立柱连接

1—垫板 2—活络头 3—U形紧箍螺栓 4—立柱

5—支托 6—支撑 7—钢楔 8—设计安装点

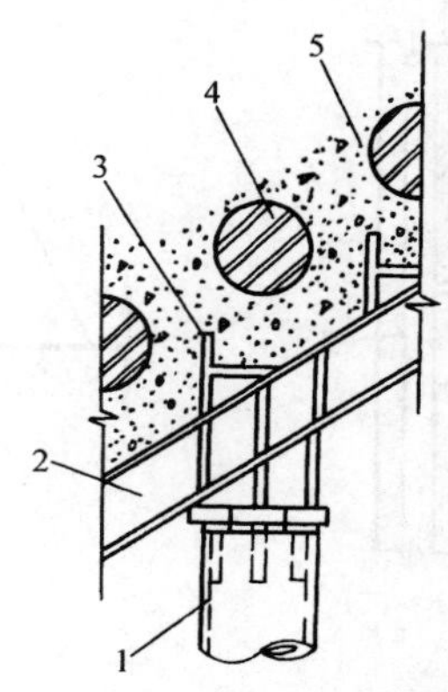

图1-20 支撑与围檩斜交连接

1—钢支撑 2—围檩 3—预埋铁件

4—支护墙 5—填嵌细石混凝土

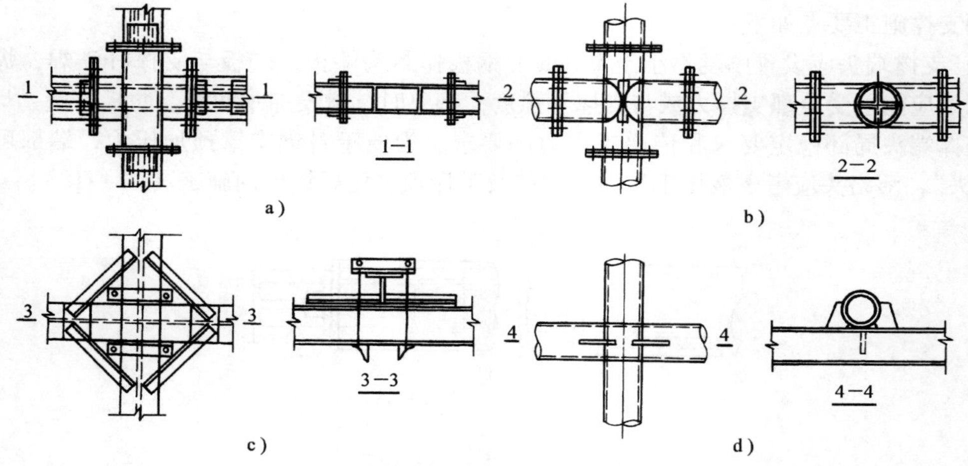

图1-21 纵横向水平支撑连接

a）H型钢十字节头平接 b）钢管十字节头平接 c）H型钢叠接 d）钢管叠接

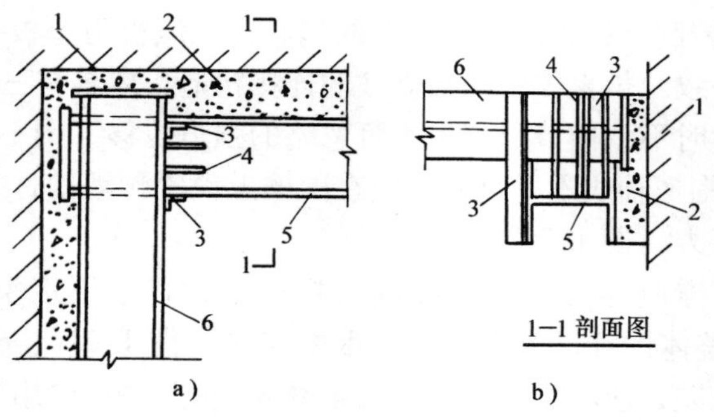

图1-22 围檩叠接

a）平面图 b）剖面图

1—支护墙 2—填嵌细石混凝土 3—连接角钢 4—连接肋板 5—下围檩 6—上围檩

施加预应力的方法有两种：一种是用千斤顶在围檩与支撑的交接处加压，在缝隙处塞进钢楔锚固，然后撤去千斤顶；另一种是用特制的千斤顶作为支撑的一个部件，安装在支撑上，预加压力后留在支撑上，待挖土结束支撑拆除前卸荷。

支撑安装完毕后，应及时检查各节点的连接状况，经确认符合要求后方可施加预压力。预压力的施加宜在支撑的两端同步对称进行。预压力应分级施加，重复进行。加至设计值时，应再次检查各连接点的情况，必要时应对节点进行加固，待额定压力稳定后予以锁定。预压力宜控制在支撑力设计值的40% ~60%。当超过80%时，应防止支护结构的外倾、损坏及对坑外环境的影响。支撑端部的八字撑应在主支撑施加压力后安装。千斤顶必须有计量装置，并定期维护校验，若使用中发现有异常现象应重新校验。

3. 钢筋混凝土支撑施工

钢筋混凝土支撑，是随着挖土的加深，根据设计规定的位置现场支模浇筑的支撑。其优点是构件形状多样，可采用直线、曲线构件；可根据基坑平面形状，浇筑成最优的布置形式；可方便地变化构件截面和配筋，以适应其内力的变化；支撑整体刚度大，围护墙变形小，安全可靠。其缺点是支撑成型时间长，发挥作用慢，围护墙因时间效应而产生的变形增大；不能重复利用；拆除相对困难。

钢筋混凝土支撑与围檩应在同一平面内整体浇筑，支撑与支撑、支撑与围檩相交处宜采用加腋，使其形成刚性节点。位于围护桩墙顶部的围檩常利用桩顶冠梁，并和围护墙体整浇，桩身处的围檩亦可通过吊筋或预埋钢板固定（图 1-23）。

支撑施工宜用开槽浇筑的方法，底模板可用素混凝土，也可利用槽底作土模，侧模多用钢、木模板。

钢筋混凝土支撑与立柱的连接，在顶层支撑处可采用钢板承托方式，在顶层以下的支撑位置，一般可由立柱直接穿过支撑（图 1-24）。立柱设置与钢支撑立柱相同。

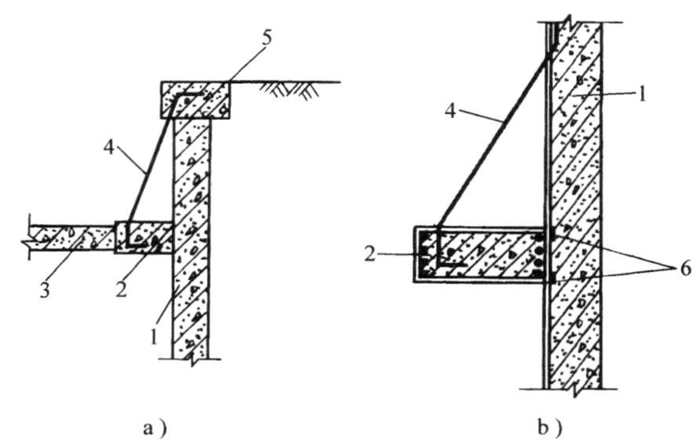

图 1-23　钢筋混凝土围檩与支护墙的固定
1—支护墙　2—围檩　3—支撑　4—吊筋　5—冠梁　6—预埋钢板

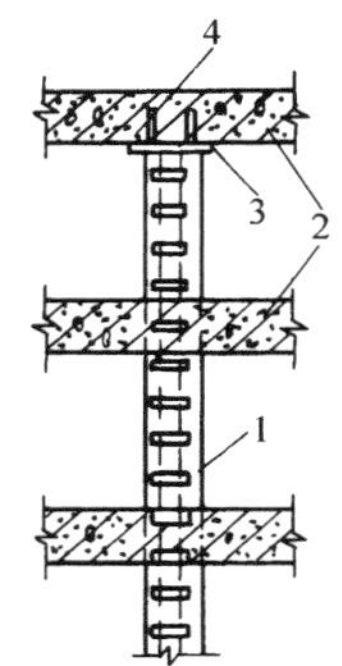

图 1-24　钢筋混凝土支撑与立柱的连接
1—钢立柱　2—钢筋混凝土支撑
3—承托钢板　4—插筋

1.3.3　换撑

支撑在拆除前一般都应先进行换撑，换撑应尽可能利用地下主体结构，这样既方便施工，又可降低造价。换撑可设在地下室底板位置、地下室中间楼板及顶板位置，无楼板等横向结构的部位则换撑应另行设置。

在利用主体结构换撑时，应符合下列要求：

1）主体结构的楼板或底板混凝土强度应达到设计强度的80%以上。

2）在主体结构与围护墙之间设置可靠的换撑传力结构。

3）主体结构楼盖局部缺少部位，应在适当部位设置临时支撑系统。支撑截面应按换撑传力要求，由计算确定。

4）当主体结构的底板和楼板分块施工或设置后浇带时，应在分块或后浇带的适当部位设置可靠的换撑传力构件。

地下室底板部位的换撑比较方便，通常在地下室底板边与支护墙间的空隙用砂回填振实，或用素混凝土填实（图1-25a）。如果底板较厚，可先回填素土，在其上浇筑200～300mm厚的素混凝土，其上表与地下室底板面平齐（图1-25b）。对钢板桩支护墙，常采用填砂的方法。用填砂的方法支护墙底部会产生位移，用混凝土填实则引起的位移很小。

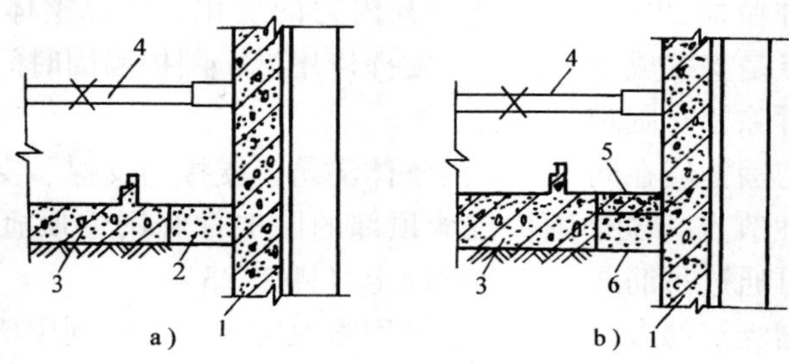

图1-25 地下室底板部位换撑

1—支护墙 2—砂或素混凝土 3—地下室底板 4—待拆除支撑 5—素混凝土 6—砂或素土

地下室中间楼板或顶板部位的换撑，对于混凝土类的支护墙，多采用钢筋混凝土换撑。其形式有两种：一种是采用间隔布置的短撑，如对灌注桩等排桩形式的支护墙可采用一桩一撑的形式，短撑可与地下室中间楼板或顶板整体浇筑（图1-26a、c）；另一种是采用平板式，即在楼板或顶板处向外浇筑一块平板，厚度200～300mm，平板与支护墙顶紧，起到支撑作用（图1-26b、c）。这两种方法都可以避免重新设置围檩。平板式换撑还应留出人员及材料、土方的出入口，以便换撑下防水、回填土等工程作业施工。

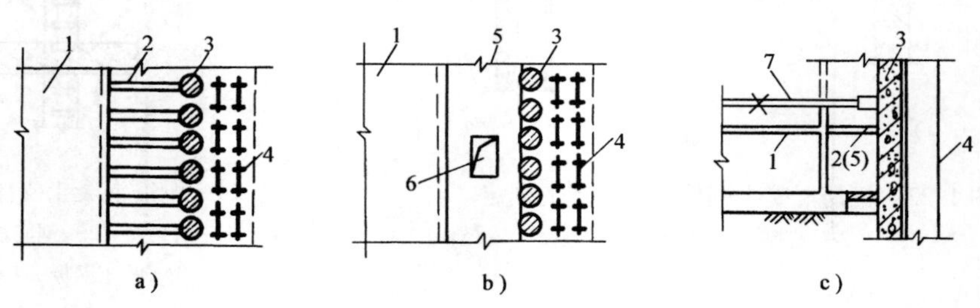

图1-26 地下室中间楼板或顶板部位的换撑

a）短撑式 b）平板式 c）剖面图

1—中间楼板或顶板 2—短撑（换撑） 3—灌注桩支护墙 4—止水帷幕 5—平板（换撑） 6—上下人孔 7—待拆支撑

对于钢板桩支护墙，换撑一般仍需设置围檩，但重新设置不仅施工困难而且费用增加，因此应尽可能利用拟拆除支撑的围檩，此时需调整支撑点，以做到“先换撑，后拆除”。此外，替换的支撑也需倾斜设置（图 1-27），平面上也应与拟拆除支撑错位布置。替换支撑的材料宜采用型钢、钢管。

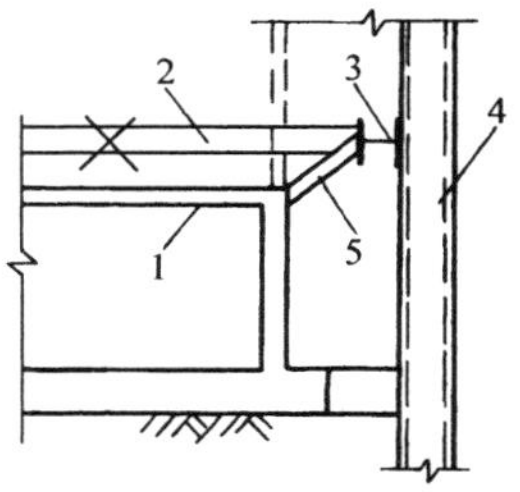

图 1-27 钢板桩的换撑
1—中间楼板或顶板 2—待拆支撑 3—围檩 4—钢板桩 5—替换支撑

1.3.4 支撑的拆除

支撑拆除在基坑工程整个施工过程中也是十分重要的工序，必须严格按照设计要求的程序进行拆除，遵循“先换撑、后拆除”的原则。最上面一道支撑拆除后支护墙一般处于悬臂状态，位移较大，应注意防止对周围环境带来不利影响。

钢支撑拆除通常采用起重机并辅以人工进行，钢筋混凝土支撑则可用人工凿除或爆破拆除。爆破拆除必须由专业爆破单位施工，在爆破前还必须对周围环境及主体结构采取有效的安全防护措施。

支撑拆除一般可遵循下列原则：

1）分区分段设置的支撑，宜分区分段拆除。

2）整体支撑尤其是最上一道支撑，宜从中央向两边分段逐步拆除，这对减小悬臂段位移较为有利。

3）先分离支撑与围檩，再拆除支撑，最后拆除围檩。

图 1-28 所示为一个两道支撑在竖向平面的拆除过程。

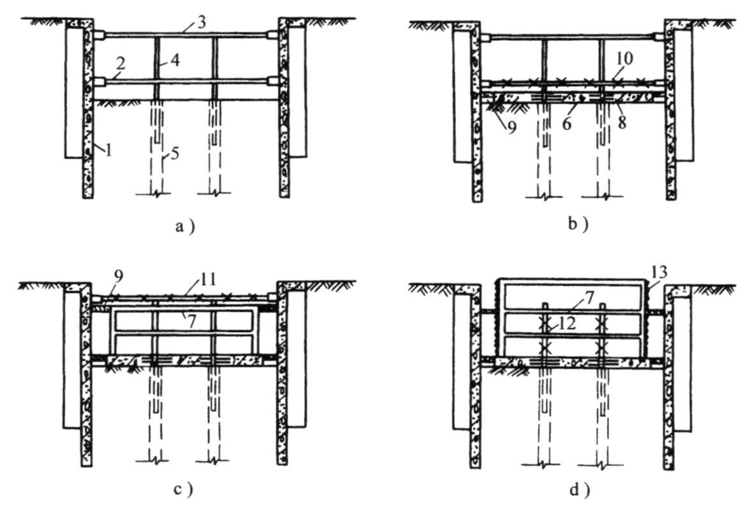

图 1-28 两道支撑在竖向平面的拆除过程
a）土方开挖至基底标高 b）下道支撑换撑、拆除 c）上道支撑换撑、拆除 d）钢立柱拆除
1—支护墙 2—下道支撑 3—上道支撑 4—立柱 5—立柱支承桩 6—地下室底板 7—中间楼板
8—止水片 9—混凝土换撑梁 10—待拆下道支撑 11—待拆上道支撑 12—待拆钢立柱 13—外墙防水层

1.3.5 施工质量验收

支护结构内支撑施工，应符合《建筑地基基础工程施工质量验收规范》（GB 50202—2002）的规定。

1）施工前应熟悉支撑系统的图纸及各种计算工况，掌握开挖及支撑设置的方式、预加顶力及周围环境保护的要求。

2）施工过程中应严格控制开挖和支撑的程序及时间，对支撑的位置（包括立柱及立柱桩的位置）、每层开挖深度、预加顶力（如需要时）、钢围檩与围护体或支撑与围檩的密贴度应做到周密检查。

3）全部支撑安装结束后，仍应维持整个系统的正常运转直至支撑全部拆除。

4）作为永久性结构的支撑系统尚应符合《混凝土结构工程施工质量验收规范》（GB 50204—2015）的要求。

5）钢及混凝土支撑系统工程质量检验标准应符合表1-3的规定。

表1-3 钢及混凝土支撑系统工程质量检验标准

检查项目		允许偏差或允许值		检查方法
		单位	数量	
支撑位置	标高	mm	30	水准仪
	平面	mm	100	用钢尺量
预加顶力		kN	±50	油泵读数或传感器
围檩标高		mm	30	水准仪
立柱桩		符合桩基要求		符合桩基要求
立柱位置	标高	mm	30	水准仪
	平面	mm	50	用钢尺量
开挖深度（开槽放支撑不在此范围）		mm	<200	水准仪
支撑安装时间		设计要求		用钟表估测

1.4 锚杆与土钉墙支护施工

1.4.1 概述

锚杆是一种岩土主动加固和稳定技术。作为其技术主体的杆体，一端锚入稳定的土（岩）体中，另一端与各种形式的支护结构联结，通常对其施加预应力，以承受由土压力、水压力或风荷载等所产生的拉力，用以维护支护结构的稳定。锚杆可与各种支护桩（钢板桩、灌注桩等）组成桩锚体系，也可与各种墙（地下连续墙、土钉墙等）组成锚杆挡墙。

土钉墙是一种原位土体加固技术。土钉是设置在基坑侧壁土体内的承受拉力与剪力的杆件。通常采用土中钻孔、植入带肋钢筋并沿孔全长注浆的方法做成钢筋土钉；也可将设有出浆孔的钢管作为钉体，直接击入土层并在钢管内注浆形成钢管土钉。土钉墙通过密集的土钉对原位土体进行加固，可增大原位土体的自稳定能力和承载能力，达到支护边坡的目的。

锚杆与土钉的主要区别是工作机理的不同：

1）在锚拉支护结构中，锚杆起主动制约作用，并以锚固段与土体的摩擦力起抗拔作用；在土钉墙支护结构中，土钉起强化加固土体作用，且只有在土体发生变形的条件下，土钉才起制约作用。

2）锚杆在非锚固段内，沿长度均匀受拉力，在锚固段内应力从锚固段开始沿长度增加，到锚固段长度的30%左右达到峰值后开始回落，直到锚固段尾端接近于零；土钉从喷射混凝土面开始全长受拉，拉力是中间大两头小。

3）锚杆在桩、墙连接处有受力支座，一般要施加预应力，受力筋多采用钢绞线，也可用 HRB400、HRB500 级钢筋，长度较大；土钉一般采用 HRB400、HRB500 级钢筋，也可采用钢管土钉，无需施加预应力，土钉应伸入滑裂面后面稳定的土体内，长度一般较短。

1.4.2　锚杆

1. 锚杆的构造与类型

（1）锚杆的构造

锚固支护结构的锚杆，一般由锚头（锚具）、锚座、锚杆、防护套管、锚固体等组成（图 1-29）。

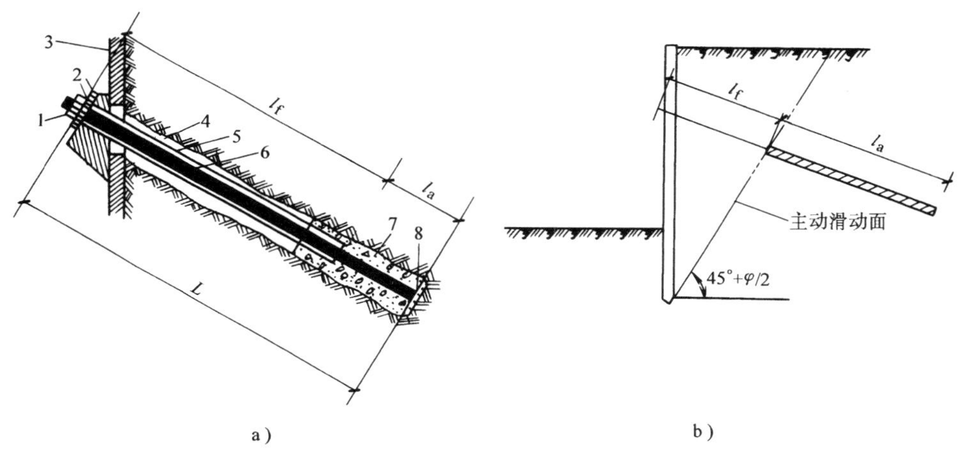

图 1-29　土中锚杆示意图

a）锚杆构造　b）锚杆自由段与锚固段的划分

1—锚头　2—锚座　3—支护结构　4—钻孔　5—防护套管　6—锚杆　7—锚固体　8—锚底板

l_f—自由段（非锚固段）　l_a—锚固段

1）锚头的作用是将锚杆与挡土结构连接起来，使墙体所受荷载可靠地传递到锚杆上去。锚杆不同，锚头装置的形式亦不同（图 1-30）。

2）锚杆的作用是将来自锚杆头部的荷载传递给锚固体。根据主动滑动面，可将锚杆的全长分为自由段（非锚固段）和锚固段两部分。非锚固段的长度即处于主动滑动区内锚杆的长度，锚固段长度为处于稳定土层内锚杆的长度，应根据每根锚杆承受的抗拔力来决定。

3）锚固体是锚杆部的锚固部分，通过锚固体与土体之间的摩擦作用，将力传至地层。锚固体能否保证支护结构的强度和稳定性要求是锚固技术成败的关键。

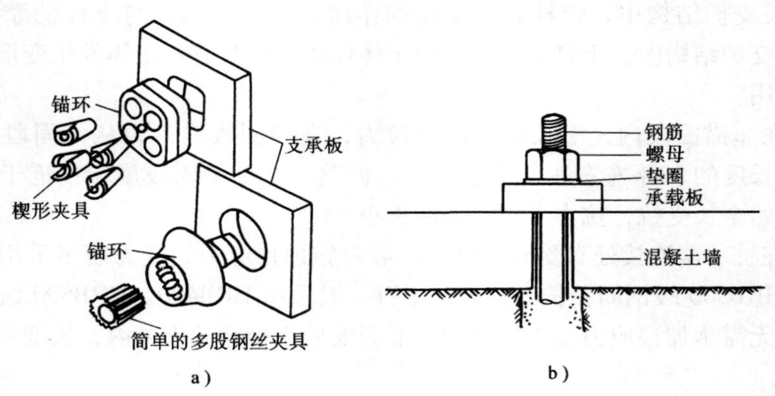

图 1-30　锚头装置示意图
a）钢绞线锚具　b）粗钢筋锚头

（2）锚杆的类型

锚杆有三种基本类型，即普通锚杆、扩大端头锚杆和齿形锚杆（图 1-31）。

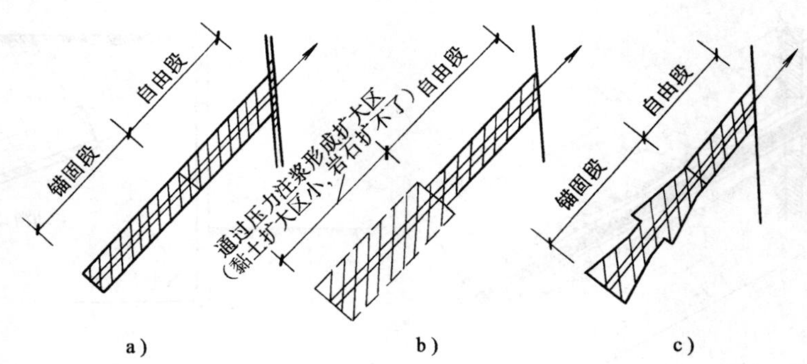

图 1-31　锚杆的基本类型
a）普通锚杆　b）扩大端头锚杆　c）齿形锚杆

1）普通锚杆由钻孔机钻孔，埋入锚杆后以低压（0.3～0.5MPa）向孔内注入水泥浆或水泥砂浆等形成圆柱体，适用于拉力不高的临时性锚杆。

2）扩大端头锚杆由旋转式钻机或回转式冲孔机成孔，埋入锚杆后高压（2～5MPa）注入浆液，在土层中形成扩大区，适用于抗拔力要求较大工程。

3）齿形锚杆采用特制扩孔机械，通过中心杆压力将扩张式刀具缓缓张开，在孔眼内沿长度方向扩一个或几个扩大头，然后注浆形成圆柱体，适用于砂土和黏性土，可以达到较高的抗拔力。

2. 锚杆的基本要求

根据《建筑基坑支护技术规程》（JGJ 120—2012）的规定，锚杆的基本要求如下：

1）锚杆的应用应符合下列规定：

① 锚拉结构宜采用钢绞线锚杆；当设计的锚杆抗拔承载力较低时，也可采用普通钢筋锚杆；当环境保护不允许在支护结构使用功能完成后锚杆杆体滞留于基坑周边地层内时，应采用可拆芯钢绞线锚杆。

② 在易塌孔的松散或稍密的砂土、碎石土、粉土层，高液性指数的饱和黏性土层，高水压力的各类土层中，钢绞线锚杆、普通钢筋锚杆宜采用套管护壁成孔工艺。

③ 锚杆注浆宜采用二次压力注浆工艺。

④ 锚杆锚固段不宜设置在淤泥、淤泥质土、泥炭、泥炭质土及松散填土层内。

⑤ 在复杂地质条件下，应通过现场试验确定锚杆的适用性。

2）锚杆的布置应符合下列规定：

① 锚杆的水平间距不宜小于 1.5m；多层锚杆，其竖向间距不宜小于 2.0m。当锚杆的间距小于 1.5m 时，应根据群锚效应对锚杆抗拔承载力进行折减或使相邻锚杆取不同的倾角。

② 锚杆锚固段的上覆土层厚度不宜小于 4.0m。

③ 锚杆倾角宜取 15°～25°，且不应大于 45°，不应小于 10°。锚杆的锚固段宜设置在黏结强度高的土层内。

④ 当锚杆穿过的地层上方存在天然地基的建筑物或地下构筑物时，宜避开易塌孔、变形的地层。

3）钢绞线锚杆、钢筋锚杆的构造应符合下列规定：

① 锚杆成孔直径宜取 100～150mm。

② 锚杆自由段的长度不应小于 5m，且穿过潜在滑动面进入稳定土层的长度不应小于 1.5m；钢绞线、钢筋杆体在自由段应设置隔离套管。

③ 土层中的锚杆锚固段长度不宜小于 6m。

④ 锚杆杆体的外露长度应满足腰梁、台座尺寸及张拉锁定的要求。

⑤ 应沿锚杆杆体全长设置定位支架。定位支架应能使相邻定位支架中点处锚杆杆体的注浆固结体保护层厚度不小于 10mm。定位支架的间距宜根据锚杆杆体的组装刚度确定，对自由段宜取 1.5～2.0m，对锚固段宜取 1.0～1.5m。定位支架应能使各根钢绞线相互分离。

⑥ 钢绞线用锚具应符合现行国家标准《预应力筋用锚具、夹具和连接器》（GB/T 14370—2007）的规定。

⑦ 普通钢筋锚杆采用千斤顶张拉后对螺栓进行紧固的锁定方法，螺栓与杆体钢筋的连接、螺母的规格应满足锚杆拉力的要求。

⑧ 锚杆注浆应采用水泥浆或水泥砂浆，注浆固结体强度不宜低于 20MPa。

3. 钻孔施工机械

锚杆施工的主要机械设备为钻孔机。钻孔机按工作原理可分为回旋式钻机、螺旋钻机、旋转冲击式钻机及潜孔冲击钻等几类，施工时应根据土质、钻孔深度和地下水情况进行选择。各类锚杆钻机适用土层见表 1-4。

表1-4 各类锚杆钻机适用土层

钻机类型	适用土层
回旋式钻机	黏土、砂性土
螺旋式钻机	无地下水的黏土、粉质黏土及较密的砂层
旋转冲击式钻机	黏土类、砂砾、卵石类、岩石及涌水地基
潜孔冲击钻	孔隙率大、含水率低的土层

（1）回转式钻机

回转式钻机（图1-32）一般固定在可移动的底盘及可改变角度的机架上，施工中根据锚杆孔位移动对位，并按设计调整钻架钻进角度。钻机的钻头安装在套管底端，钻头以一定压力和钻速切割土体，土渣则通过循环水排出孔外。一般应根据不同土质选用不同的钻头。当在地下水位以下钻进时，遇软黏土、松散的粉质黏土、粉细砂等土层，可采用套管钻进，以保护孔壁防止坍孔。这种钻机在我国应用较广。

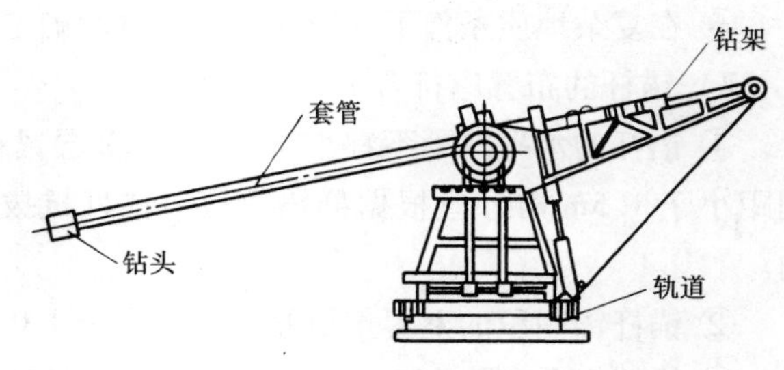

图1-32 回转式钻机

（2）螺旋式钻机

螺旋式钻机（图1-33）是利用回转的螺旋钻杆，以一定的钻压与钻速向土体中钻进，并将切削的土体顺螺旋叶排出孔外，它一般用于无地下水的黏土或砂土土层。螺旋钻杆一般5m一节，并辅以一些短钻杆，施工中依据孔深接长，多用锥螺纹接头形式。

螺旋式钻机采用干法取土，不用水循环，也不用套管护壁，因此钻进速度快、效率也较高。

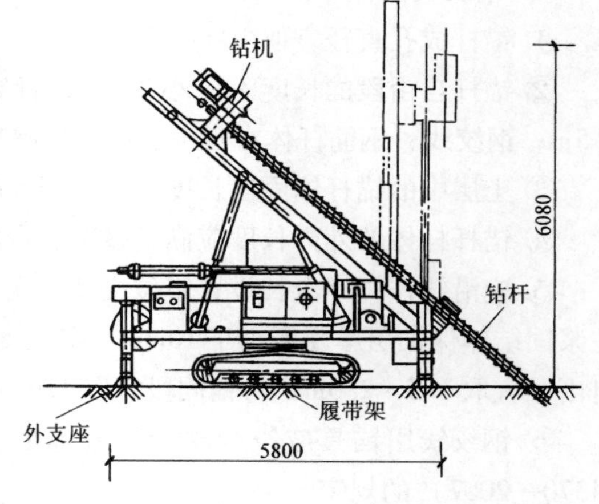

图1-33 步履式螺旋式钻机

（3）旋转冲击式钻机

旋转冲击式钻机又称万能钻机，具有旋转、冲击、钻进的功能，其钻孔、移动及装卸均由液压控制，可变化不同的钻进角度施工。旋转冲击式钻机的优点是：操作方便、辅助时间少、钻进效率高、劳动强度低等。

（4）潜孔冲击钻

潜孔冲击钻是利用钻杆端部的冲击器冲击成孔。冲击器由压缩空气驱动，内部装有配气阀、气缸和活塞等机构，通过活塞往复运动定向高频冲振，挤压土层向前钻进。冲击器工作时始终潜于孔底。潜孔冲击钻具有成孔速度快、不出土、噪声低、能耗小等优点。

4. 锚杆施工

锚杆的施工工艺流程是：钻孔→安放锚杆→注浆→养护→安装锚头→张拉锚固→开挖下

层土方。

当锚杆穿过的地层附近存在既有地下管线、地下构筑物时，应在调查或探明其位置、走向、类型、使用状况等情况后再进行锚杆施工。

（1）钻孔

按钻孔方法的不同，可分为干作业法和湿作业法（压水钻进法）。

锚杆处于地下水以上时，可选用干作业法成孔。该法适用于黏土、粉质黏土和密实性、稳定性较好的砂土等土层，一般用螺旋式钻机施工。采用干作业法钻孔时，应注意钻进速度，防止卡钻，并应在将孔内土充分取出后拔出钻杆，以减小拔钻阻力，并减少孔内虚土。

湿作业法即压水钻进成孔法，它在成孔时将压力水从钻杆中心注入孔底，压力水携带钻削下的土渣从钻杆与孔壁间的孔隙处排出，使钻进、出渣、清孔等工序一次完成。由于孔内有压力水存在，故可防止塌孔，减少沉渣及虚土。其缺点是排出泥浆较多，需做好排水系统，否则施工现场污染会很严重。

湿作业法采用回转式钻机施工。水压力控制在 0.15 ~ 0.30MPa，注水应保持连续。钻进速度以 300 ~ 400mm/min 为宜。每节钻杆钻进后在进行接钻前及钻至规定深度后，均应彻底清孔，直至出水清澈。在松软土层中钻孔，可采用套管钻进，以防坍孔。清孔是否彻底对锚杆的承载力影响很大。为改善锚杆的承载力，还可采用水泥浆清孔。

当成孔过程中遇不明障碍物时，在查明其性质前不得钻进。

（2）扩孔

对锚杆孔进行扩孔形成扩大端头锚杆，可明显提高承载力。扩孔方法有机械扩孔、爆炸扩孔、水力扩孔及压浆扩孔四种。

机械扩孔需要专门的扩孔装置（图 1-34）。该扩孔装置是一种扩张式刀具，通过机械方法缓慢地旋转而逐渐地张开，直到所有切刀都完全张开形成扩孔锥为止。扩孔锥的直径最大可达 4 倍的钻孔直径。

爆炸扩孔是将炸药放入钻孔的预定位置，引爆后使土向四周挤压形成球形扩大头，一般适用于砂性土。

水力扩孔是利用水力扩孔钻进行扩孔。

压浆扩孔方法是采用二次灌注法进行扩孔。

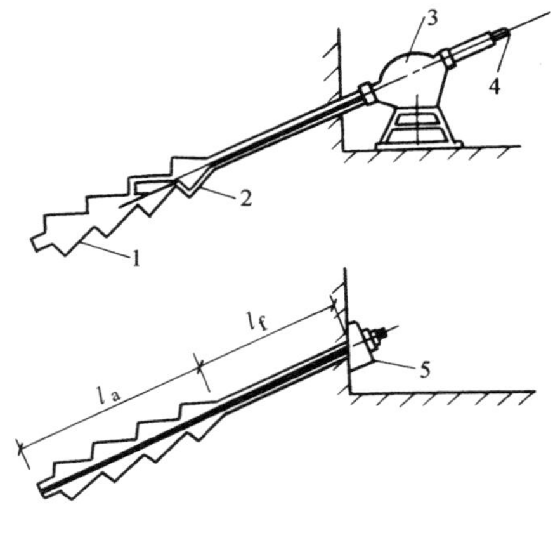

图 1-34　机械扩孔
1—扩孔　2—扩孔刀具
3—钻机　4—控制设备　5—锚头

（3）锚杆制作与安放

1）锚杆的制作

锚杆材料一般采用钢绞线或普通钢筋。锚杆的长度 L 可按下式计算：

$$L = L_1 + L_2 + L_3 + L_4$$

式中　L_1——锚杆的设计长度（m）；

L_2——支撑围檩的宽度（m）；

L_3——工具锚和工作锚的厚度或锚座与螺母厚度（m）；

L_4——张拉锚索或钢筋所需的长度（m）。

当锚杆杆体采用HRB400、HRB500级钢筋时，其连接宜采用机械连接、双面搭接焊、双面帮条焊。采用双面焊时，焊缝长度不应小于$5d$（d为杆体钢筋直径）。钢筋锚杆的自由段要做好防腐和隔离处理。防腐层施工时，应先清除锚杆上的铁锈，再涂上一层环氧防腐漆冷底子油，待其干燥后，再涂一层环氧玻璃钢（或玻璃聚酯等），待其固化后，再缠绕两层聚乙烯塑料薄膜。

钢绞线锚杆（锚索）通常在现场进行编制。内锚固段采用波纹形状，张拉段采用直线形状。将截好的钢绞线平顺地放在作业台架上，量出内锚固段和锚索设计长度，分别做出标记；在内锚固段的范围内穿对中隔离支架，间距150cm，两对中支架之间扎紧固环一道；张拉段每米也扎一道紧固环，并用塑料管穿套，内涂黄油；最后，在锚索端头套上导向帽（图1-35）。

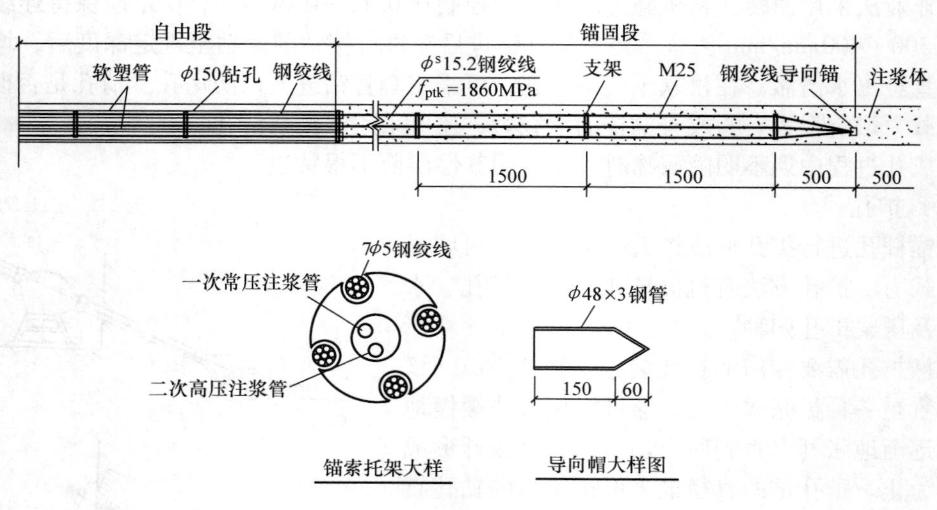

图1-35 预应力锚索示意图

2）锚杆的安放

锚杆安放时，为使锚杆能安置于钻孔中心，防止穿入时搅动土壁，增加锚杆与锚固体的握裹力，需在锚杆上设置定位器。定位器有多种形式，如沿钢筋外表均布的三脚支撑（用三根光圆钢筋焊在锚杆外侧，其外径比钻孔直径小100mm左右）、环形撑筋环、钢管（约60mm）及船形支架等（图1-36）。钢绞线锚杆（锚索）定位器如图1-35所示。

对于长锚杆或较重锚杆，一般应用机械起吊安放，注浆管应与锚杆同时插入。采用套管护壁工艺成孔时，应在拔出套管前将杆体插入孔内；采用非套管护壁成孔时，杆体应匀速推送至孔内。锚杆安放完毕应及时注浆。

（4）注浆

1）材料及配合比

锚杆注浆材料宜选用水泥浆或水泥砂浆。

注浆液采用水泥浆时，水胶比宜取0.50~0.55；采用水泥砂浆时，水胶比宜取0.40~

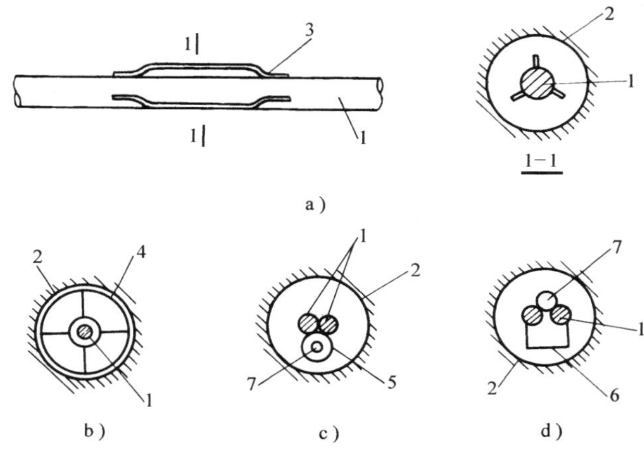

图 1-36　钢筋锚杆定位器

a）三脚支撑　b）撑筋环　c）钢管支架　d）船形支架

1—钢筋锚杆　2—钻孔　3—三脚支撑　4—撑筋环　5—钢管　6—船形支架　7—注浆管

0.45，胶砂比宜取 0.5～1.0，拌和用砂宜选用中粗砂。水泥浆或水泥砂浆内可掺入能提高注浆固结体早期强度或微膨胀的外掺剂，其掺入量宜按室内试验确定。

水泥砂浆、水泥浆应搅拌均匀，随伴随用，一次拌和的水泥砂浆、水泥浆应在初凝前用完。搅拌后的浆液应通过筛网注入压浆泵，以防止阻塞。

2）注浆方法

注浆方法常用一次注浆法和二次注浆法。

一次注浆法是用压浆泵将水泥浆由注浆管进行注浆。注浆时将一根直径 30mm 左右的钢管或胶管作为注浆管。一端与压浆泵相连，另一端与锚杆同时送入孔底。注浆管末端距孔底 100～200mm 时便开始注浆。注浆及拔管过程中，注浆管口应始终埋入注浆液面内，应在水泥浆液从孔口溢出后停止注浆。注浆后，当浆液液面下降时，应进行孔口补浆。

二次注浆一般采用双管法，也可采用专用锚杆。双管法用两根注浆管（直径 20mm），第一次注浆时注浆管的管端距离锚杆末端 500mm 左右（图 1-37），管底处可用塑料筒、黑胶布等封住，以防沉放时土进入管口。第二次注浆时注浆管的管端距离锚杆末端 1000mm 左右，管底出口处亦可用黑胶布等封口，且从管端 500mm 处开始向上每隔 2m 左右做出一段 1m 长的花管，花管的孔眼直径为 8mm，花管的段数视锚固段长度而定。

第一次注浆一般采用水泥砂浆，注浆压力 0.3～0.5MPa，流量可控制在 100L/min。在压力作用下，浆液冲出（胶布）封口流向钻孔，由于水泥砂浆的相对密度较大，可将清孔存留在孔内的水及泥浆置换出来。第一次注浆量可根据孔径及锚固段长度而定。第一次注浆后将注浆管拔出，注浆管可重复使用。

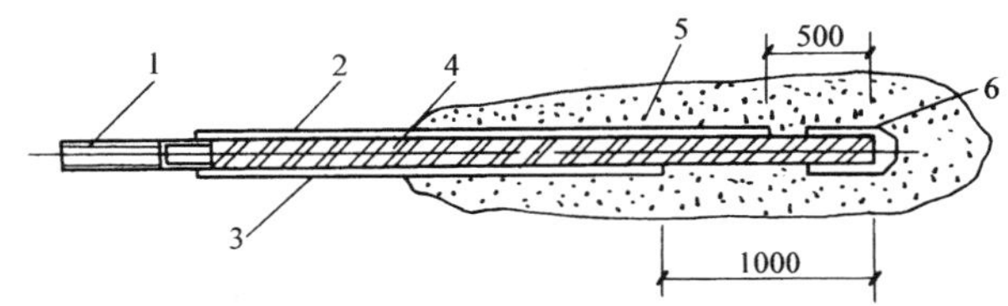

图 1-37　二次注浆法注浆管布置

1—锚头　2—第一次注浆管　3—第二次注浆管

4—锚杆　5—锚固体砂浆　6—塑料筒

待第一次灌注的浆液初凝后，进行第二次注浆。第二次注浆液使用水泥浆。第二次注浆时间可根据注浆工艺试验确定，或在第一次注浆锚固体强度达到5MPa后。第二次注浆压力控制在2.5~5.0MPa，并稳压2min。浆液冲破第一次注浆体，向锚固体与土的接触面之间扩散，使锚固体直径扩大，增加径向压应力。由于挤压作用，使锚固体周围的土受到压缩，孔隙比减小，含水量减少，也提高了土的内摩擦角，从而提高锚杆的承载能力。

采用专用锚杆二次注浆时，多用堵浆器设在锚固段与自由段交界处，使第一次注入的水泥砂浆在钻孔内形成“塞子”，防止砂浆进入自由段，借助于“塞子”的堵浆作用，可以提高二次（多次）注浆的压力，使注浆效果更好。

（5）张拉与锚固

锚杆的锚头和张拉设备，应与锚杆材料配套。根据《建筑基坑支护技术规程》（JGJ 120—2012）的规定，预应力锚杆张拉锁定时应符合下列要求：

1）当锚杆固结体的强度达到设计强度的75%且不小于15MPa后，方可进行锚杆的张拉锁定。

2）钢筋锚杆应逐根进行张拉锁定；拉力型钢绞线锚杆宜采用钢绞线束整体张拉锁定的方法。

3）锚杆锁定前，应按表1-5的检测值进行锚杆预张拉。锚杆张拉应平缓加载，加载速率不宜大于$0.1N_k$/min（N_k为锚杆轴向拉力标准值）。在张拉值下的锚杆位移和压力表压力应保持稳定，当锚头位移不稳定时，应判定此根锚杆不合格。

4）锁定时的锚杆拉力应考虑锁定过程的预应力损失量。预应力损失量宜通过对锁定前、后锚杆拉力的测试确定；缺少测试数据时，锁定时的锚杆拉力可取锁定值的1.1~1.15倍。

5）锚杆锁定尚应考虑相邻锚杆张拉锁定引起的预应力损失，当锚杆预应力损失严重时，应进行再次锁定。锚杆出现锚头松弛、脱落、锚具失效等情况时，应及时进行修复并对其进行再次锁定。

6）当锚杆需要再次张拉锁定时，锚具外杆体的长度和完好程度应满足张拉要求。

（6）锚杆检测

1）锚杆的施工偏差应符合下列要求：

① 钻孔孔位的允许偏差应为50mm。

② 钻孔倾角的允许偏差应为3°。

③ 杆体长度应大于设计长度。

④ 自由段的套管长度允许偏差应为±50mm。

2）锚杆抗拔承载力的检测应符合下列规定：

① 检测数量不应少于锚杆总数的5%，且同一土层中的锚杆检测数量不应少于3根。

② 检测试验应在锚杆的固结体强度达到设计强度的75%且不小于15MPa后进行。

③ 检测锚杆应采用随机抽样的方法选取。

④ 抗拔承载力检测值应按表1-5确定。

⑤ 检测试验应按《建筑基坑支护技术规程》（JGJ 120—2012）附录A的验收试验方法进行。

⑥ 当检测的锚杆不合格时，应扩大检测数量。

表 1-5　锚杆抗拔承载力检测值

支护结构的安全等级	抗拔承载力检测值与轴向拉力标准值 N_k 的比值
一级	≥1.4
二级	≥1.3
三级	≥1.2

1.4.3　土钉墙支护

1. 土钉墙的构造要求

土钉墙主要由土钉体、土钉墙范围内的土体和面层组成。典型的土钉体及面层构造如图 1-38 所示。

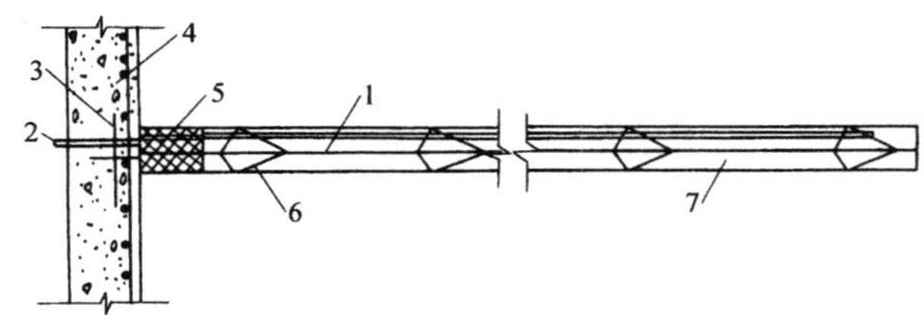

图 1-38　土钉体及面层构造

1—钢筋土钉　2—注浆管　3—井字钢筋或垫板　4—混凝土面层（配钢筋网）
5—止浆塞　6—土钉支架　7—注浆体

根据《建筑基坑支护技术规程》（JGJ 120—2012）的规定，土钉墙应符合下列构造要求：

1）土钉墙、预应力锚杆复合土钉墙的坡度不宜大于 1∶0.2。当基坑较深、土的抗剪强度较低时，宜取较小坡度。对砂土、碎石土、松散填土，确定土钉墙坡度时尚应考虑开挖时坡面的局部自稳能力。微型桩、水泥土桩复合土钉墙，应采用微型桩、水泥土桩与土钉墙面层贴合的垂直墙面。

2）土钉墙宜采用洛阳铲成孔的钢筋土钉。对易塌孔的松散或稍密的砂土、稍密的粉土、填土，或易缩径的软土宜采用打入式钢管土钉。对洛阳铲成孔或钢管土钉打入困难的土层，宜采用机械成孔的钢筋土钉。

3）土钉水平间距和竖向间距宜为 1～2m；当基坑较深、土的抗剪强度较低时，土钉间距应取小值。土钉倾角宜为 5°～20°，其夹角应根据土性和施工条件确定。土钉长度应按各层土钉受力均匀、各土钉拉力与相应土钉极限承载力的比值近于相等的原则确定。

4）成孔注浆型钢筋土钉的构造应符合下列要求：

① 成孔直径宜取 70～120mm。

② 土钉钢筋宜采用 HRB400、HRB500 级钢筋。钢筋直径应根据土钉抗拔承载力设计要求确定，且宜取 16～32mm。

③ 应沿土钉全长设置对中定位支架，其间距宜取 1.5～2.5m。土钉钢筋保护层厚度不宜小于 20mm。

④ 土钉孔注浆材料可采用水泥浆或水泥砂浆，其强度不宜低于20MPa。

5）钢管土钉的构造应符合下列要求：

① 钢管的外径不宜小于48mm，壁厚不宜小于3mm。钢管的注浆孔应设置在钢管里端 $l/2 \sim 2l/3$ 范围内（l 为钢管土钉的总长度）。每个注浆截面的注浆孔宜取2个，且应对称布置。注浆孔的孔径宜取5～8mm，注浆孔外应设置保护倒刺。

② 钢管土钉的连接采用焊接时，接头强度不应低于钢管强度。可采用数量不少于3根、直径不小于16mm的钢筋沿截面均匀分布拼焊。双面焊接时钢筋长度不应小于钢管直径的2倍。

6）当土钉墙高度不大于12m时，喷射混凝土面层的构造要求应符合下列规定：

① 喷射混凝土面层厚度宜取80～100mm。

② 喷射混凝土设计强度等级不宜低于C20。

③ 喷射混凝土面层中应配置钢筋网和通长的加强钢筋。钢筋网宜采用HPB300级钢筋，钢筋直径宜取6～10mm，钢筋网间距宜取150～250mm，钢筋网间的搭接长度应大于300mm。加强钢筋的直径宜取14～20mm；当充分利用土钉杆体的抗拉强度时，加强钢筋的截面面积不应小于土钉杆体截面面积的二分之一。

7）土钉与加强钢筋宜采用焊接连接，其连接应满足承受土钉拉力的要求。当在土钉拉力作用下喷射混凝土面层的局部受冲切承载力不足时，应采用设置承压钢板等加强措施。

图1-39所示为土钉钢筋与喷射混凝土面层的连接。可在土钉端部两侧沿土钉长度方向焊上短钢筋，并与面层内连接相邻土钉端部的通长加强钢筋相互焊接。对于重要的工程或支护面层受有较大的侧压时，宜将土钉做成螺纹端，通过螺母、楔形垫圈及方形钢垫板与面层连接。

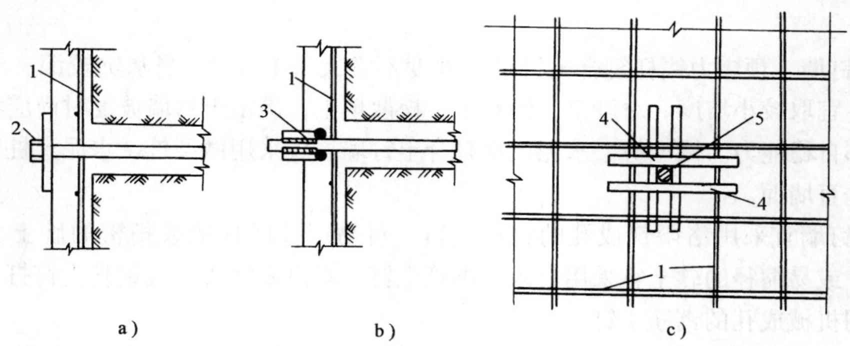

图1-39 土钉钢筋与喷射混凝土面层的连接

a）螺栓连接 b）、c）钢筋焊接

1—钢筋网 2—螺栓 3—焊接钢筋 4—井字短钢筋 5—土钉钢筋

8）当土钉墙墙后存在滞水时，应在含水土层部位的墙面设置泄水孔或采取其他疏水措施。

2. 施工机具

土钉墙施工机具主要有钻孔机具、空气压缩机、混凝土喷射机等。

钻孔机具常用的有洛阳铲、锚杆钻机和地质钻机等。洛阳铲是土层人工成孔的传统工具，以机动灵活、操作简便见长，一旦遇到地下管线等障碍物能迅速反应，并可用多把铲同时施工，成孔直径为 80 ~ 150mm，水平方向成孔深度可达 15m。锚杆钻机和地质钻机能自动退、接钻杆，操作方便、功效高。

空气压缩机是钻孔机械和混凝土喷射机械的动力设备，简称空压机。一般选用 9 ~ 20m^3/min 排气量的空压机即可。当一台空压机带动两台以上钻机或混凝土喷射机时，要配备储气罐。空压机的驱动机分为电动式和柴油式，当现场供电能力有限制时，可选用柴油驱动空压机。

混凝土喷射机是利用压缩空气将混凝土沿管道连续输送并喷射到施工面上去的机械，分干式喷射机和湿式喷射机两类。干式喷射机由气力输送干拌合料，在喷嘴处与压力水混合后喷出；湿式喷射机由气力或混凝土泵输送混凝土混合物，使之经喷嘴喷出。混凝土喷射机广泛用于地下工程、井巷、隧道、涵洞等的衬砌施工。

3. 土钉墙支护施工

土钉墙支护必须遵循从上到下分步开挖、分步支护的原则，即边开挖边支护。其工艺流程是：开挖第一层土方、修正边坡→喷射第一层混凝土、设置钢筋网→钻孔、安装土钉、注浆→土钉与面层锚固、喷射第二层混凝土→开挖第二层土方，按此循环。

（1）开挖土方

基坑土方应按设计要求严格分层、分段开挖。在未完成上层作业面土钉与喷射混凝土施工以前，不得进行下一层深度的开挖。当用机械进行土方作业时，严禁坡边出现超挖或土体松动现象。坡面经机械开挖后宜用小型机具或铲、锹进行切削清坡，以使坡度及坡面平整度达到设计要求。坡面平整度的允许偏差宜为 ±20mm。

（2）喷射第一层混凝土

每步土层开挖后应尽快做好面层，尽量缩短边坡土体的裸露时间。对于自稳能力差的土体，如高含水量的黏性土和无黏结力的砂土，应立即进行支护。为防止基坑边坡的裸露土体发生坍陷，可采取下列措施：

1）对整修后的边壁喷上一层薄混凝土或砂浆，凝结后再钻孔（图 1-40a）。

2）在作业面上先构筑钢筋网喷混凝土面层，而后进行钻孔、设土钉（图 1-40b）。

3）在水平方向分小段间隔开挖。

4）先将作业深度上的边壁做成斜坡，待钻孔设置土钉后再清坡（图 1-40c）。

5）在开挖前，先沿设计开挖面设置密排竖向微型桩，间距不大于 1m。微型桩可采用 $\phi48 \sim \phi150$ 钢管，或钻孔放置钢筋注浆加固土体（图 1-40d）。

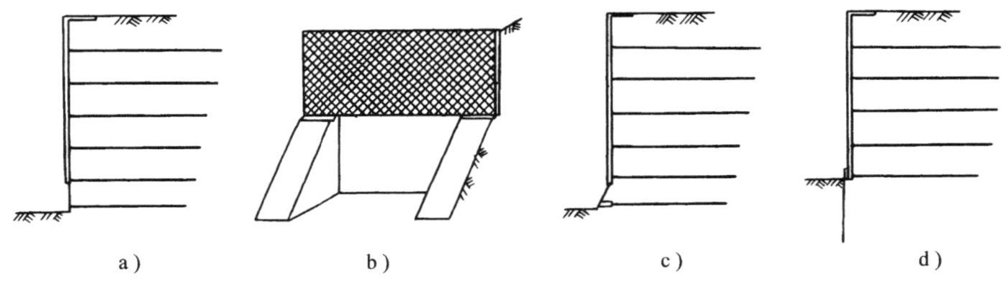

图 1-40　易坍土层的施工措施

a）先喷浆护壁后钻孔　b）先构筑钢筋网喷混凝土面层

c）先将边壁做成斜坡，待设置土钉后清坡　d）设置密排微型桩

(3) 设置土钉

1) 钢筋土钉成孔

钢筋土钉钻孔前应按设计要求定出孔位、做出标记和编号，然后钻孔。成孔过程中应做好记录，成孔时应符合下列要求：

① 土钉成孔范围内存在地下管线等设施时，应在查明其位置并避开后，再进行成孔作业。

② 应根据土层的性状选择洛阳铲、螺旋钻、冲击钻、地质钻等成孔方法，采用的成孔方法应能保证孔壁的稳定、减小对孔壁的扰动。

③ 当成孔遇不明障碍物时，应停止成孔作业，在查明障碍物的情况并采取针对性措施后方可继续成孔。

④ 对易塌孔的松散土层宜采用机械成孔工艺；成孔困难时，可采用注入水泥浆等方法进行护壁。

2) 钢筋土钉杆体的制作安装

钢筋使用前，应调直并清除污锈。当钢筋需要连接时，宜采用搭接焊、帮条焊；应采用双面焊，双面焊的搭接长度或帮条长度应不小于主筋直径的5倍，焊缝高度不应小于主筋直径的0.3倍。对中支架的断面尺寸应符合土钉杆体保护层厚度要求，对中支架可选用直径6~8mm的钢筋焊制。

土钉成孔后应及时插入土钉杆体，遇塌孔、缩径时，应在处理后再插入土钉杆体。

3) 钢筋土钉注浆

注浆材料可选用水泥浆或水泥砂浆。水泥浆的水胶比宜取0.5~0.55；水泥砂浆的水胶比宜取0.40~0.45，同时，胶砂比宜取0.5~1.0，拌和用砂宜选用中粗砂，按重量计的含泥量不得大于3%。水泥浆或水泥砂浆应拌和均匀，一次拌和的水泥浆或水泥砂浆应在初凝前使用。

注浆前应将孔内残留的虚土清除干净。注浆时，宜采用将注浆管与土钉杆体绑扎、同时插入孔内并由孔底注浆的方式。注浆管端部至孔底的距离不宜大于200mm。注浆及拔管时，注浆管口应始终埋入注浆液面内，应在新鲜浆液从孔口溢出后停止注浆。注浆后，当浆液液面下降时，应进行补浆。

4) 打入式钢管土钉施工

钢管土钉可以直接用气锤、挖土机挖斗等设备打入或压入土体中，然后注浆（花管）。打入式钢管端部应制成尖锥状，顶部宜设置防止钢管顶部施打变形的加强构造。注浆材料应采用水泥浆，水泥浆的水胶比宜取0.5~0.6。注浆压力不宜小于0.6MPa。应在注浆至管顶周围出现返浆后停止注浆；当不出现返浆时，可采用间歇注浆的方法。

(4) 铺设钢筋网

钢筋网应在喷射一层混凝土后铺设，钢筋与坡面的间隙应大于20mm。钢筋网可采用绑扎固定。钢筋连接宜采用搭接焊，焊缝长度不应小于钢筋直径的10倍。采用双层钢筋网时，第二层钢筋网应在第一层钢筋网被混凝土覆盖后铺设。

(5) 喷射混凝土面层

喷射混凝土材料：细骨料宜选用中粗砂，含泥量应小于3%；粗骨料宜选用粒径不大于20mm的级配砾石；水泥与砂石的重量比宜取1:4~1:4.5，砂率宜取45%~55%，水胶比宜

取 0.4 ~ 0.45。使用速凝剂等外掺剂时，应做外加剂与水泥的相容性试验及水泥净浆凝结试验，并应通过试验确定外掺剂掺量及掺入方法。

喷射作业应分段依次进行，同一分段内喷射顺序应自下而上均匀喷射，一次喷射厚度宜为 30 ~ 80mm。喷射混凝土时，喷头与土钉墙墙面应保持垂直，其距离宜为 0.6 ~ 1.0m。喷射混凝土终凝 2h 后应及时喷水养护。

（6）排水设施设置

水是土钉墙支护结构最为敏感的问题，不但要在施工前做好降排水工作，还要充分考虑土钉墙支护结构在工作期间地表水及地下水的情况，设置排水设施。

基坑四周支护范围内的地表应加以修整，并应做防水地面、构筑排水明沟，严防地表水向下渗透。可将喷射混凝土面层延伸到基坑周围地表构成喷射混凝土护顶（图 1-41）。

当基坑边壁有透水层或渗水土层时，混凝土面层上要做泄水孔，即在支护墙面层背部设置长度为 400 ~ 600mm、直径不小于 40mm 的排水管，外端伸出墙面略向下倾斜，间距为 1.5 ~ 2.0m（图 1-42）。

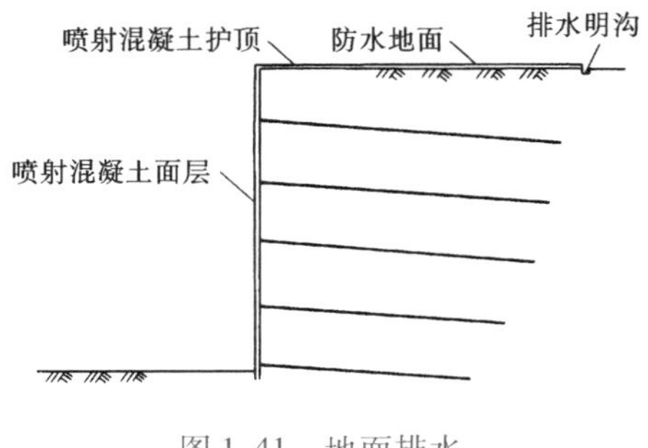

图 1-41　地面排水

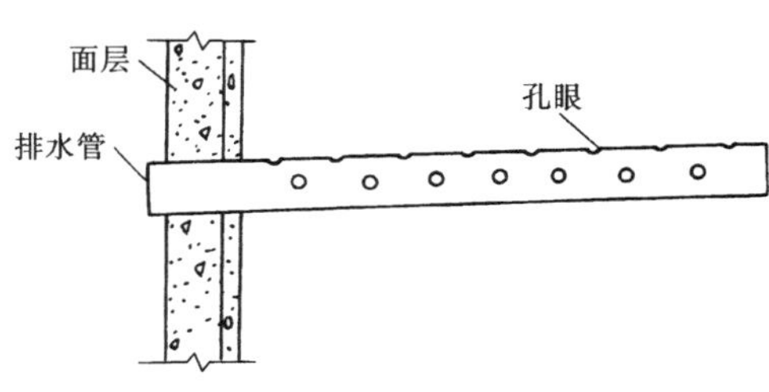

图 1-42　面层内泄水管

为排除积聚在基坑的渗水和雨水，应在坑底设置排水沟及集水坑。排水沟应离开边壁 0.5 ~ 1m，排水沟及集水坑宜用砖砌并抹砂浆，防止渗漏，坑中积水应及时抽出。

（7）土钉墙的施工偏差与质量检测

1）土钉墙的施工偏差应符合下列要求：

① 土钉位置的允许偏差应为 100mm。

② 土钉倾角的允许偏差应为 3°。

③ 土钉杆体长度应大于设计长度。

④ 钢筋网间距的允许偏差应为 ±30mm。

⑤ 微型桩桩位的允许偏差应为 50mm。

⑥ 微型桩垂直度的允许偏差应为 0.5%。

2）土钉墙的质量检测应符合下列规定：

① 应对土钉的抗拔承载力进行检测，土钉的检测数量不宜少于土钉总数的 1%，且同一土层中的土钉检测数量不应少于 3 根。对安全等级为二级、三级的土钉墙，抗拔承载力检测值分布不应小于土钉轴向拉力标准值的 1.3 倍、1.2 倍。检测土钉应采用随机抽样的方法选取。检测试验应在注浆固结体强度达到 10MPa 或设计强度的 70% 后进行，应按《建筑基坑支护技术规程》（JGJ 120—2012）附录 D 的试验方法进行。当检测的土钉不合格时，应扩大检测数量。

② 土钉墙面层喷射混凝土应进行现场试块强度试验，每 500m^2 喷射混凝土面积试验数量不应少于一组，每组试块不应少于 3 个。

③ 应对土钉墙的喷射混凝土面层厚度进行检测，每 500m^2 喷射混凝土面积检测数量不应少于一组，每组的检测点不应少于 3 个。全部检测点的面层厚度平均值不应小于厚度设计值，最小厚度不应小于厚度设计值的 80%。

④ 复合土钉墙中的预应力锚杆，应按锚杆抗拔承载力检测的规定进行检测。

1.5 地下连续墙与逆作法施工

1.5.1 概述

地下连续墙是在基坑开挖之前，用特殊挖槽设备、在泥浆护壁条件下开挖深槽，然后安放钢筋笼、浇筑混凝土形成的地下混凝土墙体。

逆作法施工是对深度较大的多层地下室，利用先施工完成的地下连续墙作为深基坑开挖时挡土、止水的围护墙和地下室的外墙，利用地下室楼盖结构（梁、板、柱）作为地下连续墙的水平支撑体系，由上而下逐层进行地下室结构施工的方法。

逆作法根据对维护结构的支撑方式，分为全逆作法、半逆作法和部分逆作法。

全逆作法是利用地下室各层钢筋混凝土楼盖对基坑围护结构形成水平支撑，上、下结构同时施工。对于高层和超高层建筑能缩短工期，是逆作法中大力推广的施工方法。

半逆作法是在地下室结构施工时，先浇筑地下室结构的墙和楼盖梁，利用其作为围护墙的水平支撑，待地下室土方工程完成后，楼板再自下而上逐层浇筑。这种方法由于地下一层顶板未封闭，因而不能使上部结构与地下结构同时施工，总工期不能缩短，但地下工程的施工条件较好，适用于工期不紧，地下室纵横墙较多的工程。

部分逆作法是利用基坑四周暂时保留的局部土体对围护结构形成水平支撑，先开挖基坑中间部分的土体和顺作施工中间部分的地下室结构，待地下室中间部分的结构完成后，再逆作施工周边部分的地下结构。这种方法适用于土质较好、基坑面积较大而基坑深度不很大的工程。尤其对中心筒体、外框架结构的地下部分施工较为适用。

1.5.2 地下连续墙支护施工

1. 地下连续墙基本要求

地下连续墙的墙厚应根据计算、并结合成槽机械的规格确定，但不宜小于 600mm。地下连续墙单元墙段（槽段）的长度、形状，应根据整体平面布置、受力特性、槽壁稳定性、环境条件和施工要求等因素综合确定。当地下水位变动频繁或槽壁孔可能发生坍塌时，应进行成槽试验及槽壁的稳定性验算。

根据《建筑基坑支护技术规程》（JGJ 120—2012）的规定，地下连续墙应符合下列要求：

1）地下连续墙的混凝土设计强度等级宜取 C30 ~ C40。地下连续墙用于截水时，墙体混凝土抗渗等级不宜小于 P6，槽段接头应满足截水要求。当地下连续墙同时作为主体地下结构构件时，墙体混凝土抗渗等级应满足现行国家标准《地下工程防水技术规范》（GB

50108—2008）及其他相关规范的要求。

2）地下连续墙的纵向受力钢筋应沿墙身每侧均匀配置，可按内力大小沿墙体纵向分段配置，且通长配置的纵向钢筋不应小于 50%。纵向受力钢筋宜采用 HRB400、HRB500 级钢筋，直径不宜小于 16mm，净间距不宜小于 75mm。水平钢筋及构造钢筋宜选用 HPB300 或 HRB400 级钢筋，直径不宜小于 12mm，水平钢筋间距宜取 200 ~ 400mm。冠梁按构造设置时，纵向钢筋锚入冠梁的长度宜取冠梁厚度。冠梁按结构受力构件设置时，墙身纵向受力钢筋伸入冠梁的锚固长度应符合现行国家标准《混凝土结构设计规范》（GB 50010—2010）对钢筋锚固的有关规定。当不能满足锚固长度的要求时，其钢筋末端可采取机械锚固措施。

3）地下连续墙纵向受力钢筋的保护层厚度，在基坑内侧不宜小于 50mm，在基坑外侧不宜小于 70mm。

4）钢筋笼两侧的端部与槽段接头之间、钢筋笼两侧的端部与相邻墙段混凝土接头面之间的间隙应不大于 150mm，纵筋下端 500mm 长度范围内宜按 1∶10 的斜度向内收口。

5）地下连续墙的槽段接头应按下列原则选用：

① 地下连续墙宜采用圆形锁口管接头、波纹管接头、楔形接头、工字形钢接头或混凝土预制接头等柔性接头。

② 当地下连续墙作为主体地下结构外墙，且需要形成整体墙体时，宜采用刚性接头。刚性接头可采用一字形或十字形穿孔钢板接头、钢筋承插式接头等。在采取地下连续墙顶设置通长的冠梁、墙壁内侧槽段接缝位置设置结构壁柱、基础底板与地下连续墙刚性连接等措施时，也可采用柔性接头。

6）地下连续墙墙顶应设置混凝土冠梁。冠梁宽度不宜小于墙厚，高度不宜小于墙厚的 0.6 倍。冠梁钢筋应符合现行国家标准《混凝土结构设计规范》（GB 50010—2010）对梁的构造配筋要求。冠梁用作支撑或锚杆的传力构件或按空间结构设计时，尚应按受力构件进行截面设计。

2. 成槽机械

用于地下连续墙成槽施工的机械有挖斗式挖槽机、冲击式挖槽机和回转式挖槽机三类。

（1）挖斗式挖槽机

挖斗式挖槽机是用斗齿切削土体，并将土体集在挖斗内，然后从沟槽中提出地面开斗卸土。这是一类构造最简单的挖槽机械，适用于较松软的土质施工。

挖斗式挖槽机中蚌式抓斗是常用的一种形式。蚌式抓斗斗体上下和开闭可采用钢索操纵，也有采用液压控制。为提高抓斗的切土能力，蚌式抓斗一般都要加大斗重量，并在抓斗的两个侧面安装导向板，以提高挖槽的垂直精度。标准蚌式抓斗如图 1-43 所示。

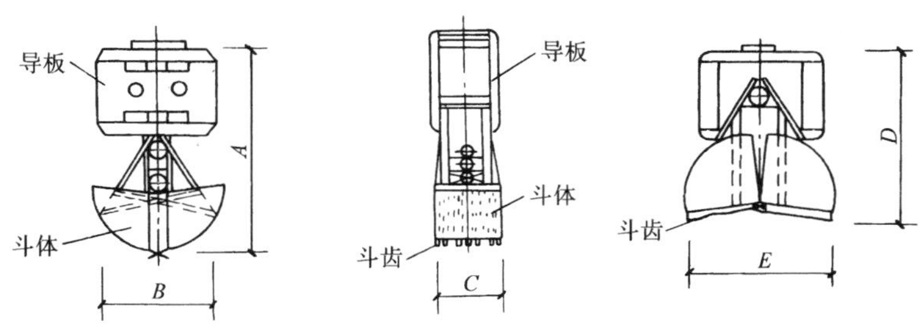

图 1-43　蚌式抓斗

对于较硬的土层宜采用钻抓式成槽机进行挖槽。钻抓式成槽机是由导板抓斗与导向钻机组合而成。施工时先用潜水电钻根据抓斗的开斗宽度钻两个导孔，孔径与墙厚相同，然后用抓斗抓去两导孔间的土体（图1-44）。

(2) 冲击式挖槽机

冲击式挖槽机包括钻头冲击式和凿刨式两种。

冲击钻机是依靠钻头的冲击力破碎地基土，采用泥浆正循环或反循环排渣，所以不但对一般土层适用，对卵石、砾石，岩层等地层亦适用。冲击钻机上下运动以重力作用保持成孔垂直度。图1-45是ISOS冲击钻机的示意图。

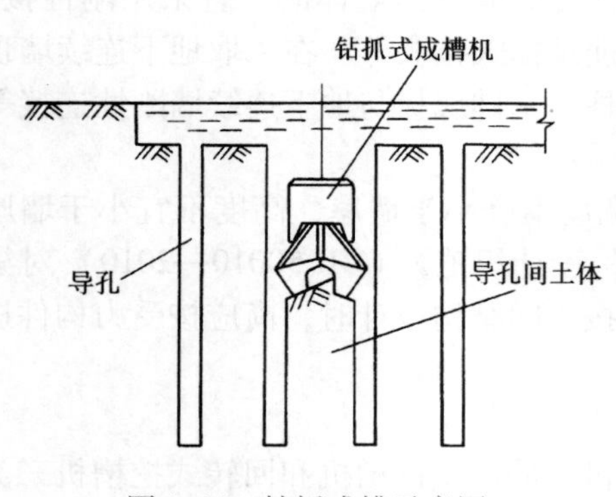

图1-44 钻抓成槽示意图

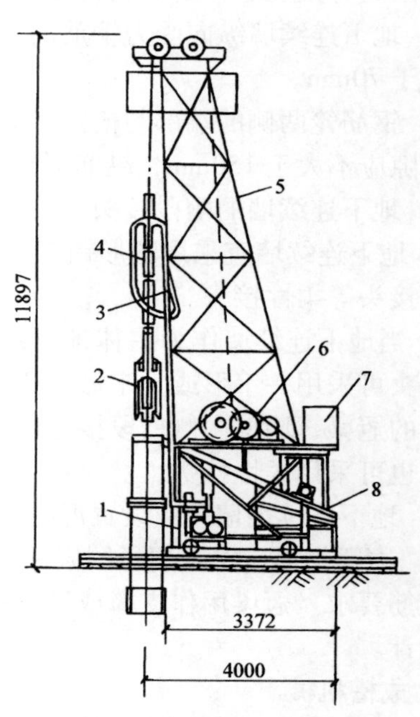

图1-45 ISOS冲击钻机

1—泥浆循环泵 2—钻头 3—中间输浆管 4—钻杆 5—机架 6—卷扬机 7—泥浆搅拌机 8—振动筛

凿刨式挖槽机是靠凿刨沿导杆上下运动以破碎土层，破碎的土渣由泥浆携带由导杆下端吸入经导杆排出槽外。

(3) 回转式挖槽机

这类挖槽机是以回转的钻头切削土体进行挖掘，钻下的土渣随循环的泥浆排出地面。钻头回转方式与挖槽面的关系有直挖和平挖两种。钻头数目有单头和多头之分，单头钻主要用来钻导孔，多头钻多用来挖槽。

图1-46所示SF型多头钻，是一种采用动力下放、泥浆反循环排渣、电子测斜纠偏和自动控制给进成槽的机械，具有成槽深度大、效率高、施工槽壁尺寸正确的特点。

3. 地下连续墙施工

地下连续墙施工工艺流程如图1-47所示。

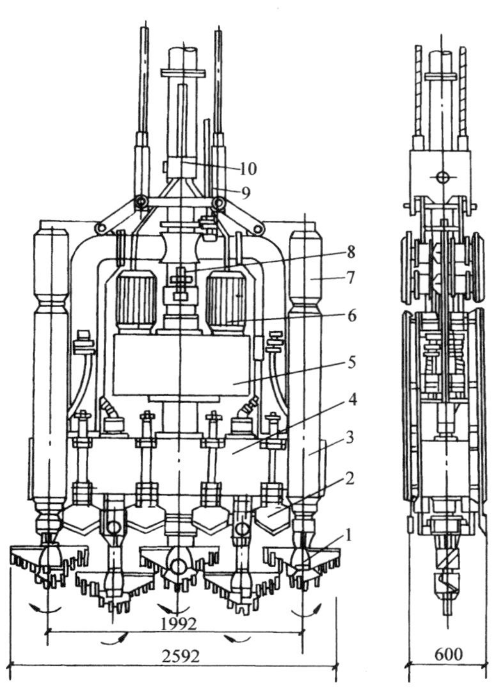

图 1-46　SF 型多头钻

1—钻头　2—侧刀　3—导板　4—齿轮箱　5—减速箱　6—潜水钻机
7—纠偏装置　8—高压进气管　9—泥浆管　10—电缆接头

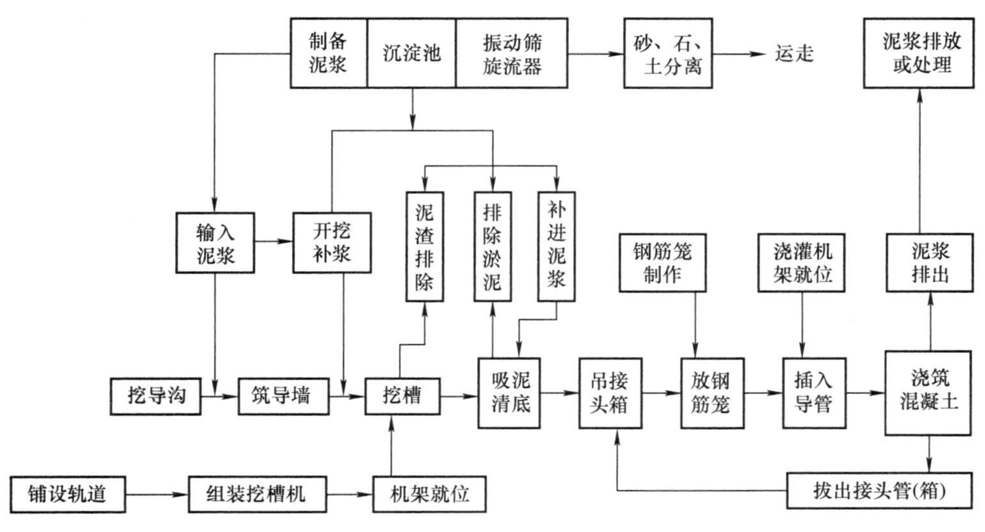

图 1-47　地下连续墙工艺流程图

(1) 修筑导墙

深槽开挖前，须沿地下连续墙设计轴线位置开挖导沟，并在其两侧修筑导墙。导墙施工是确保地下连续墙轴线位置及成槽质量的关键工序，其作用是：为地下连续墙定位、定标高，作为地下连续墙成槽的导向标准；支承挖槽机械及其他施工荷载；存储泥浆，稳定浆位；维护上部土体稳定，防止土体塌方等。

导墙的截面形式如图1-48所示。土质较好的土层可选用“Γ”形现浇混凝土导墙，甚至预制混凝土导墙或钢导墙；土质较差的土层宜选用“L”形、“[”形现浇混凝土导墙。

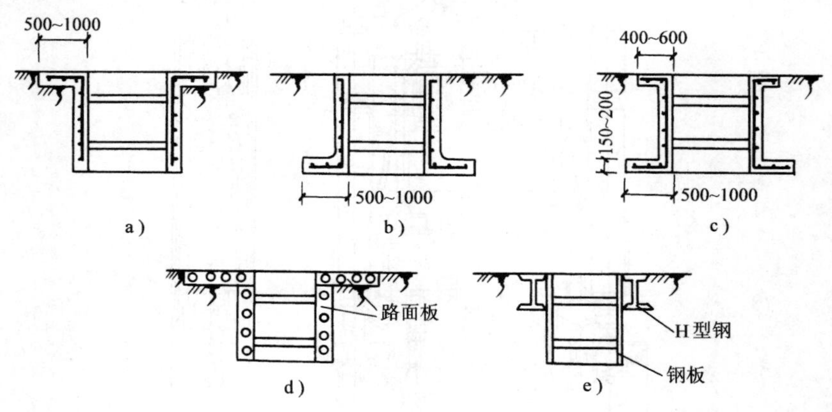

图1-48 导墙的截面形式

a)“Γ”形现浇混凝土导墙 b)“L”形现浇混凝土导墙 c)“[”形现浇混凝土导墙
d）预制混凝土导墙 e）钢导墙

导墙一般厚度为150～250mm，埋深为1～2m，净距比成槽机宽30～50mm。导墙应高出地下水位1.5m，顶面高于施工场地50～100mm。

导墙的施工顺序是：平整场地→测量定位→挖槽→绑钢筋→支模板、对撑→浇筑混凝土→拆模后设置横撑→外侧回填夯实。

（2）泥浆护壁

泥浆的主要成分是膨润土、掺合物和水。泥浆具有护壁、携渣、对钻头冷却及润滑的作用。

膨润土是一种颗粒极细，遇水显著膨胀，黏性和可塑性都很大的特殊黏土。主要成分是SiO_2、Al_2O_3和Fe_2O_3等。

掺合物有加重剂、增黏剂、分散剂及防漏剂四类。对于松软土层或地下水位较高及有承压水时，需加大泥浆比重（即相对密度）以维护槽壁稳定，可掺入适量的加重剂，如重晶石等。为增大泥浆黏稠度，防止沉降，可掺入适量的增黏剂，如羧甲基纤维素（CMC）等。为加速黏土的分散，提高黏土的造浆率，可掺入适量的分散剂，如碳酸钠（Na_2CO_3）、腐殖酸类等。对于槽壁为透水性较大的砂或砂砾层，或由于泥浆黏度不够、形成泥皮能力较弱，出现泥浆漏失现象，需掺入一定量的防漏剂，如锯末、稻草末、蛭石末等。

新制备泥浆的相对密度应小于1.05，成槽后泥浆的相对密度不应大于1.15，槽底泥浆的相对密度不大于1.20。同时泥浆黏度、泥浆失水量、泥浆厚度、泥浆pH值、泥浆的稳定性和胶体率应符合要求。

成槽时的护壁泥浆在使用前，应根据泥浆材料及地质条件试配及进行室内性能试验，泥浆配比应按试验确定。泥浆拌制后应贮放24h，待泥浆材料充分水化后方可使用。成槽时，泥浆的供应及处理设备应满足泥浆使用量的要求，泥浆的性能应符合相关技术指标的要求。

泥浆制备的方法可分为高速回转式搅拌和喷射式搅拌两种。高速回转式搅拌是通过高速回转叶片，使泥浆产生激烈的涡流，从而把泥浆搅拌均匀。喷射式搅拌是用泵把水喷射成射流状，通过喷嘴附近的真空吸力将粉末供给装置中的膨润土吸出，同时通过射流进行搅拌。

泥浆护壁施工采用循环方式。循环方式可分为正循环或反循环。正循环是通过中空钻杆及钻头输送泥浆，从钻头底端喷射，使泥浆与土渣混合液由槽沟内溢流至地表。反循环是从地表流入泥浆，由钻头底吸口吸入含有土渣的泥浆，通过中空钻杆或胶管送到地面。

正循环方式排土能力与泥浆流速成正比，而泥浆流速又与槽段截面成反比，故它不宜用于断面较大的挖槽施工，同时，此法土渣易混入泥浆中，使泥浆比重增大。泥浆反循环排渣时，泥浆的上升速度快，可以把较大块的土渣携出，而且土渣亦不会堆积在挖槽工作面上，因此通常使用反循环施工方式。

（3）成槽施工

1）槽段划分。槽段是指地下连续墙每一个施工段的单元长度。槽段长度一般为 4 ~6m，通常一至四个挖掘段组成一个单元槽段。当成槽施工可能对周边环境产生不利影响或槽壁稳定性较差时，应取较小的槽段长度。必要时，宜采用搅拌桩对槽壁进行加固。地下连续墙的转角处或有特殊要求时，单元槽段的平面形状可采用 L 形、T 形等。

此外，划分单元槽段时应考虑单元槽段之间的接头位置，接头应避免设在转角处及地下连续墙与内部结构的连接处，以保证地下连续墙的整体性。接头布置应与内衬墙体结构的变形缝或伸缩缝相协调。

2）成槽。单元槽段宜采用间隔一个或多个槽段的跳幅施工顺序。每个单元槽段，挖槽分段不宜超过 3 个。成槽过程护壁泥浆液面应高于导墙底面 500mm。

3）清底。单元槽段开挖到设计标高后，在插放接头管和钢筋笼之前，必须及时清除槽底淤泥和沉渣，必要时在下笼后再做一次清底。清底一般采用压缩空气升液法、砂石吸力泵排泥法及潜水泵排泥法三种方式（图 1-49）。

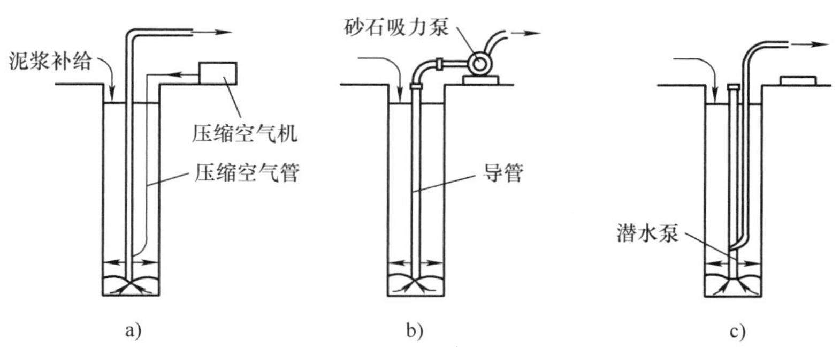

图 1-49　清底方法

a）压缩空气升液法　b）砂石吸力泵排泥法　c）潜水泵排泥法

通常是用在槽段挖完后继续进行泥浆的反循环作业即用“换浆法”清底，也有的待土渣基本沉淀到槽底后进行清底。土渣沉至槽底的时间与槽深、土渣形状与相对密度、泥浆相对密度等有关，一般挖槽结束后静止 2h，有 80% 的土渣会沉淀，4h 左右几乎全部沉淀。

（4）接头

地下连续墙是由许多单元槽段连接成的，因此槽段间接头必须满足受力和防渗要求，并使接头施工简便。地下连续墙接头形式，分为接头管接头、接头箱接头、隔板式接头、预制板接头等几种。

接头管连接法是目前最常用的，其优点是用钢量少、造价较低，能满足一般抗渗要求。接头管多用钢管，每节长度15m左右，采用内销连接，既便于运输，又可使外壁平整光滑，易于拔管（图1-50）。

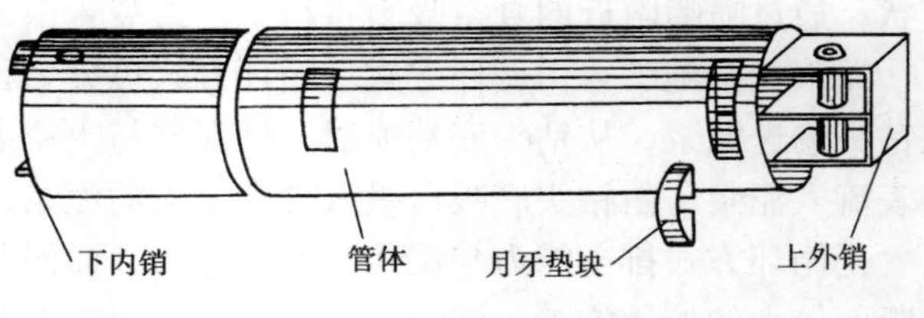

图1-50 钢管式接头管

接头管接头施工过程如图1-51所示。拔管时间控制既要保证管外混凝土不发生塌落，又要防止混凝土与钢管黏结造成阻力过大而使管拔不出或拔断。一般在混凝土达到0.05~0.20MPa（浇注后3~5h）可开始拔管，并应在浇注混凝土后8h内将接头管全部拔出。

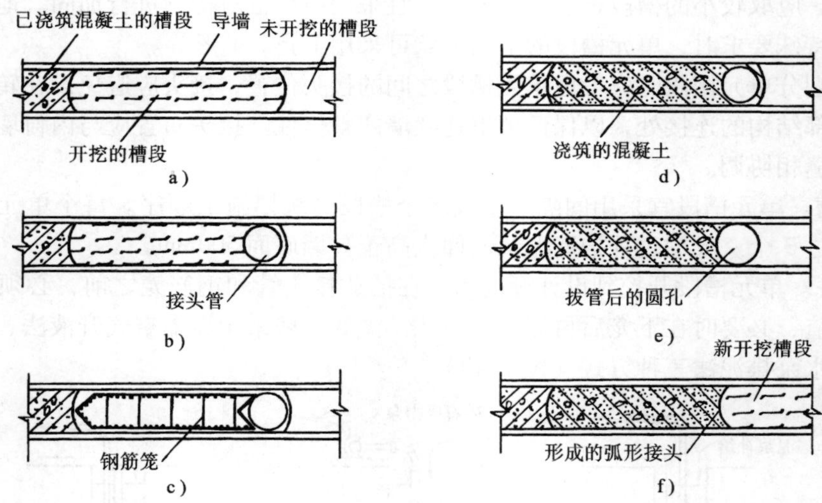

图1-51 接头管接头施工过程

a）开挖槽段 b）在一端放置管接头（第一槽段在两端均应放置） c）吊放钢筋笼 d）灌注混凝土 e）拔出接头管 f）后面槽段挖土，形成弧形接头

拔出接头管一般采用液压顶升架。开始拔管时每隔20~30min拔一次，每次上拔300~1000mm，上拔速度应与混凝土浇筑速度、混凝土强度增长速度相适应，一般为2~4m/h。顶升架顶拔力一般为2000~4000kN。

为了加强接头处的抗剪能力并提高抗渗性能，可采用接头箱连接法，该法也称为刚性接头法。接头箱一端是敞口的，以便放置钢筋笼时水平钢筋可插入接头箱内，而钢筋笼端部焊有一块竖向放置的能穿过水平钢筋的带孔封口钢板，用以封住接头箱开口端，拔出接头箱后进行下一槽段的施工，此时，两相邻槽段水平钢筋交错搭接，形成刚性接头（图1-52）。另一种接头箱是采用滑板式，为U形接头管，两相邻槽段施工完成，形成钢板接头（图1-53）。

隔板式接头是在钢筋笼侧边放置钢隔板，按隔板的形状分为平隔板、V形隔板等（图

1-54)。这种接头适用于不易拔出接头管（箱）的深槽。

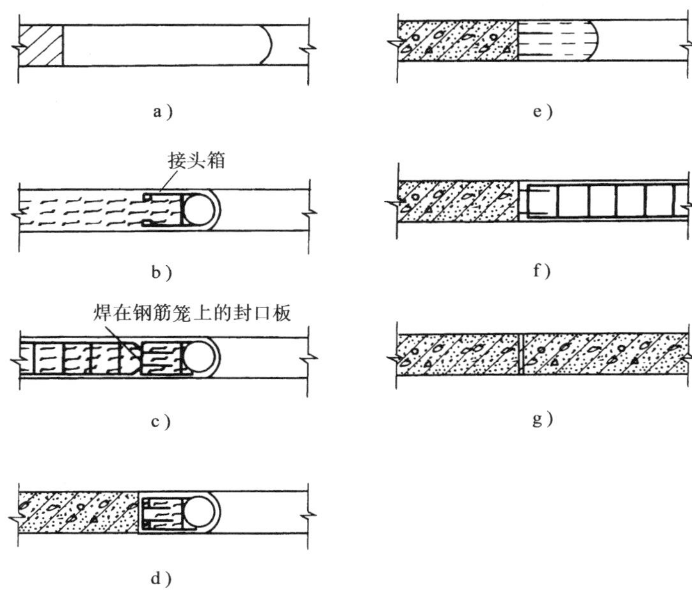

图 1-52　接头箱接头施工过程

a）开挖槽段　b）放置接头箱　c）吊放钢筋笼　d）灌注混凝土　e）拔出接头箱

f）后一槽段挖土形成接头　g）后一槽段放笼、灌注混凝土

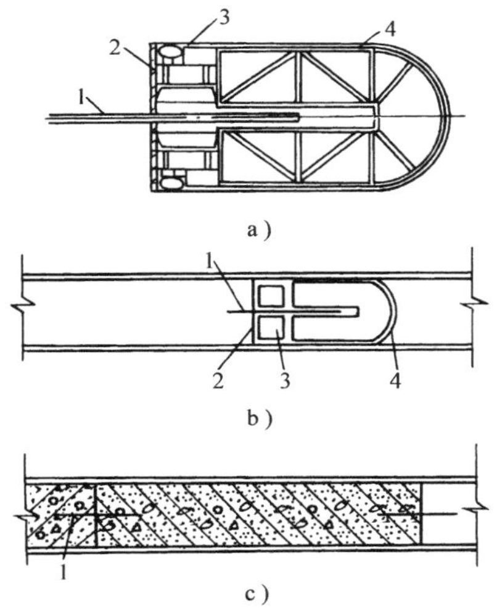

图 1-53 滑板式接头箱

a）接头箱　b）槽段内接头

c）相邻槽段形成钢板接头

1—接头钢板　2—封口钢板

3—滑板式接头箱　4—U 形接头管

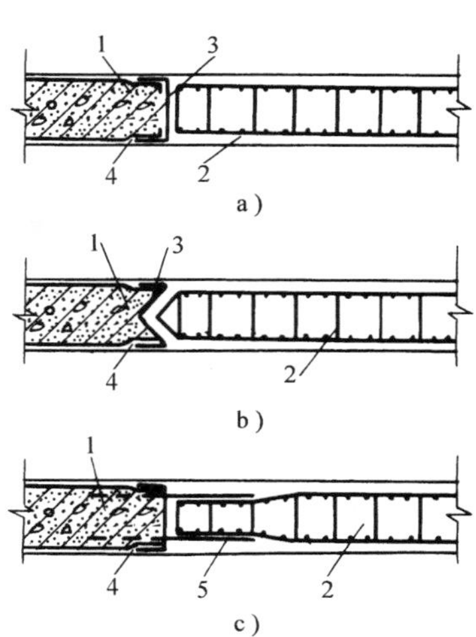

图 1-54　隔板式接头箱

a）平隔板　b）V 形隔板

c）带钢筋接头的榫接隔板

1—已完成槽段　2—正在施工的槽段

3—钢隔板　4—化纤罩布（布置在隔板与槽壁之间，防止渗漏）　5—接头钢筋

钢构件或混凝土预制构件接头，一般在完成槽段挖土后将其吊放槽段的一端，浇筑混凝土后这些预制构件不再拔出，利用预制构件的一面作为下一槽段连接点。这种施工造价高，宜在成槽深度较大，起拔接头管有困难的场合应用。

（5）钢筋笼制作与吊放

1）钢筋笼的制作

钢筋笼应按设计配筋图及单元槽段的划分来制作，一般每一单元槽段为一个整体。钢筋笼制作时，纵向受力钢筋的接头不宜设置在受力较大处。同一连接区段内，纵向受力钢筋的连接方式和连接接头面积百分率应符合国家现行有关标准对板类构件的规定。

钢筋笼应设置定位层垫块。垫块在垂直方向上的间距宜取3～5m，水平方向上每层宜设置2～3块。

单元槽段的钢筋笼宜整体装配和沉放。需要分段装配时，宜采用焊接或机械连接，接头的位置宜选在受力较小处，并应符合现行国家标准《混凝土结构设计规范》（GB 50010—2010）对钢筋连接的有关规定。

2）吊放

钢筋笼应根据吊装的要求，设置纵横向起吊桁架；桁架主筋宜采用HRB400级钢筋，钢筋直径不宜小于20mm，且应满足吊装和沉放过程中钢筋笼的整体性及钢筋笼骨架不产生塑性变形的要求。钢筋连接点出现位移、松动或开焊时，钢筋笼不得入槽，应重新制作或修整完好。

如果钢筋笼是分段制作，吊放时需接长，下段钢筋笼要垂直悬挂在导墙上，然后将上段钢筋笼垂直吊起，上下两段钢筋笼成直线连接。

如果钢筋笼不能顺利插入槽内，应该重新吊出，查明原因并加以解决，必要时需进行修槽，不能强行插放，否则会引起钢筋笼变形或使槽壁坍塌，产生大量沉渣。

（6）槽段混凝土浇筑

现浇地下连续墙应采用导管法浇筑混凝土。导管拼接时，其接缝应密闭。混凝土浇筑时，导管内应预先设置隔水栓。

槽段长度不大于6m时，槽段混凝土宜采用二根导管同时浇筑；槽段长度大于6m时，槽段混凝土宜采用三根导管同时浇筑。每根导管分担的浇筑面积应基本均等。钢筋笼就位后应及时浇筑混凝土。混凝土浇筑过程中，导管埋入混凝土面的深度宜在2.0～4.0m，浇筑液面的上升速度不宜小于3m/h。混凝土浇筑面宜高于地下连续墙设计顶面500mm。

4. 施工质量验收

根据《建筑地基基础工程施工质量验收规范》（GB 50202—2002）规定，地下连续墙施工应符合下列要求：

1）已完工的导墙应检查其净空尺寸，墙面平整度与垂直度。检查泥浆用的仪器、泥浆循环系统应完好。地下连续墙应用商品混凝土。

2）施工中应检查成槽的垂直度、槽底的淤积物厚度、泥浆相对密度、钢筋笼尺寸、浇注导管位置、混凝土上升速度、浇注面标高、地下墙连接面的清洗程度、商品混凝土的坍落度、锁口管或接头箱的拔出时间及速度等。

3）成槽结束后应对成槽的宽度、深度及倾斜度进行检验，重要结构每段槽段都应检查，一般结构可抽查总槽段数的20%，每槽段应抽查1个段面。

4）永久性结构的地下墙，在钢筋笼沉放后，应做二次清孔，沉渣厚度应符合要求。

5）每 $50m^3$ 地下墙应做 1 组试件，每幅槽段不得少于 1 组，在强度满足设计要求后方可开挖土方。

6）作为永久性结构的地下连续墙，土方开挖后应进行逐段检查。

7）地下连续墙的质量标准应符合表 1-6 的规定。

表 1-6　地下连续墙的质量检验标准

检查项目		允许偏差或允许值		检查方法
		单位	数值	
墙体强度		设计要求		查试件记录或取芯试压
垂直度	永久结构		1/300	测声波测槽仪或成槽机上的监测系统
	临时结构		1/150	
导墙尺寸	宽　度	mm	W+40	用钢尺量，W 为地下墙设计厚度
	墙面平整度	mm	<5	用钢尺量
	导墙平面位置	mm	±10	用钢尺量
沉渣厚度	永久结构	mm	≤100	重锤测或沉积物测定仪测
	临时结构	mm	≤200	
槽　深		mm	+100	重锤测
混凝土坍落度		mm	180～220	坍落度测定仪
钢筋笼尺寸		同混凝土灌注桩钢筋笼质量检验标准		
地下墙表面平整度	永久结构	mm	<100	此为均匀黏土层，松散及易坍土层由设计决定
	临时结构	mm	<150	
	插入式结构	mm	<20	
永久结构时的预埋件位置	水平向	mm	≤10	用钢尺量
	垂直向	mm	≤20	水准仪

1.5.3　逆作法施工

采用逆作法施工时，应根据基坑工程的特点选择合适的施工方案，包括确定逆作施工形式，布置施工洞孔，确定降水方法，拟定地下连续墙、中间支承柱施工方法、土方开挖方法以及地下结构混凝土浇筑方法等。

逆作法施工一般以 ±0.000 作为上下施工的分界线，采用全盖挖逆作施工，以使上部结构与下部结构同步进行，缩短工期，减少基坑作业对周围环境的影响，保证施工安全。也可以根据实际情况，以地下室 -1 层为分界线，首先开挖地下室 -1 层土方，克服有顶盖地下室挖土困难、施工周期长的问题，提高挖土效率。

全逆作法施工工艺流程是：地下连续墙和中间支承柱施工→ ±0.000 楼盖施工→地下室 -1 层挖土、上部结构同时施工→地下室 -1 层楼板和内部结构施工→地下室 -2 层挖土→地下室 -2 层楼盖和内部结构施工→直至地下室底板封底、上部结构正常施工。

1. 施工洞孔布置

全逆作法施工需布置一定数量的施工洞孔，以便出土、机械和材料出入、施工人员出入及进行通风，主要有出土口、上人口和通风口。

(1) 出土口

出土口是土方的外运，施工机械和设备的吊入和吊出，模板、钢筋、混凝土等的运输通道。开挖初期也供施工人员出入。

出土口的布置应选择结构简单、开间尺寸较大处；靠近道路便于出土处；有利于土方开挖后开拓工作面处；便于完工后进行封堵处。要根据地下结构布置、周围运输道路情况等综合确定。

出土口的数量主要取决于土方开挖量、工期和出土机械的台班产量。其计算公式如下：

$$n = K\frac{V}{TW}$$

式中 n——出土口数量；

K——其他材料、机械设备等通过出土口运输的备用系数，取1.2~1.4；

V——土方开挖量（m^3）；

T——挖土工期（d）；

W——出土机械的台班产量（m^3/d）。

(2) 上人口

在地下室开挖初期，一般都利用出土口作为上人口；当挖土工作面扩大之后，宜设置专用的上人口。一般一个出土口对应设一个上人口。

(3) 通风孔

地下室在封闭状态下开挖土方时，不能形成自然通风，需要进行机械通风。通风口分送风口和排风口，一般情况下出土口就作为排风口，在地下室楼板上另预留孔洞作为送风管道入口。随着地下挖土工作面的推进，当露出送风口时，及时安装大功率风机，启动风机向地下施工操作面送风，清新空气由各送风口流入，经地下施工操作面从排风口（出土口）流出，形成空气流通，保证施工作业面的安全。送风口的间距一般不宜大于10m。

逆作法施工中的通风设计和施工应注意以下几点：

1）在封闭状态下挖土，尤其是目前我国多以人力挖土为主，劳动力比较密集，其换气量要大于一般隧道和公共建筑的换气量。

2）送风口应使风吹向施工操作面，送风口距离施工操作面一般不宜大于10m，否则应接长风管。

3）单件风管的重量不宜太大，要便于人力拆装。

4）取风口距排风口（出土口）的距离应大于20m，且高出地面2m左右，保证送入新鲜空气。

5）为便于已完工楼板上的施工操作，在满足通风需要的前提下，宜尽量减少预留送风孔洞的数量。

2. 中间支承柱（中柱桩）施工

中间支承柱的作用：逆作法施工期间，在地下室底板未浇筑之前与地下连续墙一起承受地下和地上各层的结构自重及施工荷载；在地下室底板浇筑后，与底板连接成整体，作为地下室结构的一部分，将上部结构及承受的荷载传递给地基。

中间支承柱（中柱桩）底板以上多为钢管混凝土柱或H型钢柱，下部为混凝土柱，所以，中间支承柱多用灌注桩方法进行施工，成孔方法视土质和地下水位而定。钢管混凝土柱或H型钢柱，断面小、承载能力大，便于与地下室梁、板等构件连接。

中间支承柱（中柱桩）施工工艺流程是：灌注桩成孔→吊放钢管、型钢→浇筑下部混凝土柱→用砂或土填满上部柱周围的空隙。

钢管、型钢吊放后要用定位装置调节定位，如图1-55所示。定位装置主要原理是：制作一个定位框架，长约6～8m，在框架两端各装一副导向装置，导向装置受地面设备的控制。当灌注桩混凝土浇注完毕后，先将导向架装入孔内，然后将型钢吊入导向架，使用导向装置调节定位，最后将型钢压入混凝土中，或者浇筑混凝土。

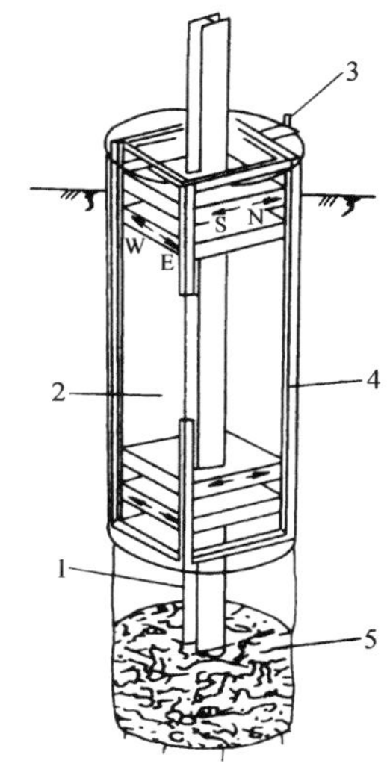

图1-55　定位装置
1—H型钢或钢管　2—桩孔　3—导向器　4—外框架　5—浇筑的混凝土

混凝土柱浇至标高处后，H型钢柱间的空隙用砂或土填满，以增加上部钢柱的稳定性。混凝土柱的顶端一般高出底板面30mm左右，高出部分在浇筑底板时将其凿除，以保证底板与中间支承柱联成一体。

3. 地下室土方开挖

挖土是逆作法施工的重要环节，有顶盖的地下室土方开挖难度较大，施工周期较长，不仅会因软土的时间效应而增大围护墙的变形，还可能造成地下连续墙和中间支承柱间的沉降差异过大，直接威胁工程结构的安全和周围环境的保护。因此应将其施工周期控制在合理范围之内，不能拖得过长。图1-56所示为某工程逆作法施工顺序和土方垂直运输方案。

地下室挖土与楼盖浇筑是交替进行，每挖土至楼板底标高，即进行楼盖浇筑，然后再开挖下一层的土方。各层的地下挖土，先从出土口处开始，形成初始挖土工作面后，再向四周扩展。在挖土过程中要保护深井管，避免碰撞失效，同时要进行工程桩的截桩（如果工程桩是钻孔灌注桩等）。

挖土可用小型机械或人力开挖。

小型机械开挖，优点是效率高、进度快，有利于缩短挖土周期。但缺点是：在地下封闭环境中挖土，又存在工程桩和深井管，各种障碍较多，难以高效率地挖土，遇有工程桩和深井管，需先凿桩和临时解除井管，然后才能挖土；机械在坑内的运行，会扰动坑底的原土，如降水效果不十分好时，会使坑底土层松软泥泞，影响楼盖的土模浇筑；柴油挖土机在施工过程中会产生废气污染，加重通风设备的负担。

人力挖土机动灵活；挖土和运土便于绕开工程桩、深井管等障碍物；对坑底土壤扰动少；随着挖土工作面的扩大，可以投入大量人力挖土，施工进度可以控制。人力挖土要逐皮逐层进行，开挖的土方坡面不宜大于75°，防止塌方，更严禁掏挖，防止土方坍落伤人。

4. 地下室结构施工

根据逆作法的施工特点，地下室结构不论是哪种结构形式都是由上而下分层浇筑的。

（1）利用土模浇筑梁板

对于地面梁板或地下各层梁板，挖至起设计标高后，将土面整平夯实，浇筑一层厚约

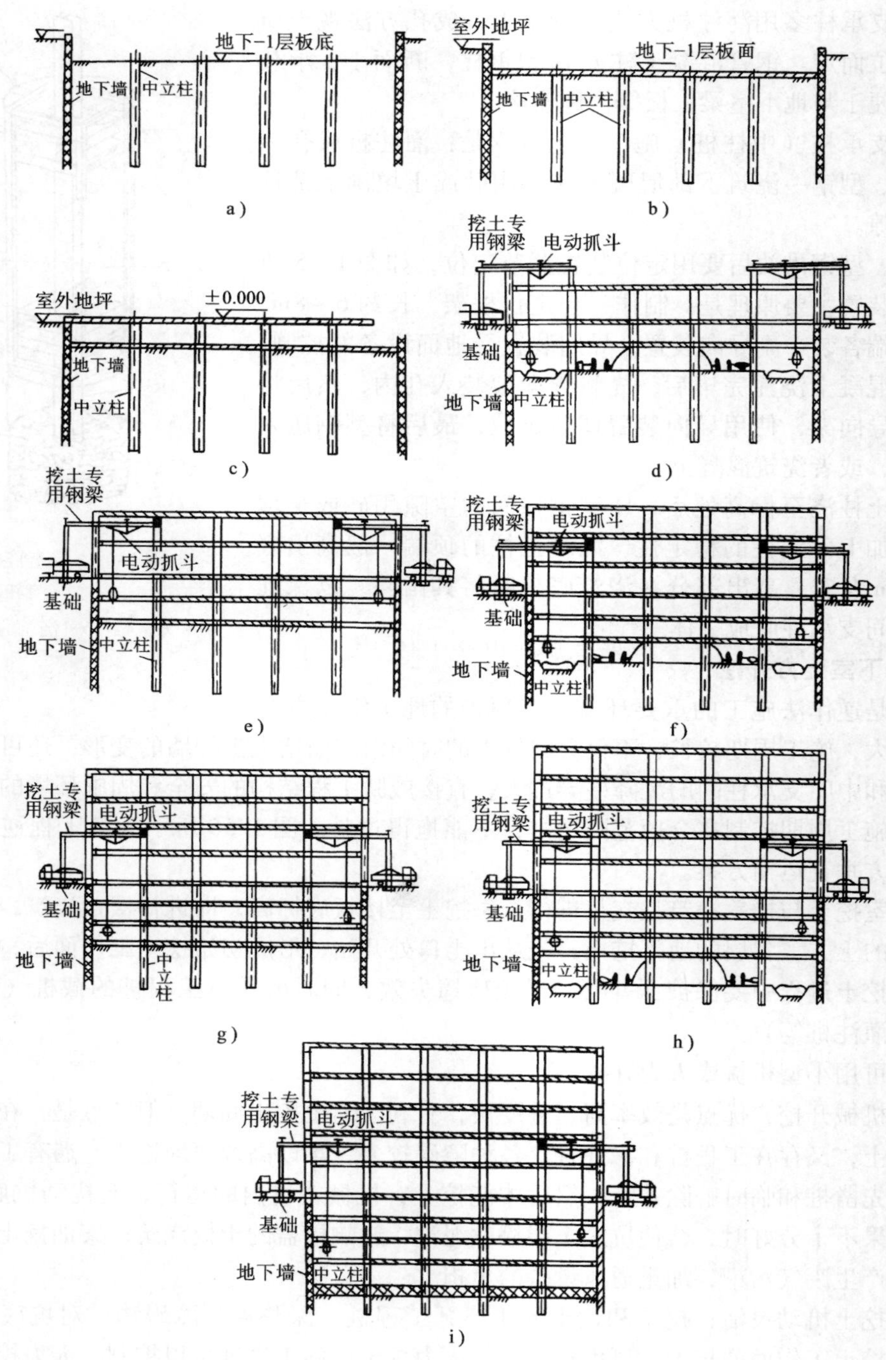

图1-56　逆作法施工顺序和土方垂直运输方案

a）开挖地下室－1层土方　b）浇筑地下室－1层楼盖　c）浇筑±0.000处楼盖　d）开挖地下室－2层土方、同时施工上部+1层结构　e）浇筑地下室－2层楼盖、同时施工上部+2层结构　f）开挖地下室－3层土方、同时施工上部+3层结构　g）浇筑地下室－3层楼盖、同时施工上部+4层结构　h）开挖地下室－4层土方、同时施工上部+5层结构　i）浇筑地下室底板

50mm 的素混凝土（土质好抹一层砂浆亦可），然后刷一层隔离层，即成楼板模板。对于梁模板，如土质好可用土胎模，按梁断面挖土槽穴即可，如土质较差可用模板搭设梁模板（图 1-57）。

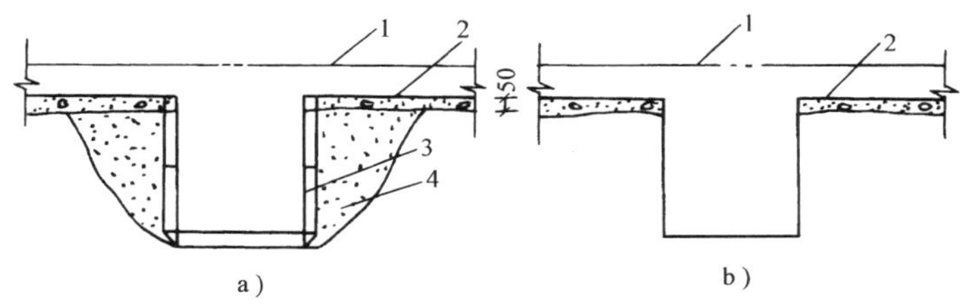

图 1-57　利用土模浇筑梁板

a）用钢模板组成梁模　b）用土胎模作梁模

1—楼面板　2—素混凝土层与隔离层　3—钢模板或砖砌筑　4—填土

柱头模板如图 1-58 所示，施工时先把柱头处的土挖出至梁底以下 500mm 左右处，设置柱子的施工缝模板。为使下部柱子易于浇筑，该模板宜呈斜面安装。柱子钢筋通穿模板向下伸出接头长度，在施工缝模板上面组立柱头模板与梁板相连接。如土质好柱头可用土胎模，否则就用模板搭设。下部柱子挖出后搭设模板进行浇筑。

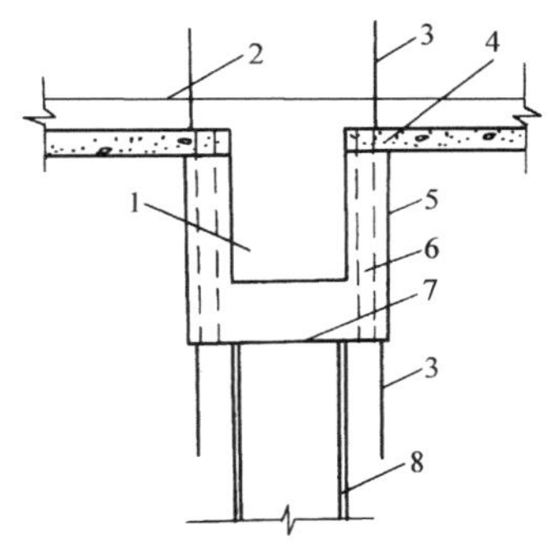

图 1-58　柱头模板与施工缝

1—梁　2—楼面板　3—柱筋

4—素混凝土层与隔离层　5—柱头模板

6—预留浇筑孔　7—施工缝　8—H 型钢

施工缝处的浇筑方法，常用的有三种，即直接法、充填法和注浆法（图 1-59）。

直接法，即在施工缝下部继续浇筑混凝土时，仍然浇筑相同的混凝土，有时添加一些铝粉以减少收缩。为浇筑密实可做出一假牛腿，混凝土硬化后可凿去。

充填法，即在施工缝处留出充填接缝，待混凝土面处理后，再于接缝处充填膨胀混凝土或无浮浆混凝土。

注浆法，即在施工缝处留出缝隙，待后浇混凝土硬化后用压力压入水泥浆充填。

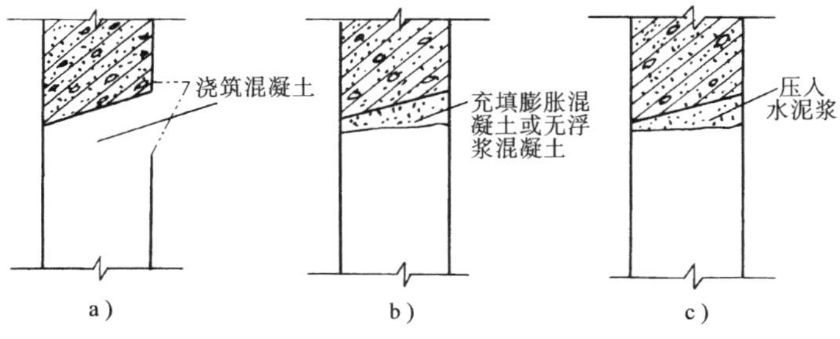

图 1-59　施工缝处的浇筑方法

a）直接法　b）充填法　c）注浆法

在上述三种方法中，直接法施工最简单，成本亦最低。施工时可对接缝处混凝土进行二次振捣，以进一步排除混凝土中的气泡，确保混凝土密实和减少收缩。

（2）利用支模方式浇筑梁板

施工时先挖去地下结构一层高的土层，然后按常规方法搭设梁板，浇筑梁板混凝土，再向下延伸竖向结构（柱或墙板）。为此，需解决两个问题，一个是设法减少梁板支撑的沉降和结构的变形；另一个是解决竖向构件的上、下连接和混凝土浇筑。

为了减少楼板支撑的沉降和结构变形，施工时需对土层采取措施进行临时加固。加固的方法：可以浇筑一层素混凝土，以提高土层的承载能力和减少沉降，待墙、梁浇筑完毕，开挖下层土方时随土一同挖去；另一种加固方法是铺设砂垫层，上铺枕木以扩大支承面积，这样上层柱子或墙板的钢筋可插入砂垫层，以便与下层后浇筑结构的钢筋连接（图1-60）。

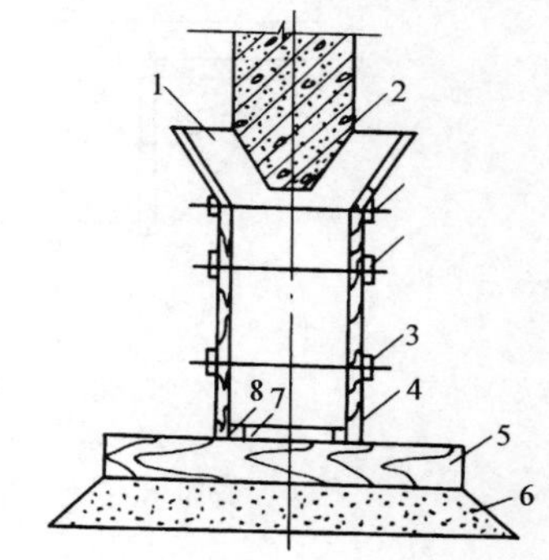

图1-60 墙板浇筑时的模板
1—浇筑入仓口 2—上层墙 3—螺栓 4—模板 5—枕木 6—砂垫层 7—钢模板 8—插筋用木条

逆作法施工时混凝土的浇筑方法：由于混凝土是从顶部的侧面入仓，为便于浇筑和保证连接处的密实性，除对竖向钢筋间距适当调整外，构件顶部的模板需做成喇叭形。

由于上、下层构件的结合面在上层构件的底部，再加上地面土的沉降和刚浇筑混凝土的收缩，在结合面处易出现缝隙。为此，宜在结合面处的模板上预留若干压浆孔，以便于压力注浆消除缝隙，保证构件连接处的密实性。

（3）墙、柱与梁及底板的节点施工

地下连续墙、中间支承柱与梁及底板的施工工艺是：首先在地下连续墙和中间支承柱上预埋钢筋、焊接传力钢板和钢板环套等，使中间支承柱、地下连续墙与楼盖梁进行连接，以满足逆作法施工时各工况的荷载要求，保证其强度和刚度；然后再将中间支承柱和地下连续墙形成复合柱和复合墙，以满足结构在永久状态下受荷的要求，即满足结构设计的要求。外包复合柱和梁墙的混凝土，是待基础大底板完成后再浇筑的。

由此可见，一般横向构件先浇筑完成，竖向构件再分二次完成，因此施工中预埋件位置必须正确完好，后续焊接必须牢靠。后浇混凝土要采取可靠措施，做到密实无收缩裂缝，这些都是逆作法在地下结构施工中必须要采取的技术措施。

工程示例1-1 广州华晖广场深基坑土钉支护

一、工程概况及工程地质条件

华晖广场（原荔湾商业大厦）占地面积2700m^2，地上12层，地下3层。基坑呈多边形，垂直开挖，深13.3m，局部11.0m（F～G段）。基坑东临西湾路2.6m；西靠环市西路小学围墙不足1.0m，距教师宿舍（20世纪60年代建筑，两层简易砖石结构）1.7m，距7层教学楼6.8m，筹建办办公楼、楼梯各距开挖边线2.3m、1.3m；南面开挖线正好在广雅后街公路边线与路肩的交界处，距开挖边线12.0m、15.0m处各有一幢20世纪60年代建筑的四层浅基础混合结构宿舍；北侧紧靠环市西路，距开挖边线3.1m处有直径1.8m的供水管、通信电缆及下水管道（图1-61）。

拟建场地位于广州市背斜北翼的残丘地带上，场区地层由第四系人工填土、冲积层、残积层及下伏白垩系三元里段粉砂岩、砂砾岩、砾岩组成，自上而下为：

1）人工填土层：为素填土，暗紫色，湿，稍压实，主要成分为粉质黏土。该层厚0.80～3.00m。

2）冲积层：主要为细砂，灰黄色，饱水，松散状，局部含淤泥。该层厚1.10～2.30m，顶面埋深-1.600～-0.800m。

3）残积层：主要由粉砂岩风化残积而成。依据其岩性及物理力学性质的差异可分为如下两层：

① 粉质黏土：暗紫色，稍湿，可塑，属中压缩性土。该层厚3.00～14.80m，顶面埋深-3.500～0.000m。

② 粉土：局部为粉质黏土。暗紫色，稍湿，硬塑，属中压缩性土。该层厚4.80～28.50m，埋深-3.500～0.000m。

4）白垩系三元里段：主要为粉砂岩、砂砾岩及砾岩等，多呈透镜状出现，一般以泥质胶结为主，局部以钙质胶结。本层可分为强风化层、中分化层及微风化层三带。

工程地质勘察报告提供的地下水位为-0.600～-0.500m。

二、土钉支护方案

根据工程地质条件及挖深，本工程土钉支护分为A～F、F～G、G～A三段（图1-61）。

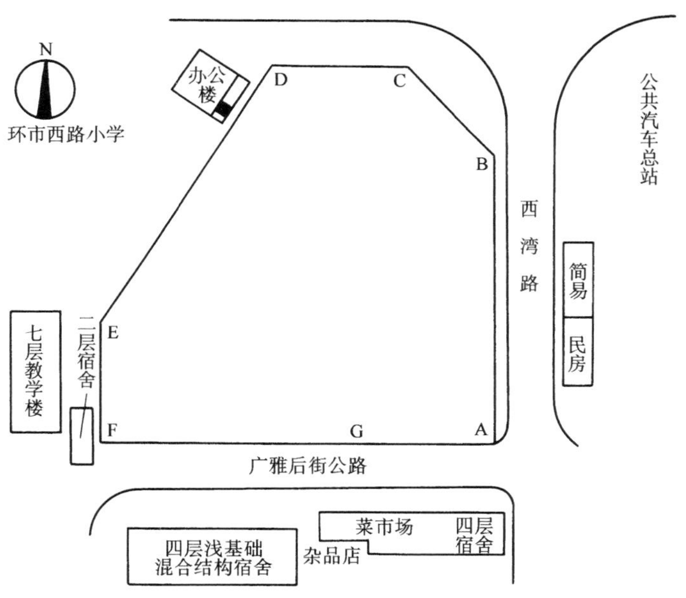

图1-61　基坑位置平面示意图

A～F段共设置12排土钉（图1-62），呈梅花形布置。其中，M1为挂网击入摩擦土钉（不注浆）；M2为钢管注浆土钉；M3～M12为钢筋钻孔注浆土钉。

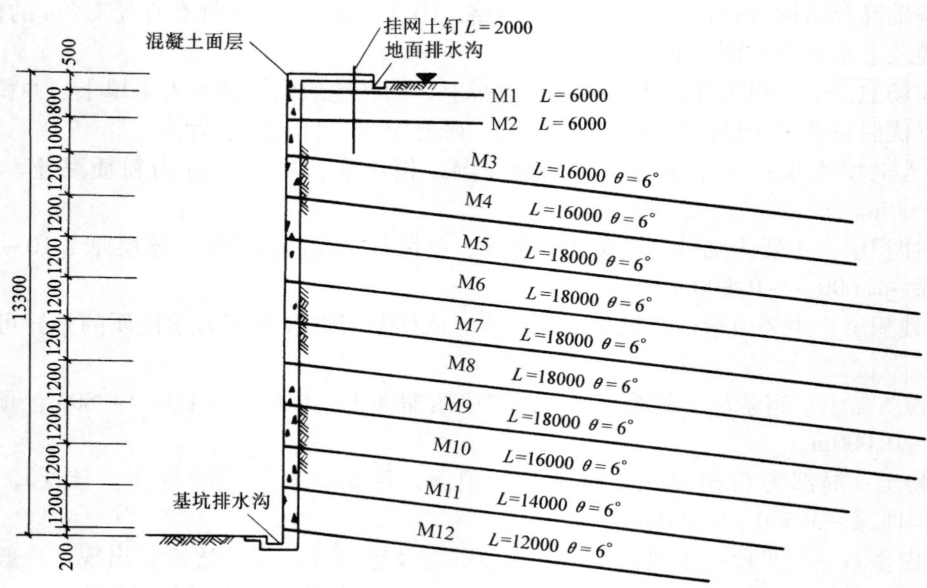

图 1-62 A ~ F 段土钉支护剖面

F ~ G 段共设置 11 排土钉（图 1-63），呈梅花形布置。其中，M1 为挂网击入摩擦土钉（不注浆）；M2 为钢管注浆土钉；M3 ~ M11 为钢筋钻孔注浆土钉。

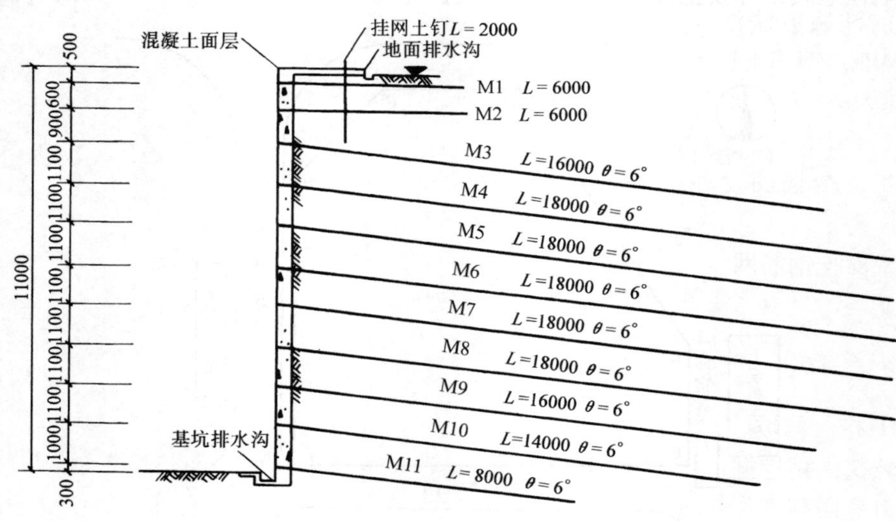

图 1-63 F ~ G 段土钉支护剖面

G ~ A 段设置 16 根直径 108mm 超前钢管混凝土微型桩，桩长 16.5m，深入基底 3.2m，桩距 1.2m。设计 12 排土钉与锚杆（图 1-64），呈梅花形布置（图 1-65）。其中，M1 为挂网击入摩擦土钉（不注浆）；M2 为钢管注浆土钉；M3 为钢筋钻孔注浆土钉；M4 ~ M9 为预应力锚杆，锚固段长度为 12.0m，预应力 80kN；M10 ~ M12 为钢筋钻孔注浆土钉。

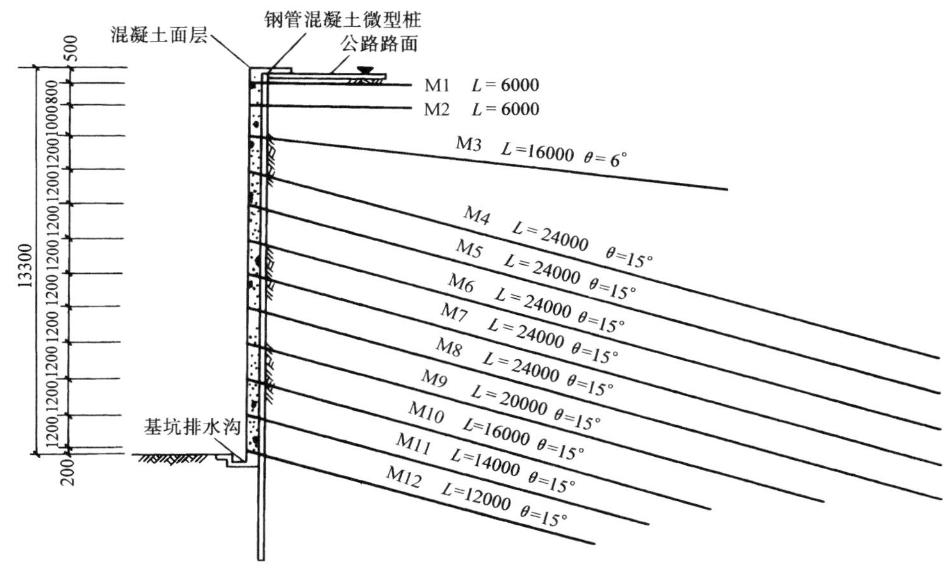

图1-64 G~A段土钉支护剖面

M2钢管注浆土钉用直径为48mm的钢管制作，一端制成桩尖状，在管壁上呈梅花形开设10~15mm小孔。钢管击入后按锚杆的注浆方法注浆，注浆压力为0.6~0.8MPa。钢筋土钉采用直径为25~28mm的20MnSi螺纹钢筋制作。预应力锚杆与土钉所用的钢筋种类、直径完全相同，全长分为锚固段和自由段，张拉后用螺母锁定。

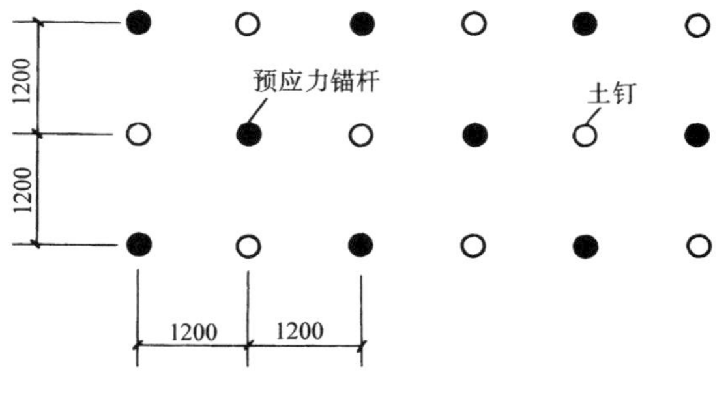

图1-65 土钉与锚杆布置平面图

基坑壁面挂钢筋网喷射混凝土面层，钢筋网钢筋为Φ8@200×200，并采用2Φ16螺纹钢筋作加强筋焊连接纵、横向土钉。喷射混凝土强度等级为C20，面层厚度为150mm。

三、支护施工

（1）开挖、修坡

土方开挖采用挖掘机，开挖坡面距设计坡面0.40m左右，用人工修整坡面。一次开挖深度为土钉分层高度加0.50~0.70m，水平宽度不宜超过12.0m。在确保边坡设计尺寸的情况下，尽量保持坡面的粗糙，以提高喷射混凝土时的黏结度。

（2）初喷混凝土

边坡修整后，立即喷射50mm厚的混凝土层，使暴露的土体及时封闭。

（3）按设计要求成孔

孔径一般为100~120mm，孔距、层高均为1.20m，俯角控制在6°~8°范围内。

（4）设置土钉

成孔后，应及时将土钉（连同注浆管）送入孔中。土钉对中支架间距2.0m，每个对中支架下方设置一块船形铁皮，以便置入。止浆塞设置在距孔口0.5~0.7m处，以防压力注浆时孔口坍塌。

（5）注浆

注浆时以高速低压从孔底注浆，当水泥砂浆从孔口溢出后，再低速高压从孔口注浆。注浆压力0.6~0.8MPa。为增加浆液的和易性和水泥砂浆的早期强度，在浆液中掺入适量减水剂及早强剂。为防止水泥砂浆凝固收缩时锚固体与孔壁锚固力的损失，掺入适量的膨胀剂。

（6）挂钢筋网、喷射混凝土面层

面层配Φ8@200×200钢筋网，另配置2Φ16水平及竖向加强筋连接相邻土钉，然后按设计要求喷射混凝土面层。

（7）置入钢管混凝土微型桩

直径为108mm的超前钢管混凝土微型桩的置入方法为：先用锚杆钻机按130mm直径成孔，将钢管桩置入孔中用挖掘机挖斗压到位，然后低压注浆（0.6~0.8MPa）。

工程示例1-2 北京王府井大厦地下工程逆作法施工工艺

一、工程概况

北京王府井大厦占地面积9934.9m^2，建筑面积10.2万m^2，主体6层，局部11层，地下3层，是集购物、餐饮、娱乐和办公于一体的大型公共建筑。其南临王府井百货大楼，北侧与穆斯林大厦、协和百货商店相连，东面与新东安市场隔街相望，北、西侧为居民住宅区（图1-66）。

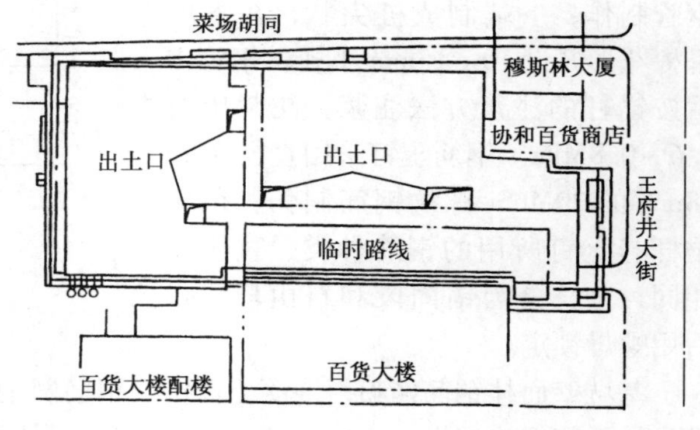

图1-66 王府井大厦施工平面图

北京王府井大厦地下室底板埋深-18.200m，施工场地狭小，施工环境困难，因此采用逆作法施工。由于土方开挖与结构施工交叉进行，利用地下连续墙和中间支撑柱实施逆作，实现临时支护结构和正式结构的统一，故降低了工程造价，保证了邻近建筑物的安全。由于周围可利用施工场区面积不足400m^2，故利用首层楼板停设挖土机械、预留垂直运输洞口、堆放材料和作为土方存放场地及行车道路，以满足施工需要，但首层楼板的刚度必须加强。

二、逆作法施工工艺

1. 工艺流程

王府井百货大楼地基防护→地下连续墙施工→临时中间支撑柱施工及降水→明挖→地下一层楼板施工→首层楼板施工→暗挖地下一层余土→地下一层楼板局部施工→暗挖地下二层→地下二层楼板施工→暗挖地下三层（同时进行三层以上施工）→筏板施工→顺作施工。

2. 对王府井百货大楼的保护措施

王府井百货大楼是 20 世纪 50 年代的建筑物，抗震等级低。本工程地下连续墙外皮距百货大楼独立柱基础最近处仅 85mm，连续墙底部标高为 -25.500m，百货大楼独立柱基础埋深为 -4.500m，两者差 21m。在地下连续墙施工时，成槽作业所产生的侧压和负压，会对百货大楼柱基下的砂层产生扰动，有可能破坏地基的稳定，导致独立柱基不均匀沉降，影响百货大楼的结构安全，为此要对百货大楼基础地基进行保护。

场地地质自地表以下依次为：人工堆积层（层厚 3 ~ 5.2m）→粉质黏土、砂质粉土层（层厚 6.71 ~ 8.45m）→卵石、圆砾石（层厚 5.45 ~ 10.46m，层顶分布有细粉砂层，本层为伐板的持力层）→粉质黏土、砂质粉土层（层厚 1.7 ~ 3.31m）→卵石、圆砾层（层厚 8.85 ~ 15.03m）→粉质黏土、砂质粉土层（勘探钻孔达 -38.2m 未透）。

对百货大楼的保护：一方面是使这一侧地下连续墙厚度由 600mm 增大为 800mm；另一方面是沿两楼相邻沿线密布小排桩（密布钻孔小排桩注浆扩张挡砂工艺）。钻孔径 130mm、孔距 400mm、孔深 15m 小排桩，在砂层范围利用压力注水泥浆，使水泥浆向周侧挤孔扩张、渗透、黏结砂粒，增加砂层的密实度，达到侧向固砂的目的。

为保护百货大楼柱下的砂层地基，共完成小排桩 192 根，形成帷幕。通过对独立柱基进行沉降变形观测，平均沉降值及不均匀沉降差均未超过设计允许沉降值，对百货大楼结构未产生不利影响，证明保护措施是成功的。

3. 地下连续墙施工

本工程地下连续墙作为地下室结构的外承重墙，施工质量要求较高。地下连续墙垂直度允许偏差为：600mm 厚段控制在 1/300 以内；800mm 厚段控制在 1/500 以内。由于结构逆作施工，需留较多预埋件，对施工组织也有较高要求。

（1）垂直度控制

1）机具要求抓斗容量大、导正板长、稳定性能好，能自动测斜和纠斜。

2）保证导墙施工质量，为垂直度控制提供有利条件。

3）保证抓斗处于垂直状态，防止因抓斗在槽底偏斜而影响挖槽垂直度。

4）垂直度监测：在挖槽过程中及槽底挖完后，要进行测斜并及时纠斜。

（2）钢筋笼标高控制

因地下连续墙竖向不同位置处有预埋件与各个楼层相连，其位置必须准确，故施工过程中利用导墙顶实际标高和预埋件的设计相对标高计算出钢筋笼吊筋长度，用以控制施工中的标高，并用仪器校核。

4. 中间临时支承柱施工

本工程底板封底前的竖向荷载均由中间临时支柱承担。临时支柱位于结构柱网上，采用格构式钢柱，其基础采用钻孔灌注桩。钻孔灌注桩直径为 1600mm，共 98 根。柱底标高 -25.500m，桩顶标高为 -18.200m，柱长 7.3m，混凝土强度等级为 C25。上部格构式钢柱长 19.7m，埋入灌注桩内 900mm。桩顶标高以上至孔口自然地坪约 17m 高内回填碎石。钢柱断面尺寸为 700mm × 700mm，采用∟ 160 × 16 的 16Mn 角钢制作。单桩设计承载能力为 4800kN。钻孔灌注桩垂直度允许偏差在 1/300 以内，孔底沉渣允许厚度 50mm。

1）钢格构柱起吊时要轻提慢放，并绑钢管加强刚度，防止起吊时变形。钢柱下端离笼顶 0.5 ~ 1.0m 处设扶正块（长 45cm、50cm），以防提放灌注导管时钢柱发生较大摆动。钢

格构柱顶部高出 ±0.000 约 600mm，以便在孔径架上固定。

2）钢格构柱下到孔内设计设计位置时，必须处于垂直自由悬吊状态，并用经纬仪控制其上口中心与桩位的偏差在设计要求范围内，然后在孔口固定。安放钢格构柱时，在孔口设一可调试孔口架（图 1-67），以利钢格构柱水平和垂直方向的调整，使钢格构柱处于垂直自由悬挂状态，保证其垂直度和水平位置。

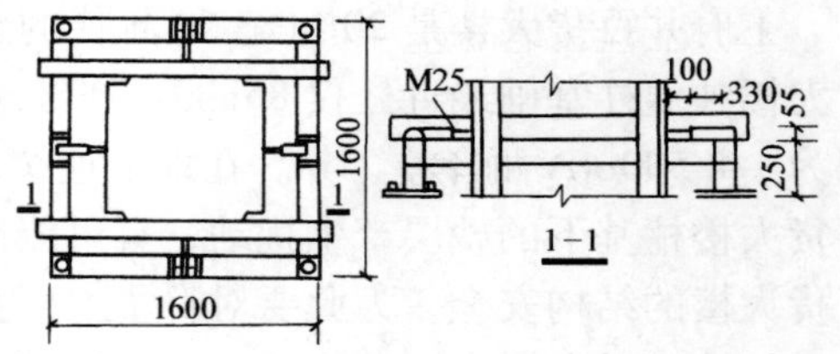

图 1-67 调试孔口架

3）采用“浮球法”检查钢格构柱垂直度时，先用钢丝拉十字丝定出钢格构柱底端的中心，然后用细尼龙线将充气球拴于此中心上，用泥浆对皮球的浮力拉直尼龙线，测定皮球中心与钢格构柱上口中心的相对位置，即可检查钢格构柱的垂直度。

5. 基坑降水

为避免基坑外降水对周围建筑产生不利变形和沉降，采用基坑内降水。

场区第一层为上层滞水（埋深 -5.100 ~ -3.000mm），第二层为潜水（埋深 -16.800 ~ -15.570m），第三层为承压水（埋深为 -23.000 ~ -21.300m）。

地下连续墙底标高为 -25.500m，场区内第一层上层滞水和第二层潜水已被地下连续墙全部封闭，墙外的地下水不产生水平方向的直接沟通，无补给水，且混合水的水头低于结构筏板底标高（-18.200m），正处在第二层潜水含水层之中，因此可用基坑内自渗井降水方法，即利用第二层潜水和第三层承压水之间的水位差，用自渗管井降水方式，将第二层潜水通过自渗井下渗到第三层承压水含水层中，确保基坑内 -20.000m 以上地下水全部疏干。通过现场做试验井观察，水位稳定于 -21.000m 左右，表明自渗井降水有效（图 1-68）。

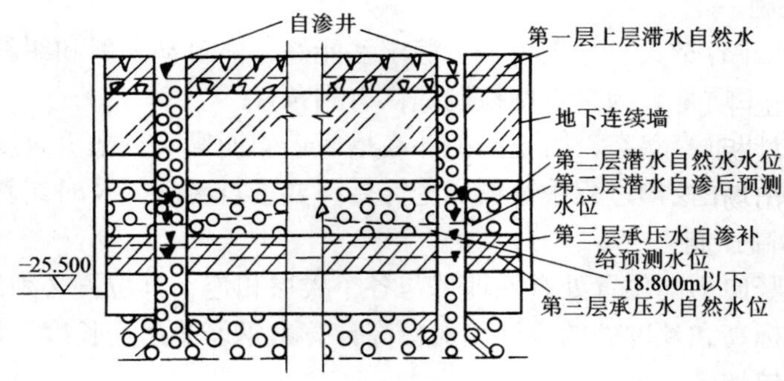

图 1-68 自渗井示意图

自渗井井深 30m，共 29 层，井孔直径 600mm，井管 400mm，碎石粒径 50 ~ 70mm，用 GSD-50 型钻孔机成井。为保护降水效果，要求有较高的成井和洗井质量。采用泵吸反循环成孔。每次井管喷水后，均应量测水位恢复速度，待井管内水位达到预定恢复速度，方可终止洗井。

施工工程中多次对自渗井水位进行观测，所测井中 78% 的井水位在 -23.000 ~ -21.000m（即槽底以下 3 ~ 5m），且有不断下降的趋势，说明降水系统降水效果良好，满足施工要求。

6. 土方施工

土方工程在地下连续墙和大部分中间支承柱及自渗井形成后实施。总土方量 17.6 万 m^3。

(1) 土方工程分步

1) 第一步：明挖。利用地下连续墙侧向稳定的自由悬臂高度，在基坑周围沿地下连续墙预留 1 跨（9m 宽），限制其挖掘深度，保证墙侧向稳定。中间部分挖掘至地下一层结构楼板标高下 2m，即 -8.250m。此部分土方利用普通挖掘机和自卸汽车进行施工。

2) 第二步：暗挖。在第一步明挖土方完成后即进行地下一层（-6.250m）结构楼板及首层（-0.050m）结构楼板的施工，形成地下连续墙的两道侧向支撑。在两层楼板上对应留置竖向出土洞口，并在首层楼板上明确机械站位、堆土场区及行车路线。此部分土方挖掘深度从 -8.250m 至 -13.250m。利用超长臂挖掘机固定在首层楼板上作业，做竖向垂直运输，其挖掘作业深度可达 12m（图 1-69a）。地下先留置 2 台挖掘机（PC-200）和 2 台推土机（T140-1），作为土方水平运输，将土方运至出土洞口处，由长臂挖掘机挖出存放于首层堆土场，再由装载机（ZL40）装车运走。

3) 第三步：暗挖。在第二步土方作业完成后，施工地下二层结构楼板（-9.650m 及 -10.650m），形成地下连续墙的第三道侧向支撑，然后进行第三步暗挖。此部分土方挖掘范围从 -13.250m 至筏板底标高 -18.200m。利用 30t 汽车式起重机固定在首层楼板出土洞口处，作为土方垂直运输机械，地下由2 台挖掘机和 2 台推土机进行土方水平运输，将土方运至出土洞口处，装入容量为 $3m^3$ 的吊土斗，用起重机垂直吊出，存放在首层楼板堆土场，由装载机（ZL40）装车运出场区（图 1-69b）。

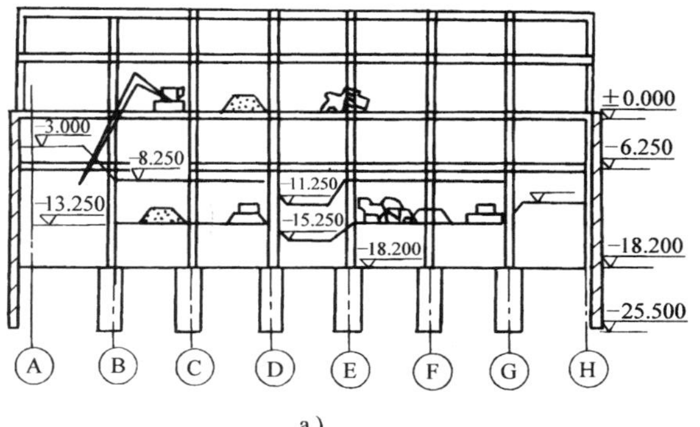

a)

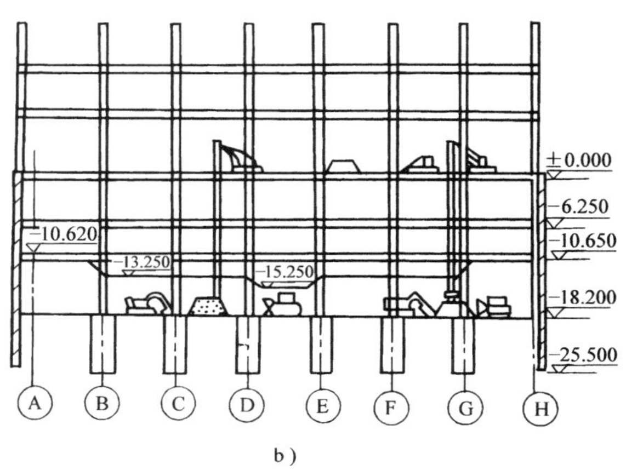

b)

图 1-69　土方施工示意图

a) 第二步暗挖　b) 第三步暗挖

(2) 地下土方施工的保证措施

为使土方工程有较好的工作环境和保证施工安全，利用楼电梯井口布置临时通风管道；在各层楼板下布设低压照明线路；采用基坑内的自渗井进行降水和雨季排水。

(3) 逆作施工的出土方式

王府井大厦工程根据现场实际情况，增加长臂机作业。采用长臂挖土机直接挖土和汽车式起重机吊土两种出土方式。

7. 逆作法地下结构施工

(1) 扶壁柱

由于边柱距地下连续墙太近，为解决边跨结构楼板荷载的竖向承重问题，采取在地下连续墙上用JGN型建筑结构胶后植抗剪钢筋，逐层向下倒挂壁柱的做法，将楼层边跨荷载通过扶壁柱临时传递到地下连续墙上。在基础阀板形成后，保证在边柱形成前荷载有效传递。

（2）梁板钢筋

地下连续墙施工时，在地下连续墙钢筋笼内和楼层交接部位预埋钢筋，楼板施工时将墙内锚筋剔出，与楼板边跨主梁连接。筏板钢筋与地下连续墙间的连接，采取在墙内预埋接驳器，直螺纹套筒冷挤压连接的做法（图1-70）。

采用钢格构柱作为垂直支承。由于柱中心放置钢格构及柱纵筋的存在，势必影响梁筋布置，需采取措施解决。可以调整柱纵筋间距，亦可在梁板位置减小钢格构角钢宽度和避免缀板处于该位置。

（3）中间钢格构柱外包混凝土“后浇层”工艺

中间临时支柱随逆作地下楼层施工，外包钢筋混凝土形成框架柱，需分3次浇筑成型。为解决下部后浇柱混凝土与上部已浇混凝土间的“顶紧接牢”问题，第一步在施工当层楼板时，先在梁柱节点处向下浇筑下层柱500mm高；第二步是在下层楼板完成后，浇筑此层柱到距离后浇缝500mm处，形成所谓“后浇层”；待浇完混凝土7d、充分完成自身收缩后，再浇灌第三步“后浇层”混凝土。后两步混凝土内掺微膨胀剂UEA，并用磨细矿物集料替代部分水泥，使其产生微膨胀。柱“后浇层”做法如图1-71所示。

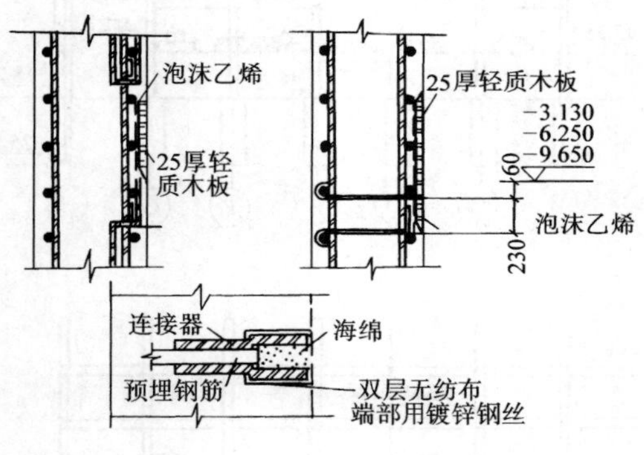

图1-70 地下连续墙预埋件

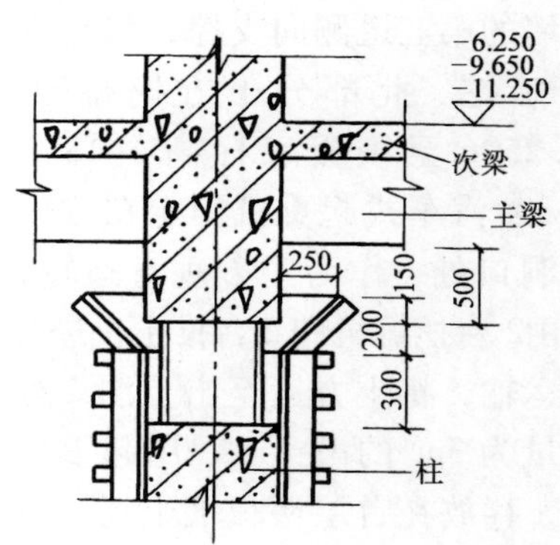

图1-71 柱“后浇层”示意图

第 2 章　高层建筑现浇混凝土结构工程

目前，我国高层和超高层建筑仍是以结构刚度大、抗震能力强、造价相对较低、耐久性能和防火性能好的现浇混凝土结构为主。与之相适应，我国开发应用了许多适合于高层现浇混凝土结构施工的关键技术，主要有现浇混凝土大模板、滑模和爬模等成套模板技术；闪光对焊、电渣压力焊和直螺纹连接等粗钢筋连接技术；预拌高强度、高性能混凝土及泵送混凝土技术等。

高层建筑现浇混凝土结构施工，应符合现行行业标准《高层建筑混凝土结构技术规程》（JGJ 3—2010）和国家标准《混凝土结构工程施工质量验收规范》（GB 50204—2015）等相关规范、规程的规定。

本章主要介绍高层现浇混凝土结构大模板、滑板和爬模施工技术。

2.1　大模板施工

大模板施工就是采用工具式大型模板，配以相应的吊装机械，以工业化生产方式在施工现场浇筑混凝土墙体的一种成套模板技术。

大模板施工工艺的特点是：以建筑物的开间、进深、层高的标准化为基础，以大型工业化模板为主要施工手段，以现浇钢筋混凝土墙体为主导工序，组织有节奏的均衡施工。采用这种施工技术，工艺简单、施工速度快、结构整体性好、抗震性能强、装修湿作业少、机械化施工程度高，具有良好的技术经济效益。

目前，大模板施工技术已成为高层建筑剪力墙结构、框架－剪力墙结构、筒体结构主要的工业化施工方法之一，尤其是在高层住宅剪力墙结构中应用广泛。

大模板施工应符合现行行业标准《建筑工程大模板技术规程》（JGJ 74—2003）的规定。

2.1.1　大模板的构造与类型

1. 大模板的构造

大模板由板面系统、支撑系统、操作平台和连接件等组成，如图 2-1 所示。大模板应具有足够的承载力、刚度和稳定性，应能整装整拆，组拼便利，在正常维护下应能重复周转使用。组成大模板各系统之间的连接必须安全可靠。

（1）面板系统

面板系统包括面板、横肋、竖肋等。面板是直接与混凝土接触的部分，要求表面平整、拼缝严密、刚度较大、能多次重复使用。竖肋和横肋是面板的骨架，用于固定面板，阻止面板变形，并将混凝土侧压力传给支撑系统。为调整模板安装时的水平标高，一般在面板底部两端各安装一个地脚螺栓。

面板一般采用厚 4 ~ 6mm 的整块钢板焊成，或用厚 2 ~ 3mm 的定型组合钢模板拼装，还可采用12～24mm厚的多层胶合板、敷膜竹胶合板以及铸铝模板、玻璃钢面板等。

(2) 支撑系统

支撑系统包括支撑架和地脚螺栓。支撑系统应能保持大模板竖向放置的安全可靠和在风荷载作用下的自身稳定性。地脚调整螺栓长度应满足调节模板安装垂直度和调整自稳角的需要，地脚调整装置应便于调整，转动灵活。每块大模板设2～4个支撑架，支撑架上端与大模板竖肋用螺栓连接，下部横杆端部设有地脚螺栓，用以调节模板的垂直度。

(3) 操作平台

操作平台包括平台架、脚手板和防护栏杆。操作平台是施工人员操作的场所和运输的通道，平台架插放在焊于竖肋上的平台套管内，脚手板铺在平台架上。每块大模板还设有铁爬梯，供操作人员上下使用。

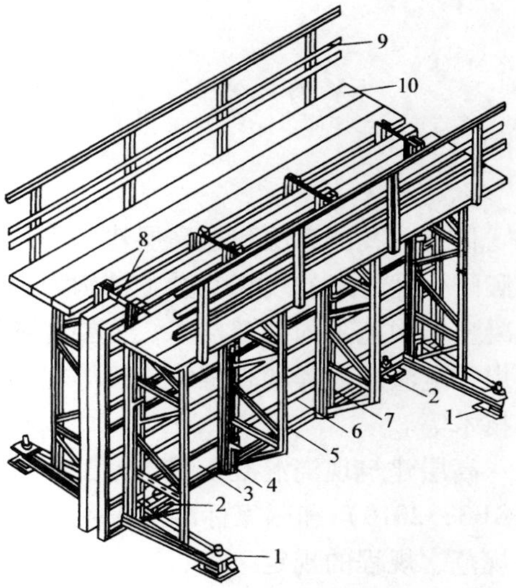

图2-1　大模板构造示意图

1—垂直调整装置　2—水平调整装置　3—面板　4—竖肋　5—支撑桁架　6—水平肋　7—穿墙螺栓　8—固定卡具　9—栏杆　10—脚手板

(4) 连接件

大模板连接件主要包括穿墙螺栓和上口铁卡子等。

穿墙螺栓（对拉螺栓）用以连接固定两侧的大模板，承受混凝土的侧压力，保证墙体的厚度。穿墙螺栓应采用不低于Q235A的钢材制作，应有足够的强度承受施工荷载（一般采用直径为30mm的45号圆钢制作）。穿墙螺栓一端制成螺扣，长100mm，用以调节墙体厚度，可适用于140～200mm的墙厚施工，另一端采用钢销和键槽固定（图2-2）。螺扣外面应罩以钢套管，防止落入水泥浆，影响使用。

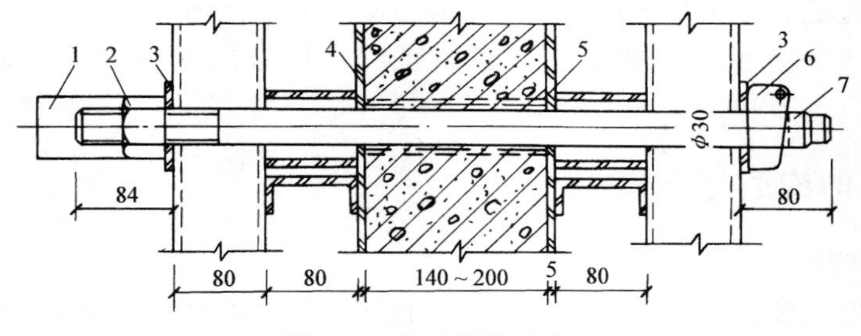

图2-2　穿墙螺栓构造

1—螺扣保护套　2—螺母　3—垫板　4—模板　5—塑料套管　6—板销　7—螺杆

为了能使穿墙螺栓重复使用，防止混凝土黏结穿墙螺栓，并保证墙体厚度，螺栓应套以与墙厚相同的塑料套管。

上口铁卡子主要用于固定模板上部，控制墙体厚度和承受部分混凝土侧压力。模板上部要焊上卡子支座，施工时将上口铁卡子安入支座内固定。铁卡子应多刻几道刻槽，以适应不同厚度的墙体（图2-3）。

此外，钢吊环是大模板必不可少的重要吊装部件，大模板钢吊环应采用Q235A材料制

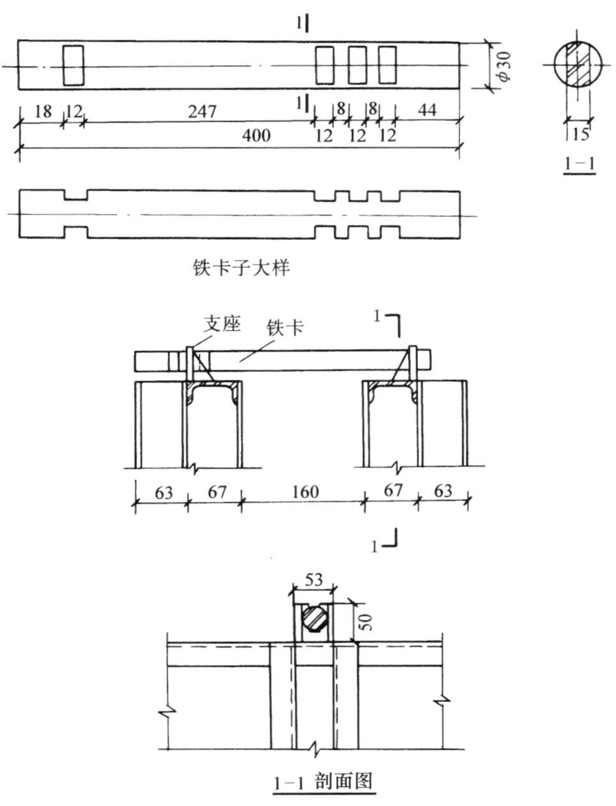

图 2-3　铁卡子和铁卡子支座

作并应具有足够的安全储备，严禁使用冷加工钢筋。焊接式钢吊环应合理选择焊条型号，焊缝长度和焊缝高度应符合设计要求。装配式吊环与大模板采用螺栓连接时必须采用双螺母。

2. 大模板的类型

大模板按构造外形分有平模、小角模、大角模、筒形模等。

(1) 平模

平模分为整体式平模、组合式平模和拼装式平模。

整体式平模（图 2-4）是以整面墙制作一块模板，结构简单、装拆灵活、墙面平整。但模板通用性差，并需用小角模解决纵、横墙角部位模板的拼接处理，仅适用于大面积标准住宅的施工。

组合式平模（图 2-5）是以建筑物常用的轴线尺寸作基数拼制模板，并通过固定于大模板板面的角模把纵横墙的模板组装在一起，用以同时浇筑纵横墙的混凝土。组合式平模为适应不同开间、进深尺寸的需要，可利用模数条模板加以调整。

拆装式平模（图 2-6）是将板面、骨架等部件之间的连接全都采用螺栓组装，这样比组合式大模板更便于拆改，也可减少因焊接而产生的模板变形。面板可选用钢板、胶合板、钢框胶合板模板、中型组合钢模板等。

(2) 小角模

小角模是为适应纵横墙一起浇筑而在纵横墙相交处附加的一种模板，通常用∟100 × 10 的角钢制成。小角模设置在平模转角处，可使内模形成封闭支撑体系，模板整体性好，组拆

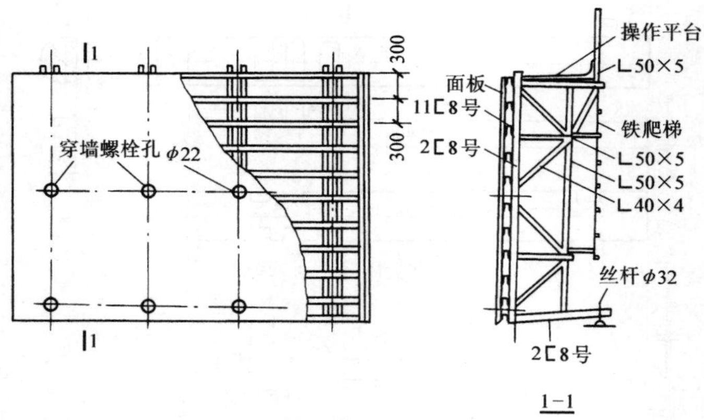

图 2-4 整体式平模

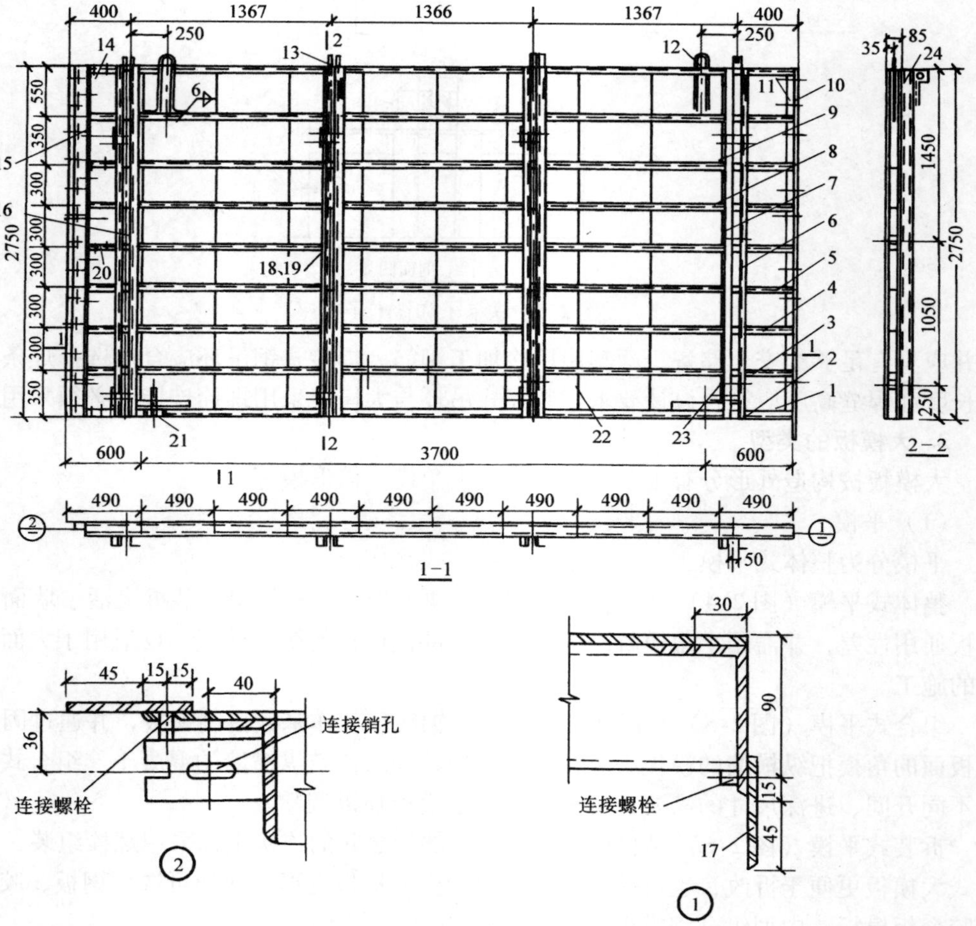

图 2-5 组合式平模

1—面板 2—底横肋 3、4、5—横肋 6、7—竖肋 8、9、22、23、24—小肋（扁钢竖肋） 10、17—拼缝扁钢 11、15—边肋 12—吊环 13—上卡板 14—顶横肋 16—撑板钢管 18—螺母 19—垫圈 20—沉头螺栓 21—地脚螺栓

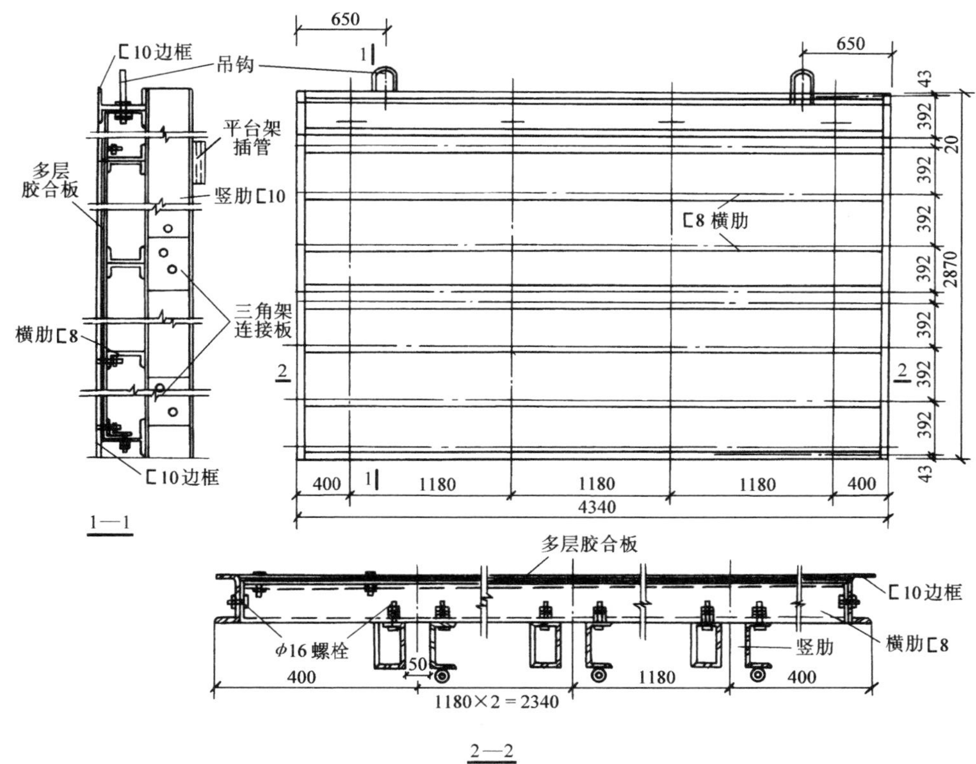

图 2-6　拆装式平模

方便，墙面平整。小角模分为带合页和不带合页两种（图 2-7）。

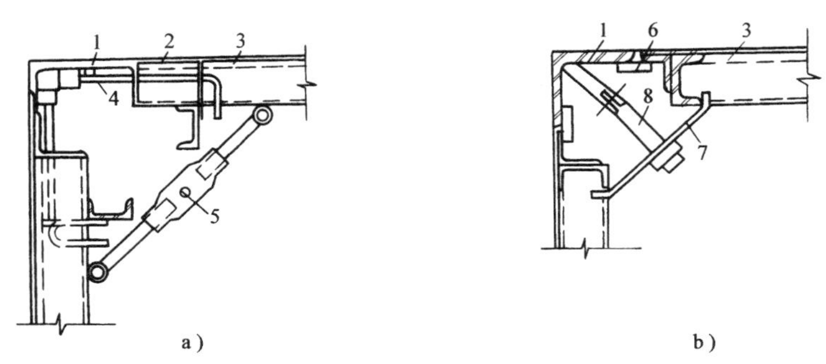

图 2-7　小角模构造示意图

a）带合页小角模　b）不带合页小角模

1—小角模　2—合页　3—平模　4—转动铁拐　5—花篮螺栓　6—扁铁　7—压板　8—转动拉杆

（3）大角模

大角模由上下四个大合页连接起来的两块平模、三道活动支撑和地脚螺栓等组成（图 2-8）。采用大角模施工可使纵横墙混凝土同时浇筑，结构整体性好，墙体阴角方正，模板装拆方便，但接缝在墙面中部，墙面平整度差。

(4) 筒形模

筒形模由平模、角模和紧伸器（脱模器）等组成，主要用于电梯井、管道井内模的支设。筒形模具有构造简单、装拆方便、施工速度快、劳动工效高、整体性能好和使用安全可靠等特点。随着高层建筑的大量兴建，筒形模的推广应用发展很快，许多模板公司已研制开发了各种形式的电梯井筒形模。

筒形模的平模采用大型钢模板或钢框胶合板模板拼装而成。角模有固定角模和活动角模两种，固定角模即为一般的阴角钢模板，活动角模有单铰链角模和三铰链角模等。紧伸器有集中操作式和分散操作式等多种形式。筒形模构造如图2-9所示。

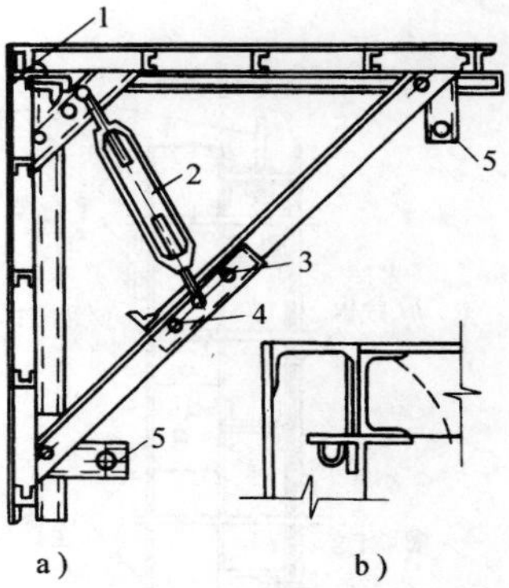

图2-8 大角模构造示意图
a）大角模构造示意 b）合页构造
1—合页 2—花篮螺栓 3—固定销子 4—活动销子 5—地脚螺栓

施工时，先将筒模工作平台吊装上升，工作平台上的支腿上升到上一层预留洞时，自动弹入洞内，再将工作平台落实就位，然后将筒形模吊运在平台上，调整紧伸器，使角模伸张至与平模成一个平面。为解决塔吊运输紧张问题，目前已开发了自升筒模技术。

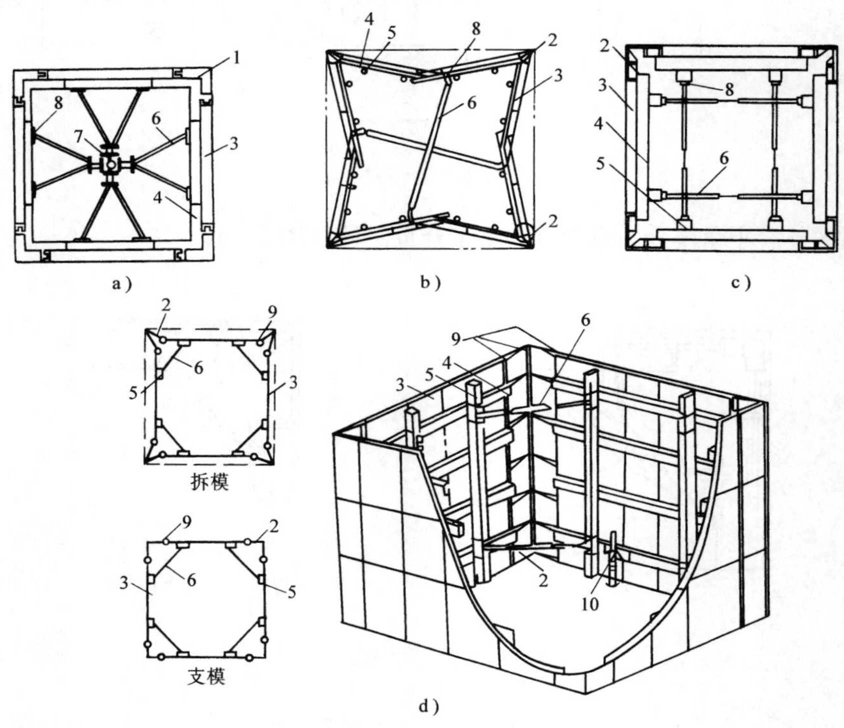

图2-9 筒形模构造示意图
a）集中式紧伸器筒形模 b、c）分散式紧伸器筒形模
d）组合式铰接（分散操作）筒形模透视图
1—固定角模 2—活动角模 3—平面模板 4—横肋 5—竖肋 6—紧伸器（脱模器）
7—调节螺杆 8—连接板 9—铰链 10—地脚螺栓

2.1.2　大模板配板设计、制作与维修

1. 大模板配板设计原则、内容和方法

（1）大模板配板设计原则

1）应根据工程结构具体情况按照合理、经济的原则划分施工流水段。

2）模板施工平面布置时，应最大限度地提高模板在各流水段的通用性。

3）大模板的重量必须满足现场起重设备能力的要求。

4）清水混凝土工程及装饰混凝土工程大模板体系的设计应满足工程效果要求。

（2）配板设计内容

1）绘制配板平面布置图。

2）绘制施工节点设计、构造设计和特殊部位模板支、拆设计图。

3）绘制大模板拼板设计图、拼装节点图。

4）编制大模板构、配件明细表，绘制构，配件设计图。

5）编写大模板施工说明书。

（3）配板设计方法

1）配板设计应优先采用计算机辅助设计方法。

2）拼装式大模板配板设计时，应优先选用大规格模板为主板。

3）配板设计宜优先选用减少角模规格的设计方法。

4）采取齐缝接高排板设计方法时，应在拼缝外进行刚度补偿。

5）大模板吊环位置应保证大模板吊装时的平衡，宜设置在模板长度的 0.2 ~0.25L 处。

2. 大模板的型号、数量与外形尺寸的确定

（1）按建筑平面确定模板型号

根据建筑平面和轴线尺寸，凡外形尺寸和节点构造相同的模板均可列为同一型号。当节点相同，外形尺寸变化不大时，则以常用的开间尺寸为基准模板，另配模板条。如当开间为 3.3m 和 3.6m 时，可以以 3.3m 轴线为基数制作模板，用于 3.6m 开间时，配以 30cm 的模板条与其连接固定。这种模板称之为模数式组合模板。

每道墙体的大模板均由两片模板组成，一般可以采用正反号表示，以墙体一侧的模板为正号，另一侧模板为反号。

（2）根据施工流水段来确定模板数量

为了便于大模板周转使用，施工进度常温情况下一般以一天完成一个施工流水段为宜，所以，必须根据一个施工流水段轴线的多少来配置大模板，同时，还必须考虑特殊部位的模板配置问题，如电梯间墙体、全现浇工程中山墙和伸缩缝部位的模板数量。

（3）大模板配板设计尺寸

1）大模板配板设计高度尺寸可按下列公式计算（图 2-10）：

$$H_n = h_c - h_1 + a$$

$$H_w = h_c + a$$

式中　H_n——内墙模板配板设计高度（mm）；

H_w——外墙模板配板设计高度（mm）；

h_c——建筑结构层高（mm）；

h_1——楼板厚度（mm）；

a——搭接尺寸（mm）；内模设计，取 $a=10\sim30$mm；外模设计，取 $a>50$mm。

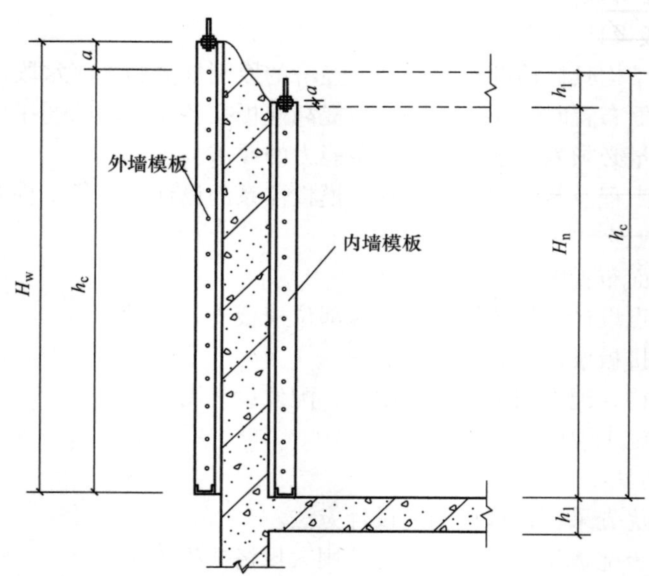

图 2-10 配板设计高度尺寸示意

2）大模板配板设计长度尺寸可按下列公式计算（图 2-11）：

$$L_a = L_z + (a + d) - B_i$$

$$L_b = L_z - (b + c) - B_i - \Delta$$

$$L_c = L_z - c + a - B_i - 0.5\Delta$$

$$L_d = L_z - b + d - B_i - 0.5\Delta$$

式中 L_a、L_b、L_c、L_d——模板配板设计长度（mm）；

L_z——轴线尺寸（mm）；

B_i——每一模位角模尺寸总和（mm）；

Δ——每一模位阴角模预留支拆余量总和，取 $\Delta=3\sim5$（mm）；

a、b、c、d——墙体轴线定位尺寸（mm）。

3. 大模板的加工制作

大模板加工工艺流程是：划线下料→胎膜设置→拼装、焊接→校正→钻孔→质量检验→刷防锈漆→堆放待用。

大模板制作应符合下列要求：

1）大模板所使用的材料，应具有材质证明，并符合国家现行标准的有关规定。

2）大模板零，构件下料的尺寸应准确，料口应平整；面板、肋、背楞等部件组拼组焊前应调平、调直。

3）大模板组拼组焊应在专用工装和平台上进行，并采用合理的焊接顺序和方法。

4）大模板组拼焊接后的变形应进行校正。校正的专用平台应有足够的强度、刚度，并应配有调平装置。

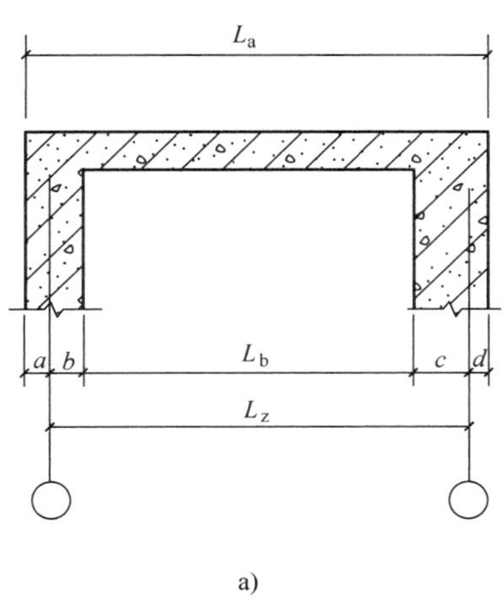

a)

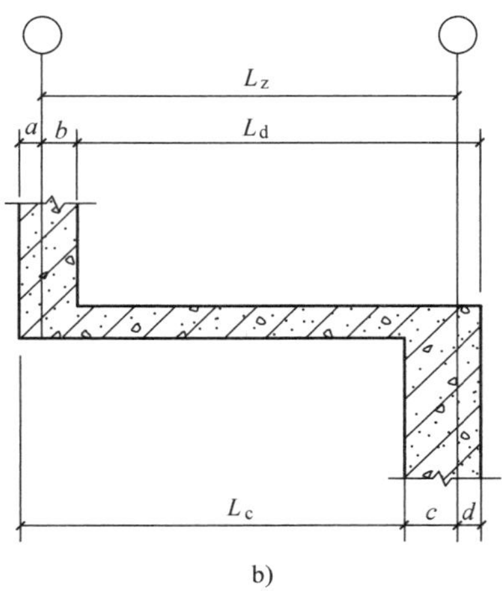

b)

图 2-11　配板设计长度尺寸示意

a）配板设计长度尺寸示意（一）　b）配板设计长度尺寸示意（二）

5）钢吊环、操作平台架挂钩等构件宜采用热加工并利用工装成型。

6）大模板的焊接部位必须牢固，焊缝应均匀，焊缝尺寸应符合设计要求，焊渣应清除干净，不得有夹渣、气孔、咬肉、裂纹等缺陷。

7）防锈漆应涂刷均匀，标识明确，构件活动部位应涂油润滑。

8）整体式大模板的制作允许偏差与检验方法应符合表 2-1 的要求。

9）拼装式大模板的组拼允许偏差与检验方法应符合表 2-2 的要求。

表 2-1　整体式大模板制作允许偏差

项次	项目	允许偏差/mm	检验方法
1	模板高度	±3	钢尺检查
2	模板长度	-2	钢尺检查
3	模板板面对角线差	≤3	钢尺检查
4	板面平整度	2	2m 靠尺及塞尺检查
5	相邻面板拼缝高低差	≤0.5	平尺及塞尺检查
6	相邻面板拼缝间隙	≤0.8	塞尺检查

表 2-2　拼装式大模板组拼允许偏差

项次	项目	允许偏差/mm	检验方法
1	模板高度	±3	钢尺检查
2	模板长度	-2	钢尺检查
3	模板板面对角线差	≤3	钢尺检查
4	板面平整度	2	2m 靠尺及塞尺检查
5	相邻面板拼缝高低差	≤1	平尺及塞尺检查
6	相邻面板拼缝间隙	≤1	塞尺检查

4. 大模板的维修保养

大模板的一次性耗资较大，用钢量较多，且要求周转使用次数在400次以上。因此要加强管理，及时做好维护、维修保养工作。

（1）日常保养

1）大模板在使用过程中应尽量避免碰撞，拆模时不得任意撬砸，堆放时要防止倾覆。

2）每次拆模后，必须及时清除模板表面的残渣和水泥浆，涂刷脱模剂。

3）对模板零件要妥善保管，螺母螺杆经常擦油润滑，防止锈蚀。拆下来的零件要随手放在工具箱内，随大模一起吊走。

4）当一个工程使用完毕后，在转移到新的工程使用前，必须进行一次彻底清理，零件要入库保存，残缺丢件一次补齐。易损件要准备充足的备件。

（2）大模板的现场临时修理

大模板板面翘曲、凹凸不平、焊缝开焊、地脚螺栓折断以及护身栏杆弯折等情况，是大模板在使用过程中的常见病和多发病。简易的修理方法如下：

1）板面翘曲修理：将两块翘曲的模板板面相对放置，四周用卡具卡紧，在不平整的部位打入钢楔，达到调平的目的。

2）板面凹凸不平：此类现象的常见部位是在穿墙螺栓孔周围，其原因是塑料套管偏长，引起板面凹陷。修理时，将模板板面向上放置，用磨石机将板面的砂浆和脱模剂打磨干净。板面凸出部分可用大锤砸平或用气焊烘烤后砸平。板面凹陷时，可在板面与纵向龙骨间放上花篮丝杠，拧转螺母，把板面顶回原来的位置。整平后，在螺栓孔两侧加焊扁钢或角钢，以加强板面局部的刚度。

3）焊缝开裂：先将焊缝中的砂浆清理干净，整平后再在横肋上多加几个焊点即可。当板面拼缝不在横肋上时，要用气焊边烤边砸，整平后满补焊缝，然后用砂轮磨平。周边开焊时，应用卡子将板面与边框卡紧，然后施焊。

4）模板角部变形：由于施工中的碰撞和撬动，容易出现模板角部后闪现象，造成骨架变形。修理时，先用气焊烘烤，边烤边砸，使其恢复原状。

5）地脚螺栓损坏：地脚调整螺栓转动应灵活，可调到位，损坏时应及时更换。

6）护身栏撞弯：护身栏应及时调直，断裂部位要焊牢。

7）胶合板面局部破损：可用扁铲将破损处剔凿整齐，然后刷胶，补上一块同样大小的胶合板，再涂以覆面剂。

如损坏严重，需在工厂进行大修。

5. 脱模剂的选用

大模板脱模剂分为油类脱模剂、水性脱模剂、甲基硅树脂脱模剂三类。

1）油类脱模剂有废机油、机柴油、乳化机油、妥尔油、机油、皂化油等，可以在低温或负温时使用。

2）水性脱模剂主要有海藻酸钠脱模剂，喷涂、刷涂均可。

3）甲基硅树脂脱模剂为长效脱模剂，刷一次可用6次，如成膜好可用到10次。甲基硅树脂成膜固化后，透明坚硬，耐磨、耐热和耐水性能都很好，涂在钢模面上，不仅起隔离作用，也能起防锈、保护作用。该材料无毒，喷、刷均可。该脱模剂应贮存在避光、阴凉的地方，每次用过后，必须将盖子盖严，防止潮气进入，贮存期不宜超过三个月。

在首次涂刷甲基硅树脂脱模剂前，应将板面彻底擦洗干净，打磨出金属光泽，擦去浮锈，然后用棉纱蘸酒精擦洗。板面处理越干净，则成模越牢固，周转使用次数越多。采用甲基硅树脂脱模剂，模板表面不准刷防锈漆。当钢模重刷脱模剂时，要趁拆模后板面潮湿，用扁铲、棕刷、棉丝将浮渣清理干净，因为干固后清理比较困难。

涂刷脱模剂时，操作要迅速，结膜后不要回刷，以免起胶。涂层要薄而均匀，太厚易剥落。新制大模板运进现场后，应先用砂纸、扁铲进行清渣、除锈，并擦去表面油污，然后用环氧树脂腻子嵌塞板面接缝，最后涂刷脱模剂。

2.1.3　大模板施工

1. 施工流水段的划分

大模板施工应按照工期要求，并根据建筑物的工程量、平面尺寸、机械设备条件等组织均衡的流水作业。

（1）流水段的划分原则

1）尽量使各流水段的工程量大致相等，模板的型号、数量基本一致，劳动力配备相对稳定，以利于组织均衡施工。

2）要使各流水段的吊装次数大致相等，以便充分发挥垂直起重设备的能力。

3）采取有效的技术组织措施，做到每天完成一个流水段的支、拆模工序，使大模板得到充分利用。

（2）流水段的划分方法

首先是确定一个施工流水段的范围：即配备一套大模板，按日夜两班制施工，每 24h 完成一个施工流水段，其流水段的范围是几条轴线（指内横轴线）；另外，根据流水段的范围，计算全部工程量和所需的吊装次数，以确定起重设备（一般采用塔式起重机）的台数。

其次是确定施工周期：由于大模板工程的施工周期与结构施工的一些技术要求（如墙体混凝土达到 $1N/mm^2$，方可拆模；达到 $4N/mm^2$，方可安装楼板）有关，因此，施工周期的长短，与每个施工流水段能否实现 24h 完成有密切关系。如一栋全现浇大模板工程共为 5 个单元（每个单元 5 条轴线），流水段的范围定为 5 条轴线，则施工周期为 5d 一层。

2. 大模板施工

大模板施工工艺流程是：施工准备→定位放线→安装模板的定位装置→安装洞口模板→安装大模板→调整模板、紧固对拉螺栓→验收→分层对称浇筑混凝土→拆模→清理模板。

（1）施工准备

安装前准备工作应符合下列规定：

1）大模板安装前应进行施工技术交底。

2）模板进现场后，应依据配板设计要求清点数量，核对型号。

3）组拼式大模板现场组拼时，应用醒目字体按模位对模板重新编号。

4）大模板应进行样板间的试安装，经验证模板几何尺寸、接缝处理、零部件等准确后方可正式安装。

5）大模板安装前应放出模板内侧线及外侧控制线作为安装基准。

6）合模前必须将模板内部杂物清理干净。

7）合模前必须通过隐蔽工程验收。

8）模板与混凝土接触面应清理干净、涂刷隔离剂，刷过隔离剂的模板遇雨淋或其他因素失效后必须补刷；使用的隔离剂不得影响结构工程及装修工程质量。

9）已浇筑的混凝土强度未达到1.2N/mm^{2}以前不得踩踏和进行下道工序作业。

10）使用外挂架时，墙体混凝土强度必须达到7.5N/mm^{2}以上方可安装挂架。挂架之间的水平连接必须牢靠，稳定。

（2）大模板安装

1）大模板的安装应符合下列规定：

① 大模板安装应符合模板配板设计要求。

② 模板安装时应按模板编号顺序遵循先内侧、后外侧，先横墙、后纵墙的原则安装就位。

③ 大模板安装时根部和顶部要有固定措施。

④ 门窗洞口模板的安装应按定位基准调整固定，保证混凝土浇筑时不移位。

⑤ 大模板支撑必须牢固、稳定，支撑点应设在坚固可靠处，不得与脚手架拉结。

⑥ 紧固对拉螺栓时应用力得当，不得使模板表面产生局部变形。

⑦ 大模板安装就位后，对缝隙及连接部位可采取堵缝措施，防止漏浆、错台现象。

2）大模板施工中，重点要做好外墙的支模工作，它关系到工程质量和施工的安全进行。外墙的内侧模板与内墙模板一样，支承在楼板上。外侧模板有悬挑式外模和外承式外模两种支设方法。

① 当采用悬挑式外模板施工时，支模顺序为：先安装内墙模板，再安装外墙内模，然后将外模板通过内模上端的悬臂梁直接悬挂在内模板上。悬臂梁可采用一根8号槽钢焊在外侧模板的上口横筋上，内外墙模板之间用两道对销螺栓拉紧，下部靠在下层外墙混凝土壁（图2-12)。

② 当采用外承式外模板时，可先将外墙外模板安装在下层混凝土外墙面上挑出的支承架上（图2-13）。支承架可做成三角架，用L形螺栓通过下一层外墙预留孔挂在外墙上。为了保证安全，要设防护栏和安全网。外墙外模板安装好后，再安装内墙模板和外墙的内模板。挂装三角架支承外模荷载时，现浇外墙混凝土强度应达到7.5N/mm^2。

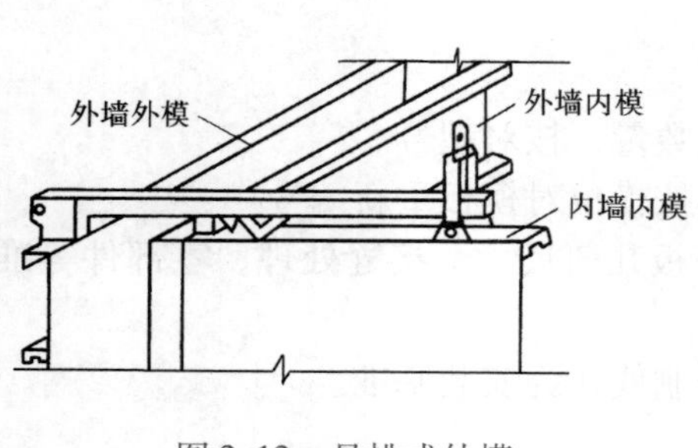

图2-12 悬挑式外模

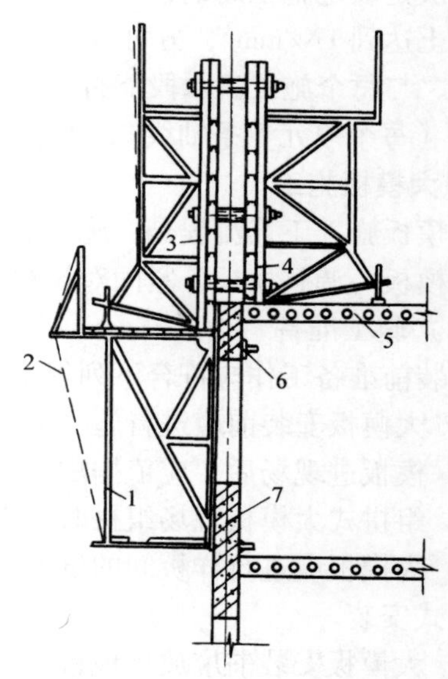

图2-13 外承式外模

1—外承架 2—安全网 3—外墙外模 4—外墙内模 5—楼板 6—L形螺栓挂钩 7—现浇外墙

3）现浇混凝土结构外墙门、窗洞口的设置，一般采用下面两种做法：

① 散装散拆法：按门、窗洞口尺寸先加工洞口的侧模和角模，钻连接销孔。在大模板骨架上按门、窗洞口尺寸焊接角钢边框，其连接销孔位置要和门、窗洞口模板一致。支模时，将门、窗洞口模板用 U 形卡与角钢固定。

② 板角结合法：在模板板面门、窗洞口各个角的部位设专用角模，门、窗洞口的各面做条形板模，各板模用合页固定在大模板板面上。支模时用钢筋钩将其支撑就位，然后安装角模。角模与侧模用企口缝连接。

4）混凝土浇筑前必须对大模板的安装进行专项检查，并做检验记录。浇筑混凝土时应设专人监控大模板的使用情况，发现问题及时处理。

（3）大模板安装质量标准

大模板安装质量应符合下列要求：

1）大模板安装后应保证整体的稳定性，确保施工中模板不变形、不错位、不胀模。

2）模板间的拼缝要平整、严密，不得漏浆。

3）模板板面应清理干净，隔离剂涂刷应均匀，不得漏刷。

4）大模板安装允许偏差及检验方法应符合表 2-3 的规定。

表 2-3　大模板安装允许偏差

项目		允许偏差/mm	检验方法
轴线位置		4	尺量检查
截面内部尺寸		±2	尺量检查
层高垂直度	全高≤5m	3	线坠及尺量检查
	全高>5m	5	线坠及尺量检查
相邻模板板面高低差		2	平尺及塞尺尺量检查
表面平整度		<4	20m 内上口拉直线尺量检查，下口按模板定位线为基准检查

（4）大模板拆除

大模板的拆除应符合下列规定：

1）大模板拆除时的混凝土结构强度应达到设计要求；当设计无具体要求时，应能保证混凝土表面及棱角不受损坏。

2）大模板的拆除顺序应遵循先支后拆、后支先拆的原则。

3）拆除有支撑架的大模板时，应先拆除模板与混凝土结构之间的对拉螺栓及其他连接件，松动地脚螺栓，使模板后倾与墙体脱离开；拆除无固定支撑架的大模板时，应对模板采取临时固定措施。

4）起吊大模板前应先检查模板与混凝土结构之间所有对拉螺栓、连接件是否全部拆除，必须在确认模板和混凝土结构之间无任何连接后方可起吊大模板，移动模板时不得碰撞墙体。

5）大模板及配件拆除后，应及时清理干净，对变形和损坏的部位应及时进行维修。

2.1.4　大模板施工安全技术

1）大模板的存放应满足自稳角（一般为 20°～30°）的要求，并应面对面存放。长期存放的模板，应用拉杆连接稳固（图2-14）。没有支架或自稳角不足的大模板，要存放在专用的插放架上，或平卧堆放，不得靠在其他物体上，防止滑移倾倒。在楼层内存放大模板时，必须采取可靠的防倾倒措施。遇有大风天气，应将大模板与建筑物固定。

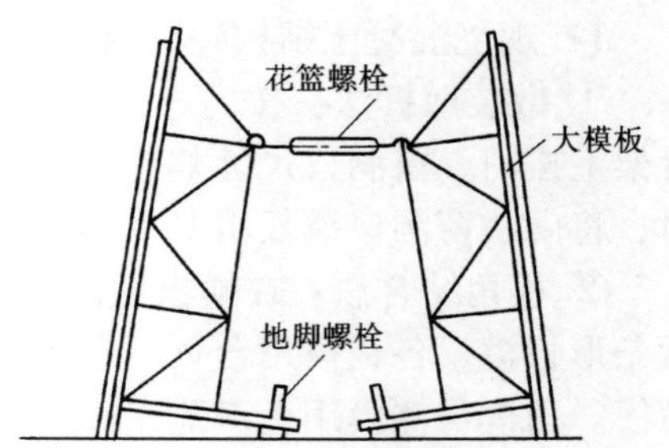

图2-14 大模板堆放示意图

2）大模板必须有操作平台、上人梯道、防护栏杆等附属设施，如有损坏应及时补修。

3）吊装大模板时应设专人指挥，模板起吊应平稳，不得偏斜和大幅度摆动。操作人员必须站在安全可靠处，严禁人员随同大模板一同起吊。

4）吊装大模板必须采用带卡环吊钩。当风力超过5级时应停止吊装作业。

5）大模板安装就位后，应及时用穿墙螺栓、花篮螺栓将全部模板连接成整体，防止倾倒。

6）安装外墙外侧模板时，必须确保三角挂架、平台或爬模提升架安装牢固。外侧模板安装后，应立即穿好销杆，紧固螺栓。安装及拆除外侧模板、提升架及三角挂架的操作人员必须挂好安全带。

7）模板安装就位后，要采取防止触电保护措施，将大模板串联起来，并同避雷网接通，防止漏电伤人。

8）大模板组装或拆除时，指挥和操作人员必须站在安全可靠的地方，防止意外伤人。任何情况下，严禁操作人员站在模板上口采用晃动、撬动或用大锤砸模板的方法拆除模板。

9）拆除的对拉螺栓、连接件及拆模用工具必须妥善保管和放置，不得随意散放在操作平台上，以免吊装时坠落伤人。

10）大模板拆除后，要加以临时固定，面对面放置，中间留出60cm宽的人行道，以便清理和涂刷脱模剂。

2.2 滑模施工

滑模施工是滑动模板施工的简称。它是以滑模千斤顶或电动提升机为提升动力，带动模板沿着混凝土表面滑动而成型（即传统滑模施工工艺），或带动滑框沿着模板外表面滑动、倒模而成型（即滑框倒模施工工艺），从而连续不断地进行竖向现浇混凝土结构施工的一种成套模板技术。

传统滑模施工工艺（以下简称“滑模”）的特点是施工速度快、施工用地少、结构整体性好、劳动强度低、节约模板和脚手架等，适用于剪力墙结构、筒体结构和框架结构等高层现浇混凝土结构的施工。

滑模倒模施工工艺（以下简称“滑框倒模”）是传统滑模施工技术的发展。该技术把传统的滑“模板”改变成“滑框”，由于模板与混凝土表面之间不产生摩阻力，施工中停歇时间不像传统滑模施工会受到较大的限制，可以不连续作业，而且随时可以对取出的模板清理，从而较好地解决了早期滑模工艺由于管理不到位易发生的表面粗糙、缺楞掉角、拉裂等缺陷，对改善滑模工程的外观质量具有重要作用，业已在高层滑模工程中推广应用。

滑模施工，应符合现行国家标准《滑动模板工程技术规范》（GB 50113—2005）的规定。

2.2.1　滑模装置构造

滑模装置主要由模板系统、操作平台系统、液压提升系统及施工精度控制系统等部分组成（图 2-15）。

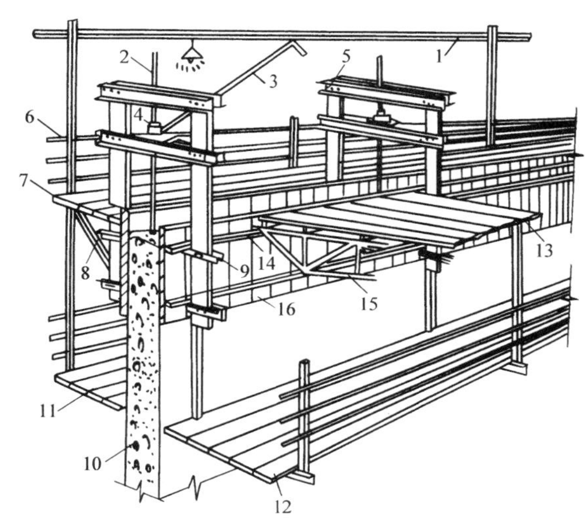

图 2-15　滑模装置构造示意图

1—支架　2—支承杆　3—油管　4—千斤顶　5—提升架　6—栏杆　7—外平台　8—外挑架　9—收分装置　10—混凝土墙　11—外吊平台　12—内吊平台　13—内平台　14—上围圈　15—桁架　16—模板

1. 模板系统

模板系统包括模板、围圈、提升架等。

（1）模板

模板又称作围板，依靠围圈带动沿混凝土的表面向上滑动。其主要作用是承受混凝土的侧压力、冲击力和滑升时的摩擦阻力，并使混凝土按设计要求的截面形状成型。

模板按其所在部位和作用的不同，可分为内模板、外模板、堵头模板、角模以及阶梯形变截面处的衬模板、圆形变截面结构中的受分模板等。模板可采用钢模板、木模板或钢木混合模板，一般以钢模板为主。钢模板可用厚 2 ~ 3mm 的钢板冷压成型，或用厚 2 ~ 3mm 钢板与∟ 30 ~ ∟ 50 角钢制成。如采用定型组合钢模板，则需在边框增加与围圈固定相适应的连接孔。

模板的高度主要取决于滑升速度和混凝土达到出模强度所需的时间，一般采用 900 ~ 1200mm，筒体结构可采用 1200 ~ 1600mm。为了防止混凝土在浇筑时外溅，外模板的上端比内模板可高出 100 ~ 200mm。模板的宽度以考虑组装及拆卸方便为宜，一般采用 150 ~ 300mm。当施工墙体尺寸变化不大时，亦可根据施工条件将模板宽度加大或采用围圈与模板合一的大型化模板，以节约组装和拆卸用工。模板宽度的实际尺寸应比标志尺寸小 2mm。

（2）围圈

围圈又称作围檩，主要作用是使模板保持组装的平面形状，并将模板与提升架连接成整体。围圈在工作时，承受由模板传递来的混凝土侧压力、冲击力和风荷载等水平荷载，同时承受滑升时的摩擦阻力、作用于操作平台上的静荷载和施工荷载等竖向荷载，并将其传递到提升架、千斤顶和支承杆上。

在每侧模板的背面，按建筑物所需要的结构形状，通常设置上下各一道闭合式围圈，其间距一般为450～750mm。上围圈距模板上口距离一般不宜大于250mm。围圈应有一定的强度和刚度，其截面应根据荷载大小由计算确定。

围圈可用角钢、槽钢或工字钢制作。围圈转角处必须做成刚性节点，接头应采用等刚度的型钢连接，连接螺栓每边不得少于2个。在使用荷载作用下，两个提升架之间的围圈的垂直和水平的变形不应大于跨度的1/500。

当提升架之间的布置距离大于2.5m或操作平台的桁架直接支承在围圈上时，可在上下围圈之间加设腹杆，形成平面桁架，以提高承受竖向荷载的能力（图2-16）。为了使围圈能重复使用，腹杆与围圈宜做成装配式。

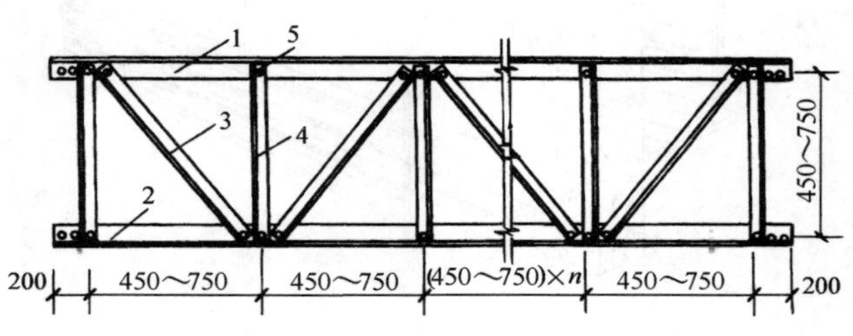

图2-16 桁架式围圈

1—上围圈 2—下围圈 3—斜腹杆 4—垂直腹杆 5—连接螺栓

（3）提升架

提升架又称作千斤顶架，是安装千斤顶并与围圈、模板连接成整体的主要构件。其主要作用是控制模板、围圈由于混凝土的侧压力和冲击力而产生的位移变形，同时承受作用于整个模板上的竖向荷载，并将这些荷载传递给千斤顶和支承杆。当提升机具工作时，通过提升架带动围圈、模板及操作平台等一起向上滑动。

提升架的构造形式，可分为单横梁“Π”形架、双横梁“开”形架及单立柱“Γ”形架等。图2-17为目前广泛使用的钳形提升架。

提升架的布置应与千斤顶的位置相适应。当均匀布置时，间距不宜超过2m。当非均匀布置或集中布置时，可根据结构部位的实际情况确定。

提升架的横梁一般用槽钢制作，立柱用槽钢、角钢或钢管制作。在墙体转角和十字交接处，提升架立柱宜采用100mm×100mm×（4～6）mm方形钢管（图2-17b、c）。提升架的横梁与立柱必须刚性连接，两者的轴线应在同一平面内，在使用荷载作用下，立柱的侧向变形不宜大于2mm。提升架横梁至模板顶部的净高度，对于配筋结构不宜小于500mm，对于无筋结构不宜小于250mm。

对于变形缝双墙、圆弧形墙壁交叉处或厚墙壁摩擦阻力及局部荷载较大的部位，可采用双千斤顶提升架。

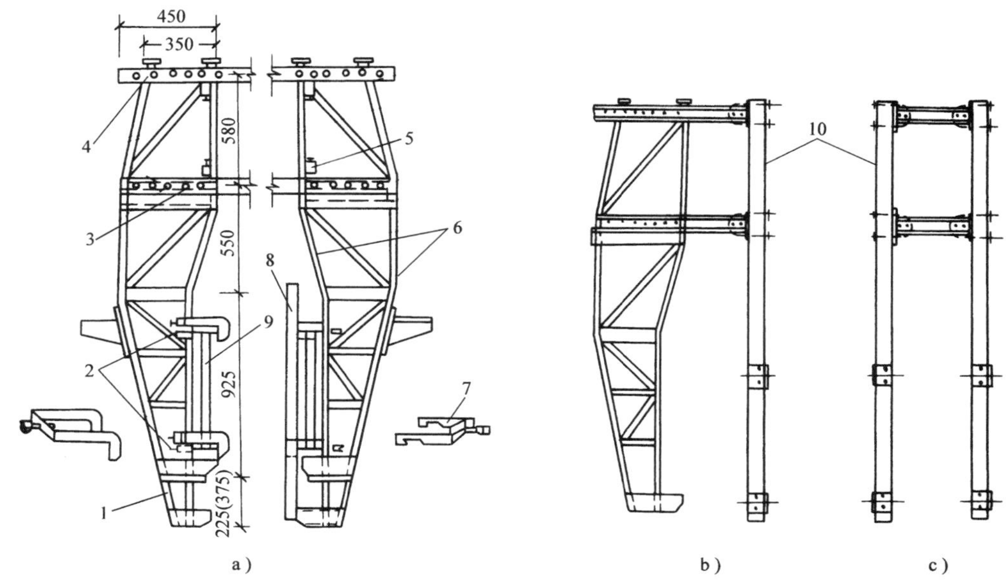

图 2-17　钳形提升架

a）提升架与围圈、模板的连接　b）转角处提升架　c）十字交叉处提升架

1—接长脚　2—顶紧螺栓　3—下横梁　4—上横梁　5—顶紧螺栓　6—立柱　7—扣件　8—模板　9—围圈　10—直腿立柱

2. 操作平台系统

操作平台系统包括操作平台、内外吊脚手架及某些增设的辅助平台（图 2-18）。

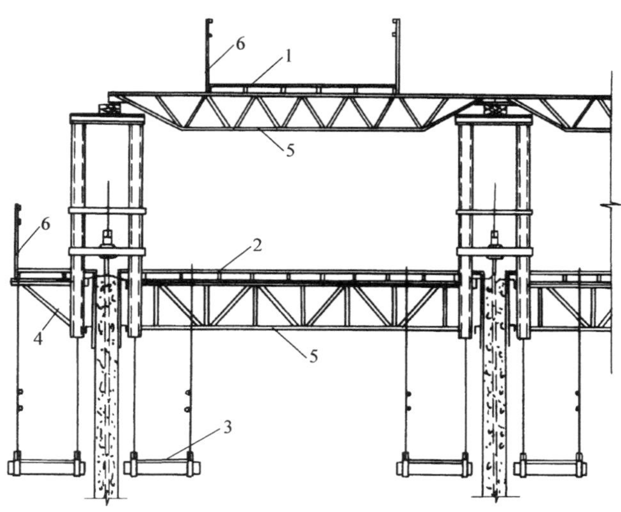

图 2-18　双层操作平台

1—辅助平台　2—操作平台　3—吊脚手架　4—三角挑架　5—承重桁架　6—防护栏杆

(1) 操作平台

滑模的操作平台是绑扎钢筋、浇筑混凝土、提升模板等的作业场所，也是钢筋、混凝

土、预埋件等材料和千斤顶、振捣器等小型备用机具的暂时存放场地。

按楼板施工工艺的不同要求，操作平台可采用固定式或活动式。对于逐层空滑楼板并进施工工艺，操作平台板宜采用活动式，以便平台板揭开后，对现浇楼板进行支模、绑扎钢筋和浇筑混凝土或进行预制楼板的安装。一般提升架立柱内侧、提升架之间的平台板采用固定式；提升架立柱外侧的平台板采用活动式。

活动式平台板宜用型钢作框架，上铺多层胶合板或木板，再铺设铁板保护。平台板的尺寸大小，可视吊装能力及型钢规格而定，尽可能做到每个封闭平台一块。

操作平台按其搭设部位分为内操作平台和外操作平台两部分。内操作平台通常由承重桁架（或梁）与楞木、铺板组成，承重桁架（或梁）的两端可支承于提升架的柱上，亦可通过托架支承于上下围圈上。外操作平台通常由三角挑架及楞木、铺板等组成，一般宽度为0.8m左右。为了操作安全起见，在操作平台的外侧需设置防护栏。外操作平台的三角挑架可支承于提升架立柱上或挂在围圈上。三角挑架应采用钢材制作。

（2）吊脚手架

吊脚手架又称下辅助平台或吊架，主要用以检查墙（柱）混凝土质量并进行修饰，以及调整和拆除模板（包括洞口模板）、引设轴线、标高、支设梁底模板等。外吊脚手架悬挂在提升架外侧立柱和三角挑架上，内吊脚手架悬挂在提升架内侧立柱和操作平台上。外吊脚手架可根据需要悬挂一层或多层（也可局部多层）。

吊脚手架的吊杆可用直径为16~18mm的圆钢或50mm×4mm的扁钢制成，也可采用柔性链条。吊脚手架的铺板宽度一般为600~800mm。为了保证安全，每根吊杆必须安装双螺母予以锁紧，其外侧应设防护栏杆挂设安全网。

3. 液压提升系统

液压提升系统包括液压千斤顶、液压控制台、油路和支承杆等。

（1）液压千斤顶

液压千斤顶又称为穿心式液压千斤顶或爬升器。其中心穿过支承杆，在液压动力作用下沿支承杆爬升，以带动提升架、操作平台和模板随之一起上升。

滑模液压千斤顶型号主要有滚珠式GYD-35型、GYD-60型，楔块式QYD-35型、QYD-60型、QYD-100型，松卡式SQD-90-35型和松卡式GSD-35型等型号，其最大起重量为10t。

GYD型和QYD型千斤顶构造基本相同，主要区别为GYD型千斤顶的卡具为滚珠式，而QYD型千斤顶的卡具为楔块式。液压千斤顶的构造和工作原理如图2-19所示，工作时开动油泵，使油液由油嘴进入千斤顶油缸，由于上卡头与支承杆锁紧，只能上升不能下降，在高压油液的作用下，油室不断扩大，排油弹簧被压缩，整个缸筒连同下卡头及底座被举起，当上升至上下卡头相互顶紧时，即完成提升一个行程；回油时，油压被解除，依靠排油弹簧的压力，将油室中的油液有油嘴排出千斤顶，此时，下卡头与支承杆锁紧，上卡头及活塞被排油弹簧向上推动复位。一次循环可使千斤顶爬升一个行程，如此往复动作，千斤顶即沿着支承杆不断爬升。

SQD-90-35型松卡式千斤顶上卡头由缸体内移至活塞顶部，并且在上卡头和下卡头处均增设了松卡装置，这样就可根据需要随时将支承杆拔出，以便重复使用，同时为施工现场更换和维修千斤顶，特别是更换卡头和楔块提供了便利的条件。

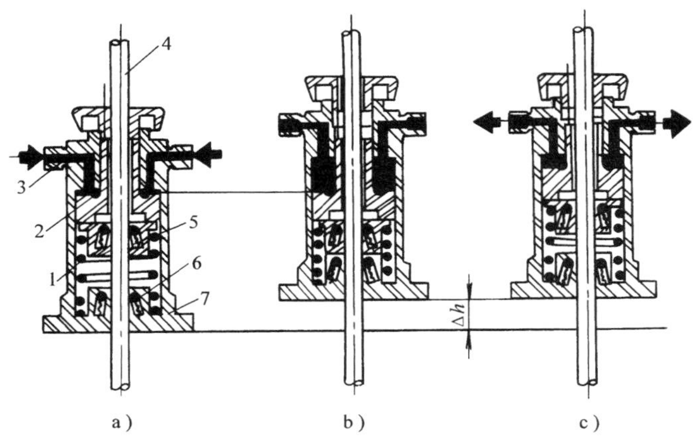

图 2-19　液压千斤顶构造与工作原理

a）进油　b）上升　c）排油

1—排油弹簧　2—活塞　3—油嘴　4—支承杆　5—上卡头　6—下卡头　7—缸体

（2）液压控制台

液压控制台是液压传动系统的控制中心，主要由电动机、齿轮油泵、换向阀、溢流阀、液压分配器和油箱等组成（图 2-20）。其工作过程是：电动机带动油泵运转，将油箱中的油液通过溢流阀控制压力后，经换向阀输送到液压分配器，然后，经油管将油液输入进千斤顶，使千斤顶沿支承杆爬升；当活塞走满行程之后，换向阀变换油液流向，千斤顶中的油液从输油管、液压分配器经换向阀返回油箱。每一个工作循环，可使千斤顶带动模板系统爬升一个行程。

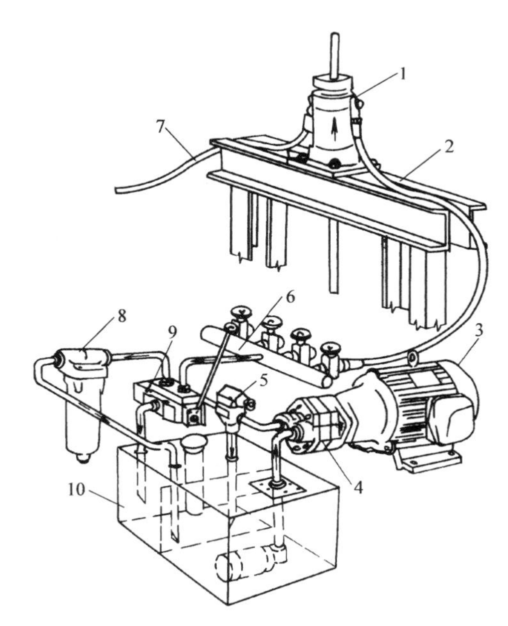

图 2-20　液压传动系统

1—液压千斤　2—提升架　3—电动机　4—液压泵　5—溢溜阀　6—液压分配器　7—油管　8—滤油器　9—换向阀　10—油箱

液压控制台按操作方式的不同，可分为手动、电动和自动控制等形式。

（3）油路系统

油路系统是连接控制台到千斤顶的液压通路，主要由油管、管接头、液压分配器和截止阀等元、器件组成。

油管一般采用高压无缝钢管和高压橡胶管两种，其耐压力不得低于 25MPa。油管与液压千斤顶连接处宜采用高压橡胶管。主油管内径不得小于 16mm，二级分油管内径宜为 10～16mm，连接千斤顶的油管内径应为 6～10mm。

油路系统可按工程具体情况和千斤顶的布置不同，组装成串联式、并联式和串、并联混合式。为了保持各台千斤顶供油均匀，便于调整千斤顶的升差，一般宜采用三级并联方式

（图2-21）。即从液压控制台通过主油管至分油器为一级，从分油器经分油管至支分油器为二级，从支分油器经支油管（胶管）至千斤顶为三级。

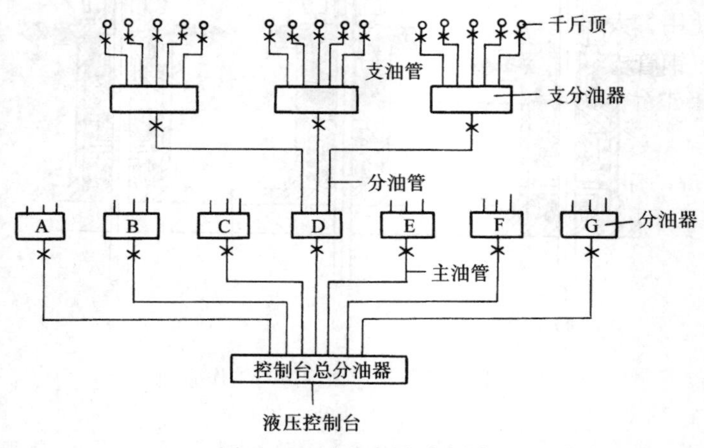

图2-21 油路布置示意图

（4）支承杆

支承杆又称爬杆、千斤顶杆等，是千斤顶向上爬升的轨道，也是滑模的承重支柱。它支承着作用于千斤顶的全部荷载。

支承杆按使用情况分为工具式和非工具式两种。工具式可以回收，非工具式支承杆直接浇筑在混凝土中。为了节约钢材用量，应尽可能采用可回收的工具式支承杆。

当采用工具式支承杆时，应在提升架横梁下设置内径比支承杆直径大2~5mm的套管，其长度应到模板下缘。套管随千斤顶和提升架同时滑升，在混凝土内形成管孔，以防支承杆与混凝土黏结。工具式支承杆可以在滑升到顶后一次抽拔，也可在滑升过程中分层抽拔。分层抽拔时应间隔进行，每层抽拔数量不应超过支承杆总数的1/4，并应对抽拔过程中卸荷的千斤顶采取必要的支顶安全措施。

支承杆材料，对滚珠式千斤顶应采用Q235圆钢制作，对楔块式千斤顶应通过试验选用。支承杆长度宜为3~5m，支承杆的直径应与千斤顶的要求相适应，一般为25~28mm。

直径25mm圆钢支承杆常用连接方法有螺纹连接、榫接和坡口焊接三种（图2-22）。支承杆的焊接，一般在液压千斤顶上升到接近支承杆顶部时进行，接口处若有偏斜或凸疤，要用手提砂轮机处理平整。工具式支承杆应用螺纹连接，螺栓宜为M16，螺纹长度不宜小于20mm。

为了防止支承杆失稳，直径25mm圆钢支承杆的允许脱空长度，不宜超过表2-4规定的数值。

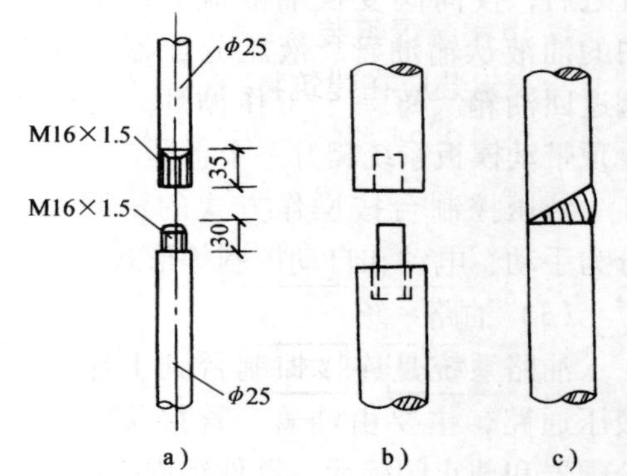

图2-22 支承杆的连接

a）螺纹连接 b）榫接 c）焊接

表2-4 直径25mm圆钢支承杆允许脱空长度

支承杆荷载/kN	10	12	15	20
允许脱空长度/cm	152	134	115	94

注：允许脱空长度是指千斤顶下卡头至混凝土上表面的允许距离。

额定起重量为 6～10t 的大吨位千斤顶（如 GYD－60 型、QYD－60 型、QYD－100 型、松卡式 SQD－90－35 型），可采用与之配套的 $\phi48\times3.5$ 的钢管支承杆（长度宜为 4～6m）。用钢管作支承杆使用，大大提高了抗失稳能力，不仅可以加大脱空长度，而且可以布置在混凝土体内或体外。钢管支承杆接头，可采用螺纹连接、焊接和销钉连接。钢管作为工具式支承杆和在混凝土体外布置时，也可采用脚手架扣件连接（图 2-23）。《高层建筑混凝土结构技术规程》（JGJ 3—2010）规定：高层建筑混凝土结构采用滑模施工，宜选用额定起重量为 60kN 以上的大吨位千斤顶及与之配套的钢管支承杆。

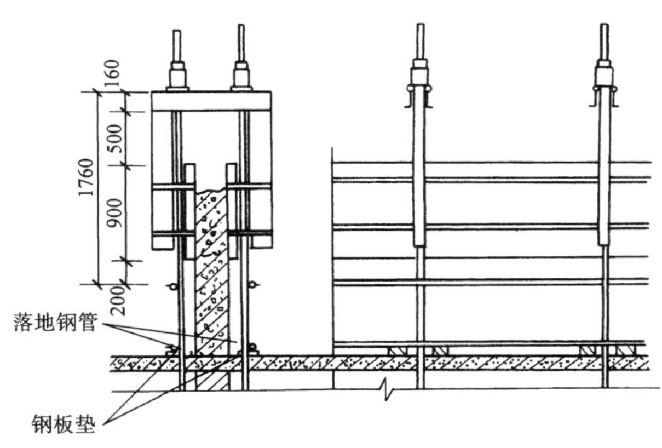

图 2-23　钢管支承杆体外布置

2.2.2　滑模施工

传统滑模施工就是在高层建筑物的底部，按照工程设计的平面尺寸和形状组装现浇混凝土结构竖向构件的滑模装置，随着模板内混凝土的浇筑，利用液压提升设备（或电动提升设备）使模板不断沿着混凝土表面滑动成型，直至竖向结构施工完毕。

1. 滑模装置组装

滑模组装应在建筑物的基础底板（或楼板）混凝土浇筑并达到一定强度后进行。其组装顺序如图 2-24 所示。

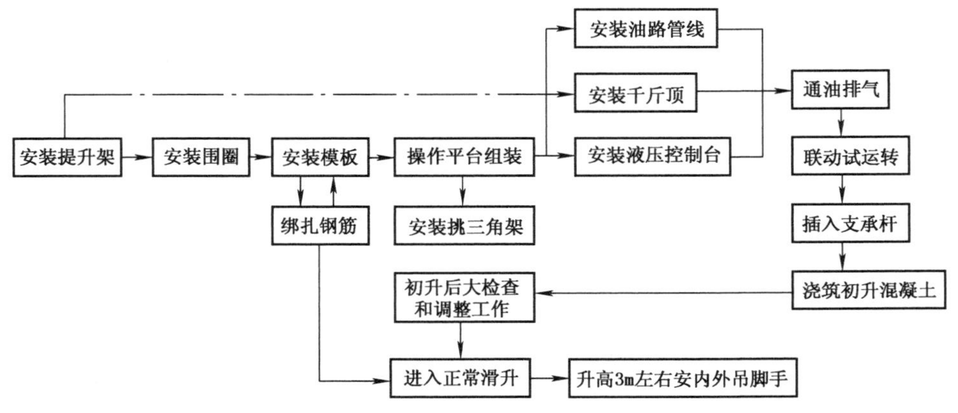

图 2-24　滑模组装顺序

组装前，按图纸设计要求在底板上弹出建筑物各部位的中心线及模板、围圈、提升架、平台桁架等构件的位置线，搭设临时组装平台；同时，在建筑物基础及附近设置观测垂直偏差的控制桩（或控制点），以及一定数量的标高控制点，以便控制滑模施工精度。

(1) 安装提升架

将提升架用临时支架固定在布置图要求的设计位置上，核对型号、位置，并校正其垂直度和水平度。

当采用工具式支承杆时，支承杆外的钢套管应事先随提升架一起安装。

(2) 安装围圈

按内上、内下和外上、外下的顺序，将各段围圈逐次连到提升架的支托或弯钩螺栓上，调整其位置，使其满足模板倾斜度的要求。围圈安装前，先将各段围圈材料按内下、内上和外下、外上的顺序依设计编号运至基础底板所弹出围圈位置线上。

(3) 安装模板

在围圈及提升架校正固定后，宜按先内后外、先安装角模再安装其他模板的顺序进行模板安装。钢筋混凝土墙板结构，在安装一侧模板后，必须待绑扎好超过内模板高度的钢筋时，方可安装另一侧模板。

模板安装应符合下列规定：

1）模板应有上口小、下口大的倾斜度（简称锥度），其单面倾斜度宜取为模板高度的0.1%～0.3%。

2）模板上口以下2/3模板高度处的净间距应与结构设计截面等宽。

3）圆形连续变截面结构的收分模板必须沿圆周对称布置，每对模板的收分方向应相反，收分模板的搭接处不得漏浆。

模板的锥度可以通过改变围圈的间距或模板厚度的方法来形成。在安装过程中，应随时用倾斜度样板检查模板的锥度是否符合要求。锥度过大，在模板滑升中易造成漏浆或使混凝土出现厚薄不匀的现象；锥度过小或出现倒锥度时，会增大模板滑升时的摩擦阻力，甚至将混凝土拉裂。

(4) 安装操作平台

提升架、围圈及模板安装好后，安装操作平台的桁架、支撑和平台铺板；安装外操作平台的支架、铺板和安全栏杆等。

安装时必须十分注意确保操作平台的强度和刚度。平台桁架做平行布置时，必须设置水平支撑和垂直支撑，以保证平台的整体稳定性。当平台桁架支承在围圈上时，桁架与围圈之间应设置托架，或对支承桁架的上下围圈进行局部加固。当框架结构的梁模板采用桁架式围圈时，不仅要求与柱子围圈必须牢固连接，以保证垂直荷载传递；还要求有一定的侧向刚度，以抵抗浇筑梁混凝土时产生的水平侧压力。

平台骨架组装后铺面板，应与模板上口相平或稍高于模板上口，一般不宜低于模板上口，以免影响混凝土的浇筑。封平台板前，应将内吊脚手架的部件按要求的位置先运至平台下部的基础上，以免封板后脚手材料不便运入。另外，在铺板上应适当留置一定数量的出入孔或采光洞，以便操作人员上下及在脚手架上工作。孔洞应设置活动盖板，以保障施工安全。操作平台及内外吊脚手架均设置防护栏杆。

(5) 安装液压系统

安装液压提升系统，并进行编号、检查和试验。

千斤顶在安装前要检验其耐压力和密封性能，测试其在荷载作用下，上、下卡头的锁固情况。同批千斤顶相互间的行程误差不得大于 2mm。管路系统在安装前也要检查其耐压力、接扣性能、管内的清洁情况。液压控制台应检查各元器件的完好率及电动机、油泵等试运转情况。

液压系统安装完毕，应在插入支撑杆前进行系统试验和检查，并符合下列规定：

1）对千斤顶逐一进行排气，并做到排气彻底。

2）液压系统在试验油压下持压 5min，重复至少 3 次，不得渗油和漏油。

3）空载、持压、往复次数、排气等整体试验指标应调整适宜，记录准确。

（6）安装支承杆

在液压系统试验合格后，插入支承杆。支承杆的直径、规格应与所使用的千斤顶相适应。第一批插入千斤顶的支承杆长度不得少于 4 种，按长度变化顺序排列，使同一截面高度内接头数不大于总量的 1/4，相邻支承杆的接头高差不应小于 1m。

为了增加支承杆的稳定性，避免支承杆基底处局部应力过于集中，在支承杆下端应垫一块 50mm×50mm、厚 5～10mm 的钢垫板，扩大承压面积。当采用工具式支承杆时，应在支承杆的底部设置钢靴并灌入一些黄油，以便拔出支承杆。

滑模组装完毕，应按规范要求的质量标准进行检查。滑模组装的允许偏差见表 2-5。

表 2-5　滑模装置组装允许偏差

项　目		允许偏差/mm	检查方法
模板结构轴线与相应结构轴线位置		3	钢尺检查
围圈位置	水平方向	3	钢尺检查
	垂直方向	3	
提升架立柱垂直度	平面内	3	2m 托线板检查
	平面外	2	
安放千斤顶的提升架横梁相对标高		5	水准仪或拉线、尺量
考虑倾斜度后模板尺寸	上口	-1	钢尺检查
	下口	+2	
千斤顶位置安装	提升架平面内	5	钢尺检查
	提升架平面外	5	
圆模直径、方模边长尺寸		-2，+3	钢尺检查
相邻模板板面平整		1.5	钢尺检查

2. 钢筋加工、绑扎

钢筋的加工长度，应根据工程对象和使用部位来确定。横向钢筋长度不宜大于 7m，以便在提升架横梁以下进行绑扎；竖向钢筋的直径小于或等于 12mm 时，其长度不宜大于 5m，一般应与楼层高度一致。若滑模施工操作平台设计为双层并有钢筋固定架时，则竖向钢筋的长度不受上述限制。

钢筋绑扎时，应保证钢筋位置正确，并应符合下列规定：

1）每层混凝土浇筑完毕后，在混凝土表面以上至少应有一道已绑扎了的横向钢筋。

2）竖向钢筋绑扎时，应在提升架上部设置钢筋定位架，以保证钢筋位置准确。

3）双层钢筋的墙体结构，钢筋绑扎后，双层钢筋之间应有拉结筋定位。

4）门窗等洞口上下两侧横向钢筋端头应绑扎平直、整齐，有足够钢筋保护层，下口横筋宜与竖筋焊接。

5）钢筋弯钩均应背向模板，以防模板滑升时被弯钩挂住。

6）应有保证钢筋保护层厚度的措施。

7）顶部钢筋如挂有砂浆等污染物，在滑升前应及时清除。

8）当滑模施工的结构有预应力钢筋时，对预应力筋的留孔位置应有相应的成型固定措施。

绑扎截面较高的横梁，其横向钢筋可采取边滑升边绑扎的方法。为了便于绑扎，可将箍筋做成上部开口的形式，待横向钢筋穿入就位后，再将上口绑扎封闭；亦可采用开口式活动横梁提升架，或将提升架集中布置于梁端部，将预制的钢筋骨架直接吊入模板。

梁的配筋采用自承重骨架时，跨中应起拱。当梁跨度小于或等于6m时，起拱高度为跨度的0.2%～0.3%；当梁跨度大于6m时，应由计算确定。

3. 混凝土施工

混凝土施工和模板滑升是反复交替进行的，整个施工过程可以分为以下三个阶段：混凝土初浇施工阶段，浇筑时间一般宜控制在3h左右，分2～3层浇筑至600～700mm，然后进行模板的试滑工作；正常滑升阶段，每次滑升前应将混凝土浇至距模板上口以下50～100mm处，并应将最上一道横向钢筋留置在混凝土之外，作为绑扎上一道横向钢筋的标志；混凝土最后浇筑施工阶段，应逐渐放慢浇筑速度，在与设计标高相差1m左右时，对模板进行准确的抄平和找正，然后将余下的混凝土一次浇完。

正常滑升时，混凝土的浇筑应满足下列规定：

1）必须分层均匀对称交圈浇筑；每一浇筑层的混凝土表面应在同一水平面上，并有计划、均匀地变换浇筑方向，以保证模板各处的摩擦阻力相近，防止模板产生扭转和结构倾斜。

2）分层浇筑的厚度不宜大于200mm。

3）各层浇筑的间隔时间不得大于混凝土的凝结时间（相当于混凝土贯入阻力值为3.5N/mm^{2}时的时间），当间隔时间超过规定时，接槎处应按施工缝的要求处理。

4）在气温高的季节，宜先浇筑内墙，后浇筑阳光直射的外墙；先浇筑墙角、墙垛及门窗洞口两侧等，后浇筑直墙；先浇筑较厚的墙，后浇筑较薄的墙。

5）预留孔洞、门窗口、烟道口、变形缝及通风管道等两侧的混凝土，应对称均衡浇筑。

为滑模施工配制的混凝土，除必须满足设计强度、抗渗性、耐久性等要求外，还必须满足滑模施工的特殊要求，如出模强度、凝结时间、和易性等。

滑模混凝土的出模强度，一般宜控制在0.2～0.4N/mm^2（相当于混凝土达0.3～1.05N/mm^{2}贯入阻力值）。此时混凝土对模板的摩擦阻力小，出模的混凝土表面易于抹光，并能承受上部混凝土的自重，不坍塌、开裂或变形。

浇筑上一层混凝土时，下一层混凝土应处于干塑性状态。因此混凝土初凝时间一般控制在2h左右，终凝时间可视工程对象而定，一般宜控制在4～6h。当气温升高时可掺缓凝剂。

混凝土振捣时，振捣器不得直接触及支承杆、钢筋和模板，并应插入前一层混凝土内，但不宜超过 50mm 深。在模板滑动过程中，不得振捣混凝土。

混凝土脱模后，应及时进行修整和养护。养护方法宜选用连续均匀喷雾养护或喷涂养护液养护。养护期间，应保持混凝土表面湿润，除冬季施工外，养护时间不少于 7d。

4. 模板滑升

模板滑升是滑模施工的主导工序，其他各工序作业均应安排在限定时间内完成，不宜以停滑或减缓滑升速度来迁就其他作业。

模板的滑升分为初升、正常滑升和末升三个阶段。

（1）初升阶段

模板的初升应在混凝土达到出模强度，浇筑高度为 700mm 左右时进行。开始初升前，为了实际观察混凝土的凝结情况，必须先进行试滑升。

试滑升时，应将全部千斤顶同时升起 5 ~ 10cm，滑升过程必须尽量缓慢平稳。然后用手指按已脱模的混凝土，若混凝土表面有轻微的指印，而表面砂浆已不粘手，或滑升时耳闻“沙沙”的响声时，即可进入初升。

模板初升至 200 ~ 300mm 高度时，应稍事停歇，对所有提升设备和模板系统进行全面修整后，方可转入正常滑升。

（2）正常滑升阶段

模板经初升调整后，即可按原计划的正常班次和流水段，进行混凝土和模板的随浇随升。正常滑升时，每次提升的总高度应与混凝土分层浇筑的厚度相配合，一般为 200 ~ 300mm。两次滑升的间隔停歇时间，一般不宜超过 0.5h，在气温较高的情况下，应增加 1 ~ 2 次中间提升。中间提升的高度为 1 ~ 2 个千斤顶行程。

模板的滑升速度，应按下列规定确定：

1）当支承杆无失稳可能时，应按混凝土的出模强度控制，按下式确定：

$$V = \frac{H - h_0 - a}{t}$$

式中　V——模板滑升速度（m/h）；

H——模板高度（m）；

h_0——每个混凝土浇筑层厚度（m）；

a——混凝土浇筑后其表面到模板上口的距离，取 0.05 ~ 0.1m；

t——混凝土从浇筑到位后至出模强度所需的时间（h）。

2）支承杆受压时，应按支承杆的稳定性条件控制模板的滑升速度。

对于Φ25 圆钢支承杆，按下式确定：

$$V = \frac{10.5}{T_1 \cdot \sqrt{KP}} + \frac{0.6}{T_1}$$

式中　P——单根支承杆承受的垂直荷载（kN）；

T_1——在作业班的平均气温条件下，混凝土强度达到 0.7 ~ 1.0MPa 所需的时间（h），由试验确定。

K——安全系数，取 $K = 2.0$。

对于 $\phi 48 \times 3.5$ 钢管支承杆，按下式确定：

$$V=\frac{26.5}{T_2\cdot\sqrt{KP}}+\frac{0.6}{T_2}$$

式中 T_2——在作业班的平均气温条件下，混凝土强度达到2.5MPa所需的时间（h），由试验确定。

3）当以滑升过程中工程结构的整体稳定控制模板的滑升速度时，应根据工程结构的具体情况，计算确定。

正常滑升过程中，应使千斤顶充分进油、排油。如出现油压增至正常滑升油压值的1.2倍，尚不能使全部液压千斤顶升起时，应停止滑升操作，立即查明原因及时进行处理。

为保证结构的垂直度，在滑升过程中，每滑升200～400mm，应对各千斤顶进行一次调平，使操作平台应保持水平。各千斤顶的相对高差不得大于40mm，相邻两个千斤顶的升差不得大于20mm。

连续变截面结构，每滑升一个浇筑层高度，应收分一次模板。模板一次收分量不宜大于6mm。

在滑升过程中，应检查和记录结构垂直度、扭转及结构截面尺寸等偏差数值。检查及纠偏应符合下列规定：

1）每滑升一个浇筑层高度应自检一次、每次交接班时应全面检查、记录一次。

2）纠正结构垂直度偏差时，应徐缓进行，避免出现硬弯。

3）当采用倾斜操作平台的方法纠正垂直度偏差时，操作平台的倾斜度应控制在1%以内。

4）对于筒体结构，任意3m高度上的相对扭转值不应大于30mm，且任意一点的全高最大扭转值不应大于200mm。

同时，在滑升过程中，应检查操作平台结构、支承杆的工作状态及混凝土的凝结状态，发现异常时，应及时分析原因并采取有效的处理措施。

（3）末升阶段

当模板升至距建筑物顶部高1m左右时，即进入末升阶段。此时应放慢滑升速度，进行准确的抄平和找正工作。整个抄平找正工作应在模板滑升至距离顶部标高20mm以前做好，以便使最后一层混凝土能均匀交圈。混凝土末浇结束后，模板仍应继续滑升，直至与混凝土脱离为止。

（4）停滑措施

如因气候、施工需要或其他原因而不能连续滑升时，应采取可靠下列停滑措施：

1）停滑前，混凝土应浇筑至同一标高。

2）停滑过程中，模板应每隔0.5～1h提升一个千斤顶行程，直至模板与混凝土不再黏结为止。对空滑部位的支承杆，应采取适当的加固措施。

3）采用工具式支承杆时，在模板滑升前应先转动并适当托起套管，使之与混凝土脱离，以免将混凝土拉裂。

4）框架结构模板的停滑位置，宜设在梁底以下100～200mm处。

5）对于因停滑造成的水平施工缝，应认真处理混凝土表面，用水冲走残渣，先浇筑一层按原配合比配制的减半石子混凝土，然后再浇筑上面的混凝土。

6）继续施工前，应对模板和液压系统进行全部检查。

5. 门窗洞口、预留孔和预埋件

（1）门、窗洞及其他孔洞的留设

门、窗洞及其他孔洞的留设，可采用以下几种方法：

1）框模法。按照设计要求的尺寸制成孔洞框模（图 2-25a），其尺寸可比设计尺寸大 20～30mm，厚度应比内外模板的上口尺寸小 5～10mm。框模应按设计要求位置留设，安装时可与墙体中的钢筋或支承杆连接固定。有时，也可利用门、窗框直接作为框模使用，但需在两侧边框上加设挡条（图 2-25b）。加设挡条后，门、窗口的总厚度应比内外模板上口尺寸小 10～20mm。当模板滑过门、窗洞后，挡条可拆下周转使用。

2）堵头模板法。在孔洞两侧的内外模板之间设置堵头模板，并通过角钢导轨与内外模配合（图 2-25c）。安装时先使堵头模板沿导轨下滑到与模板平齐，随后与模板一起滑升。

3）孔洞胎模法。对于较小的预留孔洞及接线盒等，可事先按孔洞具体形状，制作空心或实心的孔洞胎模，尺寸应比设计要求大 50～100mm，厚度应比内外模上口小 10～20mm，四边应稍有倾斜，便于模板滑过后取出胎模。

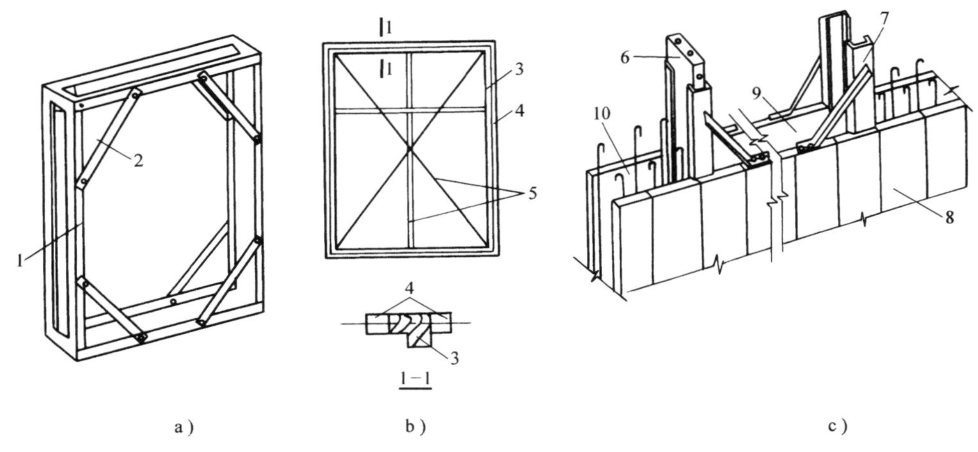

图 2-25　门、窗洞口留设

a）框模　b）用门窗框直接作框模使用　c）堵头模板支设

1—门窗框模板　2—支撑　3—门窗框　4—挡条　5—临时支撑　6—堵头模板　7—导轨　8—滑模模板　9—门窗留洞留处　10—待浇筑的混凝土墙体

（2）预埋件安装

预埋件安装应位置准确，固定牢固，不得凸出模板表面。预埋件出模后应及时清理使其外露，其位置偏差不应大于 20mm。

滑模施工前，应派专人负责绘制预埋件平面图，详细注明预埋件的标高、位置、型号及数量，施工中采用消号的方法逐层留设，以防遗漏。预埋件固定，可采用短钢筋与结构主筋焊接或绑扎等方法。

对于安放位置和垂直度要求较高的预埋件，不应以操作平台的某点作为控制点，以免因操作平台出现扭转而使预埋件位置偏移，应采用线锤吊线或经纬仪定垂线等方法确定位置。

6. 滑模装置的拆除

滑模装置拆除时，应制定可靠的措施，确保操作安全。提升系统的拆除可在操作平台上进行，千斤顶留待与模板系统同时拆除。滑模系统的拆除分为高空分段整体拆除和高空解体散拆。条件允许时应尽可能采取高空分段整体拆除，地面解体的方法。

分段整体拆除的原则是：先拆除外墙（柱）模板（连同提升架、外挑架、外吊架一起整体拆下），后拆内墙（柱）模板。外墙（柱）模板拆除的程序是：将外墙（柱）提升架向建筑物内侧拉牢→挂好溜绳→松开围圈连接件→挂好起重吊绳，并稍稍绷紧→松开提升架溜绳→割断支承杆→起吊模板系统并缓慢落下→牵引溜绳使模板系统整体躺倒在地面→解体模板系统。

高空解体散拆，必须保证模板系统的总体稳定和局部稳定，防止模板系统整体或局部倾倒坍落。

滑模装置拆除后，应对各部件进行检查、维修，并妥善存放保管，以备使用。

2.2.3 滑框倒模施工

滑模倒模是用提升机具带动由提升架、围圈、滑轨组成的“滑框”沿着模板外表面滑动（模板与混凝土之间无相对滑动），当横向分块组合的模板从“滑框”下口脱出后，将该块模板取下倒装入“滑框”上口，再浇灌混凝土，提动滑框，如此循环作业，从而成型混凝土结构的一种施工方法。

1. 滑框倒模的组成与施工工艺

滑框倒模装置的提升设备和模板系统与一般滑模基本相同，亦由液压控制台、油路、千斤顶及支承杆和操作平台、围圈、提升架、模板等组成。

模板与围圈之间通过竖向滑道连接，滑道固定于围圈内侧，可随围圈滑升。滑道的作用相当于模板的支承系统，既能抵抗混凝土的侧压力；又可约束模板位移，且便于模板的安装。滑道的间距按模板的材质和厚度决定，一般为300～400mm；长度为1～1.5m；可采用外径30mm左右的钢管制作。

模板应选用活动轻便的复合面层胶合板或双面加涂玻璃钢树脂面层的中密度纤维板，以利于向滑道内插放和拆模、倒模。模板的高度与混凝土的浇筑层厚度相同，一般为500mm左右，可配置3～4层。模板的宽度，在插放方便的前提下，应尽可能加大，以减少竖向接缝。

模板在施工时与混凝土之间不产生滑动，而与滑道之间相对滑动，即只滑框，不滑模。当滑道随围圈滑升时，模板附着于新浇筑的混凝土表面留在原位，待滑道滑升一层模板高度后，即可拆除最下一层模板，清理后，倒至上层使用（图2-26）。

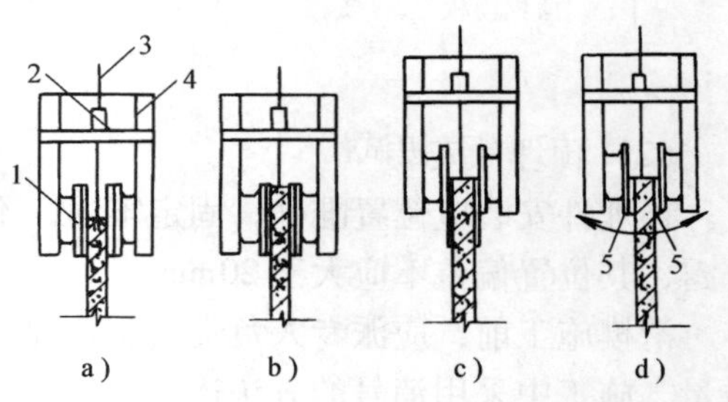

图2-26 滑框倒模示意图

a）插放上层模板 b）浇筑混凝土
c）滑道滑升 d）拆倒下层模板
1—滑道 2—千斤顶 3—爬杆 4—提升架 5—模板

滑框倒模的施工程序为：绑一步横向钢筋→安装相应一层模板→浇筑一步混凝土→提升一层模板高度→拆除滑道脱出的下层模板、清理→下层模板倒至上层使用。

采用滑框倒模工艺施工高层建筑时，其楼板等横向结构的施工以及水平、垂直度的控制，与滑模工程基本相同。

2. 滑框倒模工艺的特点

1）滑框倒模工艺与普通滑模工艺的根本区别在于：由滑模时模板与混凝土之间滑动，变为滑道与模板滑动，而模板附着于新浇筑的混凝土表面无滑动。因此，模板由滑动脱模变为拆倒脱模。与之相应，滑升阻力也由滑模施工时模板与混凝土之间的摩擦阻力变为滑框倒模时的模板与滑道之间的摩擦阻力。

2）滑框倒模工艺只需控制滑道脱离模板时的混凝土强度下限大于 0.05N/mm^2，不致引起混凝土坍塌和支承杆失稳，保证滑升平台安全即可，而无需考虑混凝土硬化时间延长造成的混凝土粘模、拉裂等现象，给施工创造很多便利条件。

3）采用滑框倒模工艺施工有利于清理模板和涂刷隔离剂，以防止污染钢筋和混凝土；同时可避免滑模施工容易产生的混凝土质量通病（如蜂窝麻面、缺棱掉角、拉裂及粘模等）。

4）施工方便可靠。当发生意外情况时，可在任何部位停滑，而无需考虑滑模工艺所采取的停滑措施；同时也有利于插入梁板施工。

5）可节省提升设备投入。由于滑框倒模工艺的摩擦阻力远小于滑模工艺的摩擦阻力，相应地可减少提升设备。与滑模相比可节省 1/6 的千斤顶和 15% 的平台用钢量。

2.2.4　楼板结构施工

滑模施工中，现浇楼板结构在竖向结构完成到一定高度后，可采取逐层空滑楼板并进、先滑墙体楼板跟进和先滑墙体楼板降模等施工方法。

1. 逐层空滑楼板并进施工工艺

逐层空滑楼板并进又称“逐层封闭”或“滑一浇一”，其工艺特点是滑升一层墙体，施工一层楼板。因此，墙体与楼板连接可靠，结构整体性好，同时保证了施工阶段的墙体稳定，也为立体施工创造了条件。该工艺是近年来高层建筑采用滑模施工时，楼板结构施工应用较多的一种方法。

逐层空滑现浇楼板施工做法是：当每层墙体模板滑升至上一层楼板底标高位置时，停止墙体混凝土浇筑，待混凝土达到脱模强度后，将模板连续提升，直至墙体混凝土脱模，再向上空滑至模板下口与墙体上皮脱空一段高度为止（脱空高度根据楼板的厚度而定），然后将操作平台的活动平台板吊开，进行现浇楼板支模、绑扎钢筋和浇筑混凝土的施工（图 2-27）。如此逐层进行，直至封顶。

逐层空滑现浇楼板施工工艺，将滑模连续施工改变为分层间断周期性施工。因此，每层墙体混凝土，都有初试滑升、正常滑升和完成滑升 3 个阶段。

模板空滑进程中，提升速度应尽量缓慢、均匀地进行。开始空滑时，由于混凝土强度较低，提升的高度不宜过大，使模板与墙体保持一定的间隙，不致黏结即可。待墙体混凝土达到脱模强度后，方可将模板陆续提升至要求的空滑高度。另外，支承杆的接头，应躲开模板的空滑自由高度。模板脱空后，应趁模板面上水泥浆未硬结时，迅速用长把钢丝刷等工具将模板面清除干净，并涂刷隔离剂一道。在涂刷隔离剂时，应尽量避免污染钢筋，以免影响钢筋的握裹力。

模板与墙体的脱空范围，主要取决于楼板结构情况。当楼板为单向板，横墙承重时，只需将横墙模板脱空，非承重纵墙应比横墙多浇筑一段高度（一般为 50mm 左右），使纵墙的模板与纵墙不脱空，以保持模板的稳定。当楼板为双向板时，则全部内外墙的模板均需脱

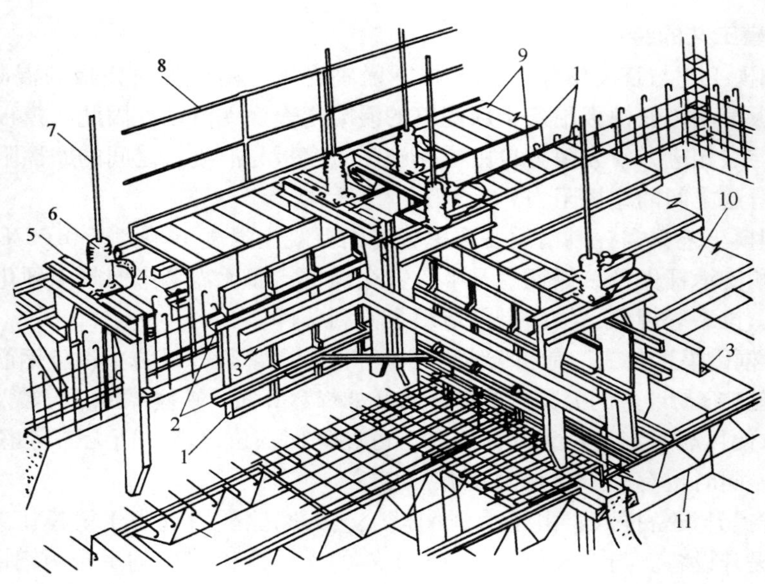

图2-27 逐层空滑现浇楼板施工

1—模板 2—围圈 3—内围梁 4—外围梁 5—提升架 6—千斤顶 7—支承杆 8—栏杆 9—固定平台板 10—活动平台板 11—楼板桁架支模

空，此时，可将外墙的外模板适当加长（图2-28）；或将外墙的外侧1/2墙体多浇筑一段高度（一般为500mm左右），使外墙的施工缝部位成企口状（图2-29），以防止模板全部脱空后，产生平移或扭转变形。

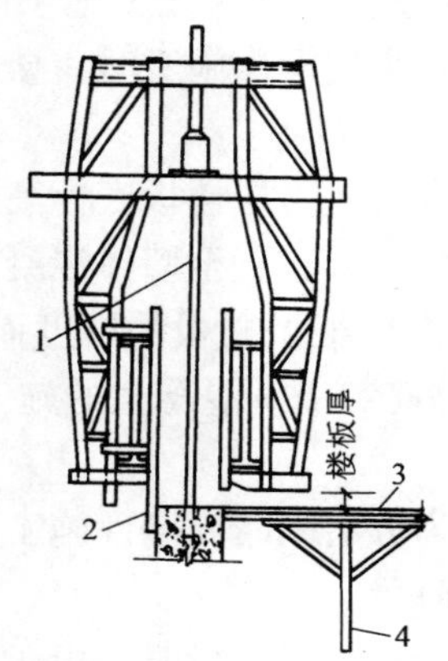

图2-28 墙体脱空时外模加长

1—支承杆 2—外模加长 3—楼板模板 4—模板支柱

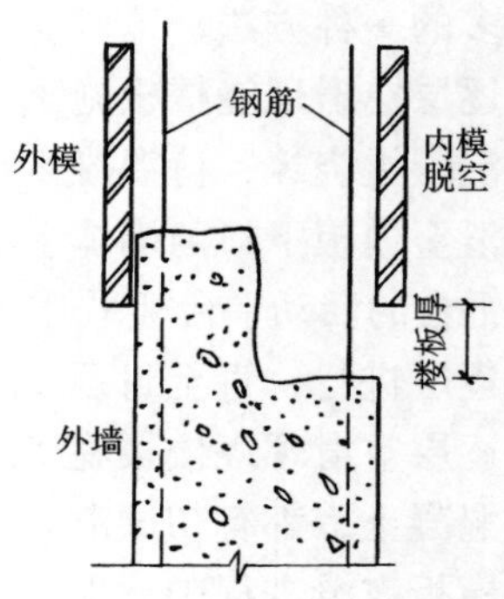

图2-29 外墙企口施工缝

2. 先滑墙体楼板跟进施工工艺

先滑墙体楼板跟进施工，是当墙体连续滑升数层后，楼板自下而上地逐层插入施工。该工艺在墙体滑升阶段即可间隔数层进行楼板施工，墙体滑升速度快，楼板施工与墙体施工互不影响，但需要解决好墙体与楼板连接问题，及墙体在施工阶段的稳定性。

先滑墙体楼板跟进施工的具体做法是：楼板施工时，先将操作平台的活动平台板揭开，由活动平台的洞口吊入楼板的模板、钢筋和混凝土等材料或安装预制楼板。对于现浇楼板施工，也可由设置在外墙窗口处的受料挑台将所需材料吊入房间，再用手推车运至施工地点。

现浇楼板与墙体的连接方式主要有钢筋混凝土键连接和钢筋销凹槽连接两种。

钢筋混凝土键连接，大多用于楼板主要受力方向的支座节点。当墙体滑升至每层楼板标高时，沿墙体间隔一定的间距需预留孔洞，孔洞的尺寸按设计要求确定。一般情况下，预留孔洞的宽度可取 200～400mm，孔洞的高度为楼板的厚度或按板厚上下各加大 50mm，以便操作。相邻孔洞的最小净距离应大于 500mm。相邻两间楼板的主筋，可由孔洞穿过，并与楼板的钢筋连成一体，然后同楼板一起浇筑混凝土，孔洞处即构成钢筋混凝土键（图 2-30）。

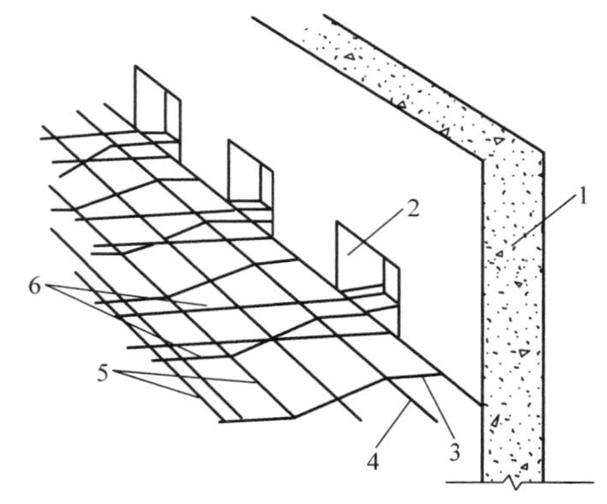

图 2-30　钢筋混凝土键连接

1—混凝土墙　2—预留洞
3—混凝土伸出钢筋　4—楼板上层钢筋
5—楼板下层钢筋　6—洞中穿过的钢筋

钢筋销凹槽连接，楼板的配筋可均匀分布，整体性较好。但预留插筋及凹槽均比较麻烦，扳直钢筋时，容易损坏墙体混凝土，因此一般只用于一侧有楼板的墙体工程。当墙体滑升至每层楼板标高时，可沿墙体间隔一定的距离，预埋插筋及留设通长的水平嵌固凹槽（图 2-31）。待预留插筋及凹槽脱模后，扳直钢筋，休整凹槽，并与楼板钢筋连成一体，再浇筑楼板混凝土。预留插筋的直径不宜过大，一般应小于 10mm，否则不易扳直。预埋钢筋的间距，取决于楼板的配筋。

现浇楼板的模板除可采用支柱定型钢模等一般支模方法外，还可以利用在梁、柱及墙体预留的孔洞或设置一些临时牛腿、插销及挂钩，作为支设模板的支承点。当外墙为开敞式时，也可以采用台模。

预制楼板与墙体连接，可采用设置永久牛腿或支柱等方法。安装楼板时，先将活动平台板揭开，将楼板由活动平台洞口吊入下层安装（图 2-32）。

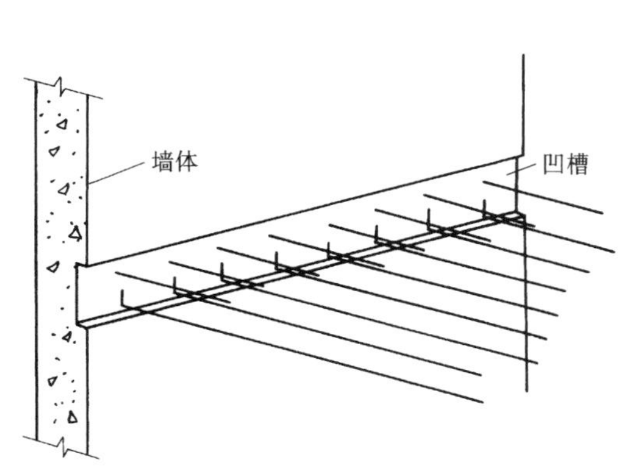

图 2-31　水平嵌固凹槽

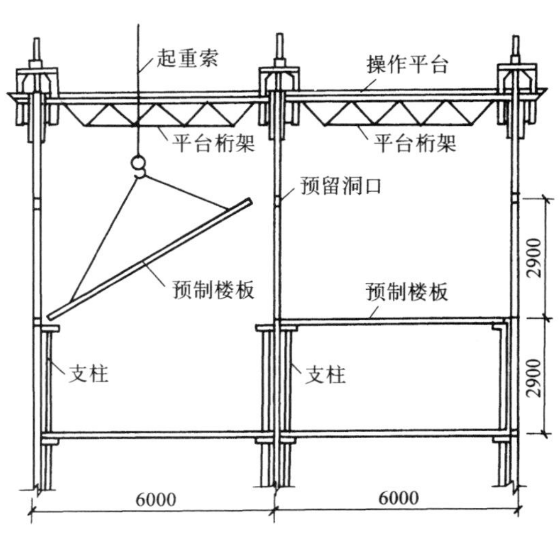

图 2-32　间隔数层安装楼板

3. 先滑墙体楼板降模施工工艺

先滑墙体楼板降模施工，是针对现浇楼板结构而采用的一种施工工艺。其具体做法是：当墙体连续滑升到顶或滑升至8~10层高度后，将事先在底层按每个房间组装好的模板，用卷扬机或其他提升机具，提升到要求的高度，再用吊杆悬吊在墙体预留的孔洞中，然后进行该层楼板的施工。当该层楼板的混凝土达到拆模强度要求时（不得低于15N/mm^2），可将模板降至下一层楼板的位置，进行下一层楼板的施工。此时，悬吊模板的吊杆也随之接长。这样，施工完一层楼板，模板降下一层，直到完成全部楼板的施工，降至底层为止。

对于楼板较少的工程，只需配置一套降模或以滑模本身的操作平台作降模使用。即当滑模滑升到顶后，将滑模的操作平台改制作为楼板模板，自顶层依次逐层降下。对于楼层较多的超高层建筑，一般应以10层高度为一个降模段，按高度分段配置模板，进行降模的施工。悬吊降模构造如图2-33所示。

采用降模法施工时，现浇楼板与墙体的连接方式，基本与采用间隔数层楼板跟进施工工艺的做法相同。其梁板的主要受力支座部位，宜采用钢筋混凝土键连接方式；非主要受力支座部位，可采用钢筋销凹槽等连接方式；如果采用井字形密肋双向板结构，则四面支座均须采用钢筋混凝土键连接方式。

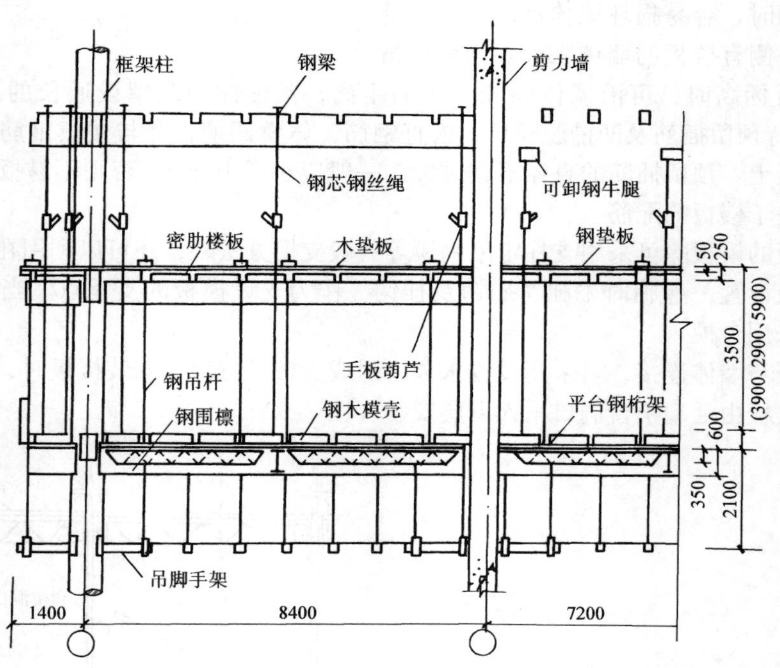

图2-33 悬吊降模构造

2.2.5 滑模施工的精度控制

滑模施工的精度控制主要包括水平度控制和垂直度控制。

1. 滑模施工水平度控制

在模板滑升过程中，整个模板系统能否水平上升，是保证滑模施工质量的关键，也是直接影响建筑物垂直度的一个重要因素。由于千斤顶的不同步，数值的累计就会使模板系统产生很大的升差，如不及时加以控制，不仅建筑物的垂直度难以保证，也会使模板结构产生变形，影响工程质量。

（1）水平度的观测

水平度的观测可采用水准仪、自动安平激光测量仪等设备。

在模板开始滑升前，用水准仪对整个操作平台各部位千斤顶的高程进行观测、校平，并在每根支承杆上以明显的标志（如红色三角）划出水平线。当模板开始滑升后，即以此水平线作为基点，不断按每次提升高度（20～30cm）或以每次50cm的高程，将水平线上移并进行水平度的观测。以后每隔一定的高度（如每滑升一个楼层高度），还应对滑模装置的水平度进行观测、检查与调整。

（2）水平度的控制

对千斤顶升差的控制主要有激光平面仪自动调平控制法、限位调平器控制法等。

1）激光平面仪自动调平控制法是一种较先进的模板调平方法。它是将激光控制仪安装在操作平台的适当位置，同时给每个千斤顶都配备一个光电信号接收装置，由激光控制仪射出的光束，当光电信号装置接受光束后产生脉冲信号，通过放大后，使控制千斤顶进油口处的电磁阀开启或关闭，达到自动调平模板的目的（图2-34）。

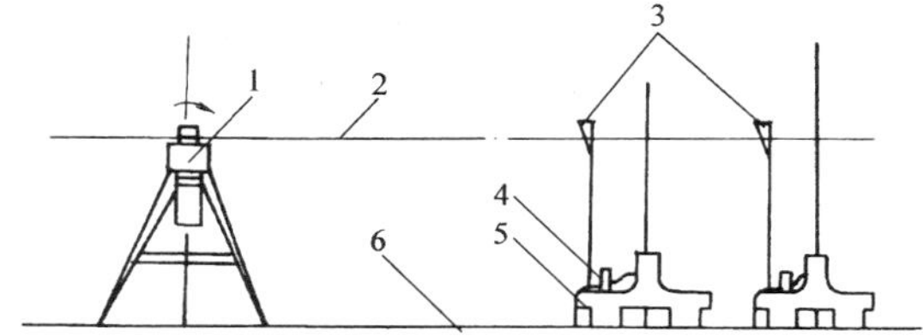

图2-34　激光平面仪控制千斤顶爬升示意图
1—激光平面仪　2—激光束　3—光电信号装置　4—电磁阀　5—千斤顶及提升架　6—施工操作平台

2）限位调平控制法是采用限位器进行模板调平的方法。限位调平器是在GYD型或QYD型液压千斤顶上改制增加的一种调平装置（图2-35），主要由筒形套和限位挡体两部分组成。筒形套的内筒伸入千斤顶内直接与活塞上端接触，外筒与千斤顶缸盖的行程调节帽螺纹连接。使用时，将限位挡体按调平要求的标高，固定在支承杆上。当筒形套被限位挡体顶住并压住千斤顶活塞时，活塞不能排油复位，千斤顶即停止爬升。因而起到自动限位的作用。滑升过程中，每当千斤顶全部升至限位挡体处，模板系统即可自动限位调平一次。这种方法简便易行，投资少，是保证滑模提升系统同步工作的有效措施之一。

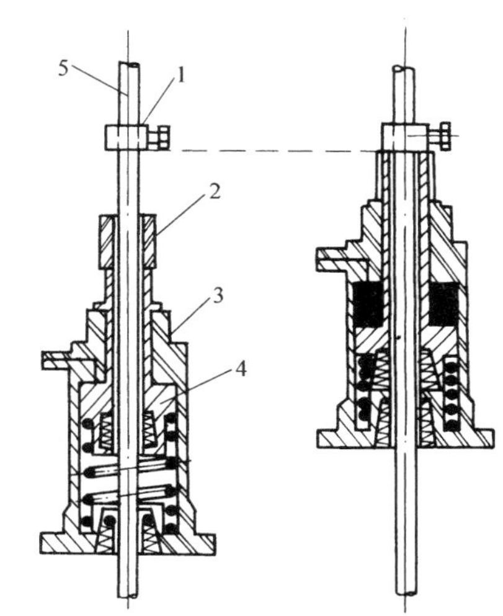

图2-35　筒形限位调平器
1—限位挡体　2—筒形限位调平器　3—千斤顶
4—活塞　5—支承杆

2. 滑模施工垂直控制

在滑模施工中，影响建筑物垂直度的因素很多，如千斤顶不同步引起的升差、滑模装置刚度不够出现变形、操作平台荷载不匀、混凝土的浇筑方向不变以及风力、日照的影响等等。为了解决上述问题，除采取一些有针对性的预防措施外，在施工中还应经常加强观测，并及时采取纠偏、纠扭措施，以使建筑物的垂直度始终得到控制。

（1）垂直度的观测

高层建筑滑模施工主要采用激光铅直仪和导电线锤等设备来观测垂直偏差。

1）激光铅直仪法是在建筑物外侧转角处分别设置固定测点，同时在操作平台对应地面测点的部位设置激光接收靶（接收靶由毛玻璃、坐标纸及靶筒等组成），并使接收靶的原点位置与激光铅直仪的垂直光斑重合（图2-36）。施工中，只要检测光斑与接收靶原点位置，即可得到该测点的位移。

2）导电线锤法是采用导电线锤测量建筑物的垂直偏差（图2-37）。施工时，导电线锤用一根直径为2.5mm的细钢丝悬挂于滑模操作平台上，通过线锤上的触针与设在地面上的方位触点相碰，从控制台上得知垂直偏差方向及大于10mm的垂直偏差值。

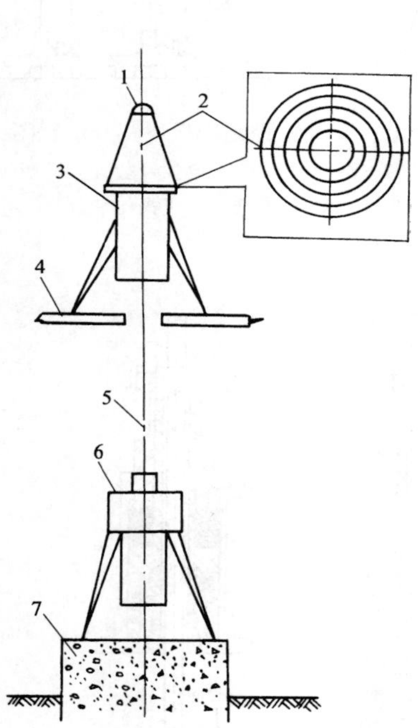

图2-36 激光铅直仪与激光靶布置示意图

1—观测口 2—激光靶 3—遮光筒 4—操作平台
5—激光束 6—激光铅直仪 7—混凝土底座

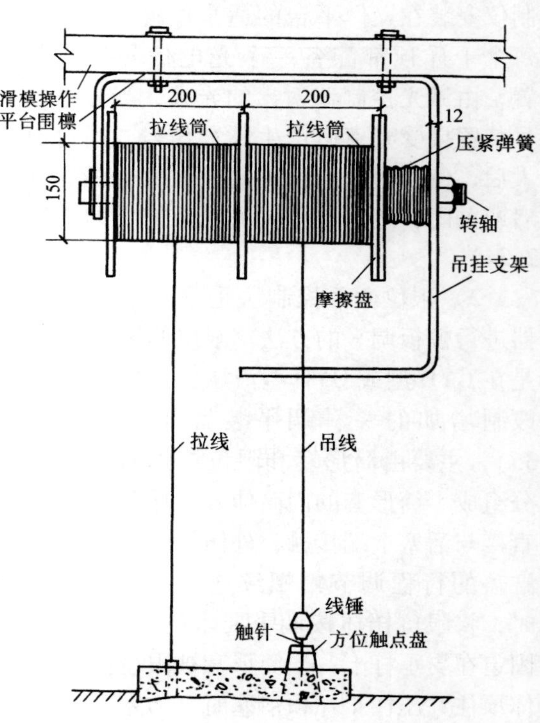

图2-37 导电线锤吊挂装置

（2）垂直度的控制

垂直度调整控制方法主要有平台倾斜法、顶轮纠偏控制法、双千斤顶法、变位纠偏器纠正法等。

1）平台倾斜法又称作调整高差控制法。其原理是：当建筑物出现向某侧位移的垂直偏差时，操作平台的同一侧一般会出现负水平偏差，据此，可以在建筑物向某侧倾斜时，将该侧的千斤顶升高，使该侧的操作平台高于其他部位，产生正水平偏差，然后，将整个操作平台滑升一段高度，其垂直差即可随之得到纠正。

对于千斤顶需要的高差，可预先在支承杆上做出标志（可通过抄平拉斜线，最好采用限位调平器对千斤顶的高差进行控制）。

2）顶轮纠偏控制法是利用已滑出模板下口并具有一定强度的混凝土作为支点，通过改变顶轮纠偏装置的几何尺寸而产生一个外力，在滑升过程中，逐步顶移模板或平台，以达到纠偏的目的。纠偏撑杆可铰接于平台桁架上，也可铰接于提升架上（图 2-38）。

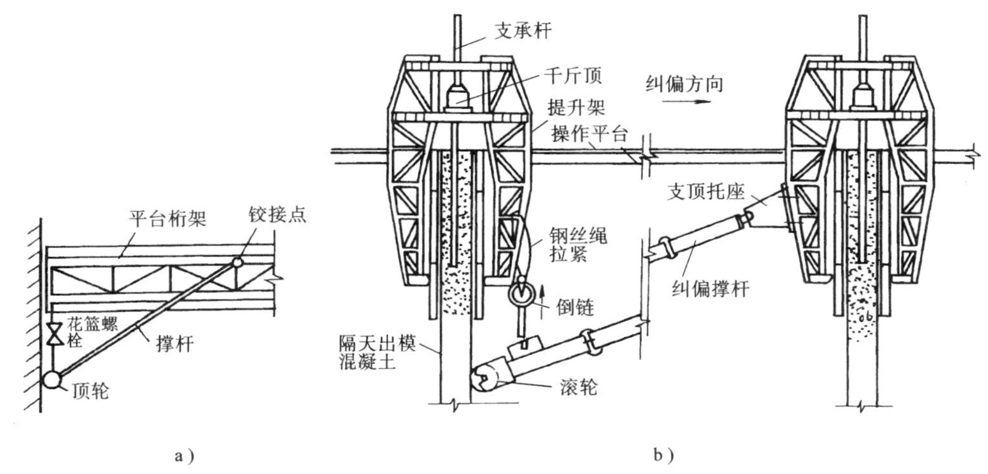

图 2-38　顶轮纠偏示意图

a）顶轮铰接于平台上　b）顶轮铰接于提升架上

顶轮纠偏装置由撑杆顶轮和花篮螺栓（或倒链）所组成。撑杆的一端与平台桁架或提升架铰接；另一端安装一个轮子，并顶在混凝土墙面上。花篮螺栓（或倒链）一头挂在平台桁架的下弦上，另一头挂在顶轮的撑杆上。当收紧花篮螺栓（或倒链）时，撑杆的水平投影距离加长，使顶轮紧紧顶住混凝土墙面，在混凝土墙面的反力作用下，围圈桁架（包括操作平台、模板等）向相反方向位移。

这种顶轮纠偏工具加工简单，拆换方便，操作灵巧，效果显著，是滑模纠偏扭的一种有效方法。

3）双千斤顶法又称为双千斤顶纠扭法。当建筑物平面为圆形结构时，可沿圆周等间距地间隔布置数对双千斤顶，将两个千斤顶置于槽钢挑梁上，挑梁与提升架横梁垂直连接，使提升架由双千斤顶承担。通过调节两个千斤顶的不同提升高度，来纠正滑模装置的扭转。如图 2-39 所示，当操作平台向 A 方向产生扭转时，可先将扭转方向一侧的 A 升高，然后再将全部千斤顶提升一次。如此重复将模板提升数次，即可达到纠扭的目的。

4）变位纠偏器纠正法是在滑模施工中，通过变动千斤顶的位置，推动支承杆产生水平位移，达到纠正滑模偏差的一种纠扭、纠偏方法。

变位纠偏器实际是千斤顶与提升架的一种可移动的安装方式，其构造与安装如图 2-40

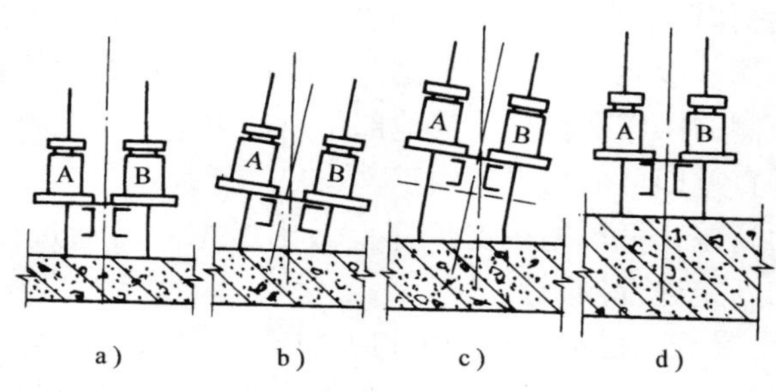

图2-39 双千斤顶纠扭示意图

a）模板扭转，支承杆必然歪斜 b）适当提高千斤顶A的高程

c）提升几个行程，扭转即可纠正 d）两个千斤顶恢复水平

所示。当纠正偏、扭时，只需将变位螺栓稍微松开，即可按要求的方向推动千斤顶使支承杆位移后，再将变位螺栓拧紧。通过改变支承杆的方向，达到纠偏、纠扭的目的。

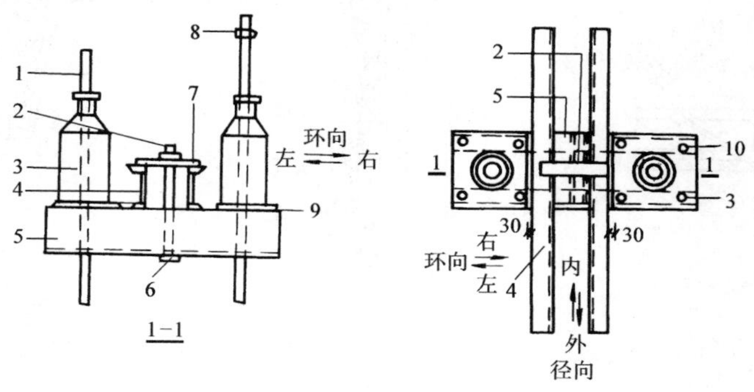

图2-40 双千斤顶变位纠偏器的构造与安装

1—支承杆 2—变位螺栓 3—千斤顶 4—提升架下横梁 5—千斤顶扁担梁 6—变位螺栓下担板

7—变位螺栓上担板 8—限位调平器 9—千斤顶垫板 10—固定螺栓

2.2.6 滑模施工安全技术

滑模施工工艺是一种使混凝土在动态下连续成型的快速施工方法。施工过程中，整个操作平台支承于一群靠低龄期混凝土稳固的、刚度较小的支承杆上，因而确保滑模施工安全是滑模施工工艺的一个重要问题。

滑模施工中的安全技术工作，除应遵守一般施工安全操作过程外，尚应遵守《液压滑动模板施工安全技术规程》（JGJ 65—2013）的规定。

1）建筑物四周应划出安全禁区，其宽度一般应为建筑物高度的1/10。在禁区边缘设置安全标志。建筑物基底四周及运输通道上，必要时应搭建防护棚，以防高空坠物伤人。

2）操作平台应经常保持清洁。拆下的模板及钢筋头等，必须及时运到地面。

3）操作平台上的备用材料及设备，必须严格按照施工设计规定的位置和数量进行布置，不得随意变动。

4）操作平台四周（包括上辅助平台及吊脚手架），均应设置护栏或安全围网，栏杆高度不得低于 1.2m。

5）操作平台的铺板接缝必须紧密，以防落物伤人。

6）必须设置供操作人员上下的可靠楼梯，不得用临时直梯代替。不便设楼梯时，应设置由专人管理的、安全可靠的上人装置（如附着式电梯或上人罐笼等）。

7）操作平台与卷扬机房、起重机司机室等处，必须建立通信联络信号和必要的联络制度。

8）操作平台上应设置避雷装置。避雷针以及操作平台上的电机设施，均应设置接地装置。

9）操作平台上应配备消防器材，以防高空失火。

10）采用降模施工楼板时，各吊点应增设保险钢丝绳。

11）夜间施工必须有足够的照明。平台的照明设施应采用低压安全灯。滑模施工应备有不间断电源。

12）施工中如遇大雨及六级以上大风时，必须停止操作并采取停滑措施，保护好平台上下所有设备，以防损坏。

13）模板拆除应均衡对称地进行。对已拆除的模板构件，必须及时用起重机械运至地面，严禁任意抛下。

2.3　爬模施工

爬模是爬升模板的简称。它是爬模装置通过承载体附着或支承在竖向混凝土结构上，随着混凝土结构的施工而自行脱模、逐层爬升，反复循环作业的一种成套模板技术。它兼具大模板和滑模的优点，既能逐层分块安装，一次浇筑一个楼层的墙体混凝土；又能自行脱模，一次爬升一个楼层高度，适用于高层混凝土剪力墙结构、筒体结构的施工，特别是一些外墙立面形态复杂，采用艺术混凝土或清水混凝土及垂直偏差控制较严的高层建筑。

目前，国内外的爬模工艺，按提升动力又分为液压和电动等类型；按爬模的构造和基本原理又可分为导轨与爬架互爬、爬架沿支承杆爬升、模板与爬架互爬、模板与模板互爬等形式。但无论哪一种爬模，其提升动力的构造虽有不同，但基本原理都是利用构件之间的相对运动，即交替爬升来实现的。

为规范液压爬升模板的设计、制作、安装、拆除、施工及验收，我国已制定了《液压爬升模板工程技术规程》（JGJ 195—2010）行业标准。

以下主要介绍液压爬模装置及其导轨与爬架互爬、爬架沿支承杆爬升施工工艺。

2.3.1　液压爬模装置构造组成

液压爬模是指爬模装置通过承载体附着或支承在混凝土结构上，当新浇筑的混凝土脱模后，以液压油缸或液压升降千斤顶为动力，以导轨或支承杆为爬升轨道，将爬模装置向上爬升一层，反复循环作业的施工工艺，简称爬模。其中，爬模装置是为爬模配制的模板系统、架体与操作平台系统、液压爬升系统及电气控制系统的总称；承载体是将爬模装置自重、施工荷载及风荷载传递到混凝土结构上的承力部件。

目前，液压爬模的动力设备主要有两种，一种是油缸，另外一种是千斤顶。两种动力设备所对应的爬升原理和爬升装置有所不同。

1. 爬模装置组成

(1) 采用油缸和架体的爬模装置组成

采用油缸和架体的爬模装置如图2-41所示。该爬模装置各组成部分如下：

1) 模板系统：包括组拼式大钢模板或钢框（铝框、木梁）胶合板模板、阴角模、阳角模、钢背楞、对拉螺栓、铸钢螺母、铸钢垫片等。

2) 架体与操作平台系统：包括上架体、可调斜撑、上操作平台、下架体、架体挂钩、架体防倾调节支腿、下操作平台、吊平台、纵向连系梁、栏杆、安全网等。

3) 液压爬升系统：应包括导轨、挂钩连接座、锥形承载接头、承载螺栓、油缸、液压控制台、防坠爬升器、各种油管、阀门及油管接头等。

4) 电气控制系统：应包括动力、照明、信号、通信、电源控制箱，电气控制台，电视监控等。

(2) 采用千斤顶和提升架的爬模装置组成

采用千斤顶和提升架的爬模装置如图2-42所示。该爬模装置的模板系统与上述爬模装置的爬模系统相同，只是液压爬升系统和操作平台系统有所区别。该爬模装置的操作平台系统包括上操作平台、下操作平台、吊平台、外挑梁、外架立柱、斜撑、纵向连系梁、栏杆、安全网等；液压爬升系统包括提升架、活动支腿、围圈、导向杆、挂钩可调支座、挂钩连接座、定位预埋件、导向滑轮、防坠挂钩、千斤顶、限位卡、支承杆、液压控制台、各种油管、阀门及油管接头等。

2. 模板系统与液压爬升系统的设计要求

(1) 模板系统的设计要求

爬模装置在高空拆除时，现场起重机械一般采用塔式起重机，故单块大模板的重量必须满足现场起重机械的要求。单块大模板如果仅配制一套架体或提升架，尽管承载力能满足，但模板爬升时容易失去平衡；弧形模板的架体或提升架如果辐射形布置，则将给脱模、合模带来困难。因此，《液压爬升模板工程技术规程》(JGJ 195—2010) 规定，模板系统设计应符合下列要求：

1) 单块大模板的重量必须满足现场起重机械要求。

2) 单块大模板可由若干标准板组拼，内外模板之间的对拉螺栓位置必须相对应。

3) 单块大模板至少应配制二套架体或提升架，架体之间或提升架之间必须平行，弧形模板的架体或提升架应与该弧形的中点法线平行。

(2) 液压爬升系统的设计要求

液压爬升系统的油缸和千斤顶是爬模装置中的重要部分，应有足够的安全储备。因此，《液压爬升模板工程技术规程》(JGJ 195—2010) 规定，油缸、千斤顶和支承杆的规格应根据计算确定，并应符合下列要求：

1) 油缸、千斤顶选用的额定荷载不应小于工作荷载的2倍。

2) 支承杆的承载力应能满足千斤顶工作荷载要求。

3) 支承杆的直径应与选用的千斤顶相配套，支承杆的长度宜为3~6m。

4) 支承杆在非标准层接长使用时，应用 $\phi48\times3.5$ 钢管和异型扣件进行稳定加固。

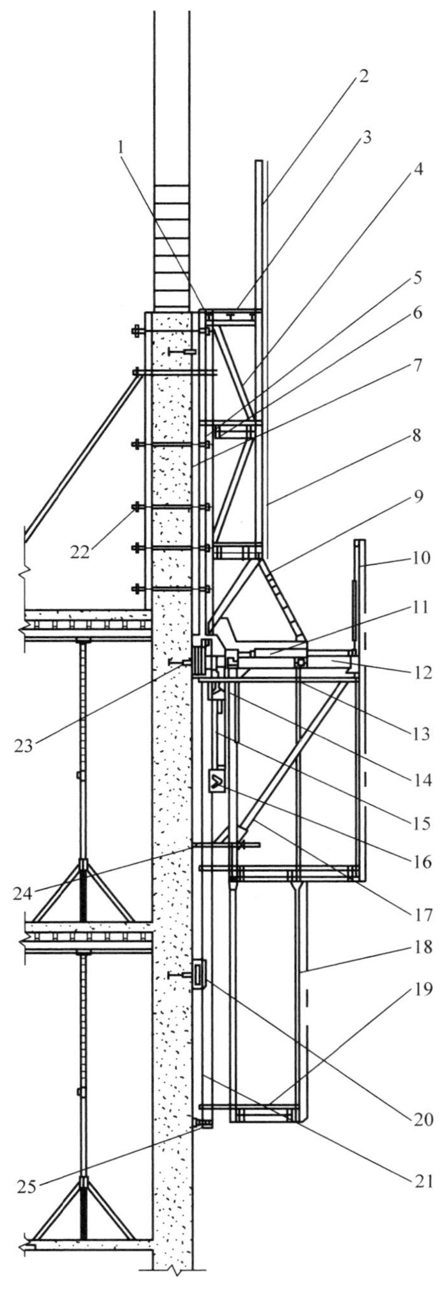

图 2-41　油缸和架体的爬模装置示意

1—上操作平台　2—护栏　3—纵向连系梁　4—上架体　5—模板背楞　6—横梁　7—模板面板　8—安全网　9—可调斜撑　10—护栏　11—水平油缸　12—平移滑道　13—下操作平台　14—上防坠爬升器　15—油缸　16—下防坠爬升器　17—下架体　18—吊架　19—吊平台　20—挂钩连接座　21—导轨　22—对拉螺栓　23—锥形承载接头（或承载螺栓）　24—架体防倾调节支腿　25—导轨调节支腿

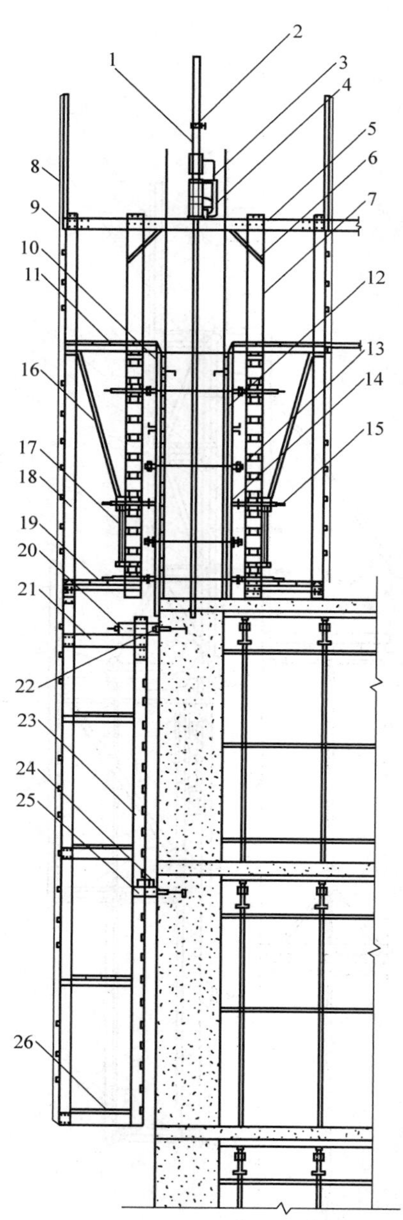

图2-42 千斤顶和提升架的爬模装置示意

1—支承杆 2—限位卡 3—升降千斤顶 4—主油管 5—横梁 6—斜撑 7—提升架立柱 8—栏杆 9—安全网 10—定位预埋件 11—上操作平台 12—大模板 13—对拉螺栓 14—模板背楞 15—活动支腿 16—外架斜撑 17—围圈 18—外架立柱 19—下操作平台 20—挂钩可调支座 21—外架梁 22—挂钩连接座 23—导向杆 24—防坠挂钩 25—导向滑轮 26—吊平台

(3) 油缸、千斤顶选用

根据《液压爬升模板工程技术规程》（JGJ 195—2010）的规定，油缸、千斤顶可按表

2-6 选用。

表 2-6　油缸、千斤顶选用

指标 \ 规格	油缸			千斤顶		
	50kN	100kN	150kN	100kN	100kN	200kN
额定荷载	50kN	100kN	150kN	100kN	100kN	200kN
允许工作荷载	25kN	50kN	75kN	50kN	50kN	100kN
工作行程	150 ~ 600mm			50 ~ 100mm		
支承杆外径	—			83mm	102mm	102mm
支承杆壁厚	—			8.0mm	7.5mm	7.5mm

此外，千斤顶机位间距的大小关系到爬模架体的刚度和重量，如果机位间距过大，刚度太小，架体容易变形；如果保证刚度，就会增加架体的重量。因此，千斤顶机位间距不宜超过 2m；油缸机位间距不宜超过 5m，当机位间距内采用梁模板时，间距不宜超过 6m。

采用千斤顶的爬模装置，为了提高爬升时支承杆的稳定性，应均匀设置不少于 10% 的支承杆埋入混凝土，其余支承杆的底端埋入混凝土中的长度应大于 200mm。

3. 爬模装置部件的设计要求

（1）模板

高层建筑爬升模板的设计可以参照现行行业标准《建筑工程大模板技术规程》（JGJ 74—2003）的有关规定。在阴角模设计时，要考虑模板拆除、操作的空间、阴角模与相邻大模板的相互位置关系。阴角模与大模板企口连接处留有拆模的空隙，不但要在设计中预留，而且在施工中加以严格的控制，防止模板在混凝土侧压力的作用下变形，模板之间相互挤死，给拆模带来困难。

模板设计应符合下列规定：

1）高层建筑模板高度应按结构标准层配制。内模板高度应为楼层净空高度加混凝土剔凿高度，并应符合建筑模数制要求；外模板高度应为内模板高度加下接高度。

2）角模宽度尺寸应留足两边平模后退位置，角模与大模板企口连接处应留有退模空隙。

3）钢模板的平模、直角角模及钝角角模宜设置脱模器（脱模器的工作原理，就是通过固定在模板上的丝杠顶住混凝土墙面，通过反作用力使模板脱离混凝土）；锐角角模宜做成柔性角模，采用正反螺纹杠脱模。

4）背楞应具有通用性、互换性；背楞槽钢应相背组合而成，腹板间距宜为 50mm；背楞连接孔应满足模板与架体或提升架的连接。

（2）架体

架体作为爬模装置的承重钢结构，分为上架体和下架体两部分。下操作平台以下部分称为下架体，下操作平台以上部分称为上架体。下架体通过架体挂钩固定在挂钩连接座上（图 2-43），是承受竖向和水平荷载的承重构架。上架体坐落在下架体的上横梁上，可以水平移动，用于合模脱模。

架体设计应符合下列规定：

1）上架体高度宜为 2 倍层高，宽度不宜超过 1.0m，能满足支模、脱模、绑扎钢筋和浇

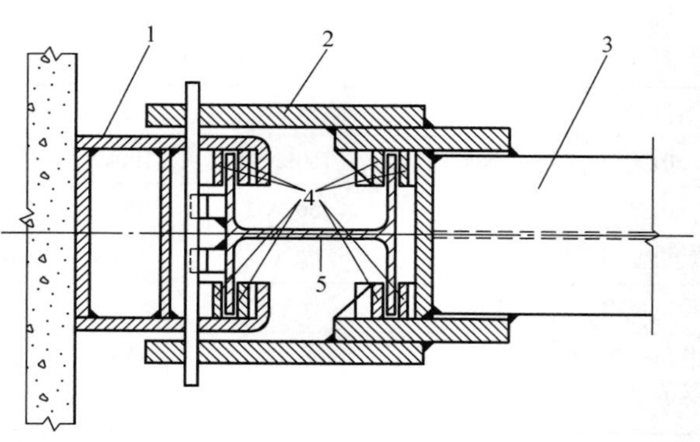

图 2-43 挂钩连接座与下架横梁连接示意

1—挂钩连接座 2—下架横梁耳板挂钩 3—下架横梁 4—挡板 5—导轨

筑混凝土操作需要。

2）下架体高度宜为1～1.5倍层高，应能满足油缸、导轨、挂钩连接座和吊平台的安装和施工要求。

3）下架体的宽度不宜超过2.4m，应能满足上架体模板水平移动400～600mm的空间需要，并能满足导轨爬升、模板清理和涂刷脱模剂要求。

4）下架体上部设有挂钩，通过承力销与挂钩连接座连接。

5）上架体、下架体均采用纵向连系梁将架体之间连成整体结构。

(3) 提升架

提升架是千斤顶爬模装置的主要受力构件，用以固定千斤顶，保持模板的几何形状，承受模板和操作平台的全部荷载。

提升架主要由横梁和立柱两部分组成，横梁采用双槽钢同两根立柱进行销接或螺栓连接。当钢销或螺栓拆除后，可利用立柱顶部的滑轮平移，便于模板后退、清理；横梁上所设置的孔眼应满足千斤顶安装和结构截面变化时千斤顶位移的要求；横梁两端同平台系统的外架立柱连接。两根立柱上各设两道活动支腿，同模板连接并进行脱模，以及垂直度和截面宽度调节。两根立柱还同上操作平台的外架梁连接，形成上操作平台，用于绑扎钢筋和浇筑混凝土。

提升架设计应符合下列规定：

1）提升架横梁总宽度应满足结构截面变化、模板后退和浇筑混凝土操作需要，横梁上面的孔眼位置应满足千斤顶安装和结构截面变化时千斤顶位移的要求。

2）提升架立柱高度宜为1.5～2倍层高，满足0.5～1层钢筋绑扎需要；立柱应能带动模板后退400～600mm，用于清理和涂刷脱模剂。

3）当提升架立柱固定时，调节活动支腿的丝杠应能带动模板脱开混凝土50～80mm，满足提升的空隙要求。

4）提升架之间应采用纵向连系梁连接成整体结构。

(4) 承载螺栓和锥形承载接头

承载螺栓和锥形承载接头是爬模装置的主要承载体，是将爬模装置附着在混凝土结构

上，并将爬模装置自重、施工荷载及风荷载传递到混凝土结构上的重要承力部件。

承载螺栓可以固定在墙体预留孔内或与锥形承载接头连接，如图2-44所示。对于结构截面在600mm以内的结构，采用穿墙式承载螺栓，在每层合模前预埋套管，混凝土浇筑后在墙体内形成预留孔，脱模并将模板后退后，安装承载螺栓，连接挂钩连接座（图2-44a）。对于较大截面的结构，采用锥形承载接头时，承载螺栓直接与锥形承载接头的锥体螺母连接，同时将挂钩连接座连接紧固到结构体上（图2-44b）。通常一个挂钩连接座设2根承载螺栓，以确保连接稳固。

锥形承载接头由锥体螺母和预埋件组成，锥体螺母的一半长度同预埋件螺纹连接，埋入混凝土中，锥体螺母的另一半长度同承载螺栓与挂钩连接座连接，用于承受爬模装置自重、施工荷载及风荷载。对于较大截面的结构，宜采用锥形承载接头（见图2-45）。

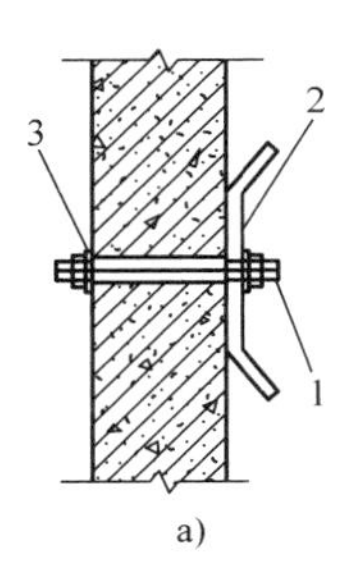

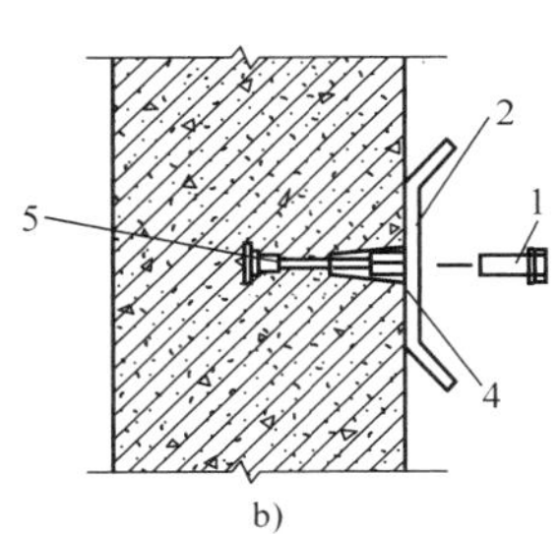

图2-44　承载螺栓的形式

a）穿墙形式　b）预埋形式

1—承载螺栓　2—挂钩连接板　3—垫板

4—锥体螺母　5—锚固板

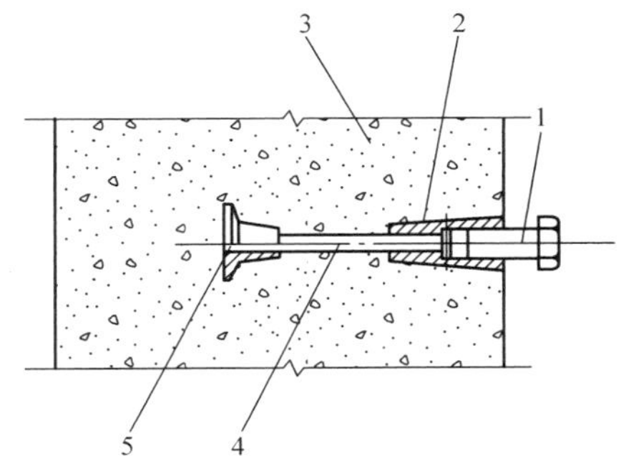

图2-45　锥形承载接头构造

1—承载螺栓　2—锥体螺母　3—墙体混凝土

4—预埋螺栓　5—锚固板

挂钩连接座是将爬模装置自重、施工荷载及风荷载传递给承载螺栓的组合连接件。由连接板、座体、承力销、弹簧钢销等组合而成（图2-46）。连接板呈鱼尾形，同承载螺栓连接，固定在混凝土结构体上。座体的鱼尾槽套入连接板，当连接板因承载螺栓的偏差而产生位移时，座体可在连接板上平移调节。座体两侧钢板上设承力销槽，架体上的挂钩同挂钩连接座连接，并插入承力销。挂钩连接座上部有弹簧钢销，用于锁住导轨顶部挡块。

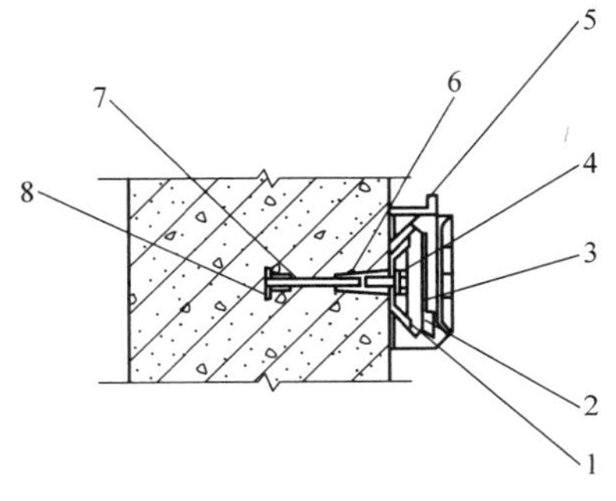

图2-46　挂钩连接座构造

1—挂钩连接板　2—承力销　3—挂钩连接座体

4—承载螺栓　5—弹簧钢销　6—锥体螺母

7—预埋件　8—锚固板

承载螺栓和锥形承载接头设计应符合下列规定：

1）固定在墙体预留孔内的承载螺栓在垫板、螺母以外长度不应少于3个螺距，垫板尺寸不应小于100mm×100mm×10mm。

2）锥形承载接头应有可靠锚固措施，锥体螺母长度不应小于承载螺栓外径的3倍，预埋件和承载螺栓拧入锥体螺母的深度均不得小于承载螺栓外径的1.5倍。

3）当锥体螺母与挂钩连接座设计成一个整体部件时，其挂钩部分的最小截面应按照承载螺栓承载力计算方法计算。

(5) 防坠爬升器

防坠爬升器是油缸爬模装置的重要构件，要有足够的强度和刚度。防坠爬升器分别与油缸上、下两端连接，通过具有升降和防坠功能的棘爪机构，实现架体与导轨相互转换爬升。防坠爬升器与导轨的连接形式，如图2-47所示。

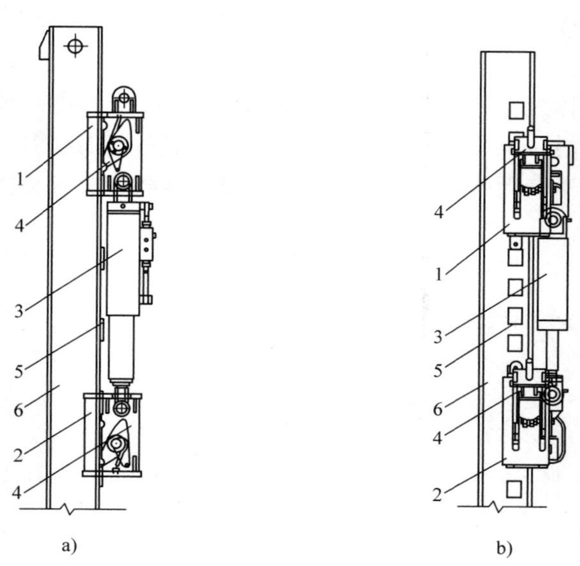

图2-47 防坠爬升器与导轨的连接形式

a) 连接形式一 b) 连接形式二

1—上防坠爬升器 2—下防坠爬升器 3—油缸 4—承重棘爪 5—导轨梯挡 6—导轨

防坠爬升器设计应符合下列规定：

1) 防坠爬升器与油缸两端的连接采用销接。

2) 防坠爬升器内承重棘爪的摆动位置必须与油缸活塞杆的伸出与收缩协调一致，换向可靠，确保棘爪支承在导轨的梯挡上，防止架体坠落。

(6) 导轨

导轨作为架体的运动轨道，固定在承载体上，并同架体交换运动。当架体固定，导轨上升；当导轨固定，架体以油缸为动力，沿导轨向上爬升一层。导轨一般由型钢和梯挡钢板焊接而成，也可由型钢和通长钢板或型钢腹板加工成梯挡空格，其截面形式如图2-48所示。

导轨设计应符合下列规定：

1) 导轨应具有足够的刚度，其变形值不应大于5mm，导轨的设计长度不应小于1.5倍层高。

2) 导轨应能满足与防坠爬升器相互运动的要求，导轨的梯挡间距应与油缸行程相匹配。

3) 导轨顶部应与挂钩连接座进行挂接或销接，导轨中部应穿入架体防倾调节支腿中。

2.3.2 液压爬模装置安装与拆除

1. 安装程序

采用油缸和架体的爬模装置，应按下列程序安装：爬模安装前准备→架体预拼装→安装

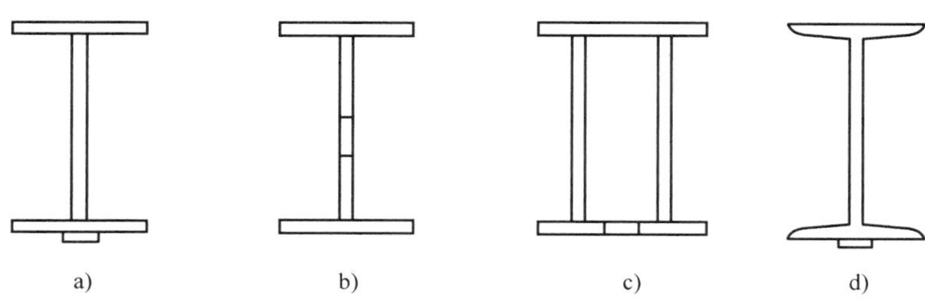

图 2-48　导轨的截面形式

a）H 型钢翼缘焊接梯挡　b）H 型钢挡腹板开孔梯挡　c）组合截面翼缘开孔梯挡
d）工字钢翼缘焊接梯挡

锥形承载接头（承载螺栓）和挂钩连接座→安装导轨、下架体和外吊架→安装纵向连系梁和平台铺板→安装栏杆及安全网→支设模板和上架体→安装液压系统并进行调试→安装测量观测装置。采用油缸和架体的爬模装置的安装程序如图 2-49 所示。

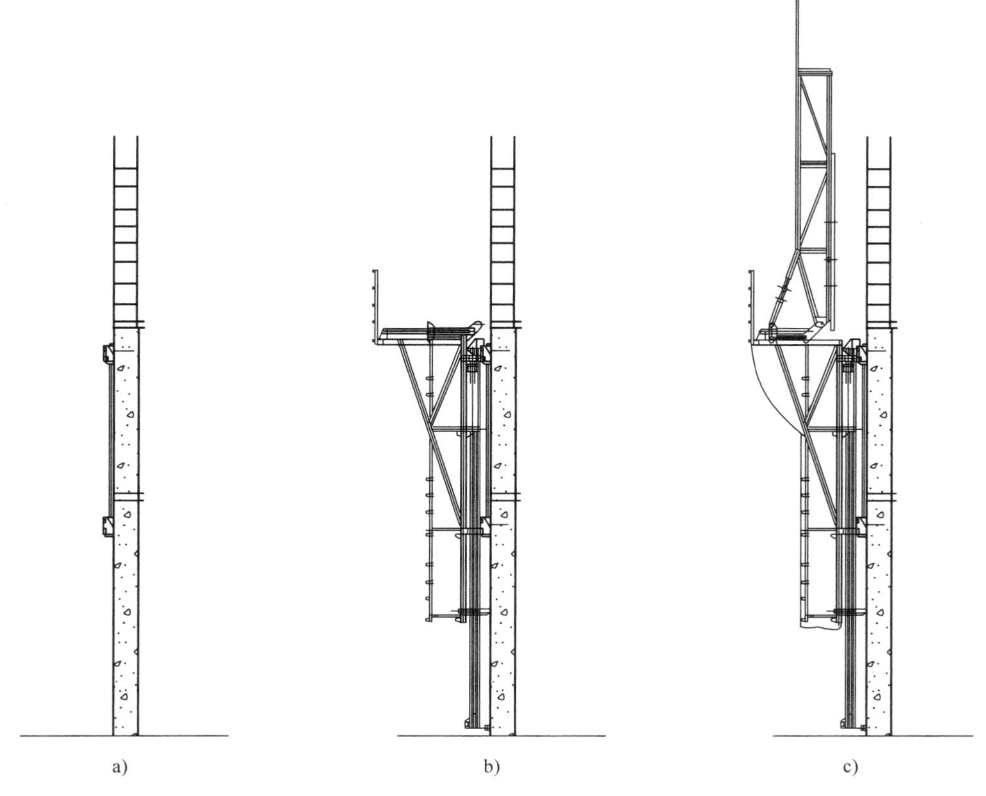

图 2-49　油缸和架体爬模装置安装程序示意

a）在锥形承载接头（承载螺栓）处安装挂钩连接座　b）在地面组装好下架体、导轨，吊装就位
c）安装上架体、平台铺板及支设模板

采用千斤顶和提升架的爬模装置，应按下列程序安装：爬模安装前准备→支设模板→提升架预拼装→安装提升架和外吊架→安装纵向连系梁和平台铺板→安装栏杆及安全网→安装液压系统并进行调试→插入支承杆→安装测量观测装置。采用千斤顶和提升架的爬模装置的安装程序如图2-50所示。

两种爬模装置安装程序主要不同点在于：采用油缸和架体的爬模装置是先装架体后装模板；采用千斤顶和提升架的爬模装装置是先装模板后装提升架。

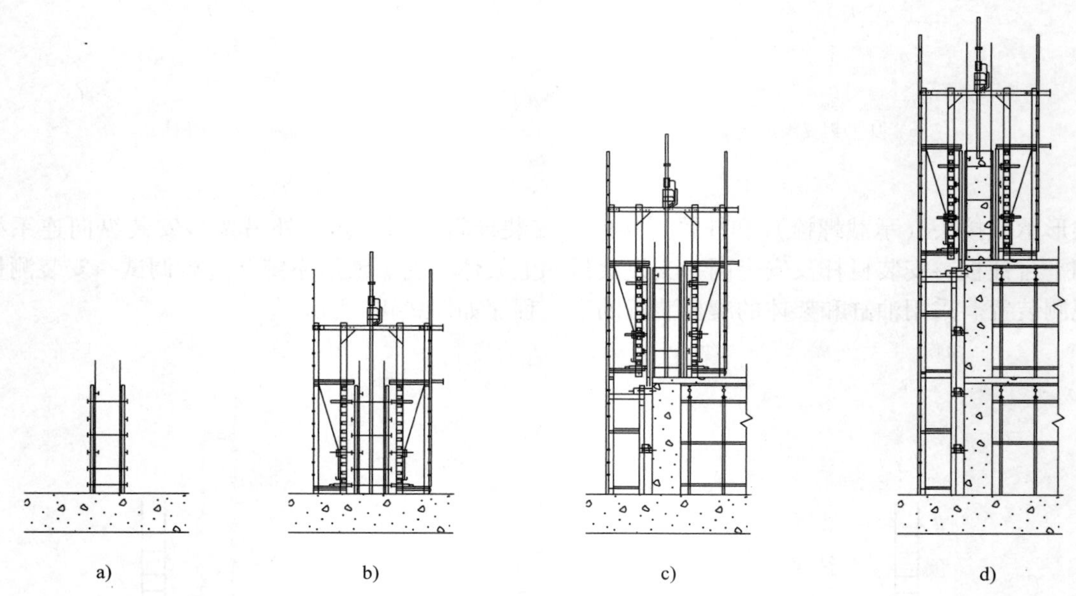

图2-50 千斤顶和提升架爬模装置安装程序示意

a）预埋承载螺栓，支设模板 b）安装爬模装置、调试液压油路系统、插入支撑杆 c）爬升一层，安装外吊架、平台铺板 d）安装全部吊架、防坠装置和安全网

2. 准备工作

爬模安装前应完成下列准备工作：

1）对锥形承载接头、承载螺栓中心标高和模板底标高应进行抄平。当模板在楼板或基础底板上安装时，对高低不平的部位应作找平处理。

2）放墙轴线、墙边线、门窗洞口线、模板边线、架体或提升架中心线、提升架外边线。

3）对爬模安装标高的下层结构外形尺寸、预留承载螺栓孔、锥形承载接头进行检查，对超出允许偏差的结构进行剔凿修正。

4）绑扎完成模板高度范围内钢筋。

5）安装门窗洞模板、预留洞模板、预埋件、预埋管线。

6）模板板面需刷脱模剂，机加工件需加润滑油。

7）在有楼板的部位安装模板时，应提前在下二层的楼板上预留洞口，为下架体安装留出位置。

8）在有门洞的位置安装架体时，应提前做好导轨上升时的门洞支承架。

3. 安装要求

1）架体或提升架宜先在地面预拼装，后用起重机械吊入预定位置。架体或提升架平面必须垂直于结构平面，弧形模板的架体或提升架应与该弧形的中点法线平行；架体、提升架必须安装牢固。

2）采用千斤顶和提升架的模板应先在地面将平模板和背楞分段进行预拼装，整体吊装后用对拉螺栓紧固，同提升架连接后进行垂直度的检查和调节。

3）安装锥形承载接头前应在模板相应位置上钻孔，用配套的承载螺栓连接；固定在墙体预留孔内的承载螺栓套管，安装时也应在模板相应孔位用与承载螺栓同直径的对拉螺栓紧固，其定位中心允许偏差应为 ±5mm，螺栓孔和套管孔位应有可靠堵浆措施。

4）挂钩连接座安装固定必须采用专用承载螺栓，挂钩连接座应与构筑物表面有效接触，挂钩连接座安装中心允许偏差应为 ±5mm。

5）阴角模宜后插入安装，阴角模的两个直角边应同相邻平模板搭接紧密。

6）模板之间的拼缝应平整严密，板面应清理干净，脱模剂涂刷均匀。

7）模板安装后应逐间测量检查对角线并进行校正，确保直角准确。

8）上架体行走滑轮、提升架立柱滑轮、活动支腿丝杠、纠偏滑轮等部位安装后应转动灵活。

9）液压油管宜整齐排列固定。液压系统安装完成后应进行系统调试和加压试验，保压 5min，所有接头和密封处应无渗漏。

10）液压系统试验压力应符合下列规定：

① 千斤顶液压系统的额定压力应为 8MPa，试验压力应为额定压力的 1.5 倍。

② 油缸液压系统的额定压力大于或等于 16MPa 时，试验压力应为额定压力的 1.25 倍。额定压力小于 16MPa 时，试验压力应为额定压力的 1.5 倍。

11）采用千斤顶和提升架的爬模装置应在液压系统调试后插入支承杆。

4. 安装质量验收

爬模装置安装允许偏差和检验方法应符合表 2-7 的规定。

表 2-7　爬模装置安装允许偏差和检验方法

项次	项目		允许偏差/mm	检验方法
1	模板轴线与相应结构轴线位置		3	吊线、钢卷尺检查
2	截面尺寸		±2	钢卷尺检查
3	组拼成大模板的边长偏差		±3	钢卷尺检查
4	组拼成大模板的对角线偏差		5	钢卷尺检查
5	相邻模板拼缝高低差		1	平尺及塞尺检查
6	模板平整度		3	2m 靠尺及塞尺检查
7	模板上口标高		±5	水准仪、拉线、钢卷尺检查
8	模板垂直度	≤5m	3	吊线、钢卷尺检查
		>5m	5	吊线、钢卷尺检查

（续）

项次	项目		允许偏差/mm	检验方法
9	背楞位置偏差	水平方向	3	吊线、钢卷尺检查
		垂直方向	3	吊线、钢卷尺检查
10	架体或提升架垂直偏差	平面内	±3	吊线、钢卷尺检查
		平面外	±5	吊线、钢卷尺检查
11	架体或提升架横梁相对标高差		±5	水准仪检查
12	油缸或千斤顶安装偏差	架体平面内	±3	吊线、钢卷尺检查
		架体平面外	±5	吊线、钢卷尺检查
13	锥形承载接头（承载螺栓）中心偏差		5	吊线、钢卷尺检查
14	支承杆垂直偏差		3	2m靠尺检查

5. 拆除

爬模装置拆除前，必须编制拆除技术方案，明确拆除先后顺序，制定拆除安全措施，进行安全技术交底。拆除方案中应包括：拆除基本原则、拆除前的准备工作、平面和竖向分段、拆除部件起重量计算、拆除程序、承载体的拆除方法、劳动组织和管理措施、安全措施、拆除后续工作和应急预案等。

爬模装置拆除应明确平面和竖向拆除顺序，其基本原则应符合下列规定：

1）在起重机械起重力矩允许范围内，平面应按大模板分段。如果分段的大模板重量超过起重机械起重力矩，可将其再分段。

2）采用油缸和架体的爬模装置，竖直方向分模板、上架体、下架体与导轨四部分拆除。采用千斤顶和提升架的爬模装置竖直方向不分段，进行整体拆除。

3）最后一段爬模装置拆除时，要留有操作人员撤退的通道或脚手架。

爬模装置拆除前，必须清除影响拆除的障碍物，清除平台上所有的剩余材料和零散物件，切断电源后，拆除电线、油管；不得在高空拆除跳板、栏杆和安全网，防止高空坠落和落物伤人。

2.3.3 液压爬模施工

1. 施工程序

液压爬模施工程序分为两种，一种为油缸和架体的爬模装置施工程序（图2-51），另一种为千斤顶和提升架的爬模装置施工程序（图2-52）。

爬模装置现场安装后，应进行安装质量检验；对液压系统应进行加压调试，检查密封性。爬模装置脱模时，应保证混凝土表面及棱角不受损伤。在爬模装置爬升时，承载体受力处的混凝土强度应大于10MPa，并应满足设计要求。

对于千斤顶和提升架的爬模装置，由于受提升架横梁的影响，水平筋不能一次到位，因此，钢筋分两次绑扎，也可在爬升时随爬随绑。如果在爬模装置设计时将横梁净空提高到一个层高，加大支承杆截面、提高支承杆的稳定性，钢筋也可以做到一次绑扎到位。

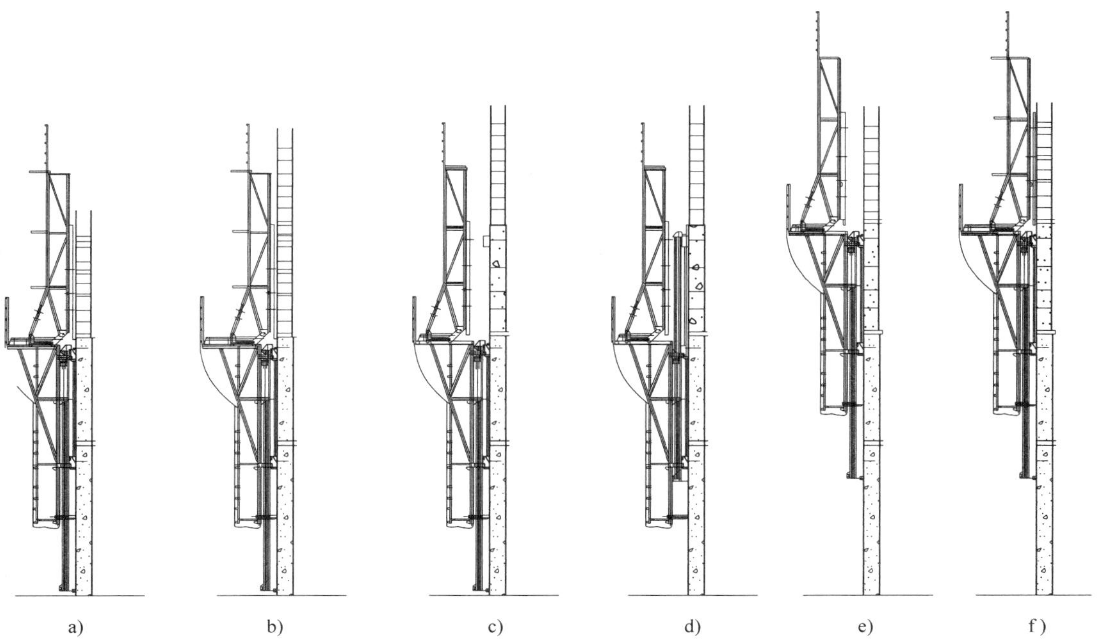

图 2-51　油缸和架体爬模装置施工程序示意

a）浇筑墙体混凝土　b）混凝土养护、绑扎上层钢筋、预埋承载螺栓套管或锥形承载接头　c）脱模、安装挂钩连接座　d）导轨爬升　e）架体爬升　f）合模、紧固对拉螺栓，待浇筑墙体混凝土

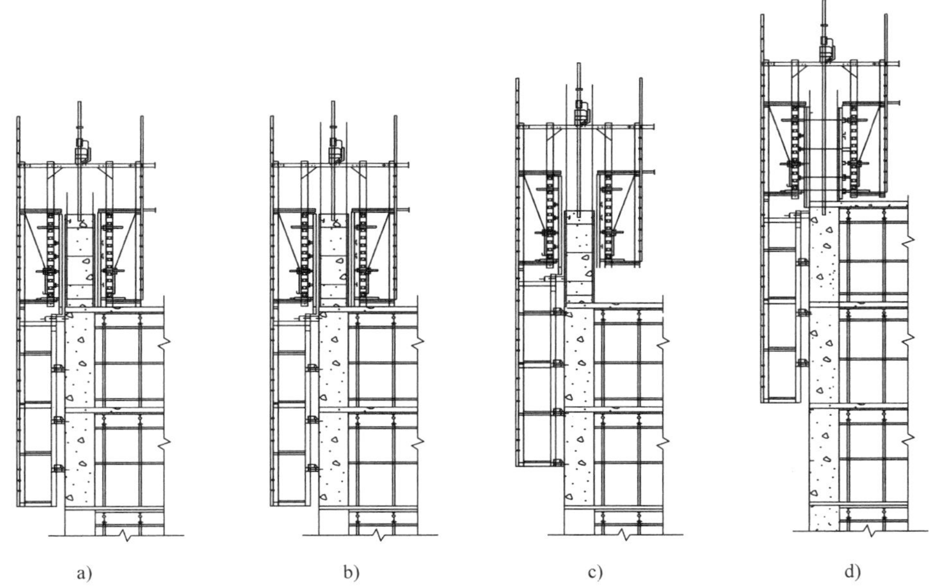

图 2-52　千斤顶和提升架爬模装置施工程序示意

a）浇筑墙体混凝土　b）混凝土养护、绑扎上层钢筋　c）脱模、爬模装置爬升，边爬升边绑扎钢筋、预埋锥形承载接头　d）浇筑楼板混凝土，合模，待浇筑墙体混凝土

2. 爬模装置爬升

(1) 油缸和架体的爬模装置爬升

1) 导轨爬升应符合下列要求:

① 导轨爬升前,其爬升接触面应清除黏结物和涂刷润滑剂,检查防坠爬升器棘爪是否处于提升导轨状态,确认架体固定在承载体和结构上,确认导轨锁定销键和底端支撑已松开。

② 导轨爬升由油缸和上、下防坠爬升器自动完成,爬升过程中,应设专人看护,确保导轨准确插入上层挂钩连接座。

③ 导轨进入挂钩连接座后,挂钩连接座上的翻转挡板必须及时挂住导轨上端挡块,同时调定导轨底部支撑,然后转换防坠爬升器棘爪爬升功能,使架体支承在导轨梯挡上。

2) 架体爬升应符合下列要求:

① 架体爬升前,必须拆除模板上的全部对拉螺栓及妨碍爬升的障碍物;清除架体上剩余材料,翻起所有安全盖板,解除相邻分段架体之间、架体与构筑物之间的连接,确认防坠爬升器处于爬升工作状态;确认下层挂钩连接座、锥体螺母或承载螺栓已拆除;检查液压设备均处于正常工作状态,承载体受力处的混凝土强度满足架体爬升要求,确认架体防倾调节支腿已退出,挂钩锁定销已拔出;架体爬升前要组织安全检查,并按《液压爬升模板工程技术规程》(JGJ 195—2010) 附录D记录,检查合格后方可爬升。

② 架体可分段和整体同步爬升,同步爬升控制参数的设定:每段相邻机位间的升差值宜在1/200以内,整体升差值宜在50mm以内。

③ 整体同步爬升应由总指挥统一指挥,各分段机位应配备足够的监控人员。

④ 架体爬升过程中,应设专人检查防坠爬升器,确保棘爪处于正常工作状态。当架体爬升进入最后2~3个爬升行程时,应转入独立分段爬升状态。

⑤ 架体爬升到达挂钩连接座时,应及时插入承力销,并旋出架体防倾调节支腿,顶撑在混凝土结构上,使架体从爬升状态转入施工固定状态。

(2) 千斤顶和提升架的爬模装置爬升

1) 提升架爬升前的准备工作:

① 墙体混凝土浇筑完毕未初凝之前,将支承杆按规定埋入混凝土,墙体混凝土强度达到爬升要求并确定支承杆受力之后,方可松开挂钩可调支座,并将其调至距离墙面约100mm位置处。

② 认真检查对拉螺栓、角模、钢筋、脚手板等是否有妨碍爬升的情况,清除所有障碍物。

③ 将标高测设在支承杆上,并将限位卡固定在统一的标高上,确保爬模平台标高一致。

2) 提升架爬升应符合下列要求:

① 提升架应整体同步爬升,千斤顶每次爬升的行程宜为50~100mm,爬升过程中吊平台上应有专人观察爬升的情况,如有障碍物应及时排除并通知总指挥。

② 千斤顶的支承杆应设限位卡,每爬升500~1000mm调平一次,整体升差值宜在50mm以内。爬升过程中应及时将支承杆上的标高向上传递,保证提升位置的准确。

③ 爬升过程中应确保防坠挂钩处于工作状态;随时对油路进行检查,发现漏油现象,立刻停止爬升;对漏油原因分析并排除之后才能继续进行爬升。

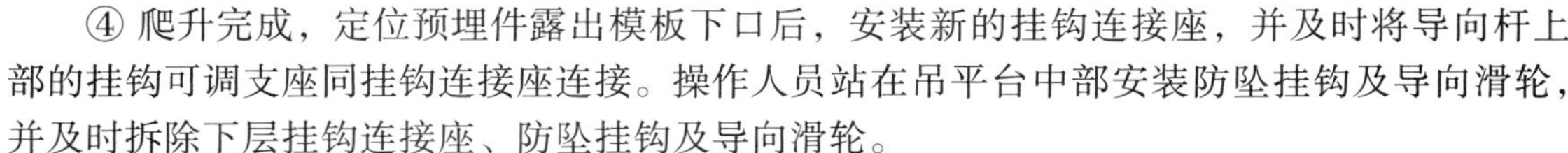

④ 爬升完成，定位预埋件露出模板下口后，安装新的挂钩连接座，并及时将导向杆上部的挂钩可调支座同挂钩连接座连接。操作人员站在吊平台中部安装防坠挂钩及导向滑轮，并及时拆除下层挂钩连接座、防坠挂钩及导向滑轮。

3. 钢筋工程

钢筋工程的原材料、加工、连接、安装和验收，应符合国家现行标准《混凝土结构工程施工质量验收规范》（GB 50204—2015）和《高层建筑混凝土结构技术规程》（JGJ 3—2010）的有关规定。

安装模板前宜在下层结构表面弹出对拉螺栓、预埋承载螺栓套管或锥形承载接头位置线，避免竖向钢筋同对拉螺栓、预埋承载螺栓套管或锥形承载接头位置相碰。竖向钢筋密集的工程，上述位置与钢筋相碰时，应对钢筋位置进行调整。

采用千斤顶和提升架的爬模装置，绑扎钢筋时，千斤顶的支承杆应支承在混凝土结构上，当钢筋与支承杆相碰时，钢筋应及时调整水平筋位置。

每一层混凝土浇筑完成后，在混凝土表面以上应有2～4道绑扎好的水平钢筋。上层钢筋绑扎完成后，其上端应设置限位支架等临时固定，以防止发生倾斜或弯曲。设置的限位支架要适时拆除，不要影响模板的正常爬升。

墙内的承载螺栓套管或锥形承载接头、预埋铁件、预埋管线等应同钢筋绑扎同步完成。

4. 混凝土工程

混凝土工程应符合国家现行标准《混凝土结构工程施工质量验收规范》（GB 50204—2015）和《高层建筑混凝土结构技术规程》（JGJ 3－2010）的有关规定。

混凝土浇筑前，在模板表面标注定位预埋件、锥形承载接头、承载螺栓套管等位置，提醒振动棒操作人员在振动棒插点位置让开预埋件位置，以免混凝土振捣时振捣棒碰撞定位预埋件、锥形承载接头、承载螺栓套管等造成移位。

施工过程中要注意混凝土的浇筑顺序、匀称布料和分层浇捣，防止支承杆偏移和倾斜；操作平台上的荷载包括设备、材料及人流保持均匀分布，不得超载，确保支承杆的稳定性。

2.3.4　爬模装置维护、保养

1）爬升模板应做到每层清理、涂刷脱模剂，并对模板及相关部件进行检查、校正、紧固和修理，对螺纹杠、滑轮、滑道等部件进行注油润滑。

2）钢筋绑扎及预埋件的埋设不得影响模板的就位及固定；起重机械吊运物件时严禁碰撞爬模装置。

3）采用千斤顶的爬模装置，应确保支承杆的垂直、稳定和清洁，保证千斤顶、支承杆的正常工作。当支承杆上咬痕比较严重时，应更换新的支承杆。支承杆穿过楼板时，承载铸钢楔应采取保护措施，防止混凝土浆液堵塞倒齿缝隙。

4）导轨和导向杆应保持清洁，去除黏结物，并涂抹润滑剂，保证导轨爬升顺畅、导向滑轮滚动灵活。

5）液压控制台、油缸、千斤顶、油管、阀门等液压系统应每月进行一次维护和保养，并做好记录。

6）爬模装置拆除和地面解体后，对模板、架体、提升架等部件应及时进行清理、涂刷防锈漆，对螺纹杠、滑轮、螺栓等清理后，应进行注油保护；所有拆除的大件应分类堆放、小件分类包装，集中待运。

7）因恶劣天气、故障等原因停工，复工前应进行全面检查，并应维护爬模装置和防护措施。

2.3.5 爬模施工安全要求

1）爬模装置的安装、操作、拆除应在专业厂家指导下进行，专业操作人员应进行爬模施工安全、技术培训，合格后方可上岗操作。

2）操作平台上应在显著位置标明允许荷载值，设备、材料及人员等荷载应均匀分布，人员、物料不得超过允许荷载；爬模装置爬升时不得堆放钢筋等施工材料，非操作人员应撤离操作平台。

3）操作平台上应按消防要求设置灭火器，施工消防供水系统应随爬模施工同步设置。在操作平台上进行电、气焊作业时应有防火措施和专人看护。

4）上、下操作平台均应满铺脚手板；上架体、下架体全高范围及下端平台底部均应安装防护栏及安全网；下操作平台及下架体下端平台与结构表面之间应设置翻板和兜网。

5）对后退进行清理的外墙模板应及时恢复停放在原合模位置，并应临时拉接固定；架体爬升时，模板距结构表面不应大于300mm。

6）遇有六级以上强风、浓雾、雷电等恶劣天气，停止爬模施工作业，并应采取可靠的加固措施。

7）操作平台与地面之间应有可靠的通信联络。爬升和拆除过程中应分工明确、各负其责，应实行统一指挥、规范指令。爬升和拆除指令只能由爬模总指挥一人下达，操作人员发现的不安全问题，应及时处理、排除并立即向总指挥反馈信息。

8）爬升前爬模总指挥应告知平台上所有操作人员，清除影响爬升的障碍物。

9）爬模操作平台上应有专人指挥起重机械和布料机，防止吊运的料斗、钢筋等碰撞爬模装置或操作人员。

10）爬模装置拆除时，参加拆除的人员必须系好安全带并扣好保险钩；每起吊一段模板或架体前，操作人员必须离开。

11）爬模施工现场应有明显的安全标志，爬模安装、拆除时地面应设围栏和警戒标志，并派专人看守，严禁非操作人员入内。

工程示例2-1 武汉国际贸易中心主体结构滑模施工

一、工程概况

武汉国际贸易中心总面积125000m^2，主楼平面呈纺锤形，结构形式为：内筒及四角为剪力墙，外筒为框架现浇钢筋混凝土结构。水平结构为无黏结预应力密肋梁楼板，梁宽为200mm、梁高为500～650mm、间距为800～850mm。每层密肋梁数量为144根。该工程地下2层，地上53层，建筑物高度为212m，标准层建筑面积2300m^2（图2-53）。

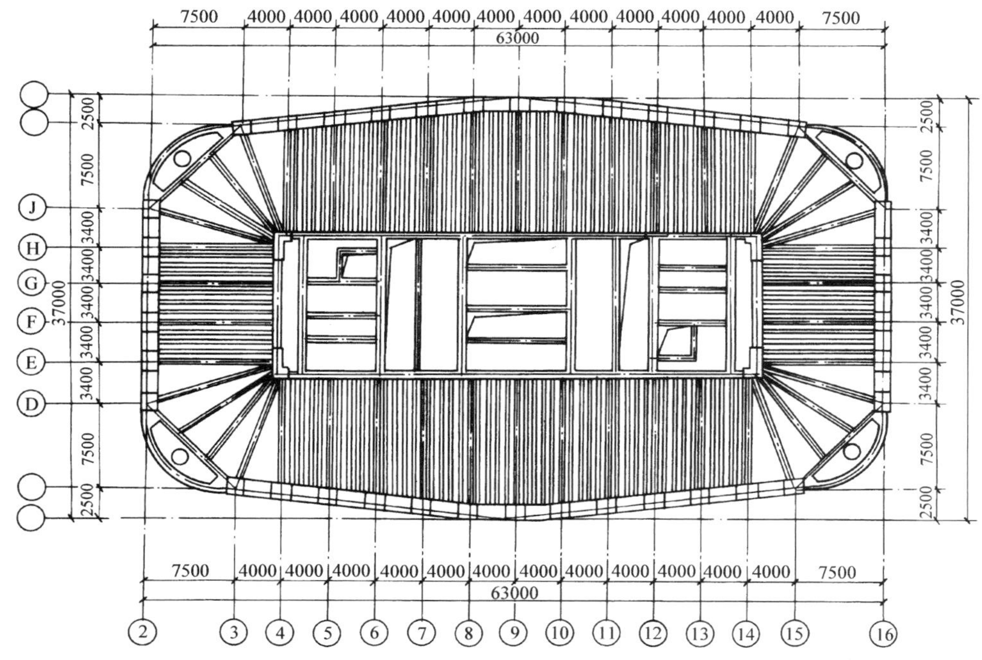

图 2-53 武汉国贸中心标准层结构平面

标准层建筑长度为 63m，中部宽度为 37m，两端宽度为 32m，四角为圆弧形。层高：首层为 5.4m，2～4 层为 4.9m，5 层为 5.7m，6 层 5.4m，7～51 层为 3.5m，52 层为 4.9m，53 层为 6.9m。

内筒剪力墙厚由 650mm 变 4 次截面至 300mm；框架梁柱宽由 1350mm 变 4 次截面至 550mm。混凝土强度等级：11 层以下为 C55，12～20 层 C50，24～35 层为 C45，36 层以上为 C40。标准层（以第 7 层为例）混凝土为 1495m^3。

二、主体结构滑模施工

自 ±0.000 开始，主体结构（墙、柱、梁）采用“逐层空滑楼板并进”（即滑一浇一）整体滑模工艺施工。滑模的模板面积（包括插板）共 3600m^2，模板总长度为 4000m。模板采用中建柏利工程技术发展公司的围圈模板合一的大型化钢模板，标准模板高度为 900mm 和 1200mm，宽度（mm）为 900、1200、1500、1800、2100、2400，宽度不足部分采用非标准调整模板或拼条。外墙模板由于无黏结预应力筋同其交叉，被分割成 600mm 宽一块，包括 200mm 宽的插板在内，中距 800mm。将模板和围圈、活动支腿组成为模板空间结构，既可固定又可调节，保证了外形尺寸的准确。

滑模总荷载 20000kN，采用江都建筑专用设备厂生产的 QYD－60 型楔块式千斤顶 886 台。每台千斤顶额定起重量 6t，工作起重量 3t，实际每台千斤顶的平均起重量为 2.26t。

液压系统采用分区、分组并联环形油路，4 台 HY－72 型液压控制台，分 10 个区形成同步增压系统，每个区的环形油路至控制台的主油管长度相等。

支承杆采用 $\phi48\times3.5$ 钢管。在剪力墙与框架梁、柱部位，支承杆设在结构体内（为埋入式)；在密肋梁与斜梁部位，支承杆设在结构体外（为工具式）；体内、体外同时整体滑升。该工程埋入式支承杆占1/3，工具式支承杆占2/3。工具式支承杆之间采用钢管扣件进行加固。

工具式支承杆配备3层长度，即穿过3层楼板后，底部悬空。在工具式支承杆穿过楼板位置处，用脚手架钢管扣件将支承杆卡紧在楼板面上，使支承杆承受的荷载通过扣件及传力钢板和槽钢传递到三层已浇筑的密肋梁板上。

梁底模采用早拆支撑体系。当梁混凝土达到一定强度后，留下支撑，其余模板可提前拆除。

根据提升架所在的不同部位，分别设置固定提升架、收分提升架和单柱提升架等，所有提升架均采用“Π”形架，并同模板直接连接，通过活动支腿可调节模板的倾斜度和混凝土的截面尺寸。当施工中出现粘模现象时，也可通过活动支腿将模板与已浇筑的混凝土脱开。

垂直运输采用2台1250kN·m塔吊，安装高度240m，及2台德国进口的混凝土输送泵。混凝土浇筑采用2台上海住乐建机厂生产的ZB－17型自升折臂式混凝土布料机，可使每个混凝土浇筑层的施工时间缩短1/3～1/2，而且布料均匀（图2-54）。

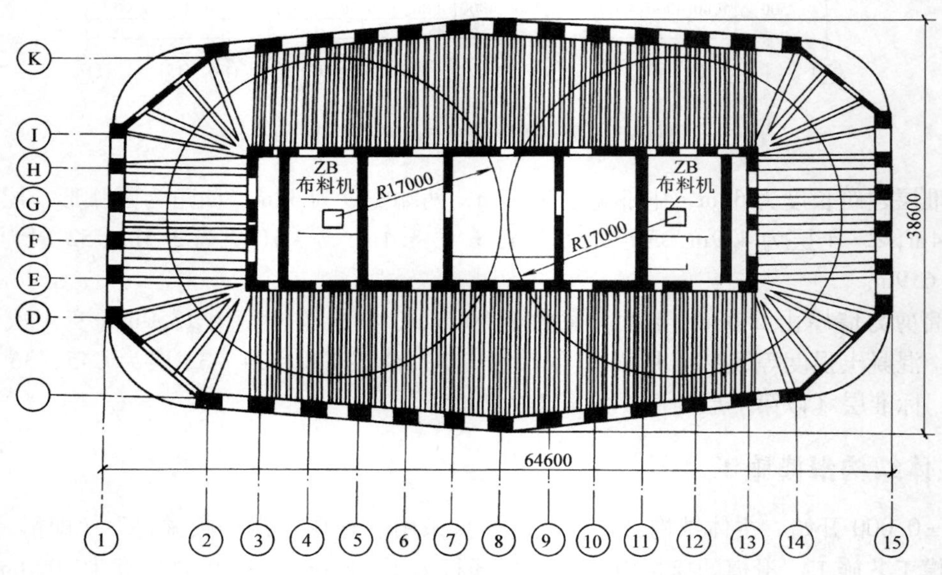

图2-54　武汉国贸中心滑模混凝土布料机布置

武汉国贸中心工程，不仅在建筑高度、每层滑模面积、滑模施工难度等均为当前我国高层建筑滑模之最，而且在滑模施工中，综合、创新地采用了我国近年来多项滑模新技术成果，其中包括：

1）大吨位千斤顶（6t）和ϕ48×3.5支承杆体内与体外滑升及体外采用工具式支承杆。

2）采用工业电视、激光与微机相结合，实现施工精度监测。

3）大面积密肋梁板和墙、柱采用“逐层空滑楼板并进”整体滑模施工工艺。

4）高强度等级的混凝土（C45～C55）滑模施工。

5）垂直泵送和水平机械布料，使浇筑混凝土全盘机械化。

6）无黏结预应力钢绞线与滑模同步施工等。

在滑模设计与施工中，较好地处理了滑模整体平台刚柔相结合的问题，进一步完善了大型高层建筑工程滑模施工工艺，取得了较好的效益。

该工程每层结构施工周期，非标准层 7d，标准层 5d。

工程示例 2-2　深圳地王大厦混凝土核心筒爬模施工

一、工程概况

深圳地王大厦地上 78 层，顶层屋面高 325m，塔尖高 384m。标准层 68 层，平面尺寸 70m×37m，层高 3.75m（图 2-55）。采用钢与钢筋混凝土混合结构，核心筒为型钢混凝土结构，四周梁、柱为钢结构。

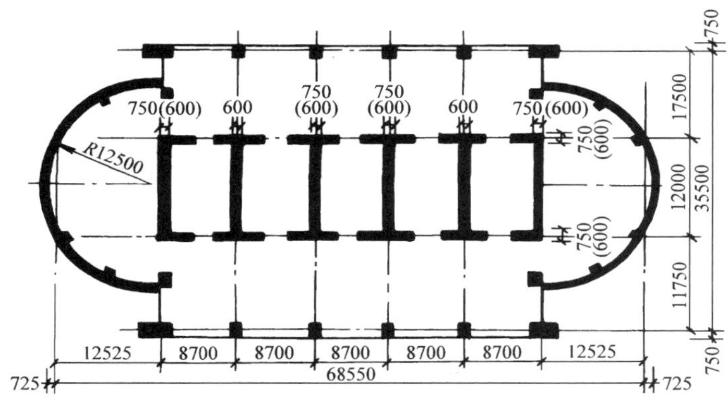

图 2-55　深圳地王大厦标准层平面

二、混凝土核心筒爬模施工

深圳地王大厦混凝土核心筒采用液压爬模施工，爬模设备由香港 VSL 公司提供。爬模系统由提升架、模板和液压爬升三部分组成。提升架系统由 1 套外提升架和 5 套内提升架组成。核心筒中部的一套内提升架用两道钢梁与两端的外提升架相连（图 2-56）。

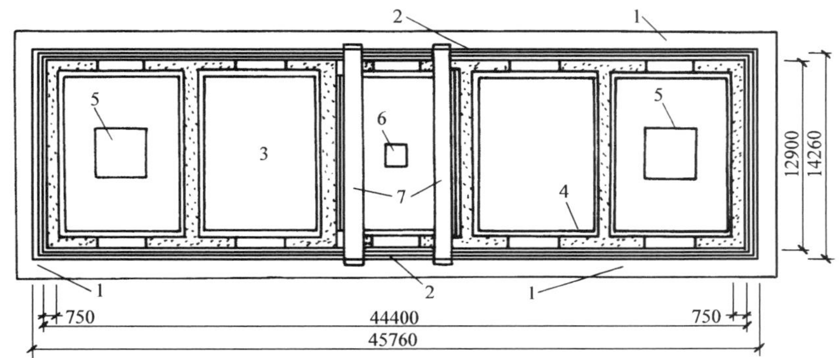

图 2-56　混凝土核心筒爬模系统平面

1—外提升架　2—外模板　3—内提升架　4—内模板　5—塔吊　6—布料机　7—钢梁

外提升架由钢柱、横梁、牛腿、弦杆、导轮及3层操作平台等组成桁架结构。牛腿支承于混凝土墙内，在外提升架未爬升时由牛腿承受外架全部荷载，外模板悬挂在外提升架上（图2-57）。整个外提升架共设有8套牛腿和千斤顶。

内提升架除中部一套外，其余4套均各自独立，每套由上下两层工作平台及钢梁、钢柱、牛腿等组成，内模板悬挂在内提升架上（图2-58）。

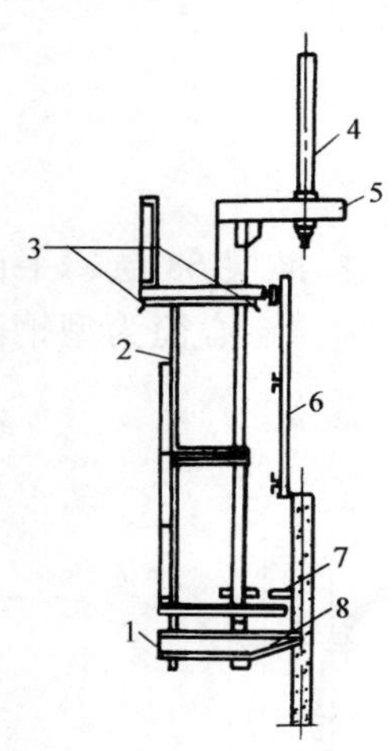

图2-57 外模系统

1—垂直调节螺纹杆 2—提升架竖向杆件
3—提升架弦杆 4—千斤顶 5—横梁
6—外模板 7—导轮 8—牛腿

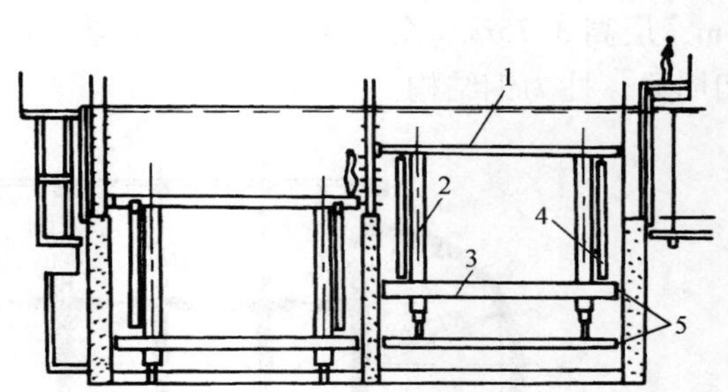

图2-58 内模系统

1—上层工作平台 2—千斤顶
3—底层平台 4—内模 5—牛腿

内、外模板均采用厚18mm酚醛覆面胶合板材。外模板上端与可在提升架顶层钢弦杆上平移的活动臂连接，将模板荷载传到外架上，可以合模或脱模。内模板与内架通过滑轮螺杆及连接件悬挂在内提升架上层平台工字钢梁上，通过滑轮实现内模板的水平推拉，通过调节螺栓进行垂直方向的微调。

液压爬升系统由千斤顶、油路、操作台组成。外模爬升系统共用8台千斤顶，布置在核心筒外墙上，每台顶升力500～1000kN，最大行程4m。内模爬升系统每套用4台千斤顶，每台顶升力100～200kN，最大行程2m，千斤顶下端通过钢梁支承在混凝土墙体内。

爬模工艺过程如图2-59所示。

当外墙混凝土强度达到8N/mm^{2}后，拆除穿墙螺栓，模板脱离墙面20～30cm，调平外墙上部外模千斤顶，使其支承在墙体上（千斤顶下垫钢板），钢牛腿全部脱离孔洞。千斤顶给油，外架及中部内架提升到上一层规定标高。千斤顶停止给油，将钢牛腿伸入上一层墙内预留孔洞内；缓慢回油，牛腿逐步受力。

内模爬升由两次相同的爬升过程完成。4个千斤顶出油，顶出活塞柱至下层钢梁上，带动内提升架及上层钢梁爬升至半层楼高度，将上层钢梁牛腿伸入墙体预留洞内，由上层钢梁承受全部荷载；千斤顶回油，将底层钢梁提升至上一个牛腿洞口，牛腿伸入墙体预留洞内。重复上述过程即完成一个楼层内模爬升过程。

爬模施工进度由每层5～6d逐步缩短至3d左右。

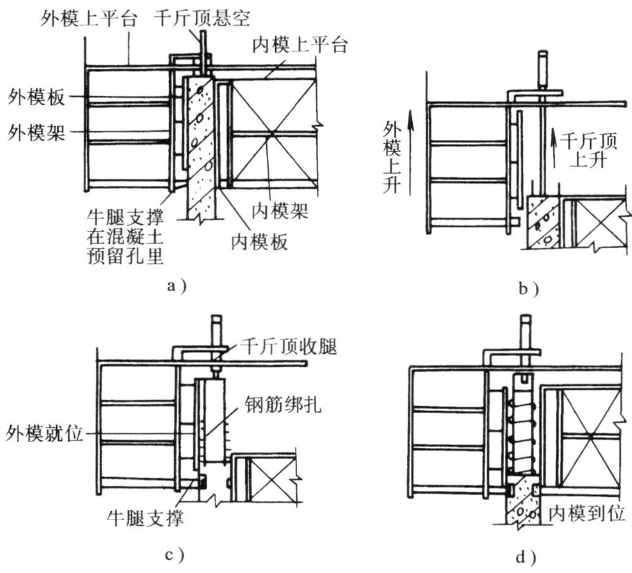

图 2-59　爬模工艺过程

a）爬升前　b）外模爬升　c）外模就位、绑扎钢筋　d）内模爬升

第 3 章　高层建筑钢结构与钢 - 混凝土组合结构工程

高层钢结构建筑作为绿色环保产品，与传统的混凝土结构相比较，具有自重轻、强度高、抗震性能好、施工周期短、易于工业化生产等优点，是一种节能环保、可循环利用的新型建筑结构形式，被誉为 21 世纪的“绿色建筑”。随着钢铁工业的发展，我国建筑技术政策由以往限制使用钢结构转变为积极合理推广应用钢结构，从而推动了高层钢结构建筑的快速发展。

随着高层建筑结构的发展，钢 - 混凝土组合结构得到越来越广泛的应用，成为高层与超高层建筑的主要结构类型之一。钢 - 混凝土组合结构充分发挥了钢材和混凝土各自的优良性能，具有材料利用充分、抗震性能好、节省钢材以及施工方便等优点。目前，钢 - 混凝土组合结构主要有钢管混凝土结构、型钢混凝土结构等。

高层建筑钢结构工程应符合现行国家及行业标准《钢结构工程施工规范》（GB 50755—2012）、《高层民用建筑钢结构技术规程》（JGJ 99—2015）和《钢结构工程施工质量验收规范》（GB 50205—2001）的规定；钢 - 混凝土组合结构工程除应符合上述规定外，尚应符合《高层建筑混凝土结构技术规程》（JGJ 3—2010）等规范、规程的规定。

本章主要介绍高层钢结构、钢管混凝土结构、型钢混凝土结构的施工。

3.1　高层建筑钢结构材料、构件及节点构造

3.1.1　建筑钢结构用钢材

1. 我国建筑钢结构用钢材

我国建筑结构采用的钢材以碳素结构钢和低合金高强度结构钢为主。

碳素结构钢是最普通的工程用钢，根据现行国家标准《碳素结构钢》（GB/T 700—2006）的规定，碳素结构钢分为 Q195、Q215、Q235 和 Q275 四个牌号。钢的牌号由代表钢材屈服强度的字母（Q）、屈服强度数值、质量等级符号（A、B、C、D）、脱氧方法符号（F - 沸腾钢、Z - 镇静钢、TZ - 特殊镇静钢）四个部分按顺序组成，如 Q235AF（在牌号组成表示方法中，“Z”与“TZ”符号可以省略）。建筑钢结构中应用最多的碳素钢是 Q235，也是现行标准中质量等级最齐全的，其中质量等级为 C、D 的，不论从其含碳量控制严格程度或对冲击韧性的保证，都优先为焊接结构所采用。

低合金高强度结构钢（合金元素的含量不超过 5%）比碳素结构钢的强度明显提高，用在钢结构中可节约 20% 左右的用钢量。根据《低合金高强度结构钢》（GB/T 1591—2008）的规定，低合金高强度结构钢分为 Q345、Q390、Q420、Q460、Q500、Q550、Q620、Q690 八个牌号。其牌号由代表屈服强度的字母、屈服强度数值、质量等级符号（A、B、C、D、E）三个部分组成，如 Q345D。当需方要求钢板具有厚度方向性能时，则在上述规定的牌号后加上代表厚度方向（Z 向）性能级别的符号，如 Q345DZ15。

《高层民用建筑钢结构技术规程》（JGJ 99—2015）规定：主要承重构件所用钢材的牌号宜选用 Q345 钢、Q390 钢，一般构件宜选用 Q235 钢。承重构件所用钢材的质量等级不宜

低于 B 级；抗震等级为二级及以上的高层民用建筑钢结构，其框架梁、柱和抗侧力支撑等主要抗侧力构件钢材的质量等级不宜低于 C 级。

承重构件所用钢材应具有屈服强度、抗拉强度、伸长率等力学性能和冷弯试验的合格保证；同时尚应具有碳、硫、磷等化学成分的合格保证。焊接结构所用钢材尚应具有良好的焊接性能，其碳当量或焊接裂纹敏感性指数应符合设计要求或相关标准的规定。焊接节点区 T 型或十字型焊接接头中的钢板，当板厚不小于 40mm 且沿板厚方向承受较大拉力作用（含较高焊接约束拉应力作用）时，该部分钢板应具有厚度方向抗撕裂性能（Z 向性能）的合格保证。其沿厚度方向的断面收缩率不应小于现行国家标准《厚度方向性能钢板》（GB/T 5313—2010）规定的 Z15 级允许限值。

2. 建筑结构钢材的品种、规格

建筑结构钢材的品种有钢板和钢带、普通型材（工字钢、槽钢、角钢）、轧制 H 型钢和剖分 T 型钢、冷弯型钢、厚度方向性能钢板、压型钢板、结构用钢管等。

（1）轧制 H 型钢和剖分 T 型钢

轧制 H 型钢翼缘较宽，内外表面平行，截面特性和力学性质明显优于普通型钢及其组合截面，加工连接方便，工地焊接、安装工作量少，施工工期短，因此具有较好的经济效益。目前大量用于高建筑钢结构和门式刚架轻型房屋中。

根据国家标准《热轧 H 型钢和剖分 T 型钢》（GB/T 11263—2010）规定，H 型钢分为宽翼缘 H 型钢（HW）、中翼缘 H 型钢（HM）和窄翼缘 H 型钢（HN）、薄壁 H 型钢（HT）四类。剖分 T 型钢由 H 型钢剖分而成，也分为宽翼缘剖分 T 型钢（TW）、中翼缘剖分 T 型钢（TM）和窄翼缘剖分 T 型钢（TN）三类。H 型钢和剖分 T 型钢的标记方式采用“高度 H（h）×宽度 B×腹板厚度 t_1×翼缘厚度 t_2”来表示，如 H596×199×10×15、T207×405×18×28。H 型钢和剖分 T 型钢的截面图示及标注符号，如图 3-1、图 3-2 所示。

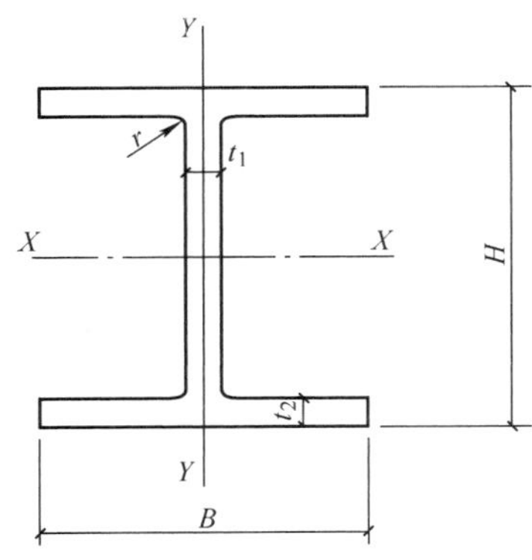

图 3-1　H 型钢截面图示及标注符号

t_1—腹板厚度　t_2—翼缘厚度　r—圆角半径

H—高度　B—宽度

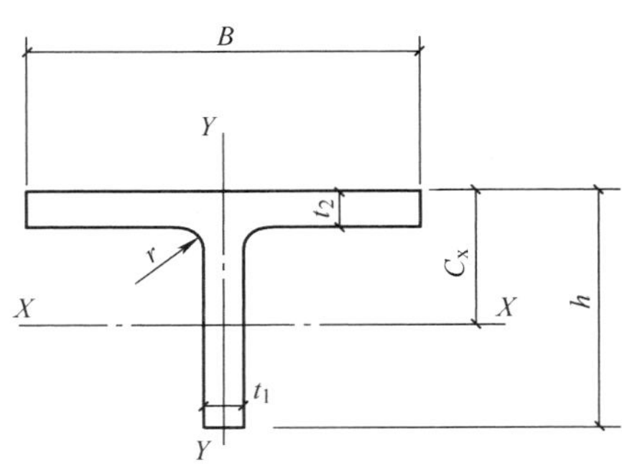

图 3-2　剖分 T 型钢截面图示及标注符号

h—高度　B—宽度　t_1—腹板厚度

t_2—翼缘厚度　C_x—重心　r—圆角半径

此外，为满足钢结构工程对多种规格 H 型钢的需要，我国行业标准《焊接 H 型钢》（YB 3301—2005）规定了焊接 H 型钢的尺寸、外形、重量及允许偏差、技术要求等，适用于建筑钢结构各类焊接 H 型钢构件的设计选用、制作及验收。焊接 H 型钢的规定符号为

WH，“W”为焊接的英文第一位字母，“H”代表H型钢。焊接H型钢标记用分数形式表示：分子部分由其型号、腹板厚度、翼缘厚度、长度、标准号及年号组成，分母部分由其钢材牌号、钢材标准号及年号组成。如用Q235钢生产的型号为400mm×400mm、腹板厚度为12mm，翼缘厚度为12mm、长度为9m的焊接H型钢标记为：

$$\text{焊接 H 型钢}\frac{\text{WH}400\times400\times12\times12\text{-}9000-\text{YB }3301-2005}{\text{Q}235-\text{GB/T }700-2006}$$

焊接H型钢截面图示及标注符号，如图3-3所示。

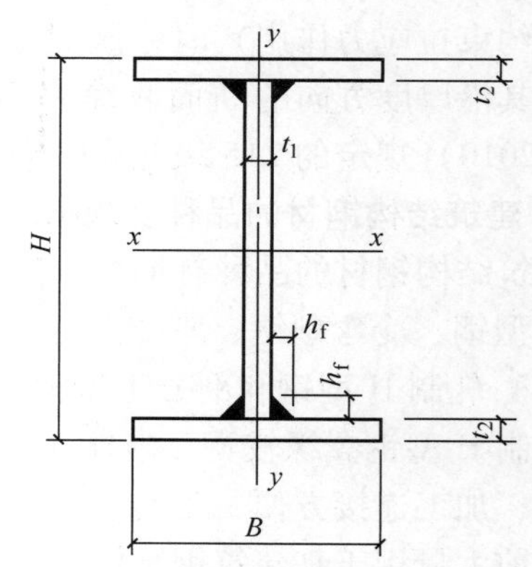

图3-3 焊接H型钢截面图示及标注符号
H—高度 B—宽度 t_1—腹板厚度
t_2—翼缘厚度 h_f—焊脚尺寸（高度）

（2）厚度方向性能钢板

随着焊接结构使用钢板厚度的增加，要求钢板在厚度方向有良好的抗层状撕裂性能，因而出现了厚度方向性能钢板。

高层建筑钢结构是首先提出钢板厚度方向性能要求的建筑结构，在实际工程中，也确实发生过层状撕裂的事故。为此，我国制定了专用标准《高层建筑结构用钢板》（YB 4104—2000），以满足《高层民用建筑钢结构技术规程》（JGJ 99—2015）中对钢材性能的要求。

该专用标准适用于制造高层建筑结构用厚度为6～100mm的钢板，分为Q235GJ、Q345GJ、Q235GJZ、Q345GJZ（Z为厚度方向性能级别Z15、Z25、Z35的缩写）四个牌号。钢板的牌号由代表屈服点的拼音字母（Q）、屈服强度数值、高层建筑的汉语拼音字母（GJ）以及质量等级符号（C、D、E）组成，如Q235GJC。

（3）建筑用压型钢板

压型钢板是指将涂层板或镀层板经辊压冷弯，沿板宽方向形成波形截面的成型钢板。建筑用压型钢板是用于建筑物围护结构（屋面、墙面）及组合楼盖并独立使用的压型钢板。

建筑用压型钢板分为屋面用板、墙面用板与楼盖用板三类。根据《建筑用压型钢板》（GB/T 12755—2008）的规定，建筑用压型钢板的型号由压型代号、用途代号与板型特征代号三部分组成。压型代号以“压”字汉语拼音的第一个字母“Y”表示；用途代号分别以“屋”“墙”“楼”字汉语拼音的第一个字母“W”“Q”“L”表示；板型特征代号由压型钢板的波高尺寸（mm）与覆盖宽度（mm）组合表示。如波高50mm，覆盖宽度600mm的楼盖用压型钢板，其代号为YL50－600。图3-4所示为楼盖板压型钢板典型板型示意图。楼盖板压型钢板宜采用闭口式板型。

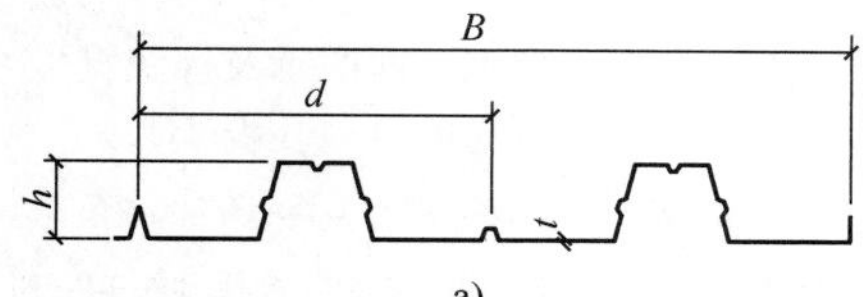

b)

图3-4 楼盖板压型钢板典型板型示意图
a）楼盖板（开口型） b）楼盖板（闭口型）
B—板宽 d—波距 h—波高 t—板厚

3.1.2　高层钢结构构件

1. 钢柱

在高层建筑钢结构中，钢柱常见的截面形式有宽翼缘 H 形截面、方管截面、十字截面、管材型钢截面，如图 3-5 所示。

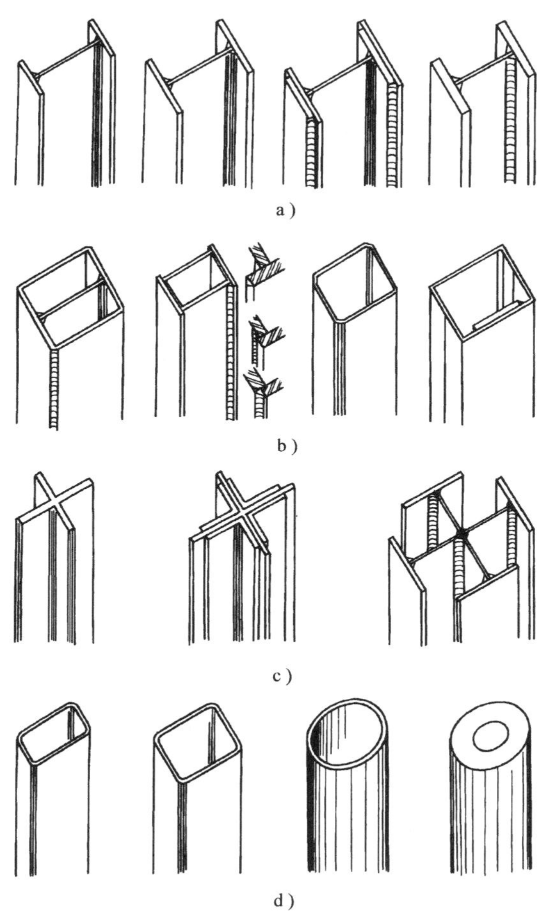

图 3-5　高层建筑钢结构常用柱截面
a）宽翼缘 H 形截面　b）箱形截面　c）十字形截面　d）管材型钢截面

宽翼缘 H 形截面包括轧制 H 型钢和由三块钢板焊接的 H 型钢两种。其特点是截面抗弯刚度大、两方向大致等稳、构造简单、制造方便、便于连接，因而是高层建筑钢结构钢柱最常用的一种截面形式。

箱形截面也是高层建筑钢结构中较常见的柱截面形式，一般由四块钢板焊接而成，其特点是截面刚度大、承载力高、两方向等稳、外形美观，适合于层数较多，双向受弯的钢柱。

十字形截面钢柱一般由钢板、四个角钢等构成。这种钢柱截面外形美观，适合于用作隔墙交叉点处的钢柱，但其承载力低，不经济。另一种十字形截面是由一个工字形钢和钢板组合而成，其特点是承载力大、刚度大，适合于双向受弯钢柱，但制造较为费工。

圆形、方形等管材型钢截面承载力低、刚度小、费用高，仅在少数特殊情况下使用。

2. 钢梁

高层建筑钢结构中的钢梁分为实腹式钢梁、格构式钢梁、钢与混凝土组合梁三类。

1）实腹式钢梁包括轧制 H 型钢梁、焊接组合 H 型钢梁、箱形梁、轧制槽钢梁等（图 3-6 ~ 图 3-8），前两者应用最为广泛。

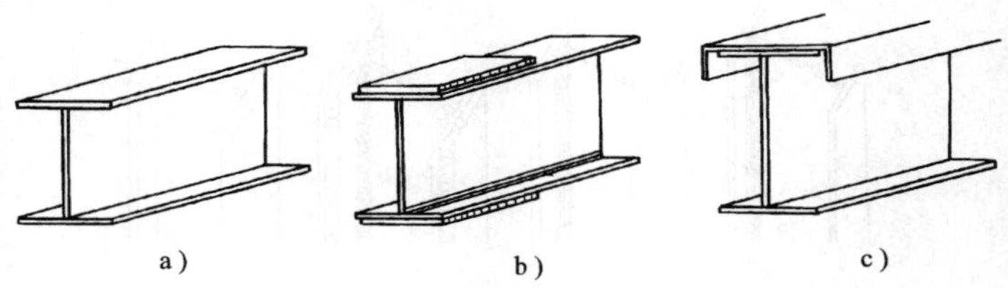

图 3-6 热轧 H 型钢梁

a）宽翼缘 H 型钢 b）翼缘加焊钢板 c）上翼缘用槽钢加强

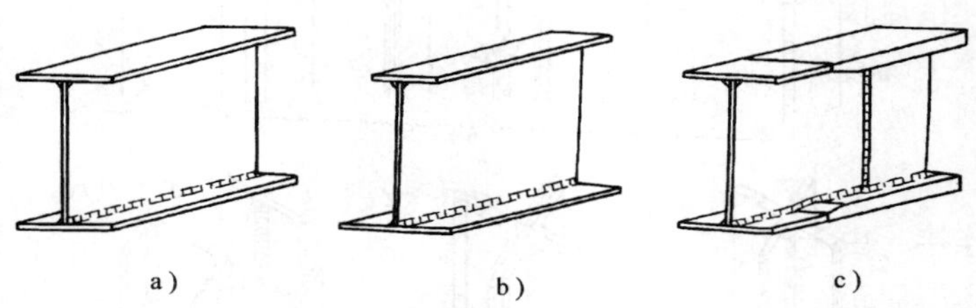

图 3-7 焊接 H 型钢梁

a）对称截面 b）非对称截面 c）变翼缘宽度和变腹板厚度钢梁

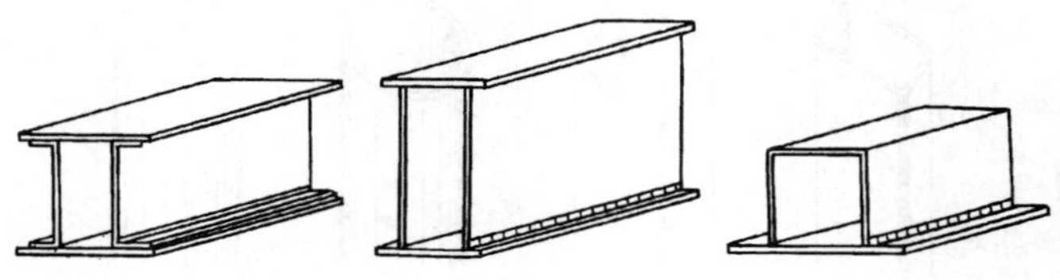

图 3-8 焊接箱形梁

当截面高度相同时，轧制 H 型钢比焊接 H 型钢便宜，应优先采用；若截面高度不适合既定净空高度，可给翼缘加焊钢板。当钢梁承受水平荷载时，翼缘可用槽钢加强。用三块钢板焊接的 H 型钢梁，由于可选用最佳钢板厚度，因而材料利用最为经济，但加工费用高于轧制钢梁。对于超长度焊接钢梁，为节约材料，可沿梁长改变梁断面。

当钢梁所受荷载较大或受较大扭矩时，可采用焊接箱形梁。当净空高度受到限制时，可采用双槽钢和钢板组成的截面，但钢梁内部必须进行防锈处理。还有一种楼盖箱形梁，其下翼缘板向外伸出以支承混凝土预制板，这种截面造价高，但楼盖高度小。

2）格构式钢梁即桁架梁，是用钢量最小的一种梁，但其制作比较费工。用桁架梁作高层建筑钢结构楼盖的水平承重构件，可做到大跨度小净空，且工程管线安装方便。桁架梁的弦杆和腹杆，可采用角钢、槽钢、T 型钢、H 型钢、圆钢管和异形钢管等。

3）钢与混凝土组合梁充分利用钢和混凝土材料的各自优点，使混凝土楼盖受压，而钢梁则充分受拉。为使钢梁与混凝土板能够有效地协同工作，在钢梁与混凝土交界处必须设置机械连接（如栓钉），以承受接触面的水平剪力。

3.1.3　高层钢结构节点构造

高层建筑钢结构节点必须构造简单，便于加工和安装。节点的设置与构件的长度有关，还应根据起重运输设备的能力来确定。如柱子最多可达四层 1 根，柱子接头一般设在上层梁顶面 1～1.3m 处。梁与柱子的接头一般有两种形式，一种是梁直接和柱连接；另一种是柱子上先焊 0.9～1.5m 长的梁头，然后用中间一段梁与柱子上的梁头连接。在柱距较小的建筑中，梁头长度可达到半跨，柱子安装后，两个梁头用螺栓或焊缝连接，省去了梁的安装工序。

高层建筑钢结构节点，按受力方式分为刚性连接和铰接连接两种。柱与柱、柱与主梁多采用刚性连接，次梁与主梁多采用铰接连接。按连接方式分为焊接连接、高强度螺栓连接和混合连接三种。焊接连接是接头全部用焊缝连接；螺栓连接是接头全部用高强度螺栓连接；混合连接是一个接头既有焊缝又有高强度螺栓的连接。

焊接连接分全焊透（等强连接）焊缝和部分焊透焊缝两种。一般柱与柱、主梁与柱接头用等强连接。在单个构件中，传力较大的接头用等强连接，其余构件可用部分焊透焊缝。

高强度螺栓连接，由于施工简便，受力性能好，是钢结构安装的主要连接方式。

混合连接在高层建筑钢结构工程中，多用在主梁与柱的接头，其中梁的翼缘与柱用焊缝连接，梁的腹板与柱用高强度螺栓连接。由于这种接头便于在安装时先用螺栓进行定位，所以在国内外高层钢结构建筑中用得较普遍，是一种较好的连接方式。这种节点在安装时，一般是先紧固腹板上的高强度螺栓，并在终拧完毕后，再焊接梁翼缘上的焊缝。采用这种连接，在设计中已考虑了焊接时温度对高强度螺栓热影响的轴力损失。

高层建筑钢结构中常见的几种节点构造如下：

1. 柱脚节点构造

1）单根螺栓分别埋设，如图 3-9a 所示。

2）在钢板上钻孔，螺栓套入孔内，并用角钢做成支架后进行埋设，如图 3-9b 所示。

3）用角钢做成水平框，与地脚螺栓构成框架再埋设，如图 3-9c 所示。

4）做成牢固支架，把螺栓固定在支架上再埋设。这种节点在地脚螺栓较多的情况下采用，如图 3-9d、e 所示。

2. 柱与柱连接节点构造

柱与柱连接节点构造如图 3-10 所示。

3. 主梁与柱连接节点构造

主梁与柱连接节点构造如图 3-11 所示。

4. 次梁与主梁连接节点构造

次梁与主梁连接节点构造如图 3-12 所示。

5. 支撑节点构造

1）支撑与梁、柱连接节点如图 3-13 所示。

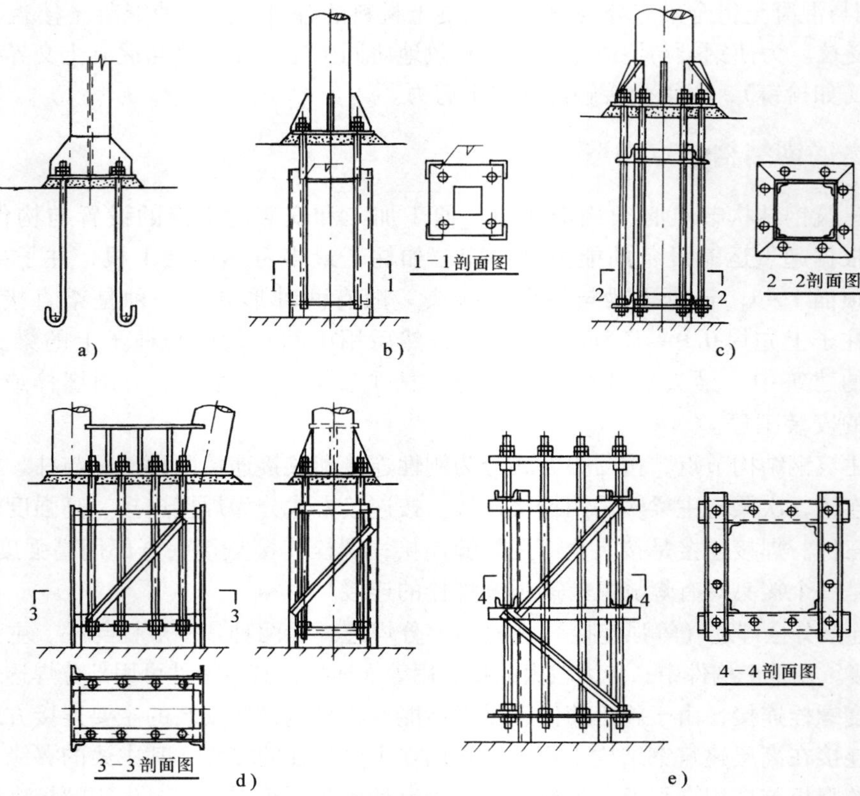

图3-9 柱脚节点构造

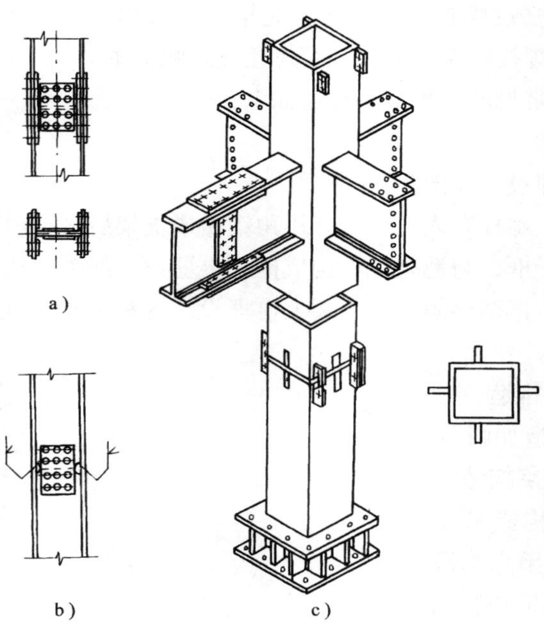

图3-10 柱与柱连接节点

a）H型钢柱螺栓连接接头 b）H型柱钢混合连接接头 c）封闭箱形柱接头

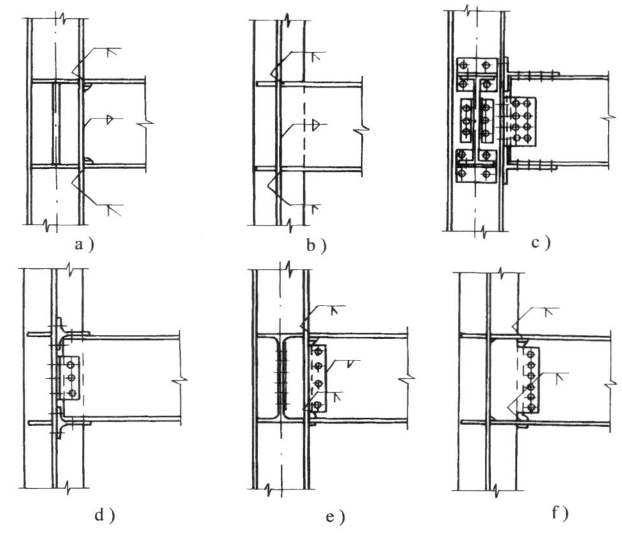
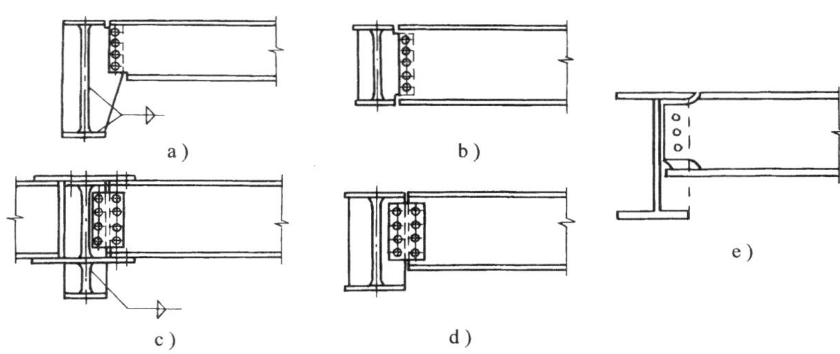

图3-11　主梁与柱连接节点
a)、b）焊接连接接头　c)、d）螺栓连接接头　e)、f）混合连接接头

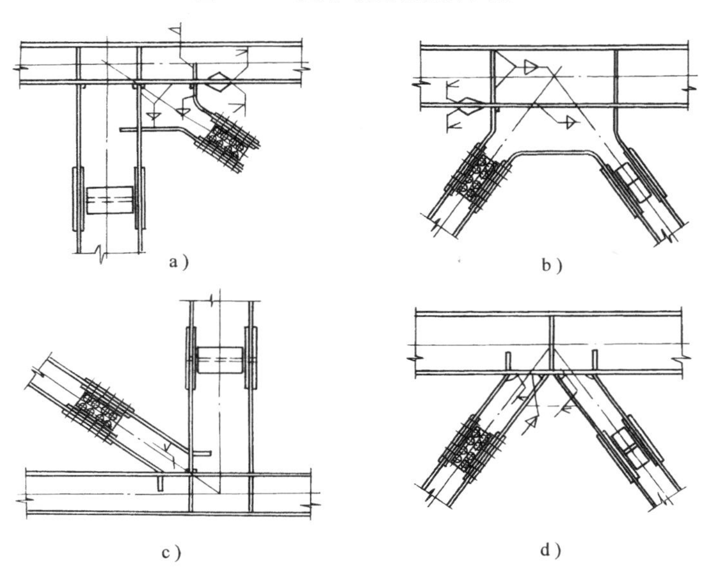

图3-12　次梁与主梁连接节点

图3-13　支撑与梁、柱连接节点

2）支撑中间节点构造如图3-14所示。

随着大型热轧H型钢、焊接组合构件的发展及高强度螺栓的广泛应用，增加了柱带梁、梁带梁的贯通形式，现场柱-梁连接改为梁-梁连接，以便抗剪体系和带状桁架的安装。

图3-15为圆形柱十字交叉处采用外隔板连接构造。

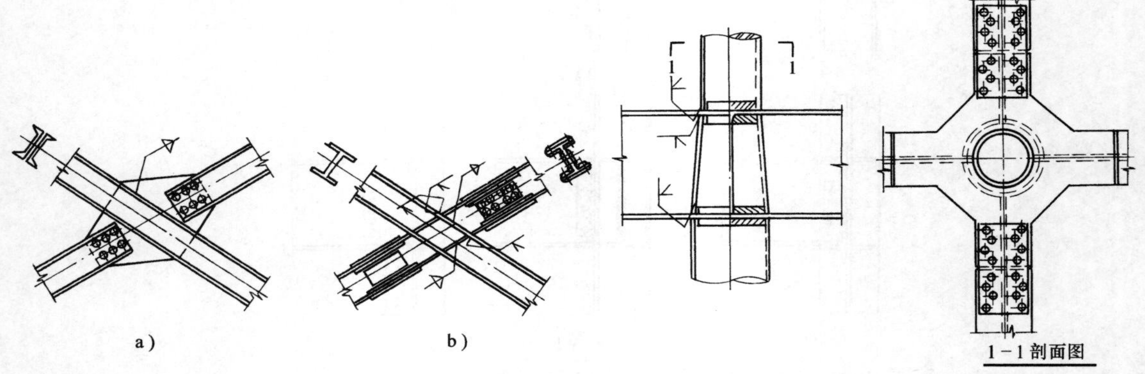

图3-14 支撑中间节点构造

图3-15 圆形柱节点构造

图3-16为箱形截面柱内隔板连接构造。

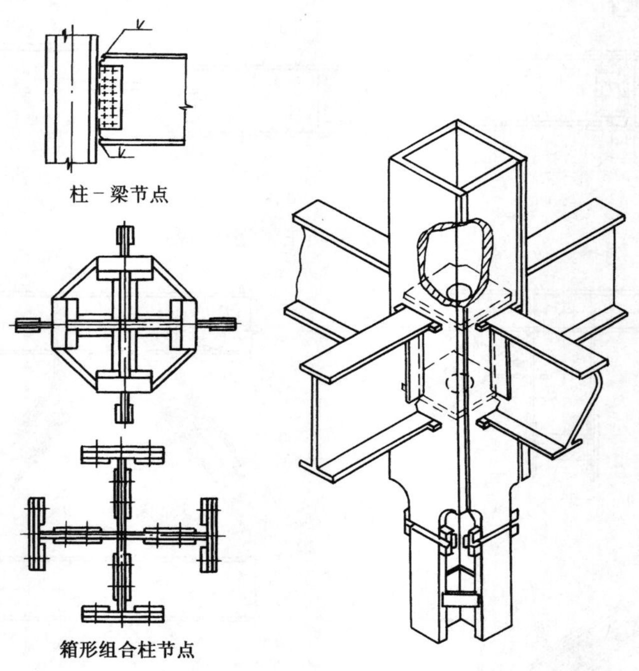

图3-16 箱形组合柱节点构造

3.2　高层建筑钢结构安装

高层建筑钢结构安装工程，规模大、结构复杂、工期长、专业性强，除应符合施工图设计要求及相关规范、规程的规定外，还应结合高层建筑钢结构的特点编制安装工程施工组织设计。

3.2.1　施工流水段的划分和安装顺序图表的编制

高层建筑钢结构的安装，必须按照建筑物的平面形状、结构形式、安装机械的数量和位置等，合理划分安装施工流水区段。

1. 流水段划分原则及安装顺序

高层钢结构宜划分多个流水作业段进行安装，流水段宜以每节框架为单位。流水段划分应符合下列规定：

1）流水段内的最重构件应在起重设备的起重能力范围内。

2）起重设备的爬升高度应满足下节流水段内构件的起吊高度。

3）每节流水段内的柱长度应根据工厂加工、运输堆放、现场吊装等因素确定，长度宜取 2～3 个楼层高度，分节位置宜在梁顶标高以上 1.0～1.3m 处。

4）流水段的划分应与混凝土结构施工相适应。

5）每节流水段可根据结构特点和现场条件在平面上划分流水区进行施工。

平面流水段的划分应考虑钢结构在安装过程中的对称性和整体稳定性，其安装顺序一般应由中央向四周扩展，以利焊接误差的减少和消除。

立面流水以一节钢柱（各节所含层数不一）为单元。每个单元中，首先是主梁或钢支撑、带状桁架安装成框架，其次是次梁、楼板及非结构构件的安装。塔式起重机的提升、顶升与锚固，均应满足组成框架的需要。

2. 安装顺序表的编制和要求

1）高层建筑钢结构安装前，应根据安装流水段和构件安装顺序，编制构件安装顺序表。

2）表中应注明每一构件的节点型号、连接件的规格数量、高强度螺栓规格数量、栓焊数量及焊接量、焊接形式等。

3）构件从成品检验、运输、现场核对、安装、校正到安装后的质量检查，统一使用上述图表。

4）在地面进行构件组拼扩大安装单元时，亦按上述图表执行。

图 3-17 为大连云山大厦钢结构安装工程安装顺序图，表 3-1 为对应图 3-17 柱子的安装顺序表。

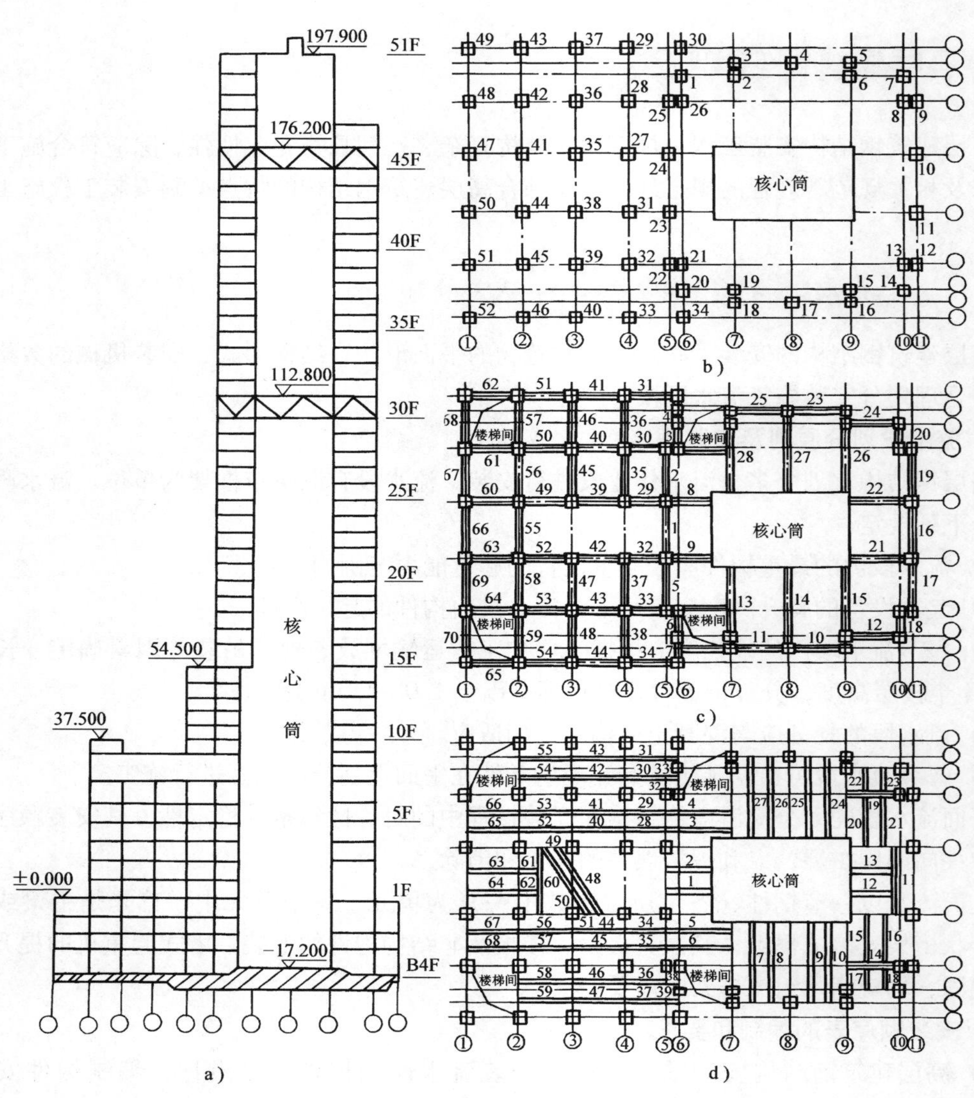

图3-17 大连云山大厦钢结构安装顺序图

a）立面示意图 b）柱子安装顺序图 c）主梁安装顺序图 d）次梁安装顺序图

表3-1 柱子安装顺序表

（构件平面位置图：97DL－1－2-1）

安装顺序	构件所在图纸号	钢柱编号	安装连接节点板	安装连接高强度螺栓	腹板节点板	腹板高强度螺栓	钢柱重量/kg
1	97DL－1－1－42	F4C4－3	8－388×100×14	16－M22×90×50	8－305×260×9	64－M20×65×35	4291
2	97DL－1－1－15	G4C5－3	8－388×100×14	16－M22×90×50	8－305×260×9	64－M20×65×35	4480
3	97DL－1－1－6	K4C8－3	8－388×100×14	16－M22×90×50	4－425×190×9 2－335×305×6	24－M20×65×35 16－M20×55×35	2580

（续）

安装顺序	构件所在图纸号	钢柱编号	安装连接节点板	安装连接高强度螺栓	腹板节点板	腹板高强度螺栓	钢柱重量/kg
4	97DL－1－1－22	E4C4－3	8－388×100×14	16－M22×90×50	8－305×260×9	64－M20×65×35	4686
5	97DL－1－1－21	D4C5－3	8－388×100×14	16－M22×90×50	8－305×260×9	64－M20×65×35	4490
6	97DL－1－1－6	A4C8－3	8－388×100×14	16－M22×90×50	4－425×190×9 2－335×305×6	24－M20×65×35 16－M20×55×35	2580
7	97DL－1－1－51	F3C9－3	8－388×100×14	16－M22×90×50	8－425×190×9	48－M20×65×35	2665
8	97DL－1－1－12	C3C7－3	8－388×100×14	16－M22×90×50	8－425×190×9	48－M20×65×35	2366
9	97DL－1－1－6	K3C8－3	8－388×100×14	16－M22×90×50	4－425×190×9 2－335×305×6	24－M20×65×35 16－M20×55×35	2580
10	97DL－1－1－51	E3C9－3	8－388×100×14	16－M22×90×50	8－425×190×9	48－M20×65×35	2665
11	97DL－1－1－12	D3C7－3	8－388×100×14	16－M22×90×50	8－425×190×9	48－M20×65×35	2366
12	97DL－1－1－6	A3C8－3	8－388×100×14	16－M22×90×50	4－425×190×9 2－335×305×6	24－M20×65×35 16－M20×55×35	2580
13	97DL－1－1－50	F2C9－3	8－388×100×14	16－M22×90×50	8－425×190×9	48－M20×65×35	3033
14	97DL－1－1－13	G2C7－3	8－388×100×14	16－M22×90×50	8－425×190×9	48－M20×65×35	2401
15	97DL－1－1－6	K2C8－3	8－388×100×14	16－M22×90×50	4－425×190×9 2－335×305×6	24－M20×65×35 16－M20×55×35	2580
16	97DL－1－1－49	E2C9－3	8－388×100×14	16－M22×90×50	8－425×190×9	48－M20×65×35	3033
17	97DL－1－1－12	D2C7－3	8－388×100×14	16－M22×90×50	8－425×190×9	48－M20×65×35	2366
18	97DL－1－1－6	A2C8－3	8－388×100×14	16－M22×90×50	4－425×190×9 2－335×305×6	24－M20×65×35 16－M20×55×35	2580
19	97DL－1－1－14	F1C6－3	8－388×100×14	16－M22×90×50	4－425×190×9 2－425×190×12 2－365×305×9	24－M20×65×35 12－M20×70×35 16－M20×65×35	3252
20	97DL－1－1－11	G1C7－3	8－388×100×14	16－M22×90×50	8－425×190×9	48－M20×65×35	3172

注：1. 柱：

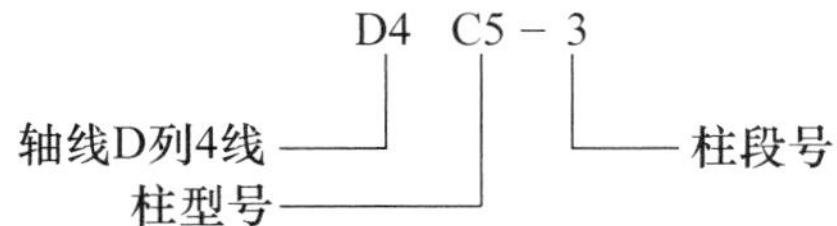

2. 节点板：

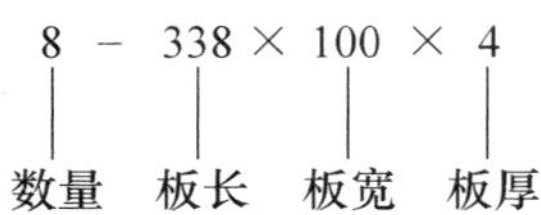

3. 高强度螺栓：

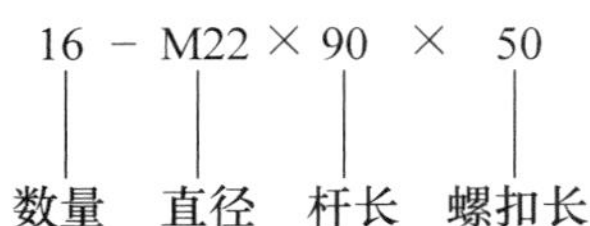

3.2.2 柱脚施工

柱脚节点构造如图3-9所示。

地脚螺栓埋设的精度是保证高层建筑钢结构安装质量的关键之一，可采用地脚螺栓一次或二次埋设方法。螺栓螺纹长度及标高、位移值必须符合图纸和规范要求。地脚螺栓螺纹在安装前应抹黄油防锈并妥善保护，防止碰弯及损伤螺纹。

第一节柱的标高可采用在底板下的地脚螺栓上加一螺母的方法精确控制（图3-18）。柱底板与基础面间预留的空隙应用无收缩砂浆以捻浆法垫实。地脚螺栓的紧固力由设计文件规定，紧固方法和使用的扭矩必须满足紧固力的要求。螺母止退可采用双螺母紧固或用电焊将螺母与螺杆焊牢。

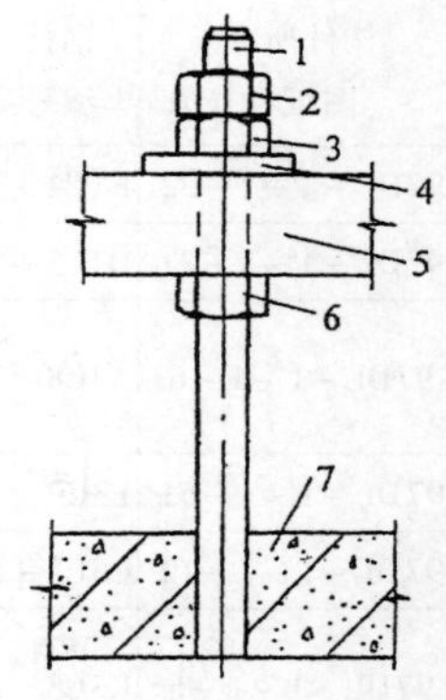

图3-18 采用调整螺母控制标高

1—地脚螺栓 2—止退螺母 3—紧固螺母 4—螺母垫板 5—柱子底板 6—调整螺母 7—钢筋混凝土基础

根据《钢结构工程施工规范》（GB 50755—2012）的规定，基础顶面直接作为柱的支承面、基础顶面预埋钢板（或支座）作为柱的支承面时，其支承面、地脚螺栓（锚栓）的允许偏差应符合表3-2的规定。

表3-2 支承面、地脚螺栓（锚栓）的允许偏差 （单位：mm）

项目		允许偏差
支承面	标高	±3.0
	水平度	1/1000
地脚螺栓（锚栓）	螺栓中心偏移	5.0
	螺栓露出长度	+30.0 0
	螺纹长度	+30.0 0
预留孔中心偏移		10.0

3.2.3 构件吊装与校正

高层钢构件的吊装应根据事先编制的安装顺序图表进行。一般钢结构标准单元施工顺序如图3-19所示。

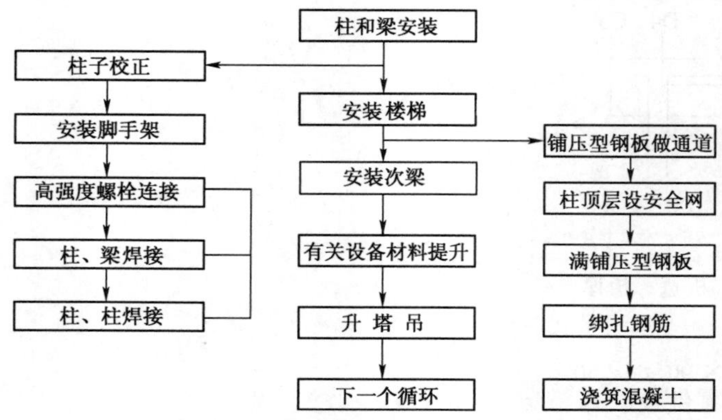

图3-19 钢结构标准单元施工顺序

1. 构件的吊点设置与起吊

1）钢柱。平运两点起吊，安装一点立吊。立吊时，需在柱子根部垫上垫木，以回转法起吊，严禁根部拖地（图 3-20）。吊装 H 型钢柱、箱形柱时，可利用其接头耳板作吊环，配以相应的吊索、吊架和销钉（图 3-21）。

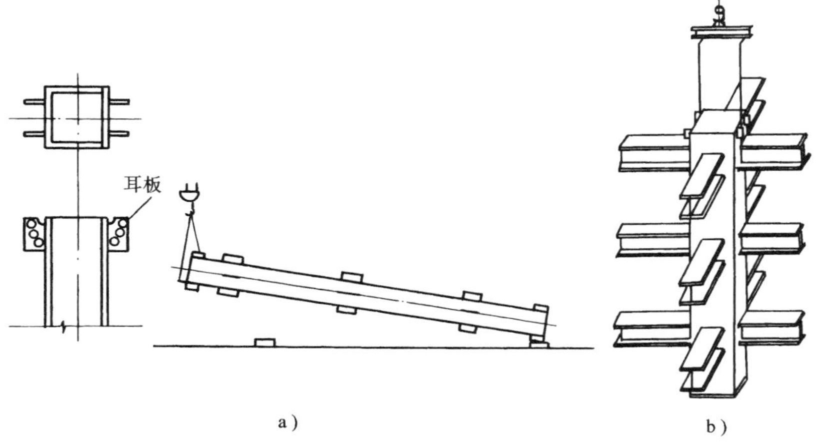

图 3-20　钢柱起吊示意图
a）钢柱起吊　b）钢柱用自动卡环吊装

2）钢梁。宜采用两点起吊或串吊（图 3-22）。当单根钢梁长度大于 21m，采用两点吊装不能满足构件强度和变形要求时，宜设置 3 ~4 个吊装点吊装或采用平衡梁吊装，吊点位置应通过计算确定。

3）组合件。因组合件形状、尺寸不同，可计算重心确定吊点，采用两点吊、三点吊或四点吊。凡不易计算者，可加设倒链协助找重心，构件平衡后起吊。

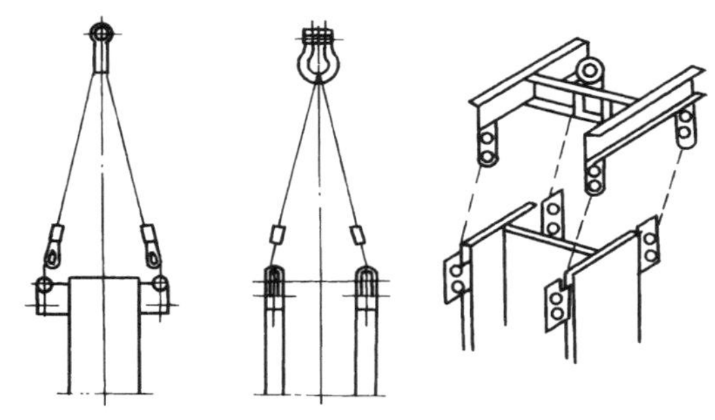

图 3-21　钢柱吊索、吊架

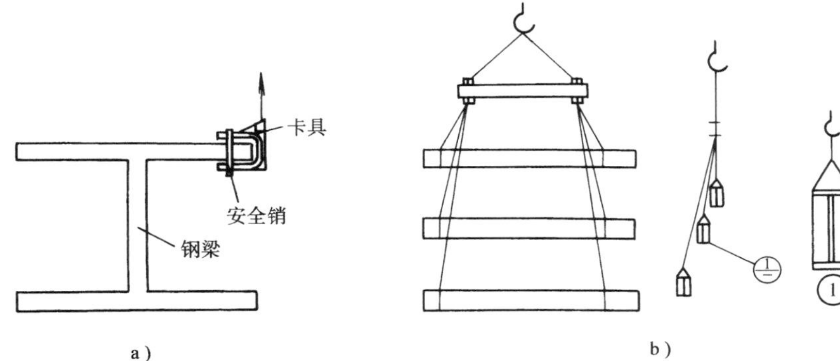

图 3-22　钢梁吊装示意图
a）卡具设置示意　b）钢梁吊装

4）钢构件的零件及附件应随构件一并起吊。尺寸较大、重量较重的节点板，钢柱上的爬梯、大梁上的轻便走道等，应牢固固定在构件上。

2. 钢柱的安装与校正

高层钢结构安装校正应依据基准柱进行。基准柱应能够控制建筑物的平面尺寸并便于其他柱的校正，宜选择角柱为基准柱。同一流水作业段、同一安装高度的一节柱，当各柱的全部构件安装、校正、连接完毕并验收合格后，应从地面引放上一节柱的定位轴线。

（1）首节钢柱的安装与校正

首节钢柱安装前，应先对建筑物的定位轴线、首节柱的安装位置、基础的标高和基础混凝土强度进行复检，合格后才能进行安装。

1）纵横十字线对正。首节钢柱安装时，在塔吊吊钩不脱钩的情况下，利用制作时在钢柱上划出的中心线就位。

2）柱顶标高调整。利用柱子底板下地脚螺栓上的调整螺母调整柱底标高，以精确控制柱顶标高。

3）垂直度调整。用两台呈90°的经纬仪投点，采用缆风法校正。在校正过程中不断调整柱底板下螺母，校毕将柱底板上面的2个螺母拧上，缆风松开，使柱身呈自由状态，再用经纬仪复核。如有小偏差，微调下螺母，无误后将上螺母拧紧。

（2）上节钢柱安装与校正

安装上节钢柱时，为使上、下柱不出现错口，尽量做到上、下柱定位轴线重合。注意每节柱的定位轴线应从地面控制轴线直接引上来，不得从下层柱的轴线引出。上节钢柱安装就位后，按照先调整标高，再调整扭转，最后调整垂直度的顺序校正。

高层建筑钢结构上节钢柱的安装，可采用缆风校正法或无缆风校正法。目前多采用无缆风校正法（图3-23），即利用塔吊、钢楔、垫板、撬棍以及千斤顶等工具，在钢柱呈自由状态下进行校正。此法施工简单，校正速度快，易于吊装就位和确保安装精度。为适应无缆风校正法，在审查图纸时应特别注意钢柱节点临时连接耳板的构造。上下耳板的间隙宜为15～20mm，以便于插入钢楔。在耳板设计上争取设计有适合千斤顶操作的构造。若设计上不能满足，可在现场焊接，使用后割除磨平。

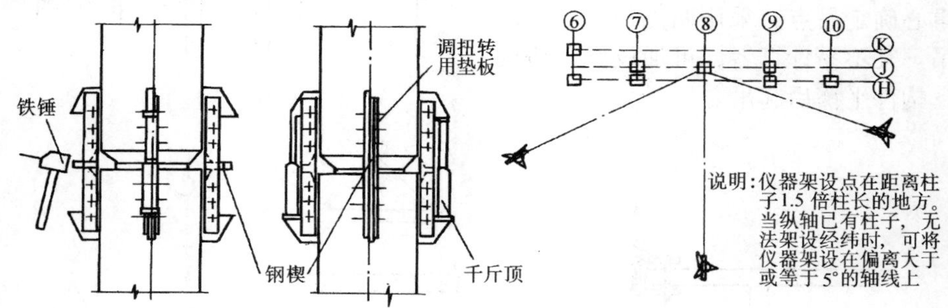

图3-23 无缆风校正法示意图

1）标高调整。钢柱标高可按相对标高或设计标高进行控制：按相对标高安装时，建筑物标高的累积偏差不得大于各节柱制作允许偏差的总和；按设计标高安装时，应以每节柱为单位进行柱标高的调整工作，将每节柱接头焊缝的收缩变形和在荷载下的压缩变形值，加到制作长度中去。通常情况下采用相对标高安装，设计标高复核的方法，将每节柱的标高控制在同一水平面上（在柱顶设置水平仪测控）。

钢柱吊装就位后，合上连接板，穿入大六角高强度螺栓，但不夹紧，通过吊钩起落与撬棍拨动调节上下柱之间间隙。量取上柱柱根标高线与下柱柱头标高线之间的距离，符合要求后在上下耳板间隙中打入钢楔，用以限制钢柱下落。正常情况下，标高偏差调整至 ±0.000。若钢柱制造误差超过 5mm，则应分次调整，不宜一次调整到位。

2）扭转调整。钢柱的扭转偏差是在制造与安装过程中产生的，可在上柱和下柱耳板的不同侧面夹入一定厚度的垫板加以调整，然后微微夹紧柱头临时接头的连接板。钢柱的扭转每次只能调整 3mm，若偏差过大只能分次调整。塔吊至此可松钩。

3）垂直度调整。钢柱垂直度的校正应选用两台经纬仪，在相互垂直的位置投点（图 3-24）。调整时，在钢柱偏斜方向的同侧锤击钢楔或微微顶升千斤顶，在保证单节柱垂直度不超标的前提下，将柱顶偏轴线位移校正至 ±0.000，然后拧紧上下柱临时接头的大六角高强度螺栓至额定扭矩。

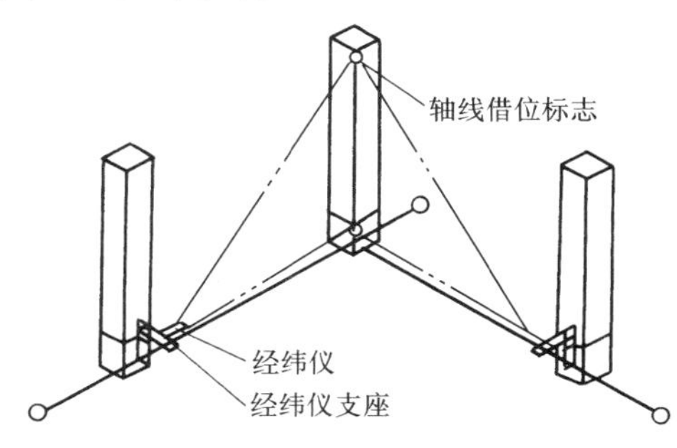

图 3-24　经纬仪测控

4）垂直度监测。在安装柱与柱之间的主梁构件时，应对柱的垂直度进行监测，除监测一根梁两端柱子的垂直度变化外，还应监测相邻各柱因梁连接而产生的垂直度变化。可采用 4 台经纬仪对相应钢柱进行跟踪观测。若钢柱垂直度不超标，只记录下数据。若钢柱垂直度超标，应复核构件制作误差及轴线放样误差，针对不同情况进行处理。但在钢梁安装的过程中不应再次调整钢柱的垂直度。

注意：为达到调整标高和垂直度的目的，临时接头上的螺栓孔应比螺栓直径大 4.0mm。由于钢柱制造允许误差一般为 −1 ~ +5mm，螺栓孔扩大后能有足够的余量将钢柱校正准确。

3. 钢梁的安装与校正

1）钢梁安装时，同一列柱，应先从中间跨开始对称地向两端扩展，同一跨钢梁，应先安上层梁再安中下层梁。

2）在安装和校正柱与柱之间的主梁时，可先把柱子撑开，跟踪测量、校正，预留接头焊接收缩量，这时柱产生的内力在焊接完毕焊缝收缩后也就消失了。

3）同一根钢梁两端顶面水平度，允许偏差为 $L/1000$，且不应大于 10.0mm，如果钢梁水平度超标，主要原因是连接板位置或螺栓位置有误差，可采取更换连接板或塞焊原孔重新制孔处理。

4）次梁可三层串吊安装，与主梁表面允许偏差为 ±2mm。

一节柱的各层梁安装校正后，应立即安装本节柱范围内的各层楼梯，并铺好各层楼面的压型钢板，进行叠合楼板施工。每一流水段的全部构件安装、焊接、栓接完成并验收合格后，方可进行下一流水段钢结构的安装工作。

每天安装的构件应形成空间稳定体系，确保安装质量和结构安全。

3.2.4　现场连接

现场连接，按高层建筑钢结构节点连接方式，分为焊接连接、高强度螺栓连接和混合连接；按杆件关系，分为柱与柱、柱与主梁、主梁与次梁的连接，支撑与梁柱的连接及支撑间的连接。

1. 焊接连接

现场焊接一般采用手工电弧焊、半自动 CO_2 保护焊等焊接方法。

（1）焊接连接的一般要求

高层建筑钢结构在安装前，必须对主要的焊接连接（柱与柱、梁与梁）的焊缝进行焊接工艺试验，制定出切实可行的方案。即针对所用钢材材质，确定相应焊条、焊丝、焊剂的规格和型号，需要烘烤的条件，需用的焊接电流，厚钢板焊前预热温度，焊接顺序，引弧板的位置，层间温度的控制，可以停焊的部位，焊后热处理（后热）和保温等各项参数及相应的技术措施。施工期间如出现负温度，应以当地最低温度值进行负温焊接工艺试验。

焊接预热可降低热影响区冷却速度，对防止焊接延迟裂纹的产生有重要作用。焊缝后热处理主要是对焊缝进行脱氢处理，以防止冷裂纹的产生。焊件预热温度或后热温度应通过工艺试验确定。预热区在焊缝两侧，每侧宽度均应大于焊件厚度的1.5倍以上，且不应小于100mm；后热处理应在焊后立即进行，保温时间应根据板厚按每25mm板厚1h确定。预热及后热可采用散发式火焰枪进行。

焊接工艺开始前，应对坡口组装质量进行检查，如误差超过允许范围，则应返修后再进行焊接。同时，焊接前应对坡口进行清理，去除水分、脏物、铁锈、油污、涂料等。

凡在雨、雪天气中施焊，必须设有防护措施，否则应停止作业。正在施焊未冷却的部位遇雨、雪后，应用碳刨铲除后重焊。当采用手工电弧焊，风速大于5m/s（三级风）时，或采用气体保护焊，风速大于3m/s（二级风）时，均应采取防风措施。焊条和粉芯焊丝使用前必须按质量要求进行烘焙；低氢型焊条经过烘焙后，应放在保温箱内随用随取。

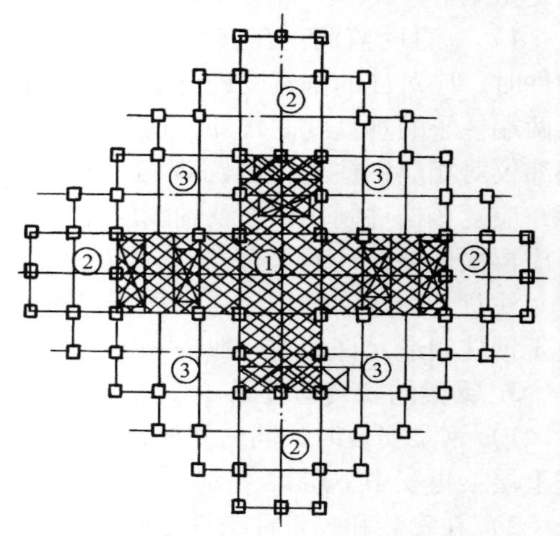

图3-25 京城大厦单元焊接顺序

（2）焊接连接的操作工艺

高层建筑钢结构焊接，应从建筑平面中心向四周扩展，采取结构对称、节点对称和全方位对称焊接。图3-25为京城大厦单元焊接顺序，图3-26为大连云山大厦主梁焊接顺序。

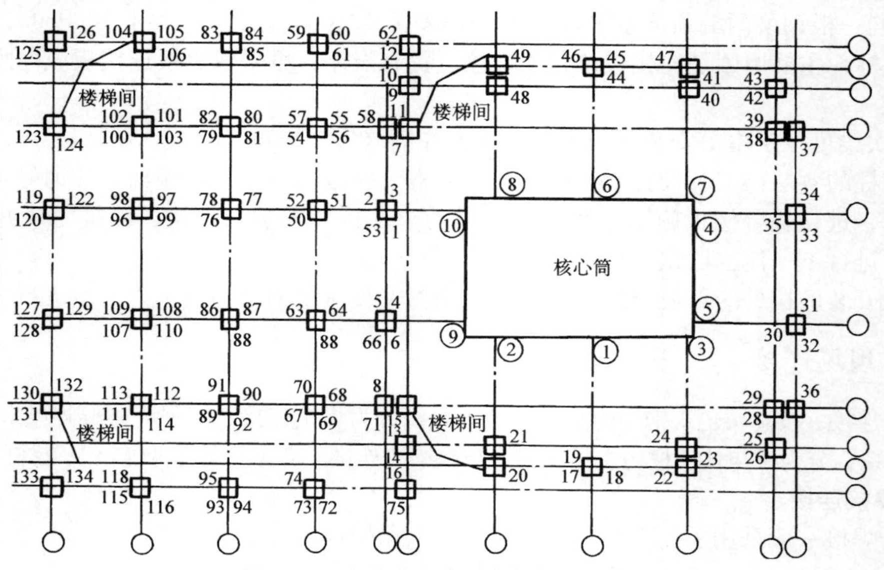

图3-26 大连云山大厦主梁焊接顺序

1）柱的竖向焊接顺序

一节柱的各层梁安装好后，应先焊上层主梁，后焊下层主梁，以使框架稳固，便于施工。一节柱（三层）的竖向焊接顺序是：上层主梁→下层主梁→中层主梁→上柱与下柱焊接。

2）柱与柱接头的焊接

焊接时应由两名焊工在相对两面等温、等速对称施焊。

加引弧板进行柱与柱接头焊接时的施焊方法是：第一个方向两对面施焊（焊层不宜超过 4 层）→切除引弧板→清理焊缝表面→第二个方向对面施焊（焊层可达 8 层）→再换焊第一个方向两对面→如此循环直到焊满整个焊缝。

不加引弧板焊接柱接头时，一个焊工可焊两面，也可以两个焊工从左向右逆时针方向转圈焊接。起焊在离柱棱 50mm 处，焊完一层后，以后施焊各层均在前一层起焊点相距 30 ~ 50mm 处起焊。每焊一遍后要认真清渣。焊到柱棱角处要放慢施焊速度，使柱棱成为方角。

焊缝最后一层为盖面焊缝，可以用直径较小的焊条和电流施焊。

箱形柱施焊顺序是：第一遍离柱边 50 ~ 100mm 施焊；第二遍离第一遍起焊点 50 ~ 100mm 施焊；拐角放慢焊条移动速度，焊成方角（图 3-27）。

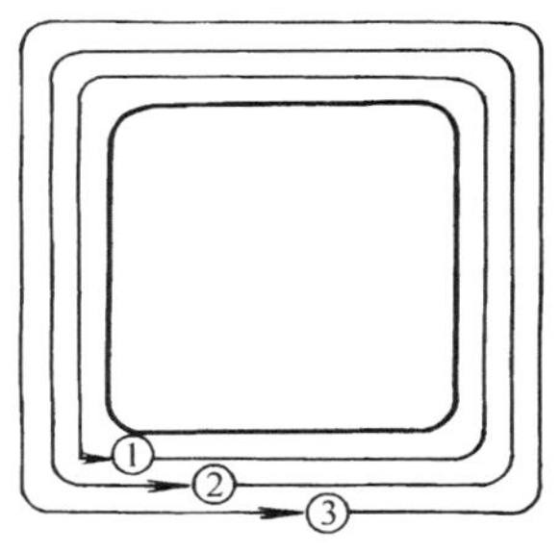

图 3-27　箱形柱施焊顺序

3）梁和柱接头的焊接

焊接时必须在焊缝的两端加引弧板。引弧板长度应为焊缝厚度的 3 倍，引弧板的厚度应与焊缝厚度相适应。焊完后割去引弧板时应留 5 ~ 10mm。

梁和柱接头的焊缝，宜先焊梁的下翼缘板，再焊梁的上翼缘板。先焊梁的一端，等其冷却至常温后，再焊另一端，不宜对一根梁的两端同时施焊。

梁柱节点两侧对称的两根梁端应同时与柱相焊，以减小焊接约束，避免焊接裂纹产生，同时防止柱的偏斜。

焊接完毕，应对焊缝质量进行检查。一般焊缝质量的检查应在焊缝冷却至常温以后进行。低合金钢结构的焊缝应在焊接完成 24h 以后进行。焊接检查应根据不同质量要求采用超声波探伤、射线探伤和外观检查。

2. 高强度螺栓连接

高强度螺栓连接，是目前高层建筑钢结构应用最广泛、最重要的连接方法之一，它具有施工方便、可拆可换、传力均匀、承载能力大、疲劳强度高、螺母不易松动、结构安全可靠等特点。高强度螺栓分为摩擦型和承压型两种类型。

（1）高强度螺栓连接的一般要求

高强度螺栓使用前，应按有关规定对高强度螺栓的各项性能进行检验。运输过程中应轻装轻卸，防止损坏。当包装破损，螺栓有污染等异常现象时，应用煤油清洗，并按高强度螺栓验收规程进行复验，经复验扭矩系数合格后方能使用。

工地储存高强度螺栓时，应放在干燥、通风、防雨、防潮的仓库内，并不得沾染脏物。

安装时，应按当天需用量领取，当天没有用完的螺栓，必须装回容器内，妥善保管，不得乱扔、乱放。

安装高强度螺栓时接头摩擦面上不允许有毛刺、铁屑、油污、焊接飞溅物。摩擦面应干燥，没有结露、积霜、积雪，并不得在雨天进行安装。

使用定扭矩扳子紧固高强度螺栓时，每天上班前应对定扭矩扳子进行校核，合格后方能使用。

（2）高强度螺栓的安装工艺

一个接头上的高强度螺栓连接，应从螺栓群中部开始安装，向四周扩展，逐个拧紧。扭矩型高强度螺栓的初拧、复拧、终拧，每完成一次应涂上一次相应的颜色或标记，以防漏拧。

接头如有高强度螺栓连接又有焊接连接时，宜按先栓后焊的方式施工，先终拧完高强度螺栓再焊接焊缝。

高强度螺栓应自由穿入螺栓孔内，当板层发生错孔时，允许用铰刀扩孔。扩孔时，铁屑不得掉入板层间。扩孔数量不得超过一个接头螺栓的1/3，扩孔直径不得大于原孔径再加2mm。严禁用气割进行高强度螺栓孔的扩孔工作。

一个接头多个高强度螺栓穿入方向应一致。垫圈有倒角的一侧应朝向螺栓头和螺母，螺母有圆台的一面应朝向垫圈，螺母和垫圈不应装反。

在槽钢、工字钢翼缘上安装高强度螺栓时，其斜面应使用斜度相协调的斜垫片。

（3）高强度螺栓的紧固方法

高强度螺栓的紧固是用专门扳手拧紧螺母，使螺栓杆内产生要求的拉力。大六角头高强度螺栓一般采用扭矩法和转角法紧固；扭剪型高强度螺栓有一特制尾部，采用带有两个套筒的专用扳手紧固。

1）扭矩法。扭矩法使用可直接显示扭矩值的专用扳手，分初拧和终拧二次拧紧。初拧扭矩为终拧扭矩的60%～80%，其目的是通过初拧，使接头各层钢板达到充分密贴，终拧扭矩把螺栓拧紧。

2）转角法。这是根据构件紧密接触后，螺母的旋转角度与螺栓的预拉力成正比的关系而确定的一种方法。操作时分初拧和终拧两次施拧。初拧可用短扳手将螺母拧至使构件靠拢，并做标记。终拧用长扳手将螺母从标记位置拧至规定的终拧位置。转动角度的大小在施工前由试验确定。

工程中由于大功率手动、电动定扭矩扳手的广泛使用，特别是扭剪型高强度螺栓研制成功后，目前很少采用转角法紧固高强度螺栓。

3）扭剪型高强度螺栓紧固。扭剪型高强度螺栓紧固采用特制扳手的两个套筒分别套住螺母和螺栓尾部的梅花头，接通电源后，两个套筒按反向旋转，拧断尾部后，即达相应的扭矩值。操作时一般用定扭矩扳手初拧，用扭剪型高强度螺栓扳手终拧。

高强度螺栓连接应在完成1h后、48h内进行终拧扭矩检查。检查数量按节点数抽查10%，且不应少于10个；每个被抽查节点按螺栓数抽查10%，且不应少于2个。

3.2.5 高层建筑钢结构安装工程的检查验收

1）高层建筑钢结构安装工程的检查验收，分两个阶段进行：

① 在每个流水段一节柱的高度范围内全部构件（包括主梁、次梁、钢楼梯、压型钢板等）安装、校正、焊接、栓接完毕并自检合格后，应进行隐蔽工程验收。

② 全部钢结构安装、校正、焊接、栓接工作完成并经隐蔽工程验收合格后，应进行高层建筑钢结构安装工程的竣工验收。

2）安装工程竣工验收时，应提交下列文件：

① 钢结构施工图和设计变更文件，加工单位材料代用文件，并在施工图中注明修改部位及内容。

② 钢结构安装工程中，业主、设计单位、钢构件加工单位、钢结构安装单位协商达成的各种技术文件。

③ 钢构件制造合格证。

④ 安装所用材料（包括焊条、螺栓等）的质量证明文件。

⑤ 钢结构安装的测量检查记录、焊缝质量检查记录、高强度螺栓安装检查记录等资料。

⑥ 钢结构工程的各种试验报告和技术资料。

⑦ 隐蔽工程分段验收记录。

高层建筑钢结构安装允许偏差，应符合《高层民用建筑钢结构技术规程》（JGJ 99—1998）和《钢结构工程施工质量验收规范》（GB 50205—2001）的规定。

3.2.6　安全技术要求

1）高层建筑钢结构安装前，必须根据工程规模、结构特点、技术复杂程度和现场具体条件等，拟定具体的安全消防措施，建立安全消防管理制度，并强化进行管理。

2）高层建筑钢结构安装前，应对参加安装施工的全体人员进行安全消防技术交底，加强教育和培训工作。各专业工程应严格执行本工种安全操作规程和本工程指定的各项安全消防措施。

3）高层建筑钢结构安装时，应按规定在建筑物外侧搭设水平和垂直安全网。第一层水平安全网离地面 5～10m，挑出网宽 6m，先用粗绳打眼网做支承结构，上铺细绳小眼网。在钢结构安装工作面下设第二层水平安全网，挑出 3m。第一、二层水平安全网应随钢结构安装进度往上转移，即两者相差一节柱距离，网下面已安装好的钢结构的各层外侧，应安设垂直安全网，并沿建筑物外侧封闭严密。建筑物内部的楼梯、电梯井口、各种预留孔洞等，均要设置水平防护网、防护挡板或防护栏杆。

4）凡是附在柱、梁上的爬梯、走道、操作平台、高空作业吊篮、临时脚手架等，要与钢构件连接牢固。

5）操作人员需要在水平钢梁上行走时，必须佩戴安全带，安全带要挂在钢梁上设置的安全绳上，安全绳的立杆钢管必须与钢梁连接牢固。

6）高空操作人员携带的手动工具、螺栓、焊条等小件物品，必须放在工具袋内，互相传递要用绳子，不准扔掷。

7）随着安装高度的增加，各类消防设施（各灭火器、水桶、砂袋等）应及时上移，一般不得超过二个楼层。进行电焊、气焊、栓钉焊等明火作业时要有专职人员值班防火。

8）各种用电设备要有接地装置，地线和电力用具的电阻不得大于 4Ω。各种用电设备和电缆（特别是焊机电缆），要经常进行检查，保证绝缘良好。

9）风力大于 5 级，雨、雪天和构件有积雪、结冰、积水时，应停止高空钢结构的安装作业。

3.3 压型钢板组合楼盖施工

高层钢结构建筑的楼盖，一般多采用压型钢板与混凝土叠合层组合而成（图3-28）。

压型钢板组合楼盖的施工工艺流程是：弹线→清板→吊运→布板→切割→压合→侧焊→端焊→封堵→验收→栓钉→布筋→浇筑混凝土→养护。

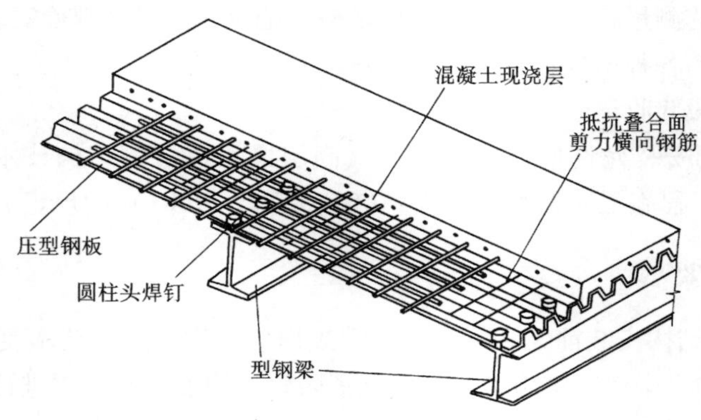

图3-28 压型钢板组合楼盖的构造

3.3.1 压型钢板安装

1）先在铺板区弹出钢梁的中心线。主梁的中心线是铺设压型钢板固定位置的控制线，由主梁的中心线控制压型钢板搭接钢梁的宽度，并决定压型钢板与钢梁熔透焊接的焊点位置。次梁的中心线将决定熔透焊栓钉的焊接位置。因压型钢板铺设后难以观察次梁翼缘的具体位置，故将次梁的中心线及次梁翼缘反弹在主梁的中心线上，固定栓钉时应将次梁的中心线及次梁翼缘再反弹到次梁面上的压型钢板上。

2）在堆料场地将压型钢板分层分区按料单清理出，注明编号，并准确无误地运至施工指定部位。

3）吊运时采用专用软吊索，以保证压型钢板板材整体不变形、局部不卷边。高层建筑钢结构设计一般采用3层一节柱安装工艺，安装压型钢板时与钢结构柱梁同步施工，至少应相差3层。因此压型钢板吊运时只能从上层的梁柱间穿套，而起重工应分层在梁柱间控制。

4）采用等离子切割机或剪板钳裁剪边角，裁减放线时富余量应控制在5mm范围内，浇筑混凝土时应采取措施，防止漏浆。

5）压型钢板与压型钢板侧板间连接采用咬口钳压合，使单片压型钢板间连成整板。先点焊压型钢板侧边，再固定两端头，最后采用栓钉固定。

3.3.2 栓钉连接

为使组合楼板与钢梁有效地共同工作，抵抗叠合面间的水平剪力作用，通常采用栓钉穿过压型钢板焊于钢梁上的工程做法（图 3-29）。栓钉连接具有施工速度快、连接质量好、抗剪性能高等优点。

栓钉焊接的材料与工具有栓钉、焊接瓷环和栓钉焊机。焊接瓷环是栓钉焊一次性辅助材料，其作用是使熔化金属成型，焊液不外溢；隔绝熔化金属与空气，防止氧化；集中电弧热量，使焊钉缓冷；释放焊接中有害气体，屏蔽电弧光与飞溅物；充当临时支架。焊接设备由焊接电源、焊枪、控制器、连接电缆组成，如图 3-30 所示。

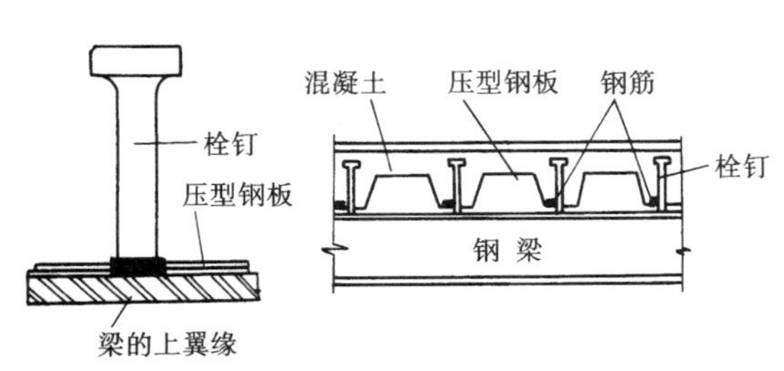

图 3-29　栓钉穿透焊

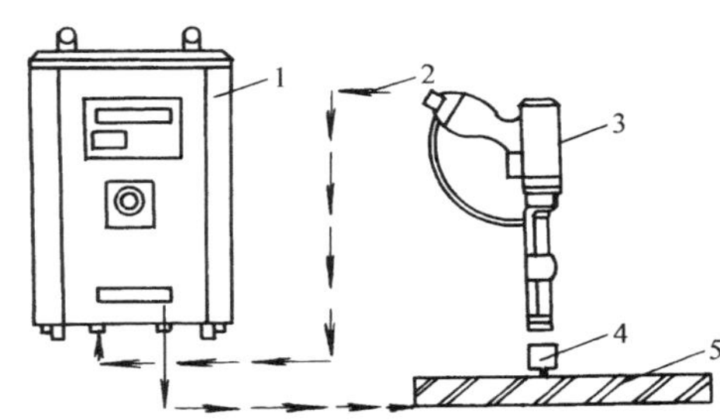

图 3-30　栓钉焊接设备
1—电源　2—电流　3—焊机
4—栓钉　5—工件

1. 焊接准备工作

1）焊接前应检查栓钉质量。栓钉应无皱纹、毛刺、开裂、弯曲等缺陷。

2）施焊前应防止栓钉锈蚀和油污，母材进行清理后方可焊接。

3）瓷环应保持干燥。任何表面潮湿的瓷环或吸水率较大的瓷环，使用前均需在 150℃温度下焙烘 2h。

2. 焊接工序

栓钉焊接工序如图 3-31 所示。

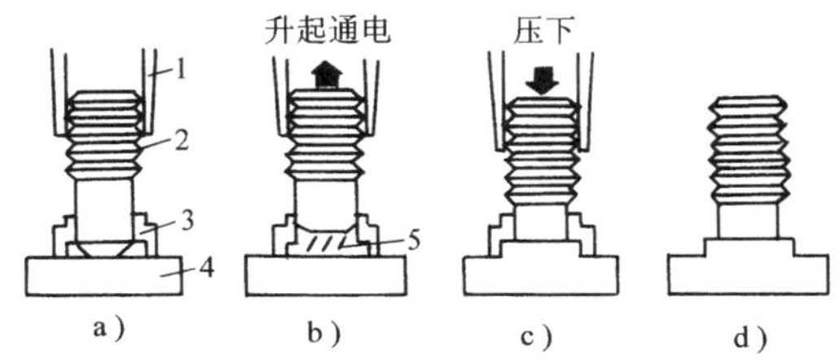

图 3-31　栓钉焊接工序
1—焊枪　2—栓钉　3—瓷环　4—母材　5—电弧

1）先将焊接用的电源及制动器接上，把栓钉插入焊枪的长口，焊钉下端置入母材上面的瓷环内（图 3-31a）。

2）按焊枪电钮，栓钉被提升，在瓷环内产生电弧（图 3-31b）。

3）在电弧发生后规定的时间内，用适当的速度将栓钉插入母材的融池内（图 3-31c）。

4）焊完后，立即除去瓷环，并在焊缝的周围去掉卷边（图 3-31d）。

3. 栓钉焊接部位检查

外观检查：栓钉根部焊脚应均匀，焊脚立面的局部未熔合或不足360°的焊脚应进行修补。

弯曲试验检查：可用锤击使栓钉从原来轴线弯曲30°或采用特制的导管将栓钉弯成30°，若焊缝及热影响区没有肉眼可见的裂纹，即为合格。

3.3.3 绑扎钢筋与浇筑混凝土

压型钢板及栓钉安装完毕后，开始绑扎分布钢筋网，并在集中荷载较大区段和开洞周围配置附加钢筋。混凝土浇筑前，压型钢板端头作封闭处理，压型钢板表面清扫干净。浇筑混凝土时应采取措施，防止漏浆。针对压型钢板支撑点少，混凝土浇筑时容易振动的缺点，可采取搭设临时支撑的方法，避免使邻近位置上已初凝的混凝土产生裂缝或分离。当压型钢板底部无水平模板和垂直支撑时，混凝土浇筑布料不宜太集中，应采用平板振捣器及时分摊振捣。绑扎钢筋与浇筑混凝土时应派专人对铺设的压型钢板加强维护。

在高层钢结构建筑施工中，铺设压型钢板一般是从下层开始，依次往上铺设，这样就可以充分利用下层板作为上一层压型钢板及钢筋的转运平台，并为竖向各层流水作业创造有利条件和安全保护作用，从而获得良好的施工效益。

压型钢板组合楼盖的设计、施工，应符合《钢结构工程施工规范》(GB 50755—2012)、《高层民用建筑钢结构技术规程》(JGJ 99—2015）和《钢结构工程施工质量验收规范》(GB 50205—2001）的规定。

3.4 高层建筑钢结构防火涂装

钢材由于其导热快，比热小，虽是一种不燃烧材料，但极不耐火。未加防火处理的钢结构构件在火灾温度作用下，温度上升很快，只需十几分钟，自身温度就可达540℃以上，此时钢材的机械力学性能如屈服点、抗拉强度、弹性模量及载荷能力等都将急剧下降；达到600℃时，强度则几乎为零，钢构件不可避免地扭曲变形，最终导致整个结构的垮塌毁坏。美国的9.11事件，让人们越发关注高层钢结构建筑的防火问题。因此，钢结构构件的防火处理是高层钢结构设计、施工中的一项重要内容。

高层建筑钢结构防火保护措施有涂装防火涂料、防火板材包覆、水冷却等。目前，在实际工程中应用最广泛、最经济有效的方法是涂装防火涂料。

3.4.1 耐火极限等级

钢结构构件的耐火极限等级，是根据建筑物的耐火等级和构件种类而定的；而建筑物的耐火等级又是根据火灾荷载确定的。火灾荷载是指建筑物内（如结构部件、家具和其他物品等）可燃材料燃烧时产生的热量。

与一般钢结构不同，高层建筑钢结构的耐火极限又与建筑物的高度有关，因为建筑物越高，重力荷载也越大。《高层民用建筑钢结构技术规程》(JGJ 99—2015）将耐火等级分为Ⅰ、Ⅱ级，其燃烧性能和耐火极限不应低于表3-3的规定。

表 3-3　建筑构件的燃烧性能和耐火极限

构件名称		燃烧性能和耐火极限/h	
		一　级	二　级
墙	防火墙	不燃烧体，3.00	不燃烧体，3.00
	承重墙、楼梯间墙、电梯井墙及单元之间的墙	不燃烧体，2.00	不燃烧体，2.00
	非承重墙、疏散走道两侧的隔墙	不燃烧体，1.00	不燃烧体，1.00
	房间的隔墙	不燃烧体，0.75	不燃烧体，0.50
柱	自楼顶算起（不包括楼顶的塔形小屋）15m 高度范围内的柱	不燃烧体，2.00	不燃烧体，2.00
	自楼顶以下 15m 算起至楼顶以下 55m 高度范围内的柱	不燃烧体，2.50	不燃烧体，2.00
	自楼顶以下 55m 算起在其以下高度范围内的柱	不燃烧体，3.00	不燃烧体，2.50
其他	梁	不燃烧体，2.00	不燃烧体，1.50
	楼板、疏散楼梯及吊顶承重构件	不燃烧体，1.50	不燃烧体，1.00
	抗剪支撑、钢板剪力墙	不燃烧体，2.00	不燃烧体，1.50
	吊顶（包括吊顶搁栅）	不燃烧体，0.25	难燃烧体，0.25

注：1. 设在钢梁上的防火墙，不应低于一级耐火等级钢梁的耐火极限。
2. 中庭桁架的耐火极限可适当降低，但不应低于 0.5h。
3. 楼梯间平台上部设有自动灭火设备时，其楼梯的耐火极限可不限制。

3.4.2　钢结构防火涂料

1. 钢结构防火涂料的分类

钢结构防火涂料是指施涂于建筑物及构筑物的钢结构表面，能形成耐火隔热保护层以提高钢结构耐火极限的涂料。钢结构防火涂料按使用场所不同，可分为室内钢结构防火涂料和室外钢结构防火涂料；按使用厚度不同，可分为厚型钢结构防火涂料、薄型钢结构防火涂料和超薄型钢结构防火涂料。

超薄型钢结构防火涂料是指涂层厚度小于或等于 3mm 的防火涂料。该类涂料是近年发展起来的新品种，由隔热材料、阻燃剂、发泡剂及不燃填料、有机溶剂等组成，具有粒度细、涂层薄、装饰性好、黏结力强、施工方便等优点，适用于耐火极限在 2h 以内的钢构件防火。其防火保护原理是：涂层遇火时膨胀发泡增厚，形成致密、均匀的隔热层，从而延长构件温升时间，达到钢结构防火保护的目的。

薄型钢结构防火涂料是指涂层厚度大于 3mm 且小于或等于 7mm 的涂料。该类涂料是采用水性或乳液型聚合物作为基料，再配以阻燃剂、发泡剂、耐火纤维等组成，其防火原理与超薄型防火涂料相同。薄涂型钢结构防火涂料有一定装饰效果，耐火极限一般在 2h 以内。在一个时期内薄型钢结构防火涂料占有的市场比例很大，但随着超薄型钢结构防火涂料的出现，其市场份额逐渐被替代。

厚型钢结构防火涂料是指涂层厚度大于 7mm 且小于或等于 45mm 的涂料。这类涂料是

采用无机胶结料，再配以无机轻质绝热骨料、防火添加剂、增强材料及填料等混合配制而成，具有成本低、防火性能稳定、长期使用效果较好等优点，但其涂料组分的颗粒较大，涂层较厚、外观不平整，影响建筑的整体美观，因此适用于耐火极限要求在2h以上的隐蔽钢结构工程。其防火保护原理是：涂层在火灾中依靠材料的不燃性、低导热性或涂层中材料的吸热性，延缓钢材的温升，保护钢结构。

根据《钢结构防火涂料》（GB 14907—2002）的规定，防火涂料产品命名以汉语拼音字母的缩写作为代号，N和W分别代表室内和室外，CB、B和H分别代表超薄型、薄型和厚型三类。各类涂料名称与代号对应关系如下：

室内超薄型钢结构防火涂料——NCB；

室外超薄型钢结构防火涂料——WCB；

室内薄型钢结构防火涂料——NB；

室外薄型钢结构防火涂料——WB；

室内厚型钢结构防火涂料——NH；

室外厚型钢结构防火涂料——WH。

2. 钢结构防火涂料的选用

采用钢结构防火涂料时，应符合下列规定：

1）室内裸露钢结构、轻型屋盖钢结构及有装饰要求的钢结构，当规定其耐火极限在1.5h及以下时，宜选用超薄型或薄型钢结构防火涂料。

2）室内隐蔽钢结构、高层全钢结构及多层厂房钢结构，当规定其耐火极限在1.5h以上时，应选用厚涂型钢结构防火涂料。

3）露天钢结构应选用适合室外用的钢结构防火涂料。

如北京长富宫饭店（25层、94m高），钢结构为一级防火，采用国产ST1－A型蛭石水泥浆喷涂防火涂料，涂层厚35mm，干料密度为460kg/m^3。喷涂前清理构件表面油污、浮锈、尘土，刷铁红环氧防锈底漆，包扎钢丝网。钢丝网格10mm×25mm，钢丝直径0.8mm，与构件表面的间隙为5～20mm。

3.4.3 钢结构防火涂料涂装

1. 一般规定

1）防火涂料涂装前，钢材表面除锈及防腐涂装应符合设计文件和国家现行有关标准的规定。

2）基层表面应无油污、灰尘和泥沙等污垢，且防锈层应完整、底漆无漏刷。构件连接处的缝隙应采用防火涂料或其他防火材料填平。

3）选用的防火涂料应符合设计文件和国家现行有关标准的规定，具有一定抗冲击能力和黏结强度，不应腐蚀钢材。

4）防火涂料可按产品说明书要求在现场进行搅拌或调配。当天配置的涂料应在产品说明书规定的时间内用完。

5）厚涂型防火涂料宜在涂层内设置与构件相连的钢丝网或其他相应的措施。

6）防火涂料涂装施工应分层施工，应在上层涂层干燥或固化后，再进行下道涂层施工。

7）厚涂型防火涂料有下列情况之一时，应重新喷涂或补涂：

① 涂层干燥固化不良，黏结不牢或粉化、脱落。

② 钢结构的接头、转角处的涂层有明显凹陷。

③ 涂层厚度小于设计规定厚度的 85%。

④ 涂层厚度未达到设计规定厚度，且涂层连续长度超过 1m。

8）薄涂型防火涂料面层涂装施工应符合下列规定：

① 面层应在底层涂装干燥后开始涂装。

② 面层涂装应颜色均匀、一致，接槎应平整。

9）施工过程中和涂层干燥固化前，除水泥系防火涂料之外，环境温度应保持在 5 ~ 38℃，施工时相对湿度不宜大于 90%，空气应流通，当构件表面有结露时，不宜作业。

2. 防火涂料涂装

（1）施工方法

薄型防火涂料的底涂层（或主涂层）宜采用重力式喷枪喷涂，局部修补和小面积施工时宜用手工抹涂，面层装饰涂料宜涂刷、喷涂或滚涂。

厚型防火涂料宜采用压送式喷涂机喷涂，喷涂遍数、涂层厚度应根据施工要求确定，且须在前一遍干燥后喷涂。

（2）施工机具

防火涂料喷涂的关键设备是喷枪。依据涂料供给方式，喷枪通常分为重力式、吸引式和压送式三种；按喷涂能力，分为小型和大型两类。小型喷枪多为重力式或吸引式，其喷嘴口径约 0.5 ~ 1.8mm；大型喷枪则为压送式，也有吸引式，喷嘴口径多为 1 ~ 10mm。

喷嘴口径的大小决定涂料的喷出量和喷射涂料束的幅面宽度。涂料黏度高，需要工作压力大，应选大口径喷嘴；涂料黏度低，需要工作压力小，可选小口径喷嘴。空气喷涂的工作压力一般为 0.3 ~ 0.6MPa。

（3）涂料配置

1）由工厂制造好的单组分湿涂料，现场应采用便携式搅拌器搅拌均匀。

2）由工厂提供的干粉料，现场加水或用其他稀释剂调配，应按涂料说明书规定配比混合搅拌，边配边用。

3）由工厂提供的双组分涂料，按配制涂料说明规定的配比混合搅拌，边配边用。特别是化学固化干燥的涂料，配制的涂料必须在规定的时间内用完。

4）搅拌和调配涂料，使稠度适宜，即能在输送管道中畅通流动，喷涂后不会流淌和下坠。

（4）施工操作

1）施工前，首先应将涂料调至适当的黏度，根据涂料的种类、空气压力、喷嘴的大小以及物面的需要量来确定。

2）在防火施工时，一次涂装厚度必须严格控制，涂层过厚容易出现流挂和涂层开裂，过薄则增加劳动强度，影响施工进度。

对于厚涂型涂料，一次涂层厚度应控制在 5 ~ 10mm，第一层防火涂层的厚度不宜超过 5mm；对于薄涂型涂料一次涂层厚度易控制在 1 ~ 2mm，第一次涂装厚度不宜超过 1mm；对超薄型防火涂料，一次涂层厚度应控制在 0.25 ~ 0.4mm 之间，第一层的厚度不宜超过

0.25mm。涂装间隔时间控制在6～12h。

3）喷涂时，喷嘴与物面的距离，以200～300mm为宜，喷出涂料流的方向应尽量垂直于物体表面。为了获得均匀的涂层，操作时每一喷涂条带的边缘应当重叠在前一已喷好的条带边缘上（以重叠1/3为宜）。喷枪的移动速度应保持均匀一致，不可时快时慢。

4）喷涂构件的阳角，可先由端部自上而下或自左而右垂直基面喷涂，然后再水平喷涂；喷涂阴角时，不要对着构件角落直喷，应当先分别从角的两边，由上而下垂直先喷一下，然后再水平方向喷涂，垂直喷涂时，喷嘴离角的顶部要远一些，以便产生的喷雾刚好在顶部交融，不会产生流坠；喷涂梁底时，为了防止涂料飘落在身上，应尽量向后站立，喷枪的倾角度不宜过大，以免影响出料。

5）施工工程中，应采用测厚针检测涂层厚度，直到符合设计规定的厚度，方可停止喷涂。

6）喷涂后的涂层要适当维修，对明显的乳突，应采用抹灰刀等工具剔除，以确保涂层表面均匀。

7）水泥系厚质防火涂料，在天气干燥和阳光直射的环境下应采取必要养护措施。

（5）质量安全要求

1）涂层应在规定时间内干燥固化，各层间黏结牢固，不出现粉化、空鼓、脱落和明显裂纹。

2）钢结构接头、转角处的涂层应均匀一致，无漏涂现象。

3）涂层厚度应达到设计要求。如某些部位的涂层厚度未达到规定厚度值的85%以上，或者虽达到规定厚度值的85%以上，但未达规定厚度部位的连接面积的长度超过1m时，应补喷，使之符合规定的厚度。

4）厚涂型防火涂料涂层表面裂纹宽度不应大于1mm。

5）施工中，应注意操作人员的安全保护和溶剂型涂料施工的防火安全。

3.5 钢管混凝土结构施工

钢管混凝土是将普通混凝土填入薄壁圆形钢管内形成的一种组合结构，是介于钢结构和混凝土结构之间的一种组合结构（图3-32）。钢管混凝土的工作原理是：借助内填混凝土增强钢管壁的稳定性；借助钢管对核心混凝土的套箍（约束）作用，使核心混凝土处于三向受压状态，从而使核心混凝土具有更高的抗压强度和变形能力。钢管混凝土适合于高层、大跨、重载和抗震抗爆结构的受压杆件。

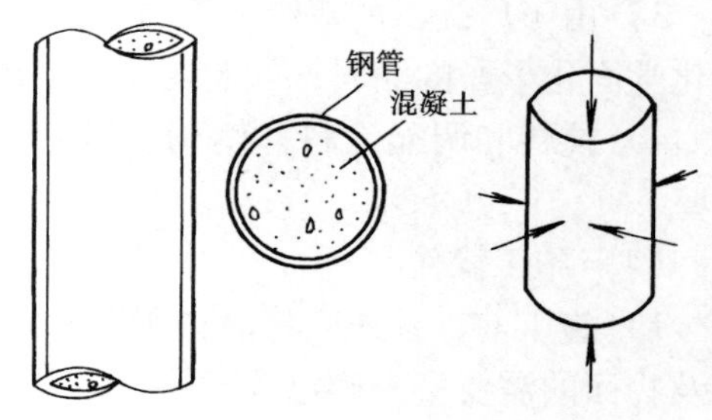

图3-32　钢管混凝土

钢管混凝土在本质上属于套箍混凝土。它除具有一般套箍混凝的强度高、重量轻、塑性好、耐疲劳、耐冲击等优点外，在施工工艺方面还具有以下一些独特优点：

1）钢管本身即为耐侧压的模板，浇筑混凝土时可省去支模和拆模工作。

2）钢管兼有纵向钢筋（受拉和受压）和箍筋的作用，制作钢管比制作钢筋骨架省工，且便于浇筑混凝土。

3）钢管本身又是劲性承载骨架，其焊接工作量比一般型钢骨架少，可以简化施工安装工艺、节省脚手架、缩短工期、减少施工场地。在寒冷地区，可以冬季安装钢管骨架，春季浇筑混凝土，施工不受季节限制。

4）钢管混凝土与钢结构相比，在自重相近和承载能力相同的条件下，可节省钢材约50%，且焊接工作量大幅度减少；与普通混凝土结构相比，在保持钢材用量相近和承载能力相同的条件下，构件的截面面积可减少约一半，混凝土用量和构件自重相应减少约50%。

20 世纪 90 年代以来，我国高层建筑开始采用钢管混凝土柱。如 23 层的厦门金源大厦，地下 1 层至地上 19 层的全部 28 根柱以及 20～23 层的 4 根角柱，均采用钢管混凝土；深圳赛格广场大厦（地上 72 层，高 291.6m），塔楼部分采用框筒结构体系，框架采用钢管混凝土柱、钢梁和压型钢板组合楼盖，内筒由 28 根钢管混凝土密排柱组成，受力最大的钢管混凝土柱，截面为 $\phi1600\times28$，Q345 钢材，内填 C60 混凝土。

3.5.1　钢管混凝土的节点构造

钢管混凝土结构各部件之间的相互连接，以及钢管混凝土结构与其他结构（钢结构、混凝土结构等）构件之间的相互连接，应满足构造简单、传力明确、安全可靠、整体性好、节约材料和施工方便等要求。其核心问题是如何保证能可靠地传递内力。

1. 一般规定

1）焊接管必须采用坡口焊，并满足Ⅱ级质量检验标准，达到焊缝与母材等强度的要求。

2）钢管接长时，如管径不变，宜采用等强度的坡口焊缝（图 3-33a）；如管径改变，可采用法兰盘和螺栓连接（图 3-33b），同样应满足等强度要求。法兰盘用一带孔板，使管内混凝土保持连续。

3）钢管在现场接长时，尚应加焊必要的定位零件，确保几何尺寸符合设计要求。

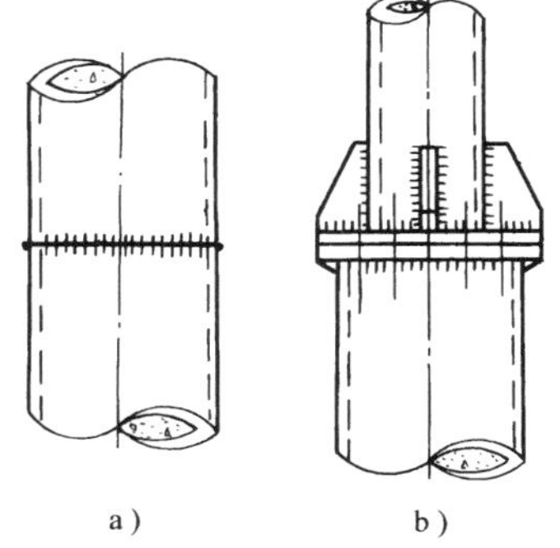

图 3-33　钢管接长

2. 框架节点构造

1）根据构造和运输要求，框架柱长度宜按 12m 或 3 个楼层分段。分段接头位置宜接近反弯点位置，且不宜超出楼面 1m 以上，以利现场施焊。

2）为增强钢管与核心混凝土共同受力，每段柱子的接头处，宜设置环形封顶板（图 3-34）。封顶板厚度：当钢管厚度 $t\leqslant30$mm 时，取 12mm；当 $t>30$mm 时，取 16mm。

3）框架柱和梁的连接节点，除节点内力特别大，对结构整体刚度要求很高的情况外，不宜有零部件穿过钢管，以免影响管内混凝土的浇灌。

4）梁柱连接处的梁端剪力可采用下列方法传递：

① 对于混凝土梁，可用焊接于柱钢管上的钢牛腿来实现（图 3-35a）。牛腿的腹板不宜穿过管心，以免妨碍混凝土浇筑，如必须穿过管心时，可先在钢管壁上开槽，将腹板插入后，以双面贴角焊缝封固。

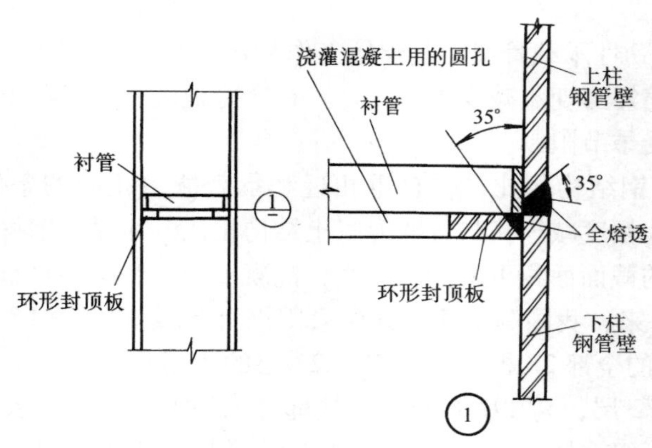

图3-34 柱接头处的封顶板

② 对于钢梁，可按钢结构的做法，用焊接于柱钢管上的连接腹板来实现（图3-35b）。

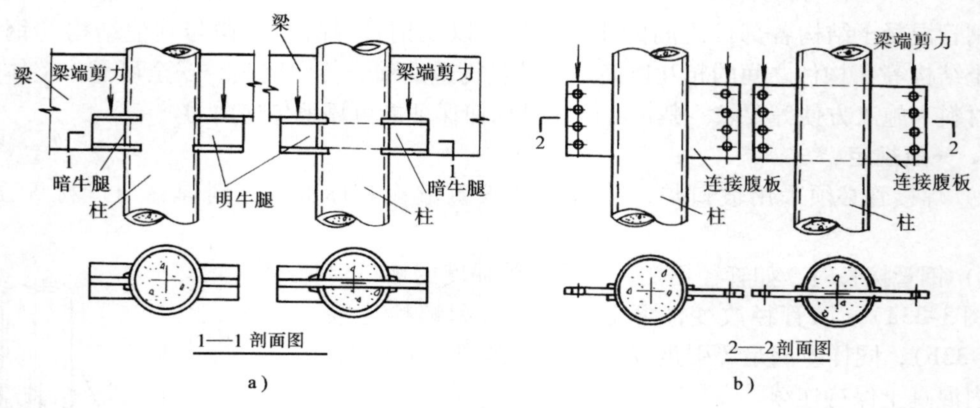

图3-35 传递剪力的梁柱连接

a）混凝土梁 b）钢梁

5）梁柱连接处的梁内弯矩可用下列方法传递：

① 对于钢梁和预制混凝土梁，可采用钢加强环与钢梁上下翼板或与混凝土梁纵筋焊接的构造形式来实现（图3-36）。混凝土梁端与钢管之间的空隙用高一级的细石混凝土填实。加强环的板厚及连接宽度 B，根据与钢梁翼板或混凝土梁的纵筋等强的原则确定，环带的最小宽度 C 不小于 $0.7B$。对于有抗震要求的框架结构，在梁的上下沿均需设置加强环，且加强环与梁焊接的位置，应离开柱边至少1倍梁高的距离。

② 对于现浇混凝土梁，可根据具体情况采用连续双梁，或将梁端局部加宽，使纵向钢筋连续绕过钢管的构造形式来实现（图3-37）。梁端加宽的斜度不小于1/6。在开始加宽处须增设附加箍筋，将纵向钢筋包住。

3. 柱脚节点构造

柱脚钢管的端头必须用封头板封固。钢管混凝土柱脚与基础的连接，分插入式和端承式两种（图3-38）。插入式柱脚的杯口设计、构造与预制钢筋混凝土柱的基础杯口相同，柱脚

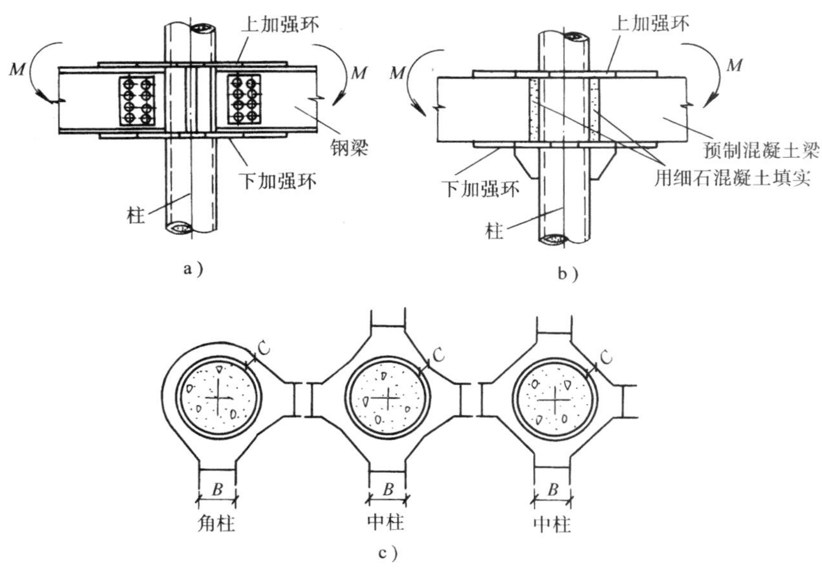

图3-36　传递弯矩的梁柱连接（钢梁和预制混凝土梁）
a）钢梁　b）预制混凝土梁　c）加强环

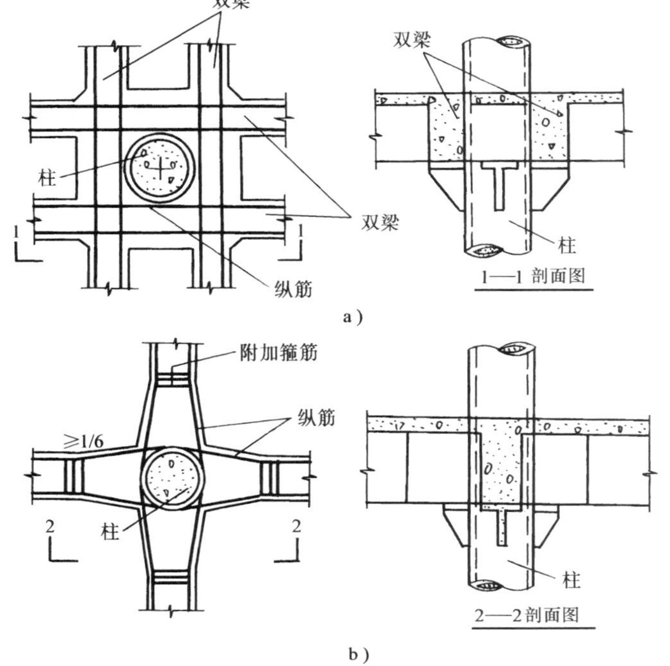

图3-37　传递弯矩的梁柱连接（现浇混凝土梁）
a）双梁　b）变宽梁

插入深度不宜小于2倍钢管直径。端承式柱脚的设计和构造与钢结构相同。

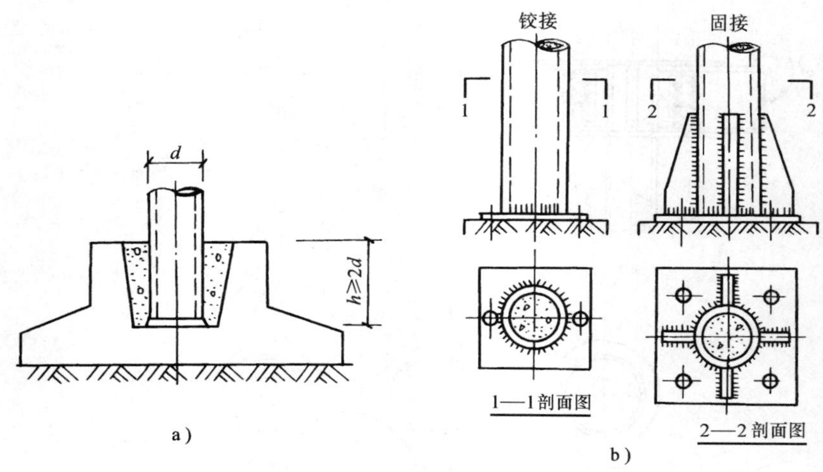

图3-38 柱脚节点构造
a）分插入式 b）端承式

3.5.2 钢管混凝土结构施工

钢管混凝土结构施工兼有钢结构与混凝土结构的特点，因此应符合《钢结构工程施工规范》（GB 50755—2012）、《钢结构工程施工质量验收规范》（GB 50205—2001）、《混凝土结构工程施工质量验收规范》（GB 50204—2015）及相关规范、规程的规定

1. 钢管制作

1）按设计施工图要求由工厂提供的钢管应有出厂合格证。由施工单位自行卷制的钢管，其钢板必须平直，不得使用表面锈蚀或受过冲击的钢板，并应有出厂证明书或试验报告单。

2）采用卷制焊接钢管，焊接时长直焊缝与螺旋焊缝均可。卷管方向应与钢板压延方向一致。卷管内径，对于Q235钢不应小于钢板厚度的35倍；对于Q345钢不应小于钢板厚度的40倍。卷制钢管前，应根据要求将板端开好坡口。坡口端应与管轴严格垂直。

3）当用滚床卷管和手工焊接时，宜采用直流电焊机进行反接焊接施工，以得到较稳定的焊弧，并获得含氢量较低的焊缝。

4）焊接钢管使用的焊条型号，应与主体金属强度相适应。

5）钢管混凝土结构中的钢管对核心混凝土起套箍作用，焊缝应达到与母材等强。焊缝质量应满足二级焊缝的要求。

6）钢管内壁不得有油渍等污物。

2. 钢管柱的拼接组装

1）钢管或钢管格构柱的长度，可根据运输条件和吊装条件确定，一般以不大于12m为宜，也可根据吊装条件，在现场拼接加长。

2）钢管对接时应严格保持焊后管肢的平直。焊接时，除控制几何尺寸外，还应注意焊接变形对肢管的影响，焊接宜采用分段反向顺序施焊，分段施焊应保持对称。肢管对接间隙宜放大0.5~2.0mm，以抵消收缩变形，具体数据可根据试焊结果确定。

3）焊接前，对小直径钢管可采用点焊定位；对大直径钢管可另用附加钢筋焊于钢管外壁作临时固定，固定点的间距可取 300mm 左右，且不得少于 3 点。钢管对接焊接过程中如发现点焊定位处的焊缝出现微裂缝，则该微裂缝部位须全部铲除重焊。

4）为确保连接处焊接质量，可在管内接缝处设置附加衬管，其宽度为 20mm，厚度为 3mm，与管内壁保持 0.5mm 的膨胀间隙，以确保焊缝根部质量。

5）格构柱的肢管和腹杆的组装，应按照施工工艺设计的程序进行。肢管与腹杆连接的尺寸和角度必须准确。腹杆与肢管连接处的间隙应按板全展开图进行放样。肢管与腹杆的焊接次序应考虑焊接变形的影响。

6）钢管构件必须在所有焊缝检查合格后方能按设计要求进行防腐处理。

7）格构柱组装后，应按吊装平面布置图就位，在节点处用垫木支平。吊点位置应有明显标记。

3. 钢管柱的吊装

1）钢管柱组装后，在吊装时应注意减少吊装荷载作用下的变形，吊点的位置应根据钢管本身的承载力和稳定性经验算后确定。必要时，应采取临时加固措施。

2）吊装钢管柱时，应将其上口包封，防止异物落入管内。当采用预制钢管混凝土构件时，应待管内混凝土强度达到设计值的 50% 以后，方可进行吊装。

3）钢管柱吊装就位后，应立即进行校正，并采取临时固定措施，以保证构件的稳定性。

4）吊装的质量应符合表 3-4 的要求。

表 3-4　钢管柱吊装允许偏差

检查项目	允许偏差
立柱中心线和基础中心线	±5mm
立柱顶面标高和设计标高	+0mm，-20mm
立柱顶面不平度	±5mm
各立柱不垂直度	长度的 1/1000，且不大于 15mm
各立柱之间的距离	间距的 1/1000
各立柱上下两平面	长度的 1/1000，且不大于 20mm

4. 钢管内混凝土的浇筑

钢管混凝土的特点之一是它的钢管就是模板，具有很好的整体性和密闭性，不漏浆、耐侧压。一般情况下，钢管内部无钢筋骨架和穿心部件，钢管端面又为圆形，因此在钢管内进行立式浇筑混凝土比一般钢筋混凝土柱容易。但是，对管内混凝土的浇筑质量无法进行直观检查，必须严格按技术要求及操作程序执行。

根据国内已建钢管混凝土结构的施工经验，浇筑混凝土有以下三种方法：

1）泵送顶升浇筑法。在钢管接近地面的适当位置安装一个带闸门的进料支管，直接与泵的输送管相连，由泵车将混凝土连续不断地自下而上灌入钢管。根据泵的压力大小，一次压入高度可达 80～100mm。钢管直径宜大于或等于泵径的两倍。

2）立式手工浇筑法。混凝土自钢管上口灌入，用振捣器捣实。管径大于 350mm 时，采用内部振捣器（振捣棒或锅底形振捣器）。每次振捣时间不少于 30s，一次浇筑高度不宜大于2m。当管径小于350mm时，可采用附着在钢管上的外部振捣器进行振捣。外部振捣器的位置应随混凝土浇筑的进展加以调整。外部振捣器工作范围，以钢管横向振幅不小于0.3mm为有效。振幅可用百分表实测。振捣时间不小于1min。一次浇筑的高度应不大于振捣器的有效工作范围和2~3m柱长。

3）立式高位抛落无振捣法。利用混凝土下落时产生的动能达到振实混凝土的目的。它适用于管径大于350mm，高度不小于4m的情况。对于抛落高度不足4m的区段，应用内部振捣器振实。一次抛落的混凝土量宜在0.7m^3左右，用料斗装填，料斗的下口尺寸应比钢管内径小100~200mm，以便混凝土下落时管内空气能够排出。

混凝土的配合比，除满足强度要求外，尚应注意坍落度的选择：

1）对于泵送顶升浇筑和立式高位抛落无振捣法，粗骨料粒径采用5~30mm，水胶比不大于0.45，坍落度不小于15cm。

2）对于立式手工浇筑法，粗骨料粒径可采用10~40mm，水胶比不大于0.4，坍落度2~4cm；当有穿心部件时，粗骨料粒径宜减小为5~20mm，坍落度宜不小于15cm。

为满足上述坍落度的要求，可掺适量减水剂。为减少混凝土的收缩量，也可掺入适量混凝土微膨胀剂。

钢管内混凝土浇筑时，应注意下列事项：

1）钢管内的混凝土浇筑工作，宜连续进行，必须间歇时，间歇时间不应超过混凝土的终凝时间。需留施工缝时，应将管口封闭，防止水、油和异物等落入。

2）每次浇筑混凝土前（包括施工缝），应先浇筑一层厚度为10~20cm的与混凝土等级相同的水泥砂浆，以免自由下落的混凝土粗骨料产生弹跳现象。

3）当混凝土浇筑到钢管顶端时，可以使混凝土稍微溢出后，再将留有排气孔的封顶板紧压在管端，随即进行点焊，待混凝土强度达到设计值的50%后，再将封顶板按设计要求进行补焊。

有时也可将混凝土浇筑到稍低于钢管的位置，待混凝土强度达到设计值的50%后，再用相同等级的水泥砂浆补填至管口，并按上述方法将横隔板或封顶板依次封焊到位。

4）管内混凝土的浇筑质量，可用敲击钢管的方法进行初步检查，如有异常则应用超声波检测。对不密实的部位，应采用钻孔压浆法进行补强，然后将钻孔补焊封固。

3.6 型钢混凝土结构施工

型钢混凝土结构亦称为劲性钢筋混凝土结构或包钢混凝土结构，是在型钢结构的外面包裹一层混凝土外壳，是钢与混凝土组合结构的一种新型式。

型钢混凝土结构现已广泛应用于高层和超高层建筑。如北京国际贸易中心、京广大厦、北京香格里拉饭店、上海森茂国际大厦、上海瑞金大厦等高层建筑，底部几层或整个结构均采用了型钢混凝土结构；东方明珠电视塔底部的3根斜撑亦为型钢混凝土结构。

上海金茂大厦，地下3层，地上88层，总高度421m，结构平面尺寸为54m×54m，其核心筒为混凝土结构，周围框架由8根巨型型钢混凝土柱、8根箱形钢柱和钢梁组成（图3-39），柱距为9~13m。型钢混凝土柱截面为1.5m×5m（上部缩小为1m×3.5m），柱内埋设双肢钢柱，由两根H型钢及横撑和交叉支撑组成（图3-40）。型钢混凝土巨型柱和核心筒的尺寸及混凝土强度等级如图 3-40 所示。

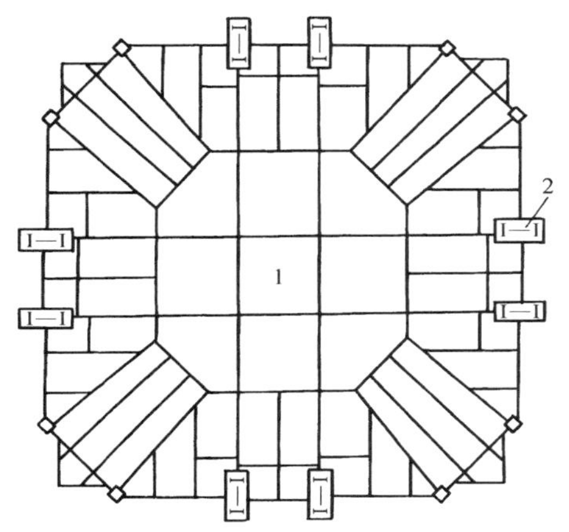

图 3-39　金茂大厦标准层结构平面
1—核心筒　2—巨型型钢混凝土柱

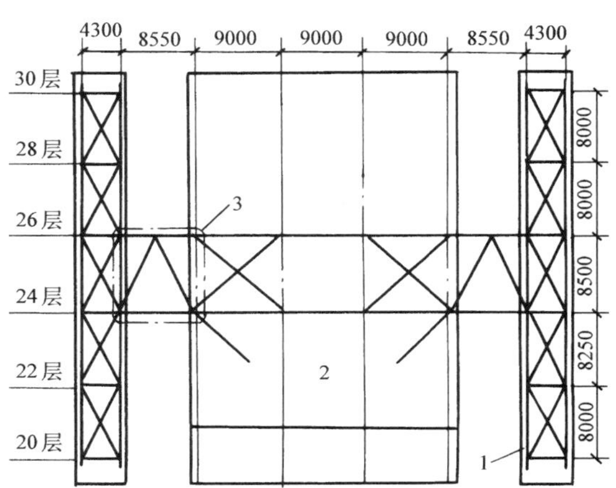

图 3-40　金茂大厦双肢型钢柱和水平桁架
1—型钢混凝土巨柱　2—核心筒　3—夹持板

型钢混凝土结构与其他结构形式相比，具有以下特点：

1）型钢混凝土构件比同样外形钢筋混凝土构件的承载能力高出一倍以上，因而可以减小构件截面尺寸，增加使用面积和降低层高。对于高层建筑而言，其经济效益显著。

2）型钢在浇筑混凝土之前已形成钢结构，且具有较大的承载能力，能承受构件自重和施工荷载，因而无需设置支撑，可将模板直接悬挂在型钢上，这样可以降低模板费用，加快施工速度。由于无需临时立柱，也为进行设备安装提供了可能。同时，浇筑的型钢混凝土不必等待混凝土达到一定强度就可继续进行上层施工，可以缩短工期。

3）型钢混凝土结构与钢结构相比，耐火性能和耐久性能优异，同时由于外包混凝土参与工作，和型钢结构共同受力，因此还可节省钢材 50% 以上。

4）型钢混凝土结构的延性比钢筋混凝土结构明显提高，尤其是实腹式型钢混凝土结构，因而具有良好的抗震性能。

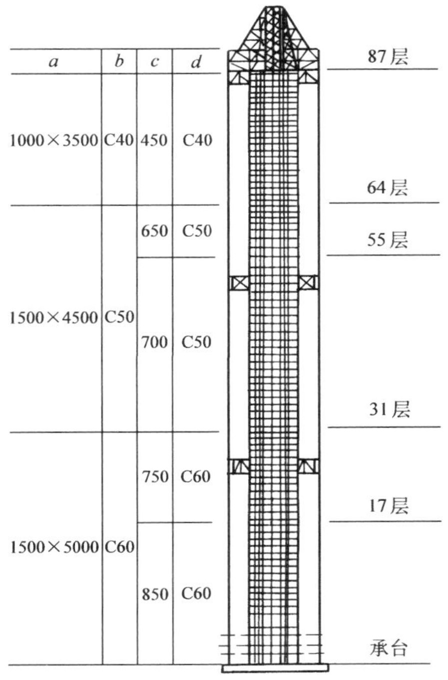

图 3-41　金茂大厦型钢混凝土巨型柱和核心筒的尺寸及混凝土强度等级
a—型钢混凝土巨型柱尺寸　b—巨型柱混凝土强度等级
c—核心筒外壁尺寸　d—筒壁混凝土强度等级

3.6.1 型钢混凝土结构构造

1. 型钢混凝土构件

型钢混凝土构件是采用型钢配以纵向钢筋和箍筋浇筑混凝土而成，其基本构件有型钢混凝土梁和柱。型钢混凝土构件中的型钢分为实腹式和空腹式两类，实腹式型钢由轧制的型钢或钢板焊成，空腹式型钢由缀板或缀条连接角钢或槽钢组成。实腹式型钢制作简便，承载能力大；空腹式型钢节省材料，但制作费用高。型钢混凝土梁、柱截面形式如图3-42所示。

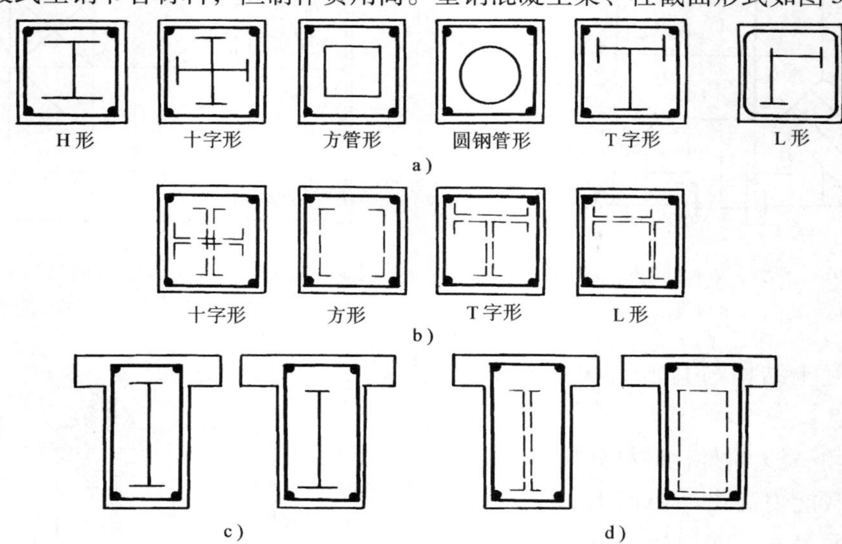

图3-42 型钢混凝土梁、柱截面

a）实腹式型钢混凝土柱截面 b）空腹式型钢混凝土柱截面 c）实腹式型钢混凝土梁截面 d）空腹式型钢混凝土梁截面

2. 梁柱节点构造

梁柱节点的基本要求是：内力传递明确，不产生局部应力集中现象，主筋布置不妨碍浇筑混凝土，型钢焊接方便。实腹式型钢截面常用的几种梁柱节点构造如图3-43所示。

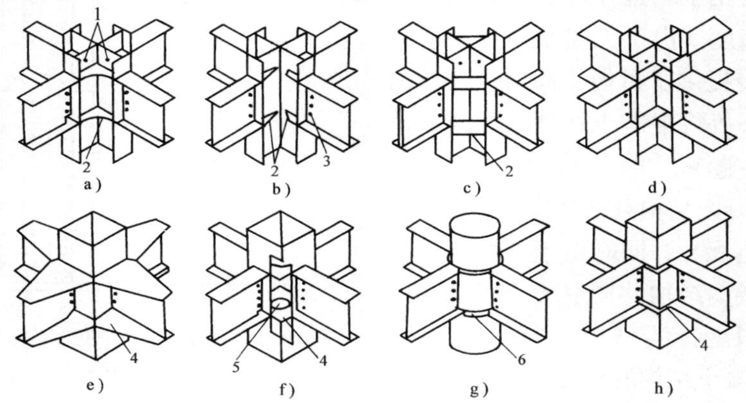

图3-43 实腹式型钢混凝土梁柱节点构造

a）水平加劲板式 b）水平三角加劲板式 c）垂直加劲板式 d）梁翼缘贯通式
e）外隔板式 f）内隔板式 g）加劲环式 h）贯通隔板式
1—主筋贯通孔 2—加劲板 3—箍筋贯通孔 4—隔板 5—留孔 6—加劲环

在梁柱节点处柱的主筋一般在柱角上，这样可以避免穿过型钢梁的翼缘。但柱的箍筋要穿过型钢梁的腹板，也可将柱的箍筋焊在型钢梁上。

梁的主筋一般要穿过型钢柱的腹板，如果穿孔削弱了型钢柱的强度，应采取补强措施。图 3-44 为十字形实腹式型钢柱与工字形型钢梁的节点透视图。

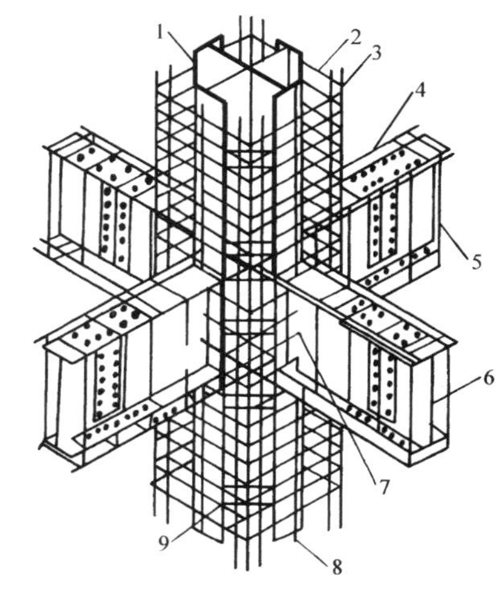

图 3-44　型钢混凝土梁柱节点透视
1—柱型钢　2—柱箍筋　3—柱主筋　4—梁主筋
5—梁箍筋　6—梁型钢　7—箍筋穿孔
8—构造筋　9—加劲板

3. 柱脚节点构造

（1）非埋入式

非埋入式如图 3-45 所示，柱脚的型钢不埋入基础内部。型钢柱下端设有钢底板，利用地脚螺栓将钢底板锚固，柱内的纵向钢筋与基础内伸出的插筋相连接。

（2）埋入式

埋入式柱脚如图 3-46 所示，柱脚的型钢伸入基础内部。若型钢埋入足够深度，则地脚螺栓及底板均无需计算。

4. 保护层

型钢混凝土构件混凝土保护层厚度，取决于耐火极限、钢筋锈蚀、型钢压曲及钢筋与混凝土的黏结力等因素。从耐火极限方面看，梁和柱中的型钢要求 2h 的耐火极限时，保护层厚度应为 50mm；要求 3h 的耐火极限时，保护层厚度应为 60mm；墙壁中的型钢要求 2h 耐火极限时，保护层厚度应为 30mm。梁和柱中的钢筋，要求 2h 耐火极限时，保护层厚度应为 30mm；要求 3h 耐火极限时，保护层为 40mm。

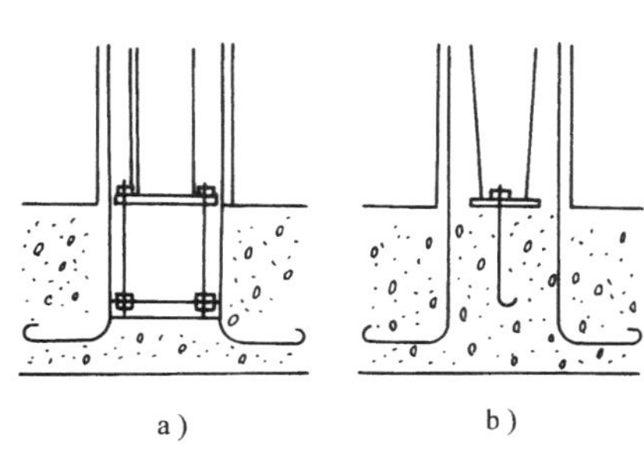

图 3-45　非埋入式柱脚

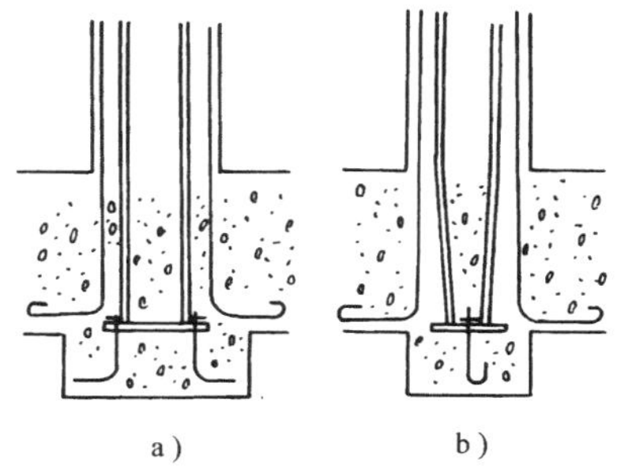

图 3-46　埋入式柱脚

型钢的保护层厚度不得小于 50mm，但确定保护层厚度时，还要考虑施工的可能性及便于浇筑混凝土。

5. 剪力连接件

型钢与混凝土之间的黏结应力只有圆钢与混凝土黏结应力的二分之一，因此为了保证混凝土与型钢共同工作，有时要设置剪力连接件，常用的为圆柱头焊钉。一般只在型钢截面有重大变化处才需要设置剪力连接件。

3.6.2 型钢混凝土结构施工

1. 型钢骨架的施工和钢筋的绑扎

型钢骨架施工应符合《钢结构工程施工质量验收规范》(GB 50205—2001)的规定。在安装柱的型钢骨架时，首先是在上下型钢骨架处作临时连接，然后观测纠正其垂直偏差，再进行焊接或高强度螺栓连接，其次是在梁的型钢骨架安装后，要再次对型钢骨架进行观测纠正。为防止上层型钢骨架垂直偏差积累超过允许值，除了力求柱的型钢骨架下部校正准确外，还应将上部的安装垂直中心线对准。

为使梁柱接头处的交叉钢筋贯通且互不干扰，加工柱的型钢骨架时，在型钢腹板上要预留穿钢筋的孔洞，而且要相互错开。预留孔洞的孔径，既要便于穿钢筋，又不能过多削弱型钢腹板，一般预留孔洞的孔径较钢筋直径大4~6mm为宜。

在梁柱接头处和梁的型钢翼缘下部，由于浇筑混凝土时有部分空气不易排出或因梁的型钢翼缘过宽妨碍浇筑混凝土，为此要在一些部位预留排除空气的孔洞和混凝土浇筑孔（图3-47)。

型钢混凝土结构的钢筋绑扎与钢筋混凝土结构中的钢筋绑扎基本相同，但也有其特点。由于柱的纵向钢筋不能穿过梁的翼缘，因此柱的纵向钢筋只能设在柱截面的四角或无梁的部位。

在梁柱节点部位，柱的箍筋要在型钢梁腹板上已留好的孔中穿过，由于整根箍筋无法穿过，只能将箍筋分段，再用电弧焊焊接。不宜将箍筋焊在梁的腹板上，因为节点处受力较复杂。

如腹板上开孔的大小和位置不合适时，需征得设计单位的同意后，再用电钻补孔或用绞刀扩孔，不得用气割开孔。

2. 模板与混凝土浇筑

型钢混凝土结构与普通钢筋混凝土结构的区别，在于型钢混凝土结构中有型钢骨架，在混凝土未硬化之前，型钢骨架可作为钢结构来承受荷载，因此施工时可利用这个特点，合理选择模板材料和支撑方法。在高层建筑现浇型钢混凝土结构施工中，经济效益较显著的模板体系有：无支撑模板体系、升梁提（滑）模体系和外挂脚手升降体系等。如上海金茂大厦型钢混凝土结构的滑模施工、重庆民族饭店的升梁提模工艺（图3-48）等，都是利用型钢骨架的承重能力为施工创造有利的条件。

型钢混凝土结构的混凝土浇筑应符合《混凝土结构工程施工质量验收规范》(50204—2015）的规定。在梁柱接头处和梁型钢翼缘下部等混凝土不易充分填满处，要仔细进行浇筑和捣实。型钢混凝土结构外包的混凝土外壳，要满足受力和耐火的双重要求，浇筑时要保证其密实度和防止开裂。

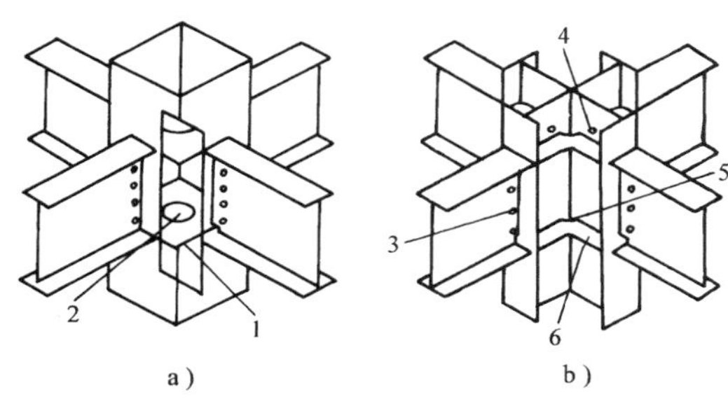

图 3-47　梁柱接头预留孔洞位置

1—柱内加劲肋板　2—混凝土浇注孔　3—箍筋通过孔
4—梁主筋通过孔　5—排气孔　6—柱腹板加劲肋

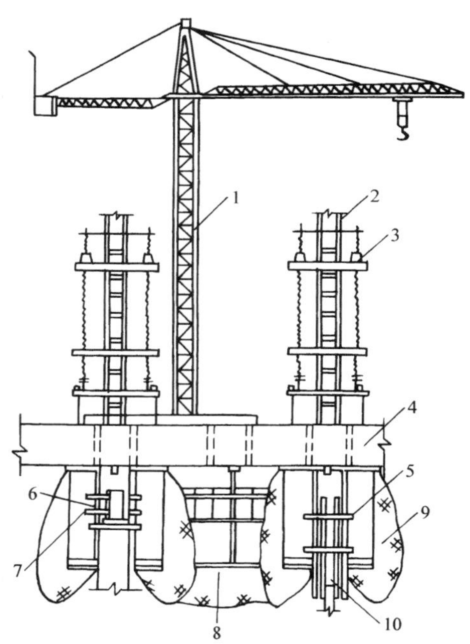

图 3-48　升梁提模工艺装置示意图

1—随升塔式起重机　2—型钢柱　3—升板机
4—双梁施工平面　5—墙模板　6—梁模板
7—托架梁　8—吊脚手　9—安全网　10—刚性墙

工程示例 3-1　上海森茂国际大厦高层钢结构安装技术

一、工程概况

上海森茂国际大厦是由钢筋混凝土核芯筒、外围 24 根型钢混凝土柱、钢梁、压型钢板钢筋混凝土叠合楼板组成的筒体－框架混合结构。裙房 2 层，主楼地下 4 层，地上 46 层，标准层层高 3.9m，建筑物总高 203.2m。

钢柱上下之间为高强螺栓连接。地下 4 层至地上 3 层的钢柱与主梁为高强螺栓连接。地上 3 层以上，腹板为高强螺栓连接，上下翼缘为焊接，大梁与小梁均为高强螺栓连接，钢梁上焊有栓钉作为抗剪连接部件。

钢结构总数约为 8600 件，总重量 7151t，其中钢柱 437 件、大梁 3144 件、小梁 5019 件。高强螺栓连接施工总数约 21.1 万套，钢梁上的栓钉 25.70 万套，钢梁与钢柱的现场焊接焊缝总长度超过 4000m。

本工程选用法国 POTAIN 公司生产的 H3/36B 和 K5/50C 自升式塔式起重机各一台作为吊装机械，选用 1 台 32t 履带起重机作为辅助安装机械，用于钢构件卸车、堆放并搬运到塔式起重机工作半径以内。

钢结构安装工期地下 2 月、地上 6 月，共计 8 月，合计日历天数 240d。根据工期的安

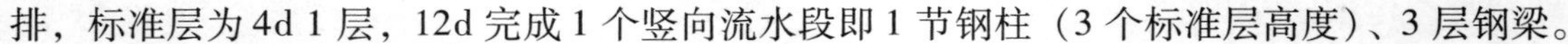

排，标准层为4d 1层，12d完成1个竖向流水段即1节钢柱（3个标准层高度）、3层钢梁。

二、钢结构安装

1. 流水段划分及安装顺序

主楼外围24根型钢混凝土柱，每3根标准层的高度作为1个标准节，每根钢柱从±0.000至楼顶高度分成16个柱节。标准柱节长度11.7m，底节和顶节的长度与标准节不同。

以每个柱节范围内的钢结构作为竖向流水段，每个竖向流水段平面分①、②、③、④四个区域（图3-49）。每个区域内钢结构安装顺序为：钢柱→主钢梁→次梁。分层进行吊装，形成区域框架后，再进行下一流水段区域的钢结构安装。区域流水段的方向和顺序形成有规律的流水，并根据塔式起重机附壁的要求合理调整节奏。

2. 吊装方法

钢结构吊装前应先查对所需构件型号、数量是否配套，再检查构件外观，保证安装准确无误。

1）柱子吊装。先在柱子的两侧挂好钢梯，便于作业人员上下拆卸吊具，绑扎好校正用的钢丝绳。柱子安装到位后，用安装螺栓临时固定。

2）钢梁吊装。钢梁吊装采用专用夹具（图3-50），吊装时，把安全绳固定好，钢梁就位后用安装螺栓临时固定，并拉紧安全绳，然后再进行操作。大梁每吊吊1根安1根，小梁每吊吊2~4根逐根安装。

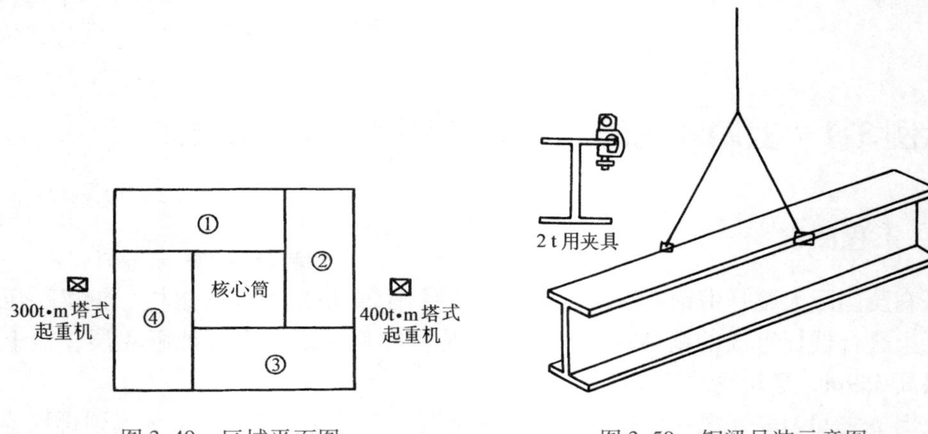

图3-49 区域平面图

图3-50 钢梁吊装示意图

3. 钢框架校正

（1）垂直度校正

地下至地上6层以下，采用外控制网进行框架校正。6层以上采用内控制网进行框架校正。

钢柱的垂直度用激光经纬仪校正。不垂直时，先确定偏差值，然后用手动葫芦、钢丝绳斜拉或用千斤顶向外顶钢柱，调整垂直度。一个区域柱子校正完毕、复核无误后，进行高强螺栓拧固和柱、梁节点焊接。

（2）标高的测量控制

1）钢柱标高控制。每节框架柱安装后，都以地面标高基准点为准，采取标准钢卷尺从内筒下面的标高经逐层向上丈量在施工层上。钢柱进厂时，先用标准卷尺从柱顶向柱底丈量一段尺寸，并用白油漆涂出标记，柱安装后，用水准仪实测标高，也可架在上层钢梁上直接观测柱顶标高。偏差值超过 3mm 的，查出原因后进行调整，由于制作、安装存在累积误差，调整困难，因此每隔 6～10 层需从下至上重新复核一次。对标高值进行校正后，误差较大时，在制作厂家直接调整。

2）框架标高校正。用水准仪、标准钢卷尺进行实测，测定梁两端标高误差，超过规定时，进行调整。

4. 现场手工焊接

本工程 3 层以上主梁腹板用高强螺栓连接，上、下翼缘用坡口焊接，焊接方法采用手工电弧焊。焊接钢板厚度 20～36mm 不等。焊接按钢框架安装程序，分 4 个区域进行。在东西两面各布置 2 个设备平台，每个平台内设置 8 个电焊机，烘干箱、空压机和工具架各 1 个。工程中使用低氢型焊条（E5016 船用焊条）。

本工程钢结构作业面大，焊接钢梁多，选择由内向外装配施焊顺序，控制中心位置先行施焊，可以防止向一侧偏移的可能。焊接顺序为：先焊上层主梁，再焊下层主梁，最后焊接中层主梁（图 3-51）。

5. 高强螺栓的施工

本工程钢结构安装使用的高强螺栓属于扭剪型，其规格分为 M16、M20、M22、M24 四种型号。每个钢框架高强螺栓安装紧固顺序是：最上层框架梁→最下层框架梁→中间框架梁（图 3-51）。

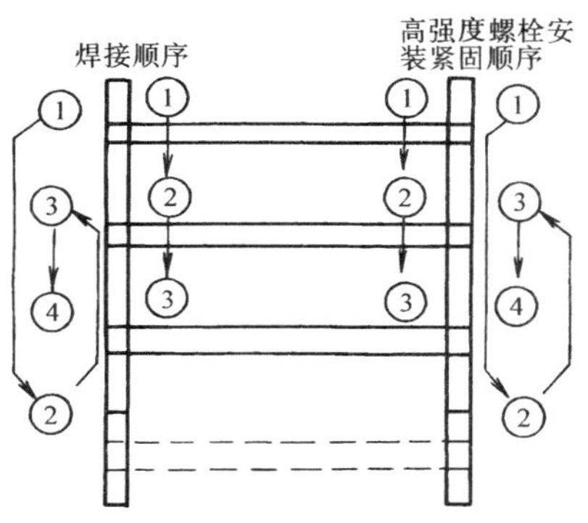

图 3-51　施工顺序

6. 现场栓钉焊接

本工程钢结构上栓钉是组合楼盖的抗剪连接件，大梁顶面为双排栓钉 ϕ19×90@300，小梁顶面为单排栓钉 ϕ19×90@300，栓焊的形式均为单焊。栓钉施焊使用专用栓钉机，其型号为 JSS200 型，每台栓钉机配备 2A－88J 焊枪。栓钉机功率较大，电源必须连接在独立电源上，配备专用电闸箱，栓钉焊接时暂载率必须大于或等于 15%。

栓钉焊接工艺：将栓钉机同相应的焊枪电源接通，把栓钉套在焊枪上，把瓷环座圈放在已放好线的栓钉位置上，栓钉对准瓷环座圈顶紧，打开焊枪开关，电源即熔断瓷环座圈开始产生闪光，经短时间（0.6～1.1s）后栓钉焊接在母材上，然后清除瓷环和检查四周焊缝。

工程示例 3-2　福建南安邮电大厦钢管混凝土柱的施工

一、工程概况

福建南安邮电大厦地下 2 层，地上 30 层，高 108.8m，裙房 4 层，总建筑面积 36300m^2。内筒外框，筒体为钢筋混凝土剪力墙，柱为钢管混凝土柱，共 22 根（图 3-52），由天津建筑设计院设计，厦门建设监理所监理，中国建筑七局三公司施工。

邮电大厦钢管混凝土柱设计直径为720mm。钢管壁厚：-2~10层为14mm。钢管11~30层为12mm。钢管采用Q235A钢板按设计尺寸卷制。按现场施工条件，确定2个楼层作为一个组合件依次对接，钢管制作长度7.2~8.4m。

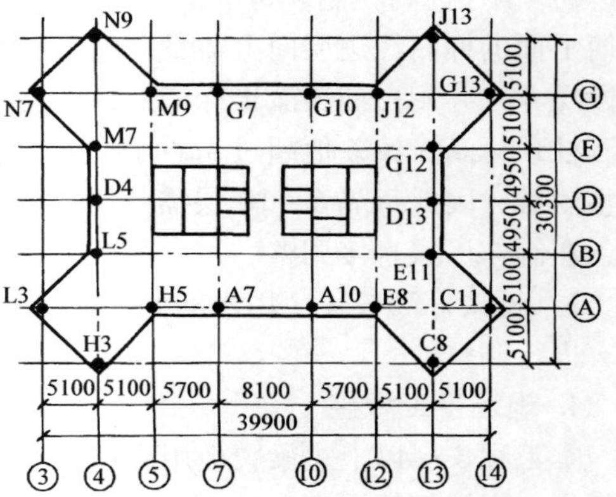

图3-52 钢管柱结构平面

二、钢管混凝土柱施工

1. 钢管柱的制作

钢管柱要求各部件的制作、焊接的尺寸、位置、标高准确。为减少现场工作量，保证质量，钢管及各部件制作、组焊集中在工厂完成，经检验合格运至现场安装。

2. 钢管柱与基础底板的连接

柱基础设计为：在混凝土底板面下落300mm预埋外径1170mm、内径620mm钢板圆环（图3-53）。为保证位置、标高的准确及平整度小于2mm要求，在底板钢筋绑扎完后，按预埋板规格做成一个稳定的支架，按垫层上放线位置直接落于垫层。在预埋钢板上钻洞，让锚固筋穿过孔洞，调整标高及板面平整度后，进行塞焊焊接。底板混凝土浇筑时，两侧对称浇筑，防止位移。

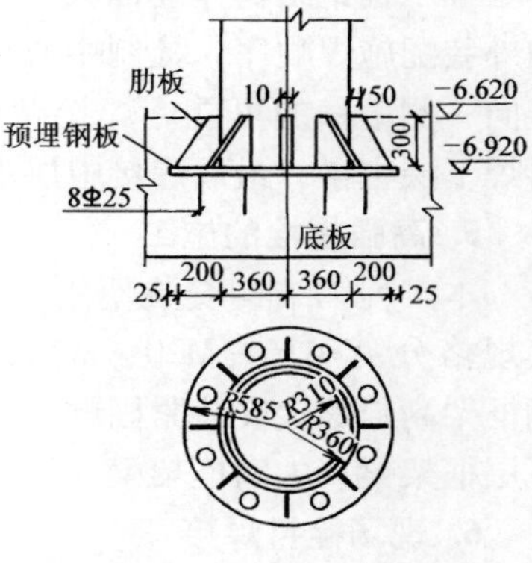

3. 钢管柱的现场安装

（1）吊装设备与方法

吊装利用现场施工用的TL-150型塔式起重机，塔式起重机臂长50m，钢管柱吊装在40m范围内，单根柱最大重量2.9t，塔式起重机起重量能满足要求，起吊方法采用两点捆绑垂直起吊。

图3-53 柱与基础连接示意

（2）第1节钢管柱的安装

安装前先清理预埋钢板面，按柱安装方向（应与柱身划线方向吻合）划出十字线，在线上标出柱半径，焊定位板。安装时，调整柱身划线与预埋钢板划线重合，柱外皮与柱半径标点重合后，塞紧定位板。利用顶拉杆调整垂直度，顶拉杆一端焊于预埋钢板上，一端焊于柱身钢管上。垂直度调整好后，将柱脚与肋板焊牢。

（3）钢管柱现场对接

钢管柱从地下室至顶层无变径，只存在同径连接。将吊起的上节柱按母线位置缓慢地插入下节柱内衬管上，上下线稍有偏移时，可采用特制厚钢板抱箍钳调整。上节柱插入内衬管过程中，由于内衬管与钢管内壁局部存在摩擦，导致就位困难，可在上下柱接口处设顶拉杆，相互垂直方向各设1根，待顶拉到位后，再利用顶拉杆调整垂直度。符合要求后，焊接防变形卡板（图3-54）。卡板对称设4块，然后进行钢管对接焊施工，防变形卡板和顶拉杆在对接

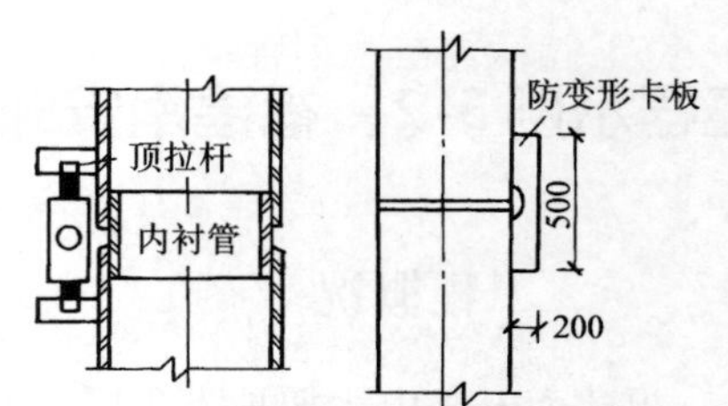

图3-54 顶拉杆及防变形卡板

焊完成后拆除，并将其焊点打磨平整。

（4）垂直度控制

用 2 台经纬仪在相互垂直的两个方向观测，为方便观测，先行安装角部钢管柱。观测时，经纬仪对中于柱轴线，十字竖丝对准柱脚处柱外边线点，观测者由柱脚从下向上观测柱身母线，同时指挥安装人员调整顶拉杆，直至柱顶母线与经纬竖丝重合。另外，对接环缝焊接好后，卸去卡板，对柱身垂直进行复核，并做好垂直度偏差值记录，以便下次安装调整，防止出现累积误差。

（5）对接焊施工

现场对接焊采用人工焊，接口焊缝为熔透二级焊缝，分次焊满。焊接工程中，易产生较大的焊接残余变形，导致垂直度偏差。因此，采取措施如下：

1）每根柱从下至上固定焊工，以明确责任。

2）对称施焊，即分段反向对称顺序进行施焊。

3）严格控制同类型焊机及焊接电流等参数。

4）对接前根据上节柱安装偏差值，计算后在管口实行机械打磨，保持焊缝间隙基本一致。

5）增设防变形卡板。

4. 钢管柱安装质量控制

1）按设计图纸绘出柱位图，并按顺序编号，核对土建图纸，确定每根柱的节点标高和节点做法，然后制订工艺方案及焊接工艺规程，指导施工。

2）凡为二级焊缝，必须进行 50% 超声波无损探伤，不符合要求即进行返修，同一部位返修不宜超过 3 次。

对三级焊缝进行外观质量检查，表面不得有气孔、裂纹、夹渣等缺陷，咬边深度不得大于 0.5mm，长度不大于总长的 10%，且连接长度不大于 100mm。对不符合要求的焊接，要作补焊，并作打磨处理。焊角高度必须满足焊接工艺卡规定要求，雨天严禁施焊。

3）焊工必须有岗位操作证并具丰富的钢结构焊接施工经验，施工中建立焊接记录卡，焊接柱与焊工编号相对应。

4）加工好的钢管柱运达现场后，进行尺寸、外观 2 次检验，符合要求方可安装。

5. 钢管混凝土浇筑

混凝土强度等级设计为：–2 ~ 10 层 C40，11 ~ 30 层 C30。钢管混凝土的浇筑采用立式手工浇捣法，振捣采用插入式加长振捣棒。

（1）钢管混凝土施工缝处理

施工缝设置在距钢管上端口 30cm 处，每次浇混凝土前铺设 20cm 厚与混凝土等强的砂浆层，混凝土浇至管顶，清除浮浆层至坚硬混凝土面，加盖养护。

（2）钢管混凝土泌水空鼓现象的处理

泌水：钢管的密闭性使混凝土中水分无法析出，加上振捣棒在狭小管内振捣，粗骨料相对下沉，砂浆上浮，混凝土中多余水分上浮至管顶，在管顶形成砂浆层和泌水层。

空鼓：混凝土在硬化过程中的收缩导致管壁与混凝土黏结不紧密。

针对以上问题，经对钢管混凝土施工的各个环节进行分析，采取如下措施：

1）严格控制碎石级配，钢管混凝土所有碎石必须是 0.5 ~ 4cm 连续级配。

2）调整配合比，确定水胶比为0.4，坍落度为20mm。在混凝土中掺入了12% UEA膨胀剂配制成补偿收缩混凝土，并掺入NF高效减水剂，增强混凝土的黏聚性与和易性，减小用水量。

3）一次投料振捣高度不超过1.5m，用混凝土体积控制高度，振捣时间以混凝土面无气泡泛出为准，设专人监控。

第 4 章　高层建筑幕墙工程

建筑幕墙是指由支承结构系统与各种面板组成的悬挂在主体结构上、不承担主体结构荷载与作用的建筑物外围护结构。该围护结构具有造型美观、装饰效果好、质量轻、抗震性能好、施工简单、工期短、维修方便等优点，是外墙轻型化、工厂化、装配化、机械化较理想的形式，因此在现代大型建筑和高层建筑上得到了广泛应用。建筑幕墙按面板材料的不同，可分为玻璃幕墙、石材幕墙、金属幕墙等。

4.1　玻璃幕墙

玻璃幕墙是采用玻璃（包括中空玻璃、钢化玻璃、浮法玻璃、加丝玻璃和防水玻璃等）作为墙面板材，与金属构件组成悬挂在建筑物主体结构上的非承重连续外围护墙体，是我国高层建筑和超高层建筑最早、最广泛采用的外装饰幕墙。根据建筑造型和建筑结构等方面的要求，它应具有防水、隔热保温、气密、抗灾和避雷等性能。

玻璃幕墙的设计、制作和安装应符合《玻璃幕墙工程技术规范》（JGJ 102—2003）、《建筑装饰装修工程质量验收规范》（GB 50210—2001）及有关规范规程的规定。

4.1.1　玻璃幕墙材料

构成玻璃幕墙的主要材料有：钢材、铝材、玻璃和黏结密封材料等四大类。玻璃幕墙工程所使用的各种材料、构件和组件的质量，应符合设计要求及国家现行产品标准和工程技术规范的规定。

1. 玻璃

1）幕墙应使用安全玻璃，玻璃的品种、规格、颜色、光学性能及安装方向应符合设计要求。

2）幕墙玻璃的厚度不应小于 6.0mm。全玻幕墙肋玻璃的厚度不应小于 12mm。

3）幕墙的中空玻璃应采用双道密封，中空玻璃气体层厚度不应小于 9mm。第一道密封应采用丁基热熔密封胶。隐框、半隐框及点支承玻璃幕墙用中空玻璃的二道密封应采用硅酮结构密封胶；明框玻璃幕墙用中空玻璃的二道密封宜采用聚硫类中空玻璃密封胶，也可采用硅酮密封胶。二道密封应采用专用打胶机进行混合、打胶。

4）幕墙的夹层玻璃应采用聚乙烯醇缩丁醛（PVB）胶片干法加工合成的夹层玻璃。点支承玻璃幕墙夹层玻璃的夹层胶片厚度不应小于 0.76mm。

5）钢化玻璃表面不得有损伤；厚度在 8.0mm 以下的钢化玻璃应进行引爆处理。

6）幕墙玻璃应进行机械磨边处理，磨轮的目数应在 180 目以上。点支承幕墙玻璃的孔、板边缘均应进行磨边和倒棱，磨边宜细磨，倒棱宽度不宜小于 1mm。

2. 骨架材料

1）立柱和横梁可采用铝合金型材或钢型材，铝合金型材的表面处理应符合《玻璃幕墙工

程技术规范》(JGJ 102—2003) 的要求。钢型材宜采用高耐候钢，碳素钢型材应热浸锌或采取其他有效防腐措施，焊缝应涂防锈涂料；处于严重腐蚀条件下的钢型材，应预留腐蚀厚度。

2) 立柱截面主要受力部位的厚度，应符合下列要求：

① 立柱铝型材截面开口部位的厚度不应小于3.0mm，闭口部位的厚度不应小于2.5mm；型材孔壁与螺钉之间直接采用螺纹受力连接时，其局部厚度尚不应小于螺钉的公称直径。

② 钢型材截面主要受力部位的厚度不应小于3.0mm。

3) 横梁截面主要受力部位的厚度，应符合下列要求：

① 当横梁跨度不大于1.2m时，铝合金型材截面主要受力部位的厚度不应小于2.0mm；当横梁跨度大于1.2m时，其截面主要受力部位的厚度不应小于2.5mm。型材孔壁与螺钉之间直接采用螺纹受力连接时，其局部截面厚度不应小于螺钉的公称直径。

② 钢型材截面主要受力部位的厚度不应小于2.5mm。

3. 密封材料

1) 玻璃幕墙的橡胶制品宜采用三元乙丙橡胶、氯丁橡胶及硅橡胶。

2) 密封胶条应符合现行国家标准《建筑门窗、幕墙用密封胶条》(GB/T 24498—2009) 的规定。

3) 玻璃幕墙的耐候密封应采用硅酮建筑密封胶（硅酮建筑密封胶是用于填嵌幕墙构造缝隙的硅酮类密封性胶料，又称硅酮密封胶或耐候胶），其性能应符合国家现行标准《幕墙玻璃接缝用密封胶》(JC/T 882—2001) 的规定。不应使用添加矿物油的硅酮建筑密封胶。

4) 组角胶应具有耐酸碱腐蚀性能，标准条件的下垂度不应大于2.0mm，表干时间为5~20min，剪切强度不应小于10.0MPa。

5) 幕墙用硅酮结构密封胶（硅酮结构密封胶是用于黏结幕墙面板与面板、面板与金属框架、面板与玻璃肋的硅酮类结构性胶料，能承受荷载并传递作用力，又称硅酮结构胶）的性能应符合现行国家标准《建筑用硅酮结构密封胶》(GB 16776—2005) 的规定，中空玻璃用硅酮结构密封胶应符合现行国家标准《中空玻璃用硅酮结构密封胶》(GB 24266—2009) 的规定。

6) 幕墙用硅酮建筑密封胶和硅酮结构密封胶，应由经国家认可的检测机构进行与其相接触的有机材料的相容性试验，以及与其相黏结材料的剥离粘接性试验；对硅酮结构密封胶，尚应进行邵氏硬度、标准条件下拉伸黏结性能试验。

7) 硅酮结构密封胶生产商应提供其结构胶拉伸试验的应力应变曲线和质量保证书。

8) 与金属、镀膜玻璃、夹层玻璃、中空玻璃以及中性硅酮结构密封胶接触的建筑密封胶，应使用中性硅酮密封胶。

9) 硅酮结构密封胶和建筑密封胶必须在有效期内使用；严禁建筑密封胶作为硅酮结构密封胶使用。

4.1.2 玻璃幕墙分类与构造

玻璃幕墙从支承结构上分为框支承玻璃幕墙、全玻璃幕墙和点支撑玻璃幕墙。

1. 框支承玻璃幕墙

框支承玻璃幕墙是指玻璃面板周边由金属框架支承的玻璃幕墙，主要包括隐框玻璃幕墙、半隐框玻璃幕墙、明框玻璃幕墙。

（1）隐框玻璃幕墙

隐框玻璃幕墙是在铝合金构件组成的框格上固定玻璃框，玻璃框的上框挂在铝合金整个框格体系的横梁上，其余三边分别用不同方法固定在竖杆及横梁上。玻璃用结构胶预先粘贴在玻璃框上，玻璃框之间用结构密封胶密封。玻璃为各种颜色度膜镜面反射玻璃，玻璃框及铝合金框格体系均隐在玻璃后面，从外侧看不到铝合金框，形成一个大面积的有颜色的镜面反射玻璃幕墙（图 4-1）。这种幕墙的全部荷载均由玻璃通过结构胶传给铝合金框架。

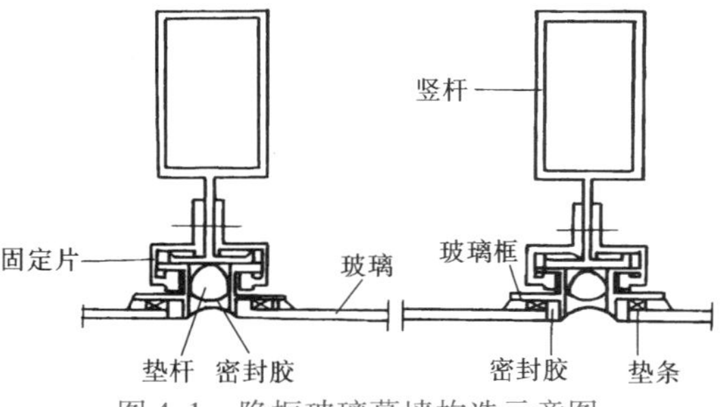

图 4-1　隐框玻璃幕墙构造示意图

（2）半隐框玻璃幕墙

半隐框玻璃幕墙分为竖隐框玻璃幕墙和横隐框玻璃幕墙。

竖隐框玻璃幕墙只有竖杆隐在玻璃后面，玻璃安放在横杆的玻璃镶嵌槽内，镶嵌槽外加盖铝合金压板，盖在玻璃外面（图 4-2）。这种体系一般在车间将玻璃粘贴在两竖边有安装沟槽的铝合金玻璃框上，将玻璃框竖边再固定在铝合金框格体系的竖杆上；玻璃上、下两横边则固定在铝合金框格体系横梁的镶嵌槽中。由于玻璃与玻璃框的胶缝在车间内加工完成，材料粘贴表面洁净有保证，况且玻璃框是在结构胶完全固化后才运往施工现场安装，所以胶缝强度得到保证。

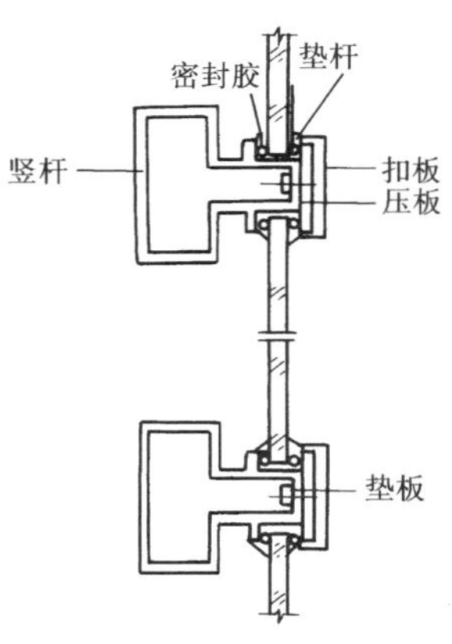

图 4-2　竖隐框玻璃幕墙构造示意图

横隐框玻璃幕墙横向采用粘贴式玻璃装配方法，在专门车间内制作，结构胶固化后运往施工现场；竖向采用玻璃镶嵌槽内固定。竖边用铝合金压板固定在竖杆的玻璃镶嵌槽内，形成从上到下整片玻璃由竖杆压板分隔的长条形画面（图 4-3）。

（3）明框玻璃幕墙

明框玻璃幕墙可采用型钢做骨架，玻璃镶嵌在铝合金的框内，然后再将铝合金框与骨架固定；也可采用特殊断面的铝合金型材作为骨架，玻璃镶嵌在骨架的凹槽内。玻璃幕墙竖杆与主体结构之间用连接板固定，如图 4-4 所示。

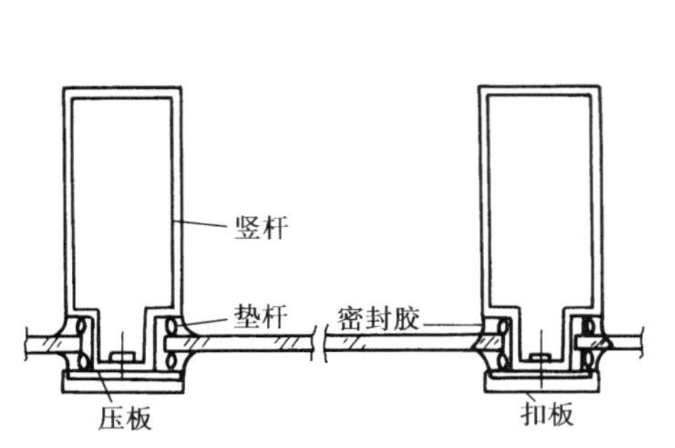

图 4-3　横隐框玻璃幕墙构造示意图

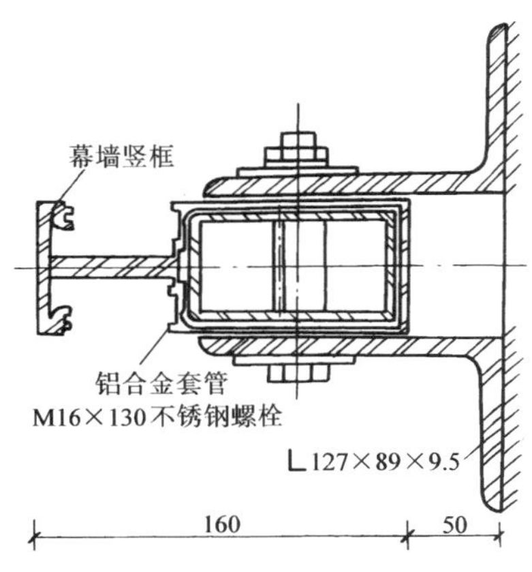

图 4-4　玻璃幕墙竖杆固定节点大样

安装玻璃时，先在竖杆的内侧安橡胶压条，然后将玻璃放入凹槽内，再用密封材料密封。支承玻璃的横杆略有倾斜，目的是排除因密封不严而流入凹槽内的雨水。横杆外侧用一条盖板封住。安装构造如图4-5所示。

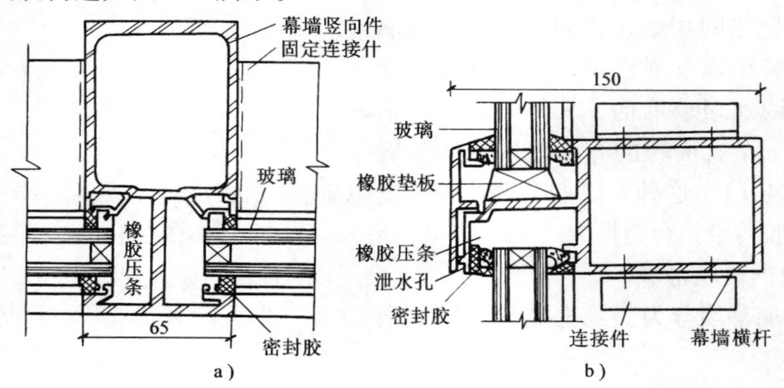

图4-5　明框玻璃幕墙构造示意图

a）竖杆玻璃安装构造　b）横杆玻璃安装构造

2. 点支式玻璃幕墙

点支式玻璃幕墙通常采用四爪式不锈钢挂件与立柱相焊接，每块玻璃在厂家加工4个直径为20mm的孔，挂件每个爪与一块玻璃一个孔相连接，即一个挂件同时与四块玻璃相连接，或一块玻璃固定于四个挂件。图4-6所示为北京西客站点支式玻璃幕墙构造示做法。

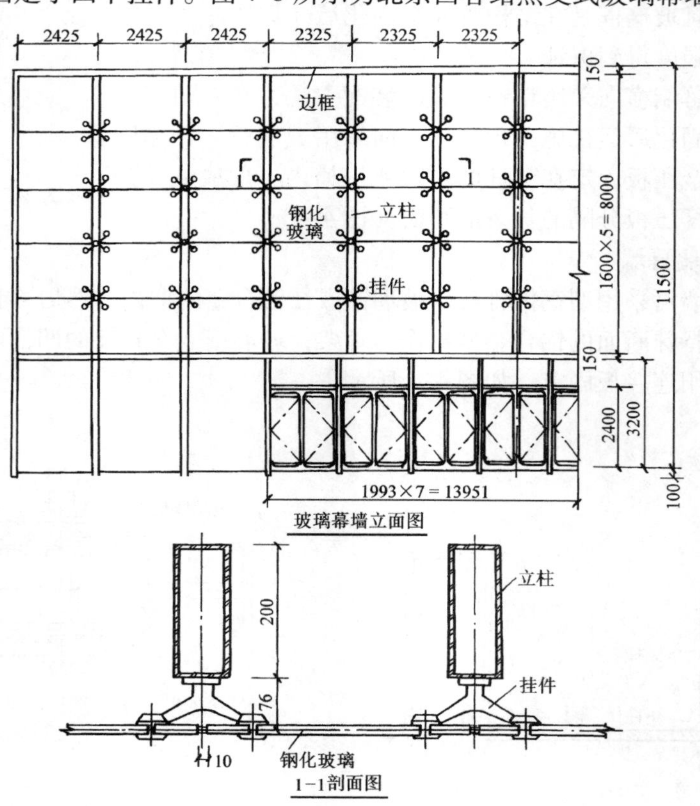

图4-6　北京西客站点支式玻璃幕墙构造示意做法

3. 全玻璃幕墙

全玻璃幕墙又称结构玻璃，采用悬挂式，多用于建筑物首层，类似落地窗（图 4-7）。为了增强玻璃结构的刚度，保证在风荷载下安全稳定，除玻璃应有足够的厚度外，还应设置与面部玻璃呈垂直的玻璃肋。

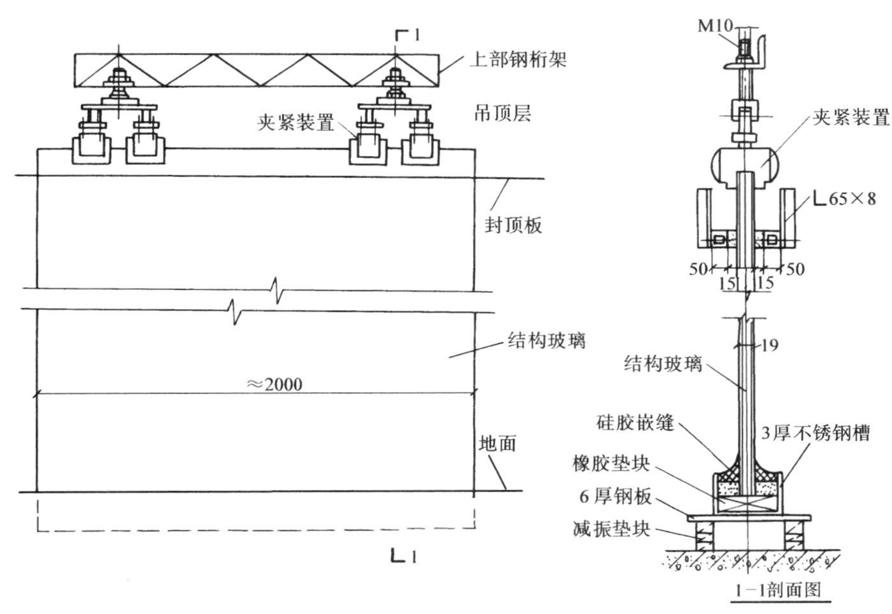

图 4-7　全玻璃幕墙构造示意图

4.1.3　玻璃幕墙的安装施工

玻璃幕墙（主要指框支承玻璃幕墙）按施工方式不同，可分为构件式玻璃幕墙和单元式两种。

1. 构件式玻璃幕墙安装施工

构件式玻璃幕墙是指在主体结构上依次安装立柱、横梁和玻璃的框支承玻璃幕墙（图 4-8）。这种幕墙是通过竖向立柱（竖杆）与楼板或梁连接，并在水平方向设置横梁（横杆），以增加横向刚度并便于安装。其分块规格可以不受层高和柱网尺寸的限制。这是目前采用较多的一种方法，既适用于明框幕墙，也适用于隐框和半隐框幕墙。

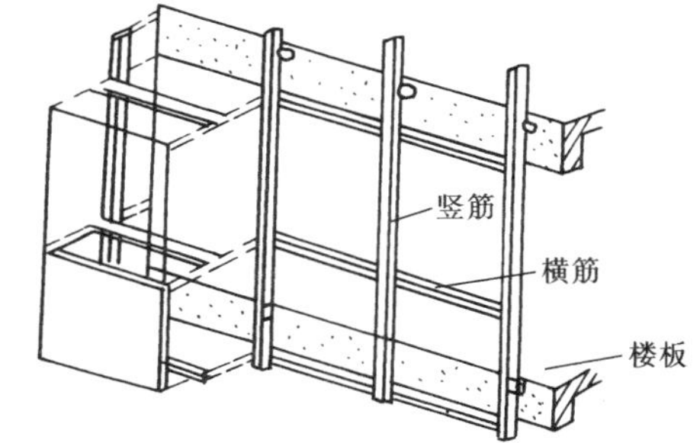

图 4-8　构件式玻璃幕墙

工艺流程：测量放线→预埋件安装→连接件（连接角码）安装→立柱安装→横梁安装→层间封堵→玻璃安装→注胶→清理→验收。

施工要点：

（1）测量放线

测量放线前，先确定主体结构的水平基准线和标高基准线。测量放线时，应结合主体结

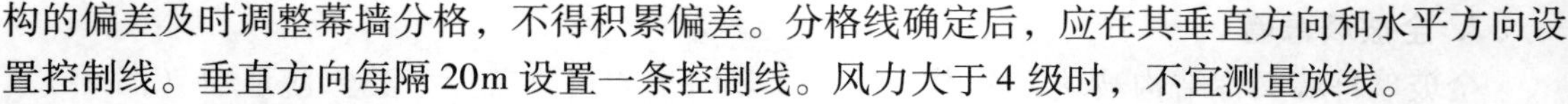

构的偏差及时调整幕墙分格，不得积累偏差。分格线确定后，应在其垂直方向和水平方向设置控制线。垂直方向每隔20m设置一条控制线。风力大于4级时，不宜测量放线。

（2）预埋件安装

玻璃幕墙与主体结构连接的预埋件，应在主体结构施工时按设计要求埋设。预埋件的形状、尺寸应符合设计要求。当预埋件位置偏差过大或未设预埋件时，应在原设计位置补后置埋件。有防雷接地要求的预埋件，锚筋必须与主体结构的接地钢筋绑扎或焊接在一起，其搭接长度应符合《建筑物防雷设计规范》（GB 50057—2010）的规定。

幕墙结构与主体结构采用后置埋件连接时，应根据其受力情况，合理布置锚栓埋件，保证其连接可靠。后置埋件用锚栓可采用自扩底锚栓、模扩底锚栓、特殊倒锥形锚栓或化学锚栓。后置埋件钻孔时，应避开主体结构的钢筋，钻孔深度应满足后置埋件的有效长度，并清理钻孔。锚栓安装完成后，应进行现场承载力试验并符合设计要求。后置锚固连接件锚板安装时，应采取防止后置锚栓螺母松动和锚板滑移的措施。

平板型预埋件和后置锚固连接件锚板的安装允许偏差：标高±10mm，平面位置±20mm。

（3）立柱安装

立柱采用由下至上的顺序安装。上、下立柱之间应留有不小于15mm的缝隙，闭口型材可采用长度不小于250mm的芯柱连接，芯柱与立柱应紧密配合。芯柱与下柱之间应采用不锈钢螺栓固定。安装时先把芯柱插入立柱内，然后在立柱上钻孔，将连接角码用不锈钢螺栓安装在立柱上，二者之间用防腐垫片隔开。多层或高层建筑中跨层通长布置立柱时，立柱与主体结构的连接支承点每层不宜少于一个；在混凝土实体墙面上，连接支承点宜加密。

立柱安装轴线的允许偏差为2mm；相邻两根立柱安装标高差不应大于3mm，同层立柱最大标高差不应大于5mm；相邻两根立柱固定点距离的允许偏差为±2mm。立柱安装就位、调整后应及时紧固。

（4）横梁安装

以楼层标高线为基准，在立柱侧面标出横梁位置。将横梁两端的连接件（铝角码）和弹性橡胶垫安装在立柱的预定位置，要求安装牢固、贴缝严密。同一根横梁两端或相邻两根横梁端部的水平标高差不应大于1mm。同层横梁最大标高偏：当一幅幕墙宽度不大于35m时，可取5mm；当一幅幕墙宽度大于35m时，可取7mm。横梁的安装由下向上进行，安装完成一层后，应及时进行检查、校正和固定。

（5）防雷系统设置

玻璃幕墙应设置防雷系统，防雷系统应和整幢建筑物的防雷系统相连。一般采用均压环做法，每隔数层设一条均压环。

如采用梁内的纵向钢筋做均压环时，幕墙位于均压环处的预埋件的锚筋必须与均压环处梁的纵向钢筋连通；设均压环位置的幕墙立柱必须与均压环连通，该位置处的幕墙横梁必须与幕墙立柱连通；未设均压环处的立柱必须与固定在设均压环楼层的立柱连通。隐框玻璃幕墙防雷系统设置如图4-9所示。以上接地电阻应小于4Ω。

（6）层间封堵

玻璃幕墙与各层楼板、隔墙外沿的间隙应采取防火封堵措施，并应符合下列要求：

1）在窗槛墙部位宜采用上下两层水平防火封堵构造。当采用一层防火封堵时，防火封

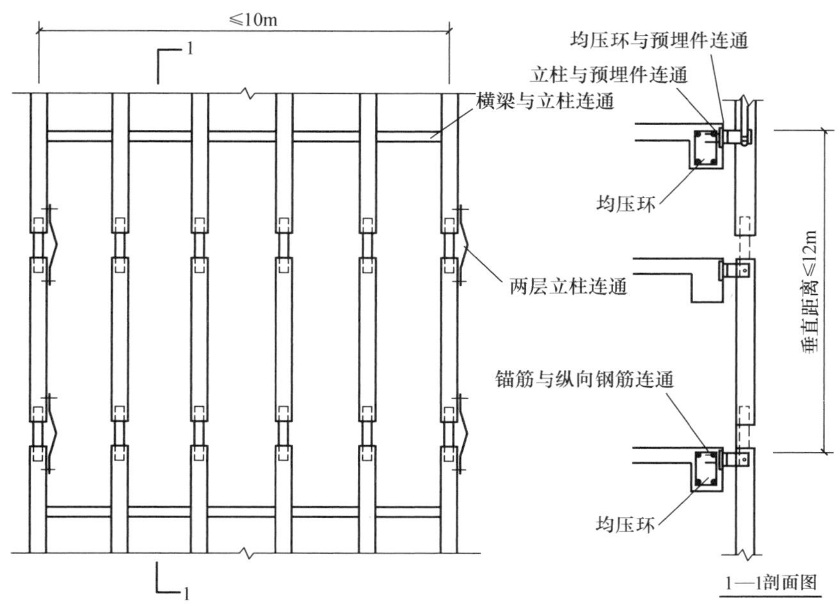

图 4-9　隐框玻璃幕墙防雷系统设置

堵构造应位于窗槛墙的下部。

2）水平防火封堵构造应采用不小于 1.5mm 镀锌钢板与主体结构、幕墙框架可靠连接。钢板支撑构造与主体结构、幕墙构部件以及钢承托板之间的接缝处应采用防火密封胶密封。

3）当采用岩棉或矿棉封堵时，应填充密实，填充厚度应不小于 100mm。

隐框玻璃幕墙防火构造节点如图 4-10所示，在横梁位置安装厚度不小于 100mm 防护岩棉，并用 1.5mm 镀锌钢板包制。

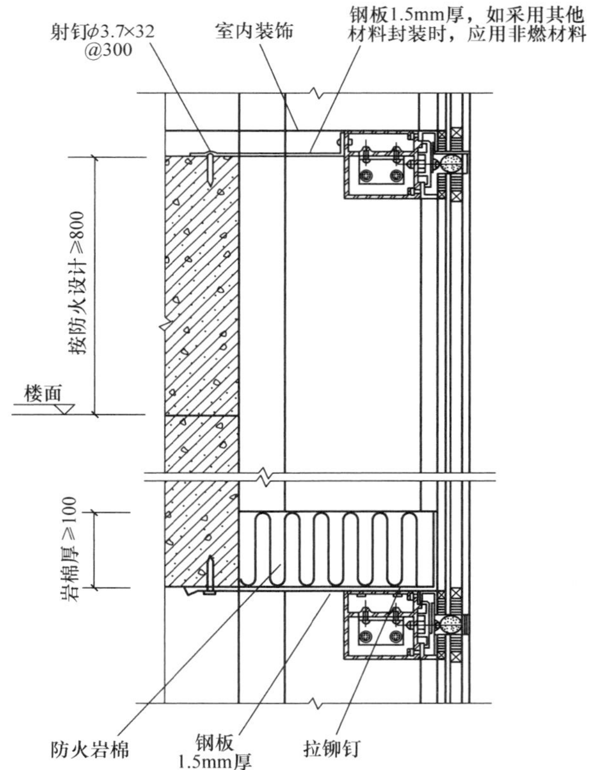

图 4-10　隐框玻璃幕墙防火构造节点

（7）玻璃安装

玻璃的安装应根据幕墙的具体种类来定。玻璃安装前应进行表面清洁。幕墙玻璃采用镀膜玻璃时，应将镀膜面朝向室内，非镀膜面朝向室外。

1）隐框幕墙玻璃幕墙。隐框幕墙的玻璃是用结构硅硐胶黏结在铝合金框格上，从而形成玻璃单元体。玻璃单元体的加工一般在工厂内用专用打胶机来完成。玻璃单元体制成后，将单元件中铝合金框格的上边挂在横梁上，再用专用固定片将铝合金框格的其余三条边钩夹在立柱和横梁上，框格每边的固定片数量不少于2片。

2）明框玻璃幕墙。明框幕墙的玻璃是用压板和橡胶条固定在幕墙框架上，压板应连续条形配置，压板与幕墙框架采用螺钉连接。在固定玻璃时，压板上的连接螺钉应松紧合适，从而使压板对玻璃不致压得过紧或过松，并使压板与玻璃间的橡胶条紧闭。

明框幕墙安装时，应控制玻璃与框料之间的间隙。玻璃的下边缘应衬垫2块压模成型的氯丁橡胶垫块，垫块宽度应与槽口宽度相同，厚度不小于5mm，每块长度不小于100mm。

3）半隐框玻璃幕墙。半隐墙幕墙在一个方向上隐框的，在另一方面上则为明框。它在隐框方向上的玻璃边缘用结构硅硐胶固定，在明框方向上的玻璃边缘用压板和连接螺栓固定，隐框边和明框边的具体施工方法可分别参照隐框幕墙和明框幕墙的玻璃安装方法。

（8）注胶

注胶应采用硅酮建筑密封胶。注胶时空气湿度应符合设计要求和产品要求，注胶前应使注胶面清洁、干燥。密封胶厚度应大于3.5mm，宽度宜不小于厚度的2倍。槽口较深时，应先填塞聚乙烯发泡材料，材料规格尺寸应适当，防止发泡材料回弹或收缩。接缝内的硅酮密封胶应与接缝两侧边缘黏结，不应与接缝底面黏结。夜晚或雨天不应注胶。

2. 单元式玻璃幕墙安装施工

单元式玻璃幕墙是指玻璃和金属框架在工厂组装为幕墙单元，以幕墙单元形式在现场完成安装施工的框支承玻璃幕墙（图4-11）。这种幕墙由于采取直接与建筑物结构的楼板、柱子连接，所以其规格应与层高、柱距尺寸一致。当与楼板或梁连接时，幕墙的高度应相当于层高或是层高的倍数；当与柱连接时，幕墙的宽度相当柱距。单元式幕墙安装工艺，见本章示例：北京航华科贸中心单元式幕墙安装。

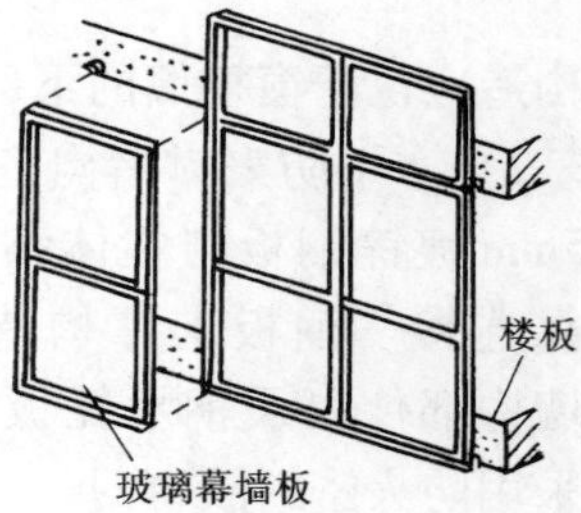

图4-11 单元式玻璃幕墙

3. 幕墙施工存在的问题

纵观我国玻璃幕墙建设的现状，虽然工程质量有了较大的提高，但仍有部分工程质量水平低，潜在隐患多。施工方面存在的问题主要有：

1）材料使用不符合国家规范有关规定。部分工程幕墙型材立柱及横梁壁厚达不到规范的要求；铝型材采用普通级材料，且阳极氧化膜厚度低于15μm，不符合防腐要求；立柱与主体连接件选用普通碳素钢，影响节点连接的安全性和牢固性；使用酸性玻璃胶代替耐候胶；采用了半钢化或普通镀膜玻璃代替钢化玻璃，玻璃强度不足，存在安全隐患；开启窗扇选用的不锈钢滑撑刚度不足。

2）构件制作质量不符合要求。部分工程型材的切割精度较差，相邻构件装配间隙过大；幕墙玻璃切割后，边缘未做倒棱倒角处理，造成边角应力集中，玻璃碎裂；隐框玻璃幕墙采用施工现场打胶，无净化措施，无法保证相对湿度、温度的要求，结构胶与玻璃黏结处有污物，出现剥离；结构胶厚薄不均匀，宽窄不一，并有气泡。

3）施工现场安装质量问题较多。部分工程没有做预埋件，或者预埋件位置不准确，采用膨胀螺栓而未做拉拔实验；幕墙立柱上、下两点固定，无伸缩变形余地，造成立柱受压；防火措施达不到使用要求，防火层只做一半，防火材料直接与玻璃接触，留有火灾隐患；避雷系统不完善，连接不合理，按照规范要求，幕墙防雷应自成体系，立柱与立柱、主柱与横梁、立柱与连接件间应采用跨接连接方式，从现场情况看，部分立柱与立柱之间未跨接，不能形成上下连通体系；有的工程开启窗密封不好，密封条已变硬老化，失去弹性，开启窗五金配件松动；个别工程的开启窗发生严重变形，无法关闭，造成透风漏雨；施工现场成品保护差，玻璃幕墙镀膜玻璃划伤相当普遍，电弧焊渣烫伤、镀膜腐蚀斑点超过规范要求；铝型材表面划伤和污染腐蚀也较为普遍。

4.2　石材幕墙

进入 20 世纪 90 年代，随着高层建筑的快速发展，石材幕墙在我国得到了迅猛发展。不仅石材幕墙应用的高度越来越高，体量越来越大，而且使用的石材品种越来越多（由原来单一的花岗岩发展到大理岩、石灰岩、砂岩等品种），对石材幕墙的安全性、经济性和美观性要求越来越高。石材资源是不可再生资源，许多宝贵的石材品种已面临资源枯竭，如何节省石材用量、降低工程造价、确保幕墙质量，是石材幕墙行业面临着的重大机遇和挑战。

石材幕墙的安装施工方法可分为石材干挂和单元式幕墙安装两类。石材幕墙的设计、制作、安装应符合《金属与石材幕墙工程技术规范》（JGJ 133—2001）、《建筑装饰装修工程质量验收规范》（GB 50210—2001）及有关规范规程的规定。

4.2.1　石材幕墙材料

石材幕墙所选用的材料应符合国家现行产品标准的规定，同时应有出厂合格证；石材幕墙所选用材料的物理力学及耐候性能应符合设计要求。

1. 石材要求

1）幕墙石材宜选用花岗岩（火成岩），石材吸水率小于 0.8%。

2）花岗岩板材的弯曲强度应经法定检测机构检测确定，其弯曲强度不应小于 8.0MPa。

3）用于石材幕墙的石板，厚度不应小于 25mm。

4）为满足等强度计算的要求，火烧板（火烧板是一种在板材表面进行火焰喷烧加工形成的板材）的厚度应比抛光石板厚 3mm。

5）石材幕墙中的单块石材板面面积不宜大于 1.5m^2。

6）石材需要复试的项目包括：石材的弯曲强度、寒冷地区石材耐冻融性、室内用花岗岩放射性试验。

7）石材表面应采用机械进行加工，加工后的表面应用高压水冲洗或用水和刷子清理，严禁用溶剂型的化学清洁剂清洗石材。

幕墙石材的技术要求和性能试验方法应符合国家现行标准的规定。

2. 金属材料及构件

1）幕墙采用的不锈钢宜采用奥氏体不锈钢材，其技术要求和性能试验方法应符合国家现行标准的规定。

2）钢结构幕墙高度超过 40m 时，钢构件宜采用高耐候结构钢，并应在其表面涂刷防腐涂料。

3）钢构件采用冷弯薄壁型钢时，除应符合国家现行标准《冷弯薄壁型钢结构技术规范》（GB 50018—2002）的有关规定外，其壁厚不得小于 3.5mm，强度应按实际工程验算，表面应进行防锈处理。

4）立柱截面主要受力部分的厚度应符合下列规定：铝合金型材截面主要受力部分的厚度不应小于3mm，采用螺纹受力连接时螺纹连接部位截面的厚度不应小于螺钉的公称直径；钢型材截面主要受力部分的厚度不应小于3.5mm。

5）横梁截面主要受力部分的厚度应符合下列规定：当跨度不大于1.2m时，铝合金型材横梁截面主要受力部分的厚度不应小于2.5mm；当横梁跨度大于1.2m时，其截面主要受力部分的厚度不应小于3mm，有螺钉连接的部分截面厚度不应小于螺钉公称直径。钢型材截面主要受力部分的厚度不应小于3.5mm。

3. 密封材料

1）幕墙采用的橡胶制品宜采用三元乙丙橡胶、氯丁橡胶；密封胶条应为挤出成型，橡胶块应为压模成型。

2）石材幕墙应采用中性硅酮耐候密封胶和中性硅酮结构密封胶，其性能应分别符合国家现行标准《硅酮建筑密封胶》（GB/T 14683—2003）、《建筑用硅酮结构密封胶》（GB 16776—2005）的规定。

3）同一幕墙工程应采用同一品牌的单组分或双组分的硅酮结构密封胶，并应有保质年限的质量证书。用于石材幕墙的硅酮结构密封胶还应有证明无污染的试验报告。

4）同一幕墙工程应采用同一品牌的硅酮结构密封胶和硅酮耐候密封胶，配套使用。

4.2.2 石材的干挂方式

石材幕墙面板的干挂方式主要有短槽式、通槽式、小单元式、背栓式等几种。

1. 短槽式干挂方式

短槽式干挂方式属于第二代石材干挂工艺，它是在石板的上下端面开短槽，将石材钻孔钢销连接（钢销式干挂工艺属第一代石材干挂工艺，目前已被淘汰）改为石材切槽卡片挂件连接，如图4-12～图4-14所示。该工艺将点式连接改为面式连接，从而大幅提高了外饰面的抗震能力。同时，该工艺还具有使用角磨机切槽，机具利用率高；石材厚度要求较薄，材料用量相对减少；切槽时对石材损耗少等特点。

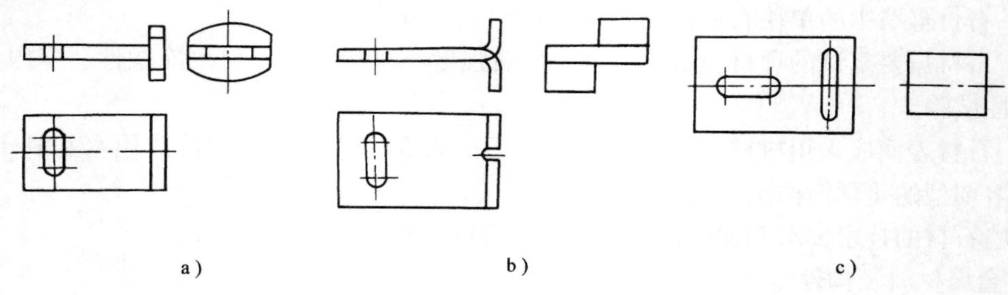

图4-12 各种卡片式挂件

a）弧形卡片式 b）上下爪卡片式 c）活动卡片式

短槽式安装应符合下列要求：

1）每块石板的上下各开两个短平槽，短平槽长度不应小100mm，在有效长度内槽深不宜小于15mm，开槽宽度宜为6mm或7mm。弧形槽的有效长度不应小于80mm。

2）不锈钢支撑板厚度不宜小于 3.0mm，铝合金支撑板厚度不宜小于 4.0mm。

3）两短槽边距离石板端部不应小于石板厚度的 3 倍且不应小于 85mm，也不应大于 180mm。

4）面板挂装时，应在面板短槽内注入胶黏剂，胶黏剂应具有高机械性抵抗能力，充盈度应不小于 80%。

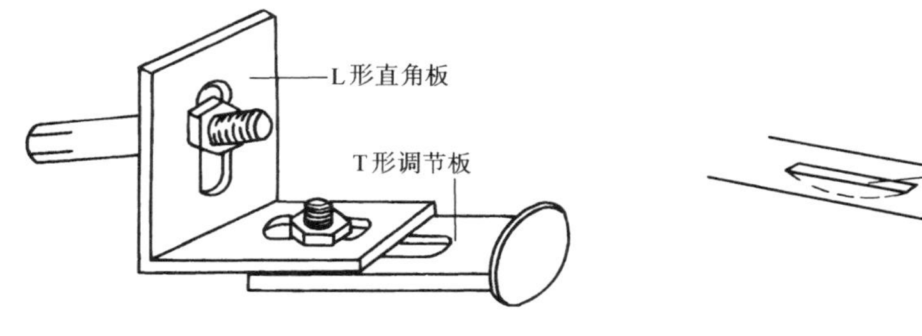

图 4-13　LT 形卡片式挂件示意图　　图 4-14　石材切槽示意图

2. 通槽式干挂方式

通槽式干挂方式与短槽式干挂方式相近，是在石材上下端面开放通长槽口，采用通长铝合金卡条固定。其特点是受力合理，可靠性高，板块抗变形能力强，板块破损后可实现更换，适用于高层建筑，尤其在单元式石材幕墙中，多采用这种做法。

通槽式安装应符合下列要求：

1）石板的通槽宽度宜为 6mm 或 7mm。

2）不锈钢支撑板厚度不宜小于 3.0mm，铝合金支撑板厚度不宜小于 4.0mm。

3）面板挂装前应在槽内填嵌胶黏剂，胶黏剂应具有高机械性抵抗能力，充盈度应不小于 80%。

3. 小单元式干挂方式

小单元式干挂方式是短槽式石材幕墙的一种形式，石材面板通过铝合金挂钩与骨架相连，相邻石材面板均是独立与骨架相连，每个石材板块均是独立的，板块破损后能独立更换破损石材板块，其抗变形能力和抗震性能较半圆槽结构有所提高。

4. 背栓式干挂方式

背栓式干挂方式属于第三代石材干挂工艺，是在石材背面采用专用设备磨孔、拓孔，然后安装锚栓和连接件，再通过铝合金挂钩与骨架相连，如图 4-15、图 4-16 所示。其特点是板块之间独立受力，节点做法灵活，可单独拆装，维护方便；连接可靠，石材加工削弱较小，连接部位局部破坏少，石板抗震能力高；可准确控制石材与锥形孔底的间距，确保幕墙的表面平整度；工厂化施工程度高，板材上墙后调整工作量少。

背栓式安装应符合下列要求：

1）背栓孔切入的有效深度宜为面板厚度的 2/3，且不小于 15mm。背栓孔离石板边缘净距不小于板厚的 5 倍，且不大于其支承边长 0.2 倍。孔底至板面的剩余厚度应不小于 8mm。

2）背栓连接应采用不锈钢螺栓，直径应不小于 6mm，每个托板宜用 2 个连接螺栓。连接件应选用锚栓生产厂家的配套产品。连接件与金属骨架的连接应严格按照现行规范要求采取防锈、防腐蚀措施。

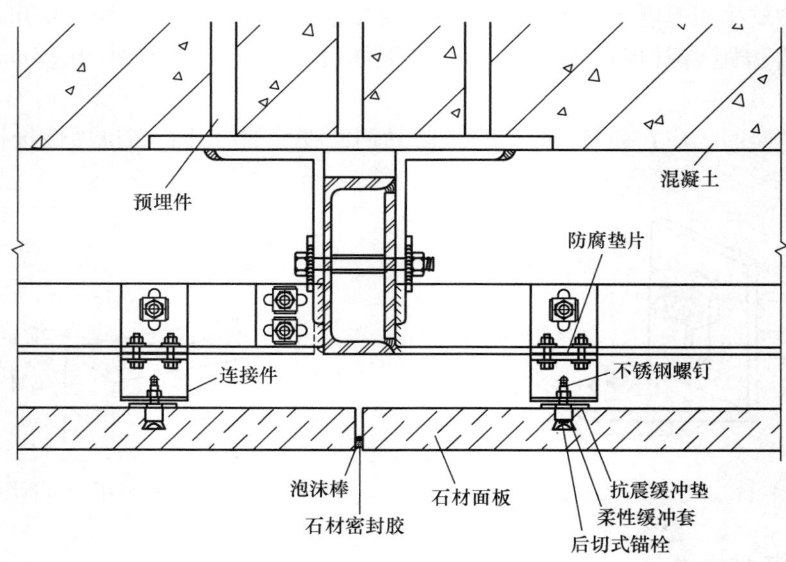

图4-15 背栓式干挂石材幕墙横剖节点图

3）背栓螺栓埋装时，背栓孔内应注环氧胶黏剂。

4）背栓支承应有防松脱构造并有可调节余量。

4.2.3 石材幕墙的安装施工

与玻璃幕墙一样，石材幕墙按施工方式不同亦可分为构件式幕墙和单元式幕墙两种。

1. 构件式石材幕墙干挂施工

工艺流程：测量放线→连接件（连接角码）安装→金属骨架安装→石材加工、安装→板缝处理→清理→验收。

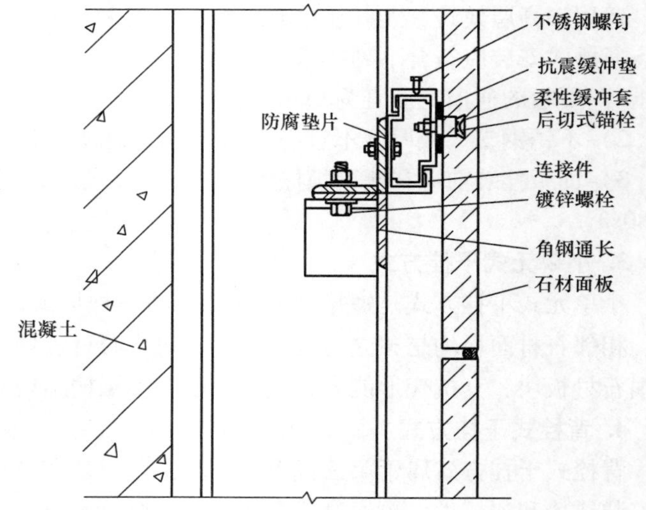

图4-16 背栓式干挂石材幕墙纵剖节点图

施工要点：

（1）测量放线

1）复查由土建方移交的基准线。测量放线前，应先确定主体结构的水平基准线和标高基准线。测量放线时，应结合主体结构的偏差及时调整幕墙分格，不得积累偏差。

2）用0.5~1.0mm的钢丝在单幅幕墙的垂直、水平方向各拉2根安装控制线。水平钢丝应每层拉一根（宽度过宽，应每间隔10m设一支点，以防钢丝下垂），垂直钢丝应间隔10m拉一根。

（2）连接件安装

1）检查预埋件是否牢固，位置是否准确。预埋件的位置误差应按设计要求进行复查。

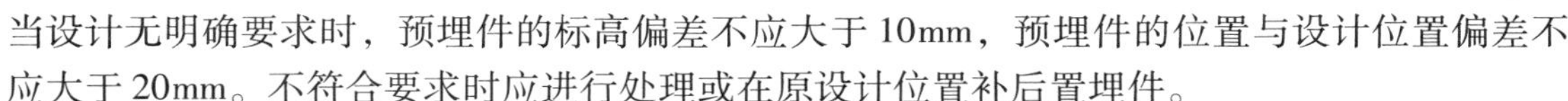
当设计无明确要求时，预埋件的标高偏差不应大于 10mm，预埋件的位置与设计位置偏差不应大于 20mm。不符合要求时应进行处理或在原设计位置补后置埋件。

2）埋件安装合格后，可进行连接件的焊接施工。焊接时，先将同水平位置两侧的过渡件点焊，并对连接件水平及垂直度进行检查。

3）将中间各个连接件点焊，复查连接件的位置是否正确，水平位置和垂直度是否符合设计要求，然后进行焊接。

（3）金属骨架安装

1）立柱安装由下而上进行。上下立柱之间应有不小于 15mm 的缝隙，并应采用芯柱连接。芯柱总长度不应小于 400mm，芯柱与下柱之间应采用不锈钢螺栓固定。立柱按节点要求放入连接件之间，穿入连接螺栓，并按设计要求放置平垫、弹簧垫片或防腐垫片，调平后拧紧螺栓，待骨架校正后焊接固定。立柱与主体结构的连接可每层设一个支承点，也可设两个支承点；在实体墙面上，支承点可加密。

立柱安装标高偏差不应大于 3mm，轴线前后偏差不应大于 2mm，左右偏差不应大于 3mm；相邻两根立柱安装标高偏差不应大于 3mm，同层立柱的最大标高偏差不应大于 5mm，相邻两根立柱的距离偏差不应大于 2mm。

2）横梁应通过角码、螺钉或螺栓与立柱连接，角码应能承受横梁的剪力。螺钉直径不得小于4mm，每处连接螺钉数量不应少于 3 个，螺栓不应少于 2 个。安装时先将横梁两端的连接件及垫片安装在立柱的预定位置，再安装横梁。同一层横梁安装由下而上进行，每安装完一层高度应进行检查、调整、校正和固定。

相邻两根横梁的水平标高偏差不应大于 1mm。同层标高偏差：当一幅幕墙宽度小于或等于 35m 时，不应大于 5mm；当一幅幕墙宽度大于 35m 时，不应大于 7mm。

3）骨架安装过程中应及时跟进防雷、防火处理等。立柱之间连接用芯件插接，注意有防雷要求的位置应做好电气连通。

（4）石材加工

1）石板连接部位应无崩坏、暗裂等缺陷；其他部位崩边不大于 5mm×20mm，或缺角不大于 20mm 时可修补后使用，但每层修补的石板块数不应大于 2%，且宜用于立面不明显部位。

2）检查石材色差、尺寸偏差以及破损等情况，若有明显色差、缺棱、掉角等应进行更换，合格后将石材板块按图纸编号。

3）石板的槽口宽度、深度尺寸按设计要求加工。无设计要求时，深度宜按支承五金件的插入尺寸加 3mm。

4）通槽式、短槽式安装的石板加工应符合下列规定：

① 石材通槽允许位置偏差 ±0.5mm，槽宽偏差 +2mm，槽深偏差 +3mm。

② 石材短槽允许的位置偏差，厚度方向 ±0.5mm，长度方向 ±5mm；槽宽偏差 +2mm，槽深偏差 +3mm。

③ 石板开槽后不得有损坏或崩裂现象，槽口应打磨成 45°倒角，槽内应光滑、洁净。

5）背栓孔加工与锚栓植入。背栓孔应采用专用磨孔设备加工。磨孔设备的切削速度应达到 12000 转/分，保证高速无损拓孔。石板背栓孔加工允许偏差见表 4-1。

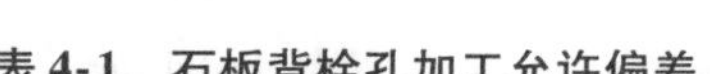
表4-1 石板背栓孔加工允许偏差 （单位：mm）

背栓直径	钻孔直径	钻孔直径允许偏差	拓孔直径	拓孔直径允许偏差	锚固深度	锚固深度允许偏差
M6	11	±0.3	13.5	-0.2～+0.4	15～20	-0.1～+0.4
M8	13		15.54			

拓孔完成后，安装锚栓和连接件。锚栓植入工艺是：将完成磨孔的石材置于专用工作台→复检孔径、孔深、拓底孔径、锚栓位置→将锚栓装入孔中→将锚栓紧固完成（可采用击胀式、旋入式、拉锚式）→组件抗拉拔试验。

击胀式是用专用打入工具推进间隔套管，在推进期间迫使扩张片张开，与孔底石材形成接触点，并正好填满拓孔体积，和石材形成凸形结合，使应力均布，从而完成了无应力的锚固。此法适用于石材厚度大于或等于25mm的较厚、质韧石材。

旋入式是用扭力扳手，通过拧入力迫使扩张片张开，完成无应力锚固。此法适用于石材厚度大于或等于25mm的较厚石材。

拉锚式是采用专用的拉锚器，通过抽拉作用，完成无应力锚固。此法适用于厚度大于或等于25mm和质脆、易破损的石材。

（5）石材面板安装

1）短槽式石板干挂

① 每层石板安装作为一个闭合段，先自下而上干挂石板，然后自上而下进行收口，再及时跟进拆卸外脚手架。

② 石板安装前，先与相邻石板对照色差，经检查开槽、抛光等符合要求后，再进行试安装。经确定色泽、平整度满足要求后方可正式安装。

③ 石板安装时先简单固定石材挂件，在安装槽内注胶，槽口对准挂件插入，进行石板平整度调整，然后固定挂件的螺栓。

2）背栓式石板干挂

将组装完成的背栓式石板按照从下到上、从左到右的原则，依次卡入连接件安装即可。通过调整固定螺栓调整其高度及左右立边，使缝宽满足要求。

石板安装时，左右、上下的偏差不应大于1.5mm。

（6）石材拼缝处理

石材拼缝处理分为开敞式和密封式两种。

1）开敞式处理。石材拼缝开敞式处理是指在石材接缝的内侧增加挡水板，将防水线后移，实现外缝敞开，内部防水。通常可在石材后背采用1.5mm单层氟碳喷涂铝板或3mm厚的复合铝板作为防水挡板层，铝板连接采用耐候胶密封处理。防水挡板层的铝板横向可设钢梁加强固定，以防产生振动噪声；竖向可用螺钉与立柱连接，以防松落。该种处理方式既保持石材内外等压，又可防止雨水溅入，能较好地解决挡雨的问题，且接缝采用不打胶处理，可避免由于封胶而出现硅胶发黄变质现象，外观质量好。

2）密封式处理。石材拼缝密封式处理是指在石材接缝的外侧注耐候密封胶密封处理，防止雨水进入石材内部。

① 注胶前用带有凸头的刮板填装泡沫棒，保证胶缝的厚度和均匀性。选用的泡沫棒直

径应略大于胶缝宽度。

② 在胶缝两侧石材面粘贴纸面胶带作保护，用专用清洁剂或草酸擦洗缝隙处石材面，再用清水冲洗干净。

③ 注胶应均匀，无流淌现象，边打胶边用专用工具勾缝，使胶缝成型呈微弧凹面。

⑤ 在大风和下雨时不允许注胶，不得有漏胶污染墙面。若墙面沾有胶液应立即擦去并用清洁剂及时清洗。

⑥ 胶缝施工厚度应不大于 3.5mm，宽度不宜小于厚度的 2 倍，胶缝应顺直表面平整。打胶完成后除去胶带纸。

⑦ 施工完后，用清水及专用清洁剂将石材墙面擦洗干净，并按照要求进行保护剂施工。

2. 单元式石材幕墙施工

单元式石材幕墙施工，是将金属骨架、石材板面（包括保温层）等在工厂组装成一层楼高的单元板块，然后运输到现场后依次吊装就位。这种集围护结构、保温和饰面于一体的单元幕墙，虽单方造价稍高，但由于取消了填充墙，减轻了结构自重，不用外脚手架，因此可节省劳动力，加快工程进度，综合效益较好，特别适用于混凝土框架结构、钢结构等高层石材幕墙施工。北京航华中心、东方广场等工程均采用了这种工艺。

单元式石材幕墙施工见工程示例：北京航华科贸中心单元式幕墙安装。

4.3　金属幕墙

金属幕墙是现代建筑幕墙的重要标志，具有典雅庄重、质感丰富、装饰效果更豪华以及坚固、耐久、易拆卸等优点，已成为高档建筑的新宠。金属幕墙的种类很多，按照材料分类可以分为单一材料板和复合材料板；按照板面的形状分类可以分为光面平板、纹面平板、压型板、波纹板和立体盒板等。单一材料板主要有单层铝合金板、不锈钢板、搪瓷涂层钢板、铜合金板、锌合金板、钛合金板、彩色钢板等；复合材料板主要有铝塑复合板、金属复合板、铝蜂窝复合板、石材铝蜂窝复合板等。

金属幕墙的设计、制作、安装应符合《金属与石材幕墙工程技术规范》（JGJ 133—2001）、《建筑装饰装修工程质量验收规范》（GB 50210—2001）及有关规范规程的规定。

4.3.1　金属幕墙材料

金属幕墙工程所使用的各种材料和配件应符合设计要求及国家现行产品标准和工程技术规范的规定。金属板材应符合下列要求：

1）铝合金板材（单层板、铝塑复合板、蜂窝板）表面应进行氟碳树脂处理。

2）幕墙用单层铝合金板厚度应不小于 2.5mm，单层铜板厚度应不小于 2.0mm，单层不锈钢板应不小于 1.5mm，彩色钢板和合金板厚度应不小于 0.9mm。

3）铝塑复合板的上下两层铝合金的厚度均应为 0.5mm，铝合金板与夹心层的剥离强度标准值应大于 7N/mm。

4）蜂窝铝板厚度分为：10mm、12mm、15mm、20mm、25mm 五种。厚度为 10mm 的蜂窝铝板应由 1mm 厚的正面铝合金板、0.5～0.8mm 厚的背面铝合金板及铝合金蜂窝黏结面成；厚度为 10mm 以上的蜂窝铝板，其正背面铝合金板厚度均为 1mm。

5）金属板材应沿周边用螺栓固定于横梁或立柱上，螺栓直径不应小于4mm，螺栓数量由计算确定。

幕墙金属材料、构件及密封材料的技术要求参见4.2节相关内容。

4.3.2 金属幕墙的安装施工

金属幕墙按施工方式不同，亦可分为构件式幕墙和单元式幕墙两种。下面主要介绍构件式金属幕墙的安装施工。

工艺流程：测量放线→连接件（连接角码）安装→金属骨架安装→金属板加工、安装→节点处理→密封→清理→验收。

施工要点：

1. 金属骨架及其他附件安装

1）金属幕墙工程的测量放线、连接件及金属骨架的安装等，参见4.2节相关内容。

2）金属龙骨安装完毕后，按建筑设计要求进行幕墙的防火、保温及防雷装置安装。

2. 金属板安装

在主体框架竖框上拉出2根通线，定好板间接缝的位置，按线的位置安装板材。金属板的安装应符合下列规定：应对横竖连接件进行检查、测量、调整；金属板安装时，左右、上下的偏差不应大于1.5mm；金属板空缝安装时，必须有防水措施，并应有符合设计要求的排水出口；金属板缝的宽度应符合设计要求。

（1）铝塑复合板安装

1）安装方法之一：

板材与副框连接：在侧面用抽芯铝铆钉紧固，抽芯铝铆钉间距应在200mm左右，板面与副框结合处用硅酮结构密封胶黏结。

副框安装：副框与主框的连接如图4-17所示，副框与主框接触处应加设一层胶垫。

铝塑复合板定位后，将压片的两脚插到板上副框的凹槽里，并将压片上的螺栓紧固，如图4-18所示。

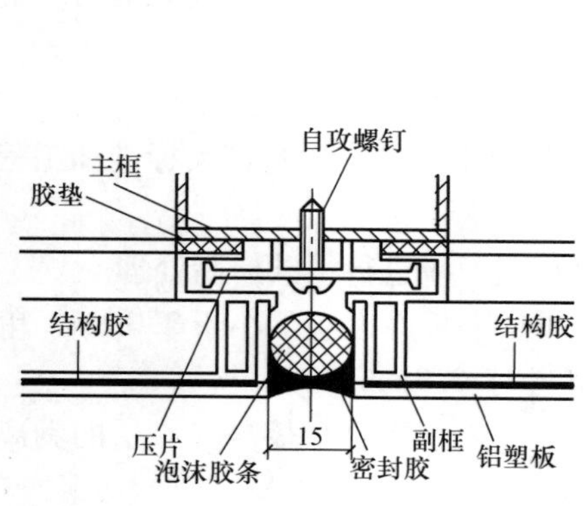

图4-17 副框与主框的连接示意

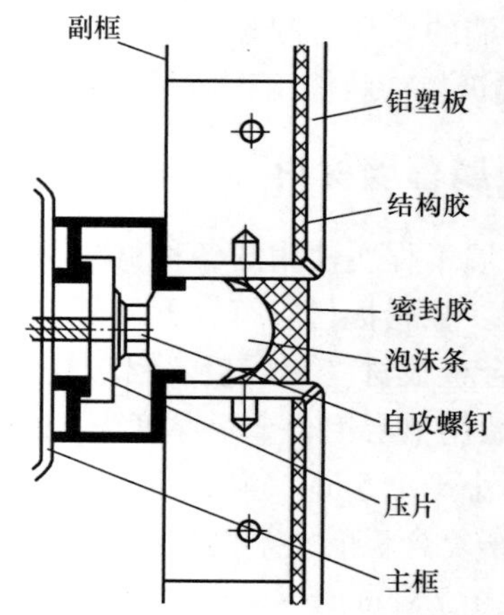

图4-18 铝塑板安装节点示意图（一）

2）安装方法之二：将铝塑复合板两端加工成圆弧直角，嵌卡在直角铝型材内。直角铝型材与角钢骨架用螺钉连接，如图 4-19 所示。

由于一般铝塑板表面的漆膜是用辊涂工艺生产的，涂层的颜色可能有一定方向性（特别是金属色），从不同的角度观察，铝塑板的感官颜色可能会有一定差异，为避免这种差异，铝塑板应按照同一生产方向（保护膜上标注的方向）安装。

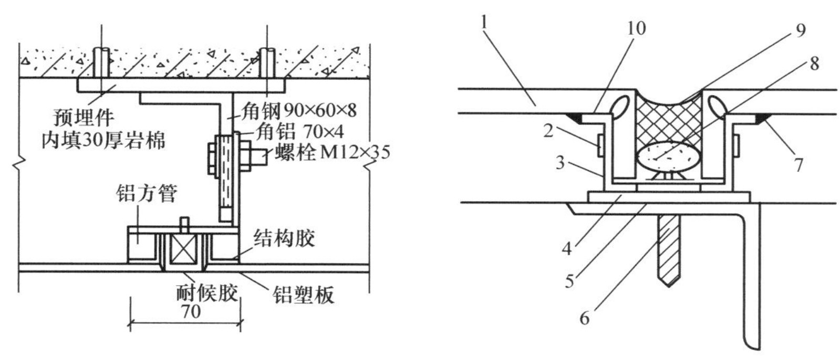

图 4-19　铝塑板安装节点示意图（二）
1—饰面板　2—铝铆钉　3—直角铝型材　4—垫片　5—角钢　6—螺钉　7—密封填料
8—支撑材料　9—密封材料　10—结构胶

（2）蜂窝铝板安装

安装方法之一：板材与板框连接，如图 4-20a 所示。用连接件与幕墙支承件（骨架）固定如图 4-20b 所示。

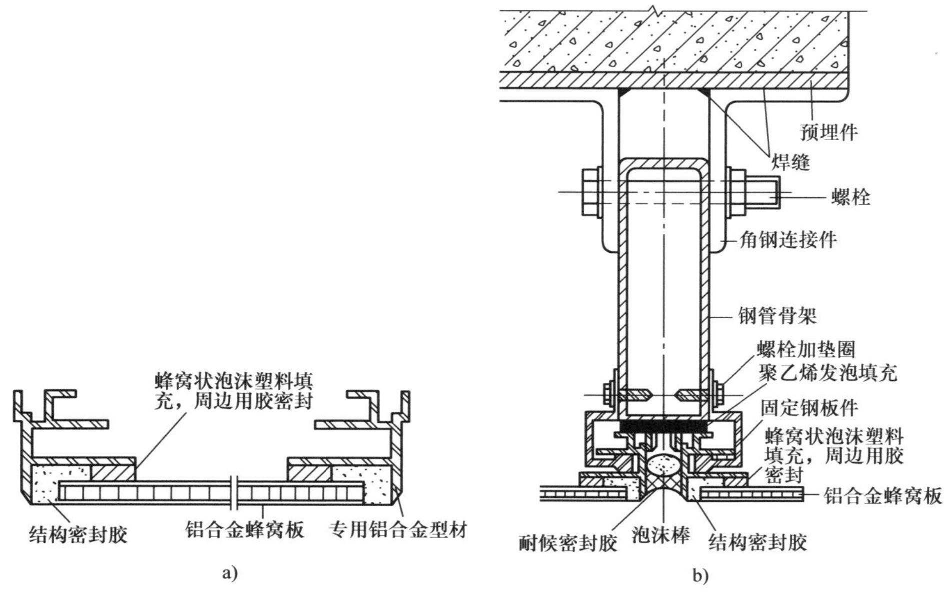

图 4-20　铝合金蜂窝板及安装构造（一）

安装方法之二：采用自攻螺钉将铝合金蜂窝板固定在方管支承件上，如图 4-21 所示。

安装方法之三：将两块成品铝合金蜂窝板用一块 5mm 的铝合金板压住连接件的两端，用螺栓拧紧，螺栓的间距 300mm 左右，如图 4-22 所示。

(3) 单层铝合金板、不锈钢板安装

将异型角铝与单层铝板（或不锈钢板）固定，两块铝板之间用压条（单压条或双压条）压住，用 M5 不锈钢螺钉固定在支承件横、竖框上，见图 4-23。

(4) 节点处理

对于边角、沉降缝、伸缩缝和压顶等特殊部位均需做细部处理。它不仅关系到装饰效果，而且对使用功能也有较大影响。因此，一般多用特制的铝合金成型板进行妥善处理。

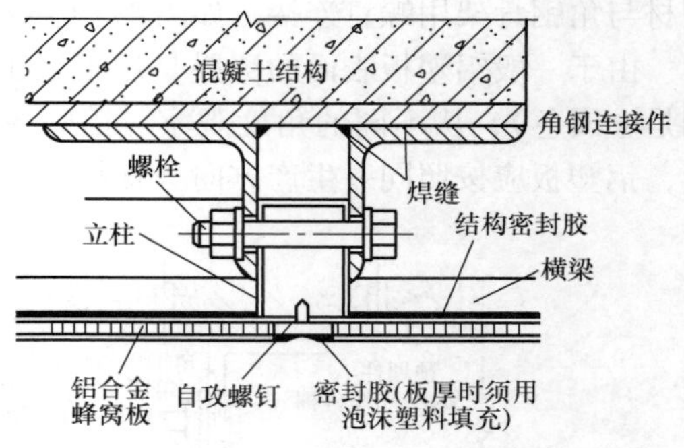

图 4-21 铝合金蜂窝板及安装构造（二）

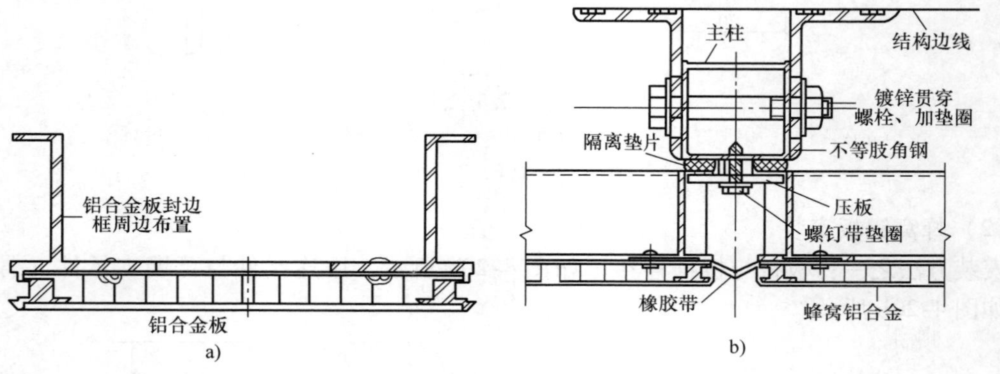

图 4-22 铝合金蜂窝板及安装构造（三）

a）铝合金蜂窝板 b）固定节点大样

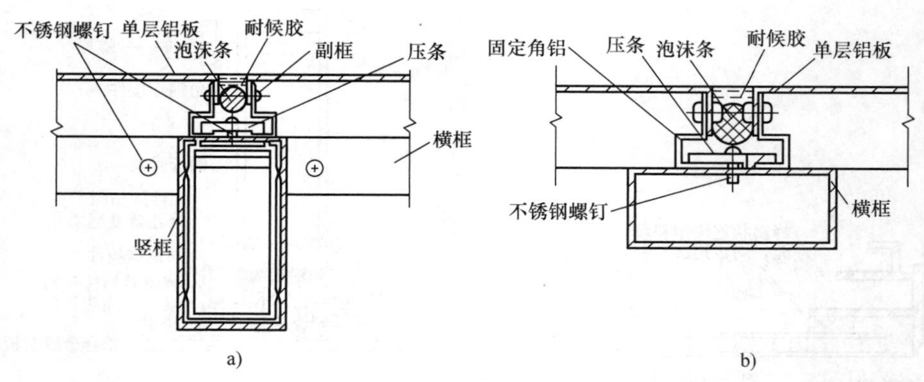

图 4-23 单层铝合金板幕墙安装

a）竖向节点示意 b）横向节点示意

1）转角处理。构造比较简单的转角处理，是用一条厚度 1.5mm 的直角形铝合金板，与外墙板用螺栓连接（图 4-24）。

2）水平部位处理。窗台、女儿墙的上部，均属于水平部位的压顶处理，即用铝合金板盖住，使之能阻挡风雨浸透。水平盖板的固定，一般先在基层焊上钢骨架，然后用螺栓将盖板固定在骨架上，板的接长部位宜留 5mm 左右的间隙，并用密封胶密封（图 4-25）。

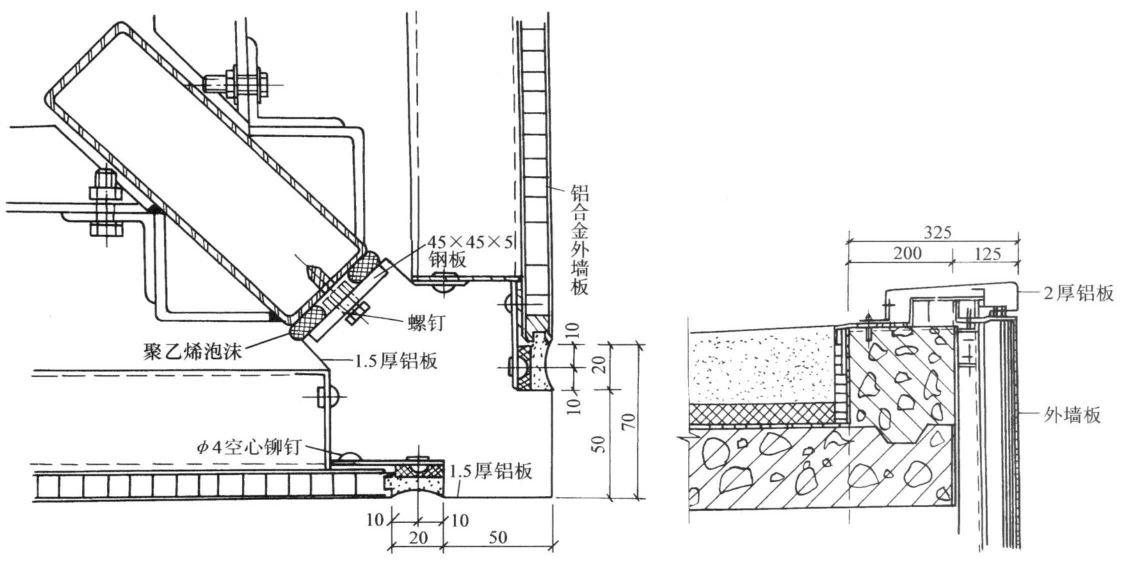

图 4-24　转角部位节点大样　　图 4-25　水平盖板构造

3）边缘部位处理。墙面边缘部位的收口处理，是用铝合金成型板将墙板端部及龙骨部位封住（图 4-26）。

4）墙下端处理。墙面下端的收口处理，是用一条特制的披水板，将板的下端封住，同时将板与墙之间的间隙盖住，防止雨水渗入室内（图 4-27）。

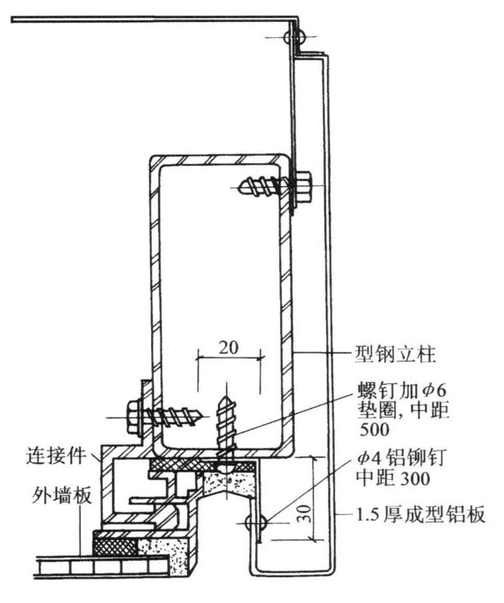

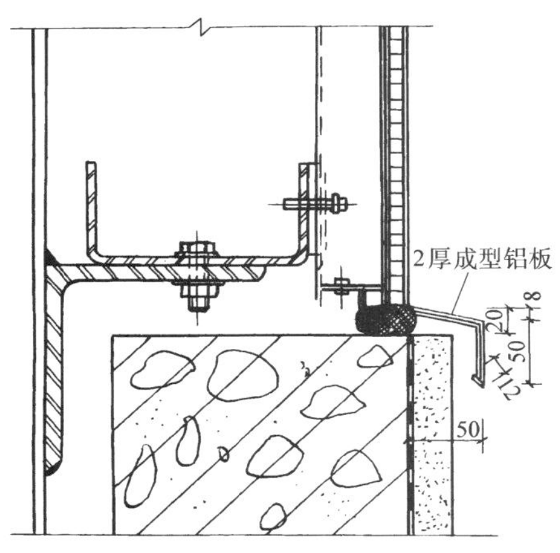

图 4-26　边缘部位收口处理　　图 4-27　墙面下端收口处理

5）伸缩缝、沉降缝的处理。首先要适应建筑物伸缩、沉降的需要，同时也应考虑装饰效果。另外，此部位也是防水的薄弱环节，其构造节点应周密考虑。一般可用氯丁橡胶带做连接和密封（图4-28）。

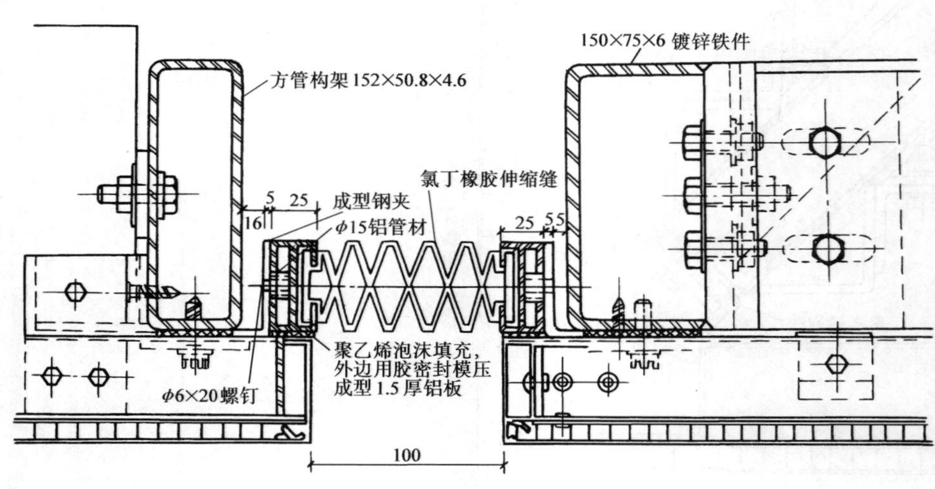

图4-28 伸缩缝、沉降缝处理

4.4 幕墙工程质量标准、成品保护及安全措施

1. 幕墙工程质量标准

幕墙工程质量应符合《建筑装饰装修工程质量验收规范》（GB 50210—2001）及相关规范的规定。幕墙安装的允许偏差和检验方法见表4-2～表4-6。

表4-2 明框玻璃幕墙安装的允许偏差和检验方法

项次	项目		允许偏差/mm	检验方法
1	幕墙垂直度	幕墙高度≤30m	10	用经纬仪检查
		30m＜幕墙高度≤60m	15	
		60m＜幕墙高度≤90m	20	
		幕墙高度＞90m	25	
2	幕墙水平度	幕墙幅宽≤35m	5	用水平仪检查
		幕墙幅宽＞35m	7	
3	构件直线度		2	用2m靠尺和塞尺检查
4	构件水平度	构件长度≤2m	2	用水平仪检查
		构件长度＞2m	3	
5	相邻构件错位		1	用钢直尺检查
6	分格框对角线长度差	对角线长度≤2m	3	用钢尺检查
		对角线长度＞2m	4	

表 4-3　隐框、半隐框玻璃幕墙安装的允许偏差和检验方法

项次	项　　目		允许偏差/mm	检验方法
1	幕墙垂直度	幕墙高度≤30m	10	用经纬仪检查
		30m < 幕墙高度≤60m	15	
		60m < 幕墙高度≤90m	20	
		幕墙高度 > 90m	25	
2	幕墙水平度	层高≤3m	3	用水平仪检查
		层高 > 3m	5	
3	幕墙表面平整度		2	用 2m 靠尺和塞尺检查
4	板材立面垂直度		2	用垂直检测尺检查
5	板材上沿水平度		2	用 1m 水平尺和钢直尺检查
6	相邻板材板角错位		1	用钢直尺检查
7	阳角方正		2	用直角检测尺检查
8	接缝直线度		3	拉 5m 线，不足 5m 拉通线，用钢直尺检查
9	接缝高低差		1	用钢直尺和塞尺检查
10	接缝宽度		1	用钢直尺检查

表 4-4　石材幕墙安装的允许偏差和检验方法

项次	项　　目		允许偏差/mm		检验方法
			光面	麻面	
1	幕墙垂直度	幕墙高度≤30m	10		用经纬仪检查
		30m < 幕墙高度≤60m	15		
		60m < 幕墙高度≤90m	20		
		幕墙高度 > 90m	25		
2	幕墙水平度		3		用水平仪检查
3	板材立面垂直度		3		用垂直检测尺检查
4	板材上沿水平度		2		用 1m 水平尺和钢直尺检查
5	相邻板材板角错位		1		用钢直尺检查
6	幕墙表面平整度		2	3	用 2m 靠尺和塞尺检查
7	阳角方正		2	4	用直角检测尺检查
8	接缝直线度		3	4	拉 5m 线，不足 5m 拉通线，用钢直尺检查
9	接缝高低差		1	—	用钢直尺和塞尺检查
10	接缝宽度		1	2	用钢直尺检查

表 4-5 金属幕墙安装的允许偏差和检验方法

项次	项目		允许偏差/mm	检验方法
1	幕墙垂直度	幕墙高度≤30m	10	用经纬仪检查
		30m＜幕墙高度≤60m	15	
		60m＜幕墙高度≤90m	20	
		幕墙高度＞90m	25	
2	幕墙水平度	层高≤3m	3	用水平仪检查
		层高＞3m	5	
3	幕墙表面平整度		2	用2m靠尺和塞尺检查
4	板材立面垂直度		3	用垂直检测尺检查
5	板材上沿水平度		2	用1m水平尺和钢直尺检查
6	相邻板材板角错位		1	用钢直尺检查
7	阳角方正		2	用直角检测尺检查
8	接缝直线度		3	拉5m线，不足5m拉通线，用钢直尺检查
9	接缝高低差		1	用钢直尺和塞尺检查
10	接缝宽度		1	用钢直尺检查

表 4-6 每平方米玻璃、石材及金属板的表面质量和检验方法

项次	项目	质量要求	检验方法
1	裂痕、明显划伤和长度＞100mm的轻微划伤	不允许	观察
2	长度≥100mm的轻微划伤	≤8条	用钢尺检查
3	擦伤总面积	≤500mm^2	用钢尺检查

2. 幕墙保护和清洗

1）对幕墙的构件、面板等应采取保护措施，不得使其发生碰撞变形、变色、污染和排水管堵塞等现象。

2）幕墙施工中其表面的黏附物应及时清除。

3）幕墙工程安装完成后，应及时制定清洁方案，清扫时应避免损伤表面。

4）清洗幕墙时，清洁剂应符合要求，清洁剂清洗后应及时用清水清洗干净，不得产生腐蚀和污染。

3. 幕墙安装施工安全

1）幕墙安装施工的安全措施除应符合现行行业标准《建筑施工高处作业安全技术规范》（JGJ 80）的规定外，还应遵守施工组织设计确定的各项要求。

2）安装幕墙用的施工机具和吊篮在使用前，应进行严格检查。手电钻、电动改锥、焊钉枪等电动工具应作绝缘电压试验；手持玻璃吸盘和玻璃吸盘安装机，应进行吸附重量和吸附持续时间试验。

3）施工人员作业时必须戴安全帽，系安全带，并配备工具袋。

4）幕墙安装与上部结构施工交叉作业时，结构施工层下方应架设防护网；在离地面 3m 高处，应搭设挑出 6m 的水平安全网。

5）现场焊接时，在焊件下方应设防火斗。

6）脚手板上的废弃杂物应及时清理，不得在窗台、栏杆上放置施工机具。

工程示例 4-1 北京航华科贸中心单元式幕墙安装

一、工程概况

北京航华科贸中心 01、02、03 楼外墙装饰采用隐框玻璃幕墙、石材幕墙和干挂石材。01 楼 35 层，总高 146m；02、03 楼 19 层，总高 78m；1～4 层层高 4.5m，5 层以上层高 3.9m。外墙总面积 53050m^2，其中单元式幕墙 47000m^2。

二、单元式幕墙制作、安装工艺

单元式幕墙一改传统的玻璃幕墙现场先安装纵横龙骨，再嵌装玻璃、石材或装饰板的施工方法，而是将龙骨框架、装饰面层（玻璃或石材）在工厂加工成为标准单元构件，现场按顺序依次吊装。该方法具有工厂式作业，组装质量可靠，现场安装速度快等特点。

1. 主要材料

铝材：印度尼西亚产铝型材。主框壁厚 4mm，截面 80mm×140mm。

玻璃：比利时（8+12+8）mm 厚镀膜中空玻璃和 8mm 厚单层玻璃。

石材：西班牙粉红麻花岗岩。

结构胶及密封胶：美国通用电气公司产品，SSG4400 双组分结构胶，SSG4000 单组分结构胶，SCS2000 单组分密封胶。

2. 单元式幕墙结构

1）本工程单元式幕墙标准单元尺寸按楼层高度定为 1500mm×3900mm，标准立面形式如图 4-29、图 4-30 所示。建筑物正立面为全玻璃幕墙，其他立面为玻璃和石材面层相间隔排列，并设有开启扇和不锈钢装饰带。

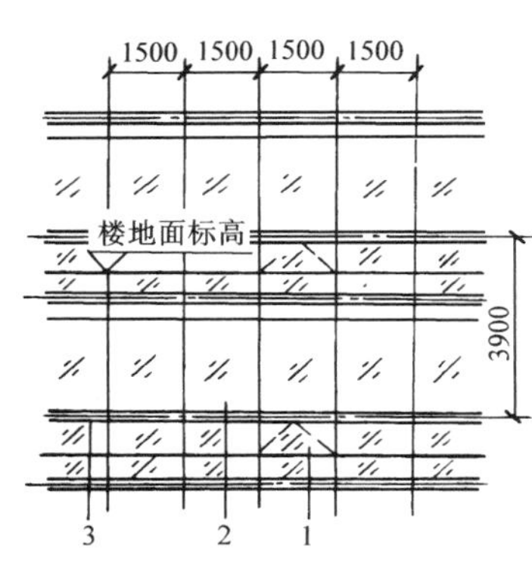

图 4-29 标准立面（一）

1—开启扇 2—玻璃幕墙 3—不锈钢装饰带

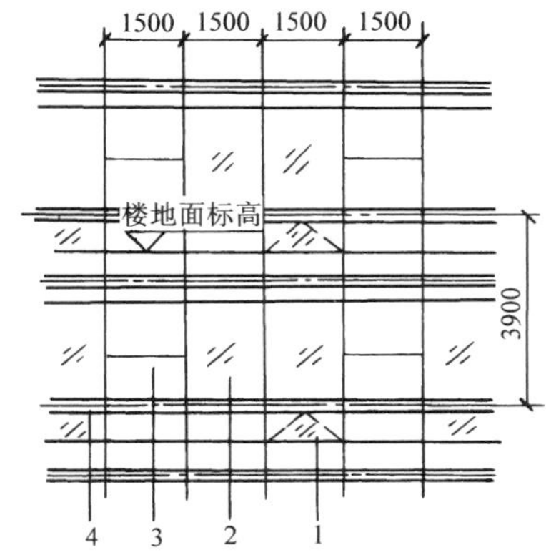

图 4-30 标准立面（二）

1—开启扇 2—玻璃幕墙 3—石材幕墙 4—不锈钢装饰带

2）埋件随结构施工按要求准确埋设，标准间距1500mm。埋件上焊接铁码，用于悬挂单元件。

3）全部单元件在工厂加工，运至现场进行吊装。每个单元件用2个10mm厚镀锌钢板制作的挂钩悬挂在铁码上。对连接部位和连接件均进行严格的设计计算。

4）相邻单元件用铝合金套筒和铝型材企口连接。企口垂直方向和水平方向设计28mm和10mm的位移量，实现了单元式幕墙的柔性连接，提高了抗震性能。企口亦形成了气仓，通过气仓减压，风荷载作用到幕墙密封处时室内外的压差基本等于零，在没有压力作用下的雨水很难穿透密封胶条。

5）单元结构水平剖面如图4-31所示，垂直剖面如图4-32所示。

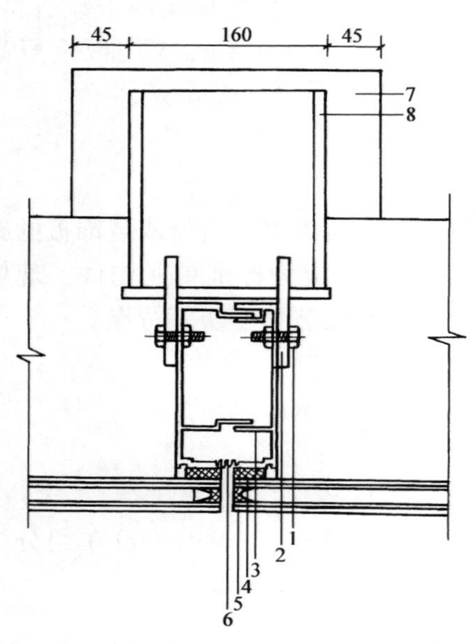

图4-31 单元结构水平剖面

1—M10×50不锈钢螺栓 2—幕墙挂钩 3—单元式幕墙企口铝型材 4—结构密封硅胶 5—（8+12+8）mm厚中空玻璃 6—胶条 7—预埋钢板 8—铁码

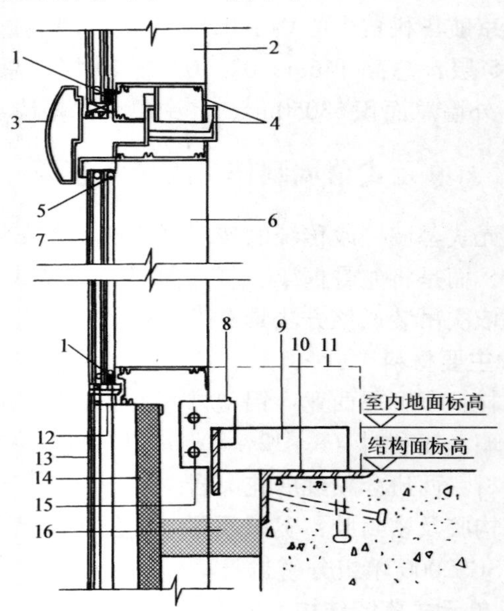

图4-32 单元结构垂直剖面

1—结构密封硅胶 2—上一块单元式幕墙 3—不锈钢装饰条 4—幕墙连接铝合金企口套筒 5—胶条 6—主框 7—（8+12+8）mm厚中空玻璃 8—幕墙挂钩 9—铁码 10—预埋件 11—装饰面层 12—结构密封硅胶 13—8mm厚单层玻璃 14—保温层 15—M10×50不锈钢螺栓 16—填充100mm厚防火棉

3. 单元式幕墙制作

幕墙单元件复杂的装配加工过程完全在工厂内完成。首先确定合理的组装工序，配备各种组装机具和人员，然后按工序先后排列生产，实行流水作业。其制作要点如下：

1）硅酮胶注胶须在室内进行。室内温度在8℃以上并要求干燥、清洁。凡用胶结合的材料表面必须采用专门的清洁剂，清洗干净后才可注胶。

2）已注胶的单元件要平放在养护区进行固化，不能随意移动及翻转，禁止阳光直射。

3）建立完善的检验制度和档案资料，包括自检、互检、单元件出厂质量检验和单元件进厂检查、注胶过程中黏结性测定、蝴蝶试验、剥离试验和双组分固化速度试验等。

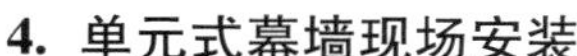

4. 单元式幕墙现场安装

（1）预埋件检查及铁码定位放线

1）预埋件随混凝土结构施工埋设，埋件应牢固、位置准确。

2）铁码定位基准线（标高和轴线控制点）按照主体结构控制轴线和各层标高线，由各相关单位共同确认。幕墙定位测量应与主体结构的测量相配合，及时调整偏差，不得积累。

3）根据基准线测设每个楼层的轴线控制线和标高控制线，做闭合校验，然后分别测设各预埋件的准确位置。在预埋件上划出幕墙分隔线的十字中心线并记录每个埋件的垂直度偏差。规范要求埋件水平方向偏差不大于20mm，标高偏差不大于10mm。单元式幕墙由于采用预埋件上另焊接铁码的安装方法，预埋件的允许偏差可允许至100mm，垂直方向偏差可允许至25mm。但在结构施工过程中仍应按规范要求偏差进行严格控制，以减少预埋件处理工作量。

4）在符合要求的埋件上，可进行铁码的初步固定。铁码中心点与预埋件上的十字中心线在水平方向上的偏差不得大于5mm。

（2）预埋件偏差处理

由于预埋件图纸、定位、制作及结构施工等方面的偏差，一部分预埋件位置偏差超过上述允许偏差，还有个别位置没有预埋件，因此要对铁码安装的预埋件进行特殊处理（图4-33～图4-35）。预埋件凸出结构外超出90mm者应作废，重新安装。

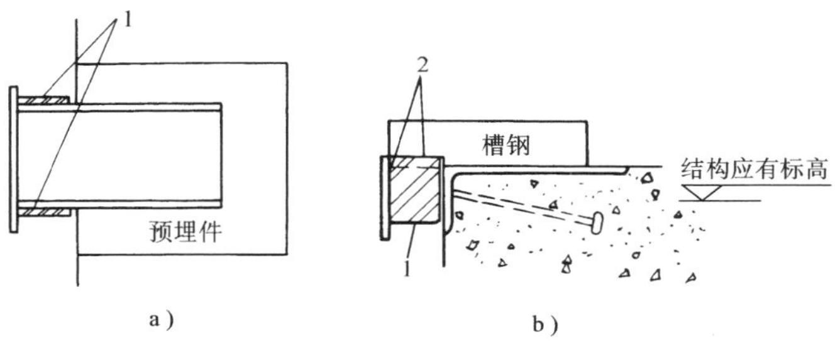

图4-33　预埋件位置偏高的处理方法

a）俯视图　b）侧视图

1—10mm厚补墙钢板　2—焊缝（50mm×9mm）

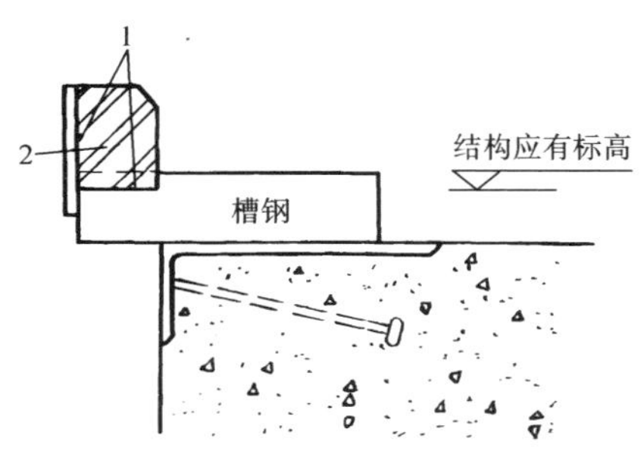

图4-34　预埋件位置偏低的处理方法

1—焊缝（50mm×9mm）　2—10mm厚补强钢板

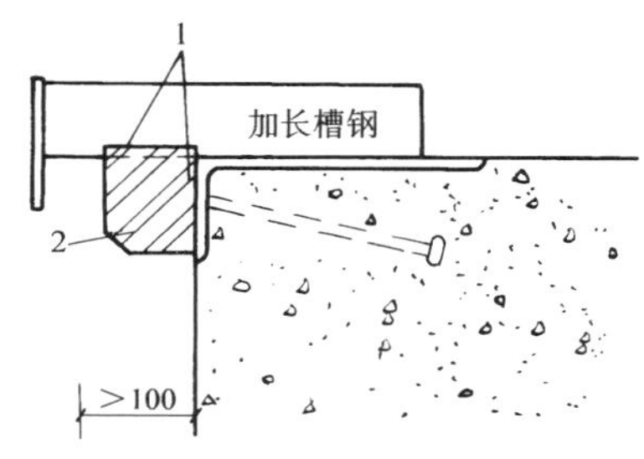

图4-35　预埋件偏差100mm以上的处理方法

1—焊缝（50mm×9mm）　2—补强钢板

焊接使用E422焊条，每条焊缝不小于50mm×9mm，焊接后刷防锈漆两道。补强铁板厚度大于10mm。膨胀螺栓使用M12×130，固定后应做现场拉拔试验，强度须满足设计要求。

(3) 铁码安装

铁码(图4-36)是由槽钢和钢板制作,焊接在预埋件上用于幕墙挂接的关键部件,对定位和焊接质量有严格要求。铁码定位时,使用经纬仪、水准仪、激光测距仪在预埋铁板上做出铁码中心十字线,摆放铁码。要求铁码定位点与十字线偏差不大于5mm,标高偏差不大于5mm。铁码和预埋件的焊缝严格按照图纸和规范要求。每个铁码完成后均进行隐蔽验收,并做记录,验收合格后方可进行单元件吊装。

(4) 单元式幕墙安装

由于幕墙单元件均在工厂加工成型,可随进场随安装,因此与普通玻璃幕墙相比,可大大缩短现场安装时间,并可减少交叉作业,有利于工程质量和成品保护。

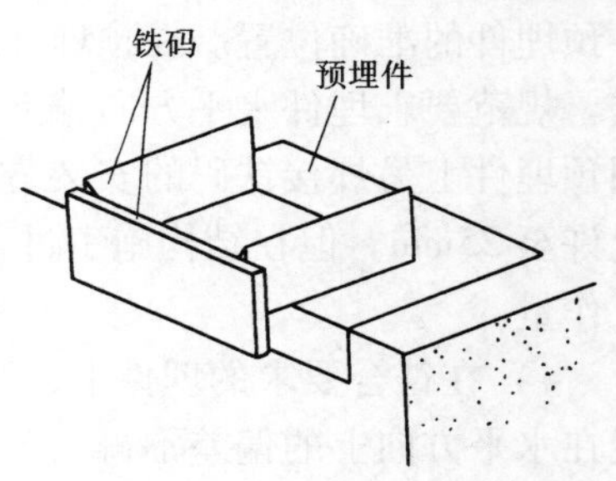

图4-36 铁码示意图

1) 单元件的吊装使用在屋面上安装的移动式起重机,每个单元件重300~400kg。

2) 单元件起吊后将单元件上的挂钩挂在铁码上,利用不锈钢斜垫片对幕墙标高等位置进行微调,要求安装偏差各方向不大于2mm。

3) 相邻单元件利用单元件铝合金套筒和铝型材企口连接。

4) 单元件吊装完毕,检验合格后即可进行下道工序,如层间防火处理、安装装饰件、打密封胶等。

第5章　大跨建筑结构安装施工

大跨建筑的结构形式很多，不同的结构形式采用的安装施工方法也不相同。本章主要介绍几种典型大跨建筑结构的安装施工，包括轻型门式刚架结构、空间网格结构、索结构和膜结构的安装施工。

5.1　大跨建筑结构形式与施工方法分析

大跨建筑的结构形式主要分为平面杆系结构、空间杆系结构（空间网格结构）和张力结构等。

5.1.1　平面杆系结构

平面杆系结构是指全部杆件和全部载荷均处于同一平面之内的杆系结构。大跨平面杆系结构包括桁架、拱、门式刚架结构等。

1. 桁架

在大跨建筑屋盖结构中，作为受弯的梁式体系，桁架是一种常见的结构形式。构成桁架的杆件主要有上弦杆、下弦杆、腹杆与竖杆等，其设计、制作与安装都比较简单。常用大跨屋架形式有梯形与拱形等桁架结构，如图5-1所示。

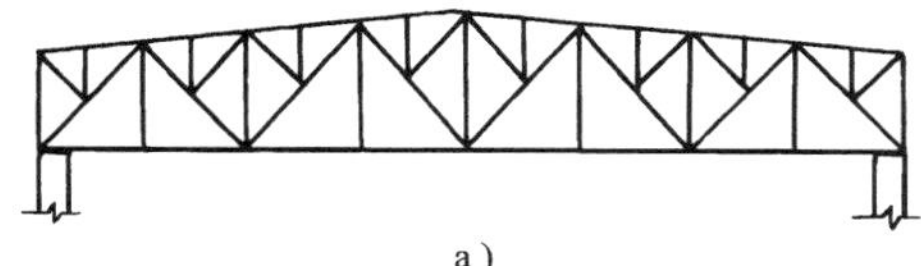

a）

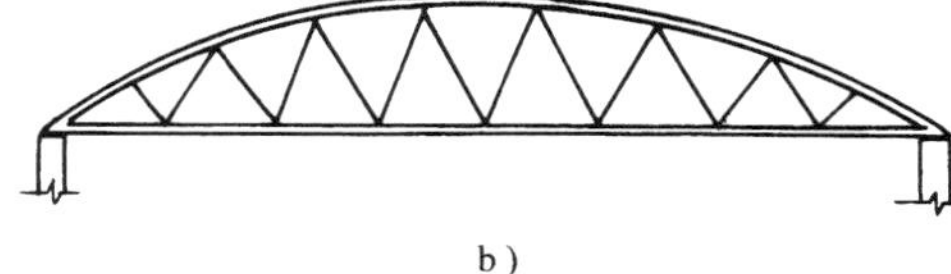

b）

图5-1　常用桁架形式

a）梯形桁架　b）拱形桁架

我国在北京人民大会堂中曾采用了60m跨度的钢屋架，在一些工业厂房中也曾建造了大跨度的梯形钢屋架。在北京民航港的机修库上，曾采用了60m跨度的预应力混凝土拱形桁架。大跨度桁架施工时，可在地面拼装，利用设在柱顶的千斤顶提升就位。

此外，在大型公共建筑中我国较多地采用了H型钢拼接的巨型钢桁架。如北京国贸中心45m×45m的展览大厅，四周柱距9m，采用4榀净跨44.5m、高4.2m的钢桁架；北京西客站主站房中央大门洞采用了4榀跨度45m、高8m的巨型钢桁架，最重每榀164t，为了便于运输和拼装，每榀巨型钢桁架分为6块，其分块和拼装顺序如图5-2所示。

北京西客站巨型钢桁架结构，由主次钢桁架组成（图5-3）。主桁架每个节间有10榀次桁架，高度与主桁架相同，最重每榀10t。次桁架间有次次梁，组成平面为43.8m×28.8m×8m的空间桁架结构，主桁架上弦顶标高+60.610m。安装采用24台大型液压千斤顶，336根钢绞线，计算机同步控制整体提升方案（主次桁架、上部钢亭和部分荷载提升总重为1818t）。

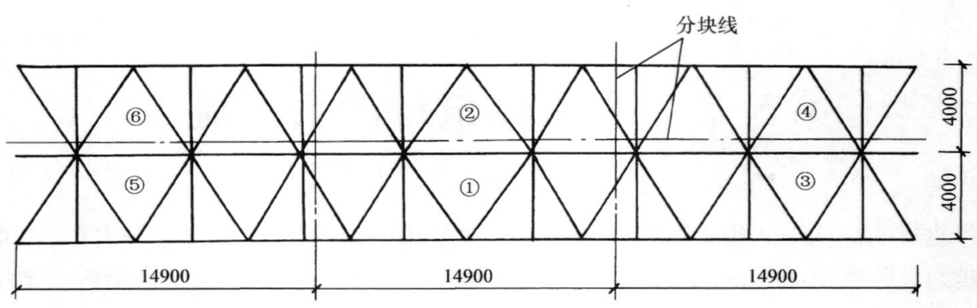

图5-2 北京西客站巨型钢桁架分块和拼装顺序

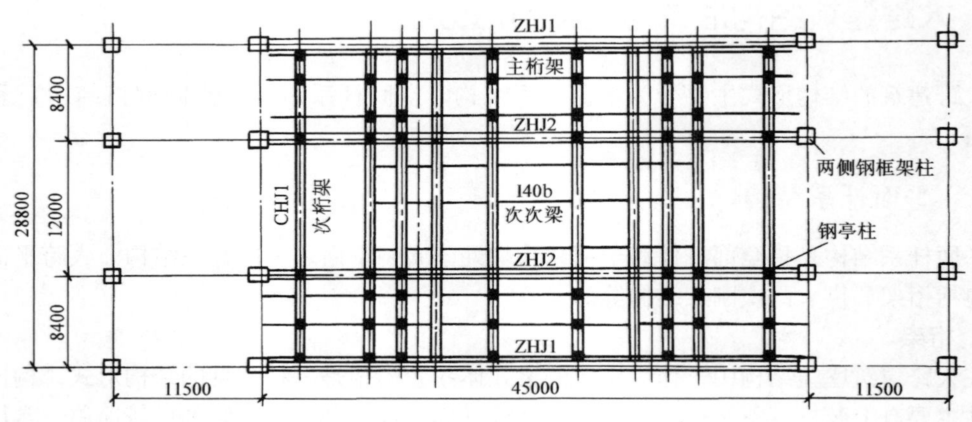

图5-3 北京西客站钢桁架平面布置

2. 拱

拱在大跨建筑中经常采用，特别是当建筑物要求墙体与屋顶连成一体时，落地拱尤为适用。拱在竖向均布荷载作用下，基本上处于受压状态，可采用钢筋混凝土材料制成。但在大跨度时，往往做成格构式钢拱。

大多数情况下，拱的轴线采用抛物线，其他如圆弧线、椭圆线、悬链线也可采用。按结构组成和支承方式，拱可分为三铰拱、两铰拱和无铰拱三类。

拱在拱脚处会产生推力，因此在设计、施工时必须保证可靠的传递或承受水平推力。对于落地拱来说，最理想的是将推力由基础直接承受（图5-4a），并由基础传给地基，但这要求有较好的地质条件。如果拱不能落地，而要设置在一定的高度上，则应考虑利用两侧的框架（图5-4b）或纵向水平边梁（图5-4c）来承受拱的推力，这时框架或边梁必须具有足够的水平刚度。有时也可在拱脚处设置三角形的钢筋混凝土框架（图5-4d），将拱推力通过框架传给地基。此外，也可以在拱脚处设立水平拉杆，这样支承拱的柱子就不承受拱的推力，受力大为简化。落地拱采用拉杆可设在地坪以下（图5-4e），以减少基础的负担，当地质条件不好时，落地拱采用拉杆也比较经济。大跨度拱的拉杆最好施加预应力。

我国在大庆化肥厂尿素仓库曾采用了60m跨度的三铰落地拱。陕西秦俑博物馆的展览厅也是三铰落地拱，跨度达67m，采用了格构式箱形组合截面。有一种将三铰拱和悬臂柱结合起来的结构体系也曾有效地用于大跨度结构中（图5-5）。这种结构体系特别适用于要求

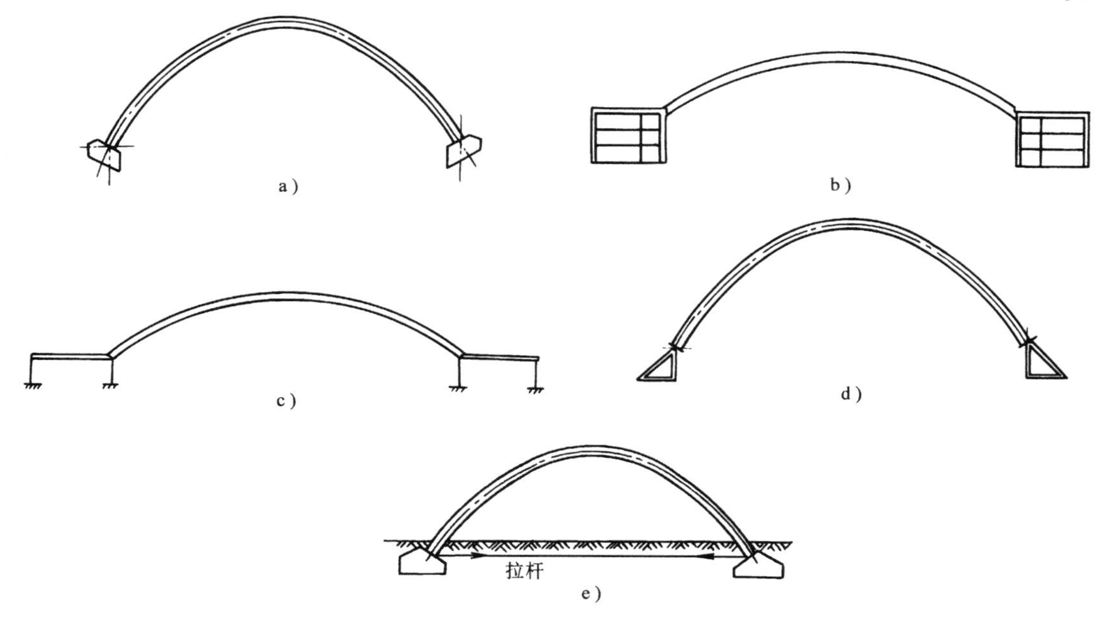

图 5-4　拱推力的处理

中间有上凸空间的建筑物，如 50m 跨度的云南体育馆及其他一些田径馆等。

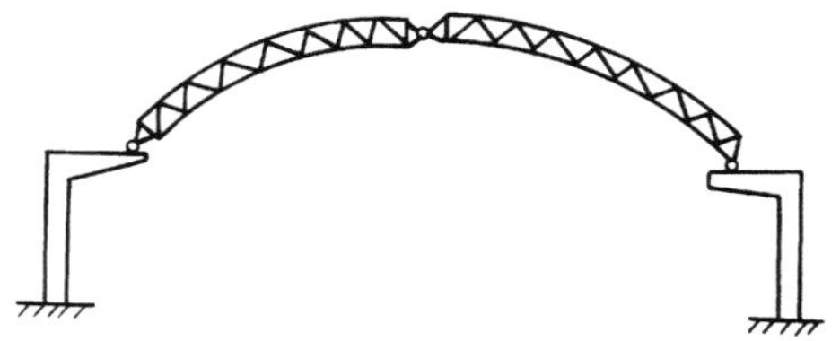

图 5-5　三角拱与悬臂柱的结合

3. 门式刚架

大跨度的门式刚架大多采用钢结构，当跨度达 50～60m 时，可以做成实腹式，跨度更大时，应做成格构式。门式刚架与拱一样，也分为三铰、两铰和无铰三类（图 5-6）。我国在辽河、沧州等地的化肥厂散装仓库中曾采了跨度为 54.5m 的三铰实腹式刚架。岳阳化肥厂散装仓库，跨度为 55m，采用了两铰格构门式刚架。北京体育馆的比赛馆采用了三铰格构式刚架，跨度为 56m。

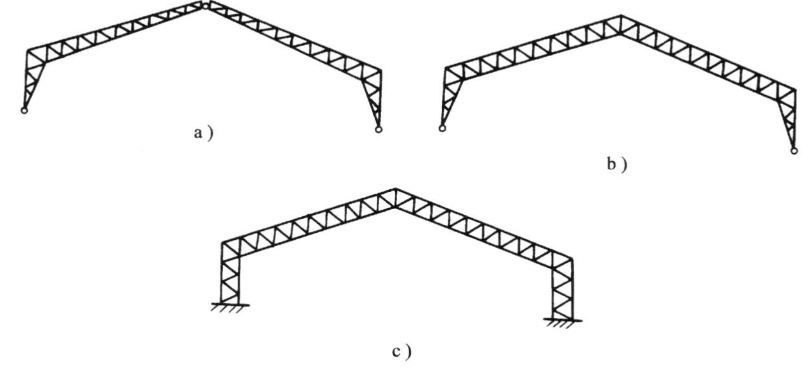

图 5-6　采用不同铰的门式刚架
a）三铰　b）两铰　c）无铰

20世纪90年代以来，随着彩色压型钢板、H型钢、冷弯薄壁型钢的引进和发展，我国大跨轻型门式刚架结构发展迅速，广泛用于大中型厂房、仓库、飞机库以及现代商业、文化娱乐设施和体育馆等大度跨建筑。

轻型门式刚架结构是指主要承重结构采用实腹门式刚架，围护结构采用轻型屋盖和轻型外墙的单层房屋钢结构。轻型门式刚架结构具有重量轻、造价低、安装方便、施工速度快，造型大方等特点，已经从屋面、墙面、墙架、保温层到承重结构，形成完整的体系，具有高度的系列化和装配化，被称为工业化全装配式结构。我国采用轻型门式刚架结构建造的北京西郊机场波音机库，建筑面积达5212m^2，跨度72m，安装工期仅为3个月。

5.1.2 空间杆系结构

空间杆系结构是指按一定规律布置的杆件、构件通过节点连接而构成的空间结构，包括网架、网壳以及立体桁架结构等。《空间网格结构技术规程》（JGJ 7—2010）将网架、网壳和立体桁架统称为空间网格结构。

1. 网架结构

网架结构是指按一定规律布置的杆件通过节点连接而形成的平板形或微曲面形空间杆系结构，主要承受整体弯曲内力。网架一般采用钢管通过螺栓球节点或焊接空心球节点连接；也可采用角钢通过高强度螺栓或贴角焊缝与节点板连接。

由于网架杆件与节点在工厂成批生产，制作完成后运到现场拼装，从而使网架的施工做到速度快、精度高、便于保证质量。网架结构平面布置灵活，不论是方形、矩形、圆形、多边形，甚至不规则的建筑平面都可以采用，适用于大跨度建筑的屋盖，是空间结构中采用最多的一种。

网架结构一般由三种基本单元组成，即平面桁架、四角锥体、三角锥体（图5-7）。其常用的网架结构形式如图5-8所示，图中上弦、下弦、腹杆分别以粗线、细线与虚线表示，上弦节点是空心圆点，下弦节点则为实心圆点。

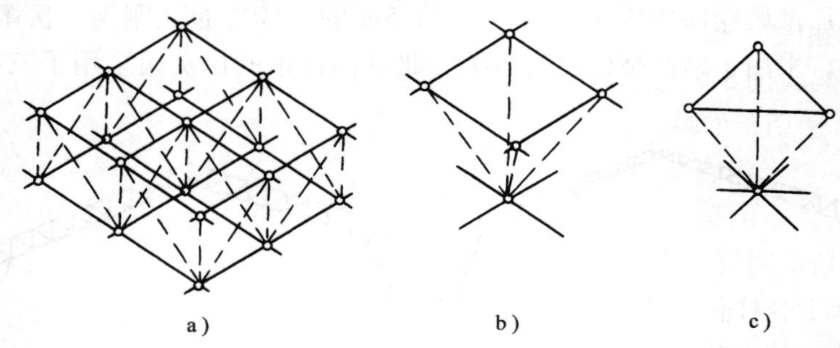

图5-7 网架结构的基本单元

a）平面桁架 b）四角锥体 c）三角锥体

（1）桁架体系网架

1）两向正交正放网架（图5-8a）。这种形式的网架具有图形与节点连接简单的优点，且在两个平面内的所有弦杆长度相同并以90°相交。但由于抗扭强度较差，沿周边宜设置水平支撑。

2）两向正交斜放网架（图5-8b）。这种网架的网格布置与两向正交正放网架完全相同，

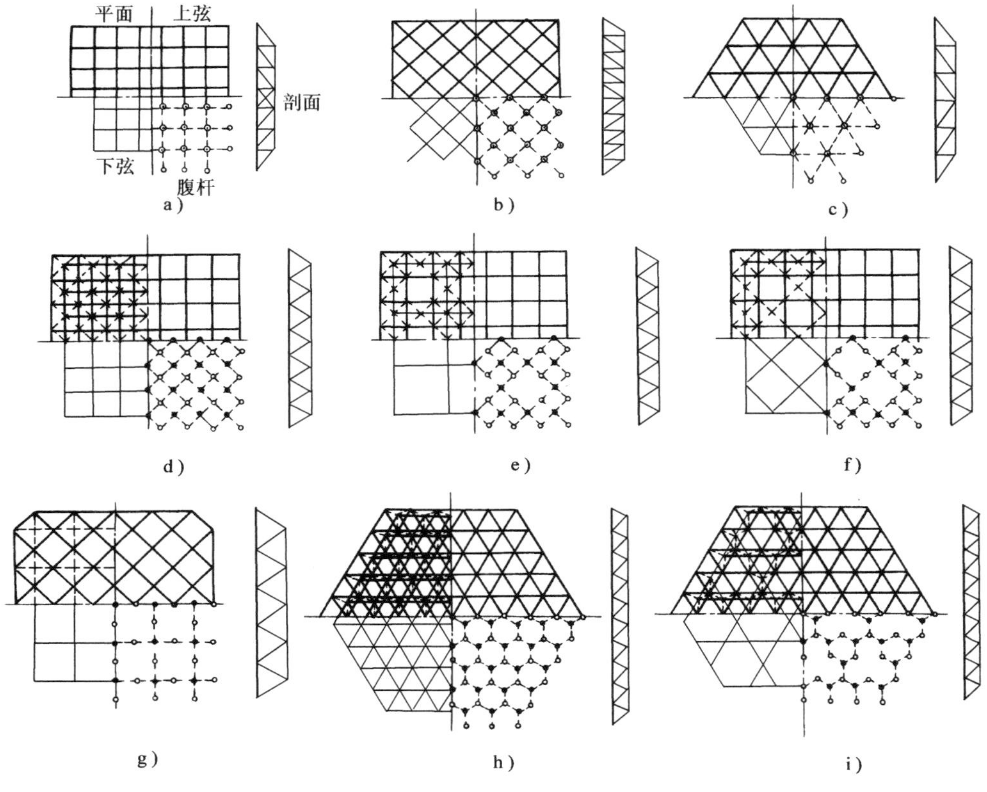

图 5-8　常用网架结构形式

a）两向正交正放网架　b）两向正交斜放网架　c）三向网架　d）正放四角锥网架　e）正放抽空四角锥网架　f）棋盘形四角锥网架　g）斜放四角锥网架　h）三角锥网架　i）抽空三角锥网架

只是在平面上斜放，即与周边以 45°相交。在每一相交点，两个方向桁架的跨度各不相同。由于桁架的高度相等，每榀桁架的刚度随其跨度而变化。

3）三向网架（图 5-8c）。这种网架所有弦杆均以 60°相交形成等边三角形，是一种刚度较强的形式，适用于如圆形、多边形的平面。由于有多根杆件在一个节点相汇，最多的达 13 根，因此它的节点构造比较复杂。

（2）四角锥体系网架

1）正放四角锥网架（图 5-8d）。这是一种最常用的网格布置。它将上弦与下弦的网格错开半格，除上下弦杆长度相等外，如果腹杆与弦杆平面夹角为 45°时，则所有杆件长度都相等。这种形式的基本单元是一个四角锥，一些网架体系都以此作为预制单元，在工厂制成后运到现场拼装。

2）正放抽空四角锥网架（图 5-8e）。网格布置与正放四角锥网架完全相同，只是交替地抽去了一些内部的四角锥单元，使下弦形成较大的网格。这样就减少了杆件数量，也减轻了重量。

3）棋盘形四角锥网架（图 5-8f）。这种网架的上弦杆正放，下弦杆斜放，上下两个平面以 45°相交，从而增加了抗扭刚度。其优点是上弦短，适于受压，而下弦长，适于受拉，虽然减少了不少杆件，但整个体系还是稳定的。

4）斜放四角锥网架（图5-8g）。网格布置与棋盘形四角锥网架刚好相反，即上弦杆件为斜放、下弦杆件正放。这种斜放的四角锥体在顶点以杆件相连，节点相汇的杆件数量较少，节点构造也相对比较简单。

（3）三角锥体系网架

1）三角锥网架（图5-8h）。这种网架以三角锥作为基本单元，在顶点以杆件相连，这样使上弦的三角形网格与下弦网格错开。如果网架高度为弦杆长度的 $\sqrt{2/3}$，则所有杆件长度相等。

2）抽空三角锥网架（图5-8i）。如同正放抽空四角锥网架一样，这种网架也是交替地抽去了一些内部的三角锥单元形成的，这样上弦形成三角形网格，而下弦则形成六角形网格。根据不同的抽空方式，下弦网格的图形还可以有所变化。

网架结构的支承方式有以下几种：

1）周边支承。这是最普遍采用的支承方式。网架的支座既可直接搁置在柱子上，也可搁置在由柱子或外墙支承的圈梁上，这时网架的网格布置应注意与柱间距相匹配。

2）多点支承。对单跨的大跨度建筑物，可采用多根独立的柱子支承网架，柱子的数量一般为4～8根。多点支承的网架，周边应有适当的悬挑，以减少跨中杆件的内力和挠度，悬挑长度一般取跨度的1/4～1/3。当四点支承时不宜将柱子设置在四角。

3）三边支承，一边自由。在矩形平面的建筑物中，由于使用要求（如飞机库需设大门）或考虑以后扩建，需要在一边开口，这时可采用这种支承方式。开口边不需要另外加设托架，而可采用以下方法：当跨度较大时或平面比较狭长时，可在开口边局部增加网架层数，形成三层网架；跨度较小时则可将整个网架的高度适当加大。

在我国网架结构一直是各种大型体育建筑的主要结构选型。其中最早的首都体育馆采用了正交斜放的平面桁架系网架，平面尺寸为99m×122m，采用16Mn（Q345）角钢以高强度螺栓连接，网架的耗钢量为65kg/m^2。上海体育中心的万人体育馆与游泳馆采用了由圆钢管与焊接空心球节点组成的三向网架。体育馆平面为圆形，直径110m加上周边悬挑总尺寸为125m。游泳馆平面为不对称的六边形，外包尺寸为90m×90m。深圳体育馆采用了四柱支承网架，平面为90m×90m，支柱间距63m，网架每边悬挑出13.5m。

大型飞机库也常采用网架结构形式，如成都双流机场140m双机位机库、上海虹桥机场150m双机位机库、厦门机场155m双机位机库等。作为飞机库来说，建筑物的一边需要敞开以便设置机库大门，同时在屋盖下还要求悬挂吊车，因此采用三边支承、一边自由的网架是一种合理的结构选型。北京首都机场的四机位飞机库，跨度为2×153m（双跨），进深90m，采用斜放四角锥焊接空心球节点三层网架，可同时容纳四架波音747大型客机进行维修（图5-9）。大门开口处采用了两跨连续的梯形截面空间桁架，其杆件为H形焊接钢板，采用高强度螺栓连接。屋盖设置10t多支点悬挂吊车。整个网架有18000个杆件、6000多个节点，屋盖钢结构耗用钢材共约5000t。

随着大规模工业的发展，网架结构已广泛用于大跨度、大柱网的单层工业厂房中，有效地取代了过去常用的钢筋混凝土薄腹梁或拱形屋架，使屋盖自重大大减轻。如上海江南造船厂装焊车间跨度60m、柱距18m、长254.5m，采用了由正放四角锥组成的三层网架，网架用钢量54kg/m^2，比一般钢桁架节约钢材26.3%；长春第一汽车制造厂轿车安装车间，柱网尺寸21m×21m、面积8万m^2（189.2m×421.6m），采用焊接球节点网架，网架用钢量

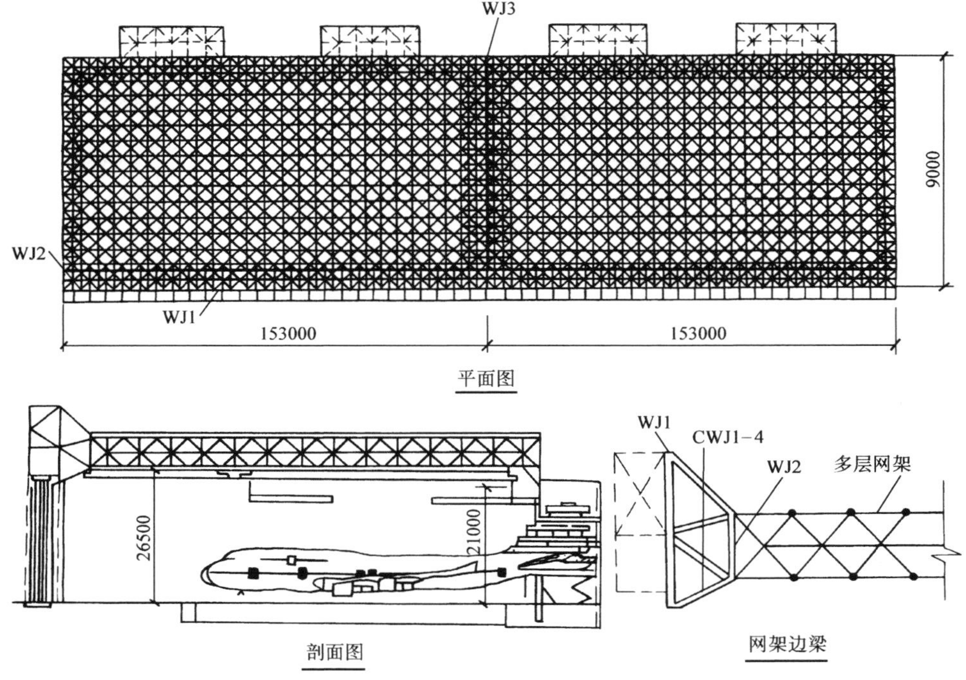

图5-9 北京首都机场四机位飞机库网架

31kg/m^2；天津无缝钢管厂加工车间，柱网36m×18m，面积6万m^2（108m×564m），网架用钢量32kg/m^2，比一般钢桁架节约钢材47%。

厂房屋盖结构采用三层网架，可使结构具有足够的竖向刚度以限制由荷载引起的挠度，同时强大的水平刚度也能够承受重级工作制的吊车水平刹车力。

2. 网壳结构

网壳结构是指按一定规律布置的杆件通过节点连接而形成的曲面状空间杆系或梁系结构，主要承受整体薄膜内力。网壳结构从构造上来说，分为单层与双层网壳两大类。单层网壳是刚接杆件体系，而双层网壳是铰接杆件体系。考虑到网壳的稳定问题，单层网壳的跨度不宜过大。

网壳结构的常见形式有以下四种：圆柱面网壳、球面网壳、椭圆抛物面网壳、双曲抛物面网壳。

（1）圆柱面网壳

圆柱面网壳是外形为圆柱面的单层或双层网壳结构。单层圆柱面网壳可采用单向斜杆正交正放网格、交叉斜杆正交正放网格、联方网格及三向网格等形式（图5-10）。

1）正交正放网格：由纵向与环向杆件互成直角连接而成的方形网格单元。包括单向斜杆正交正放网格、交叉斜杆正交正放网格。

2）联方网格：由二向斜交杆件构成的菱形网格单元。

3）三向网格：由三向杆件构成的类等边三角形网格单元。

（2）球面网壳

球面网壳是外形为球面的单层或双层网壳结构。单层球面网壳可采用肋环型、肋环斜杆

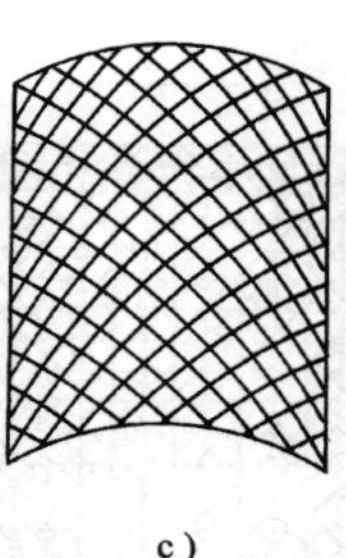
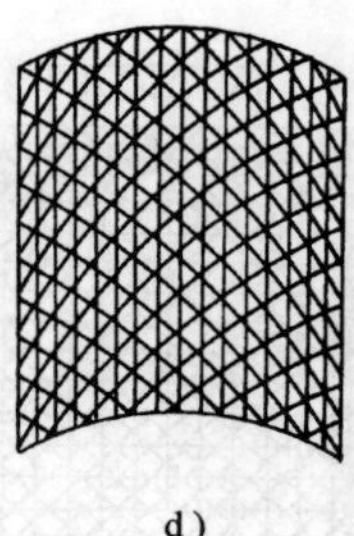

图5-10　圆柱面网壳的网格

a）单向斜杆正交正放网格　b）交叉斜杆正交正放网格　c）联方网格　d）三向网格

型、三向网格、扇形三向网格、葵花形三向网格、短程线型等形式（图5-11）。

1）肋环型。球面上由径向与环向杆件构成的梯形网格单元。

2）肋环斜杆型。球面上由径向、环向与斜杆构成的三角形网格单元。

3）扇形三向网格。球面上径向分为n（$n=6$、8）个扇形曲面，在扇形曲面内由平行杆件构成联方网格，与环向杆件共同形成三角形网格单元。

4）葵花形三向网格：球面上由放射状二向斜交杆件构成联方网格，与环向杆件共同形成三角形网格单元。

5）短程线型：以球内接正20面体相应的等边球面三角形为基础，再作网格划分的三向网格单元。

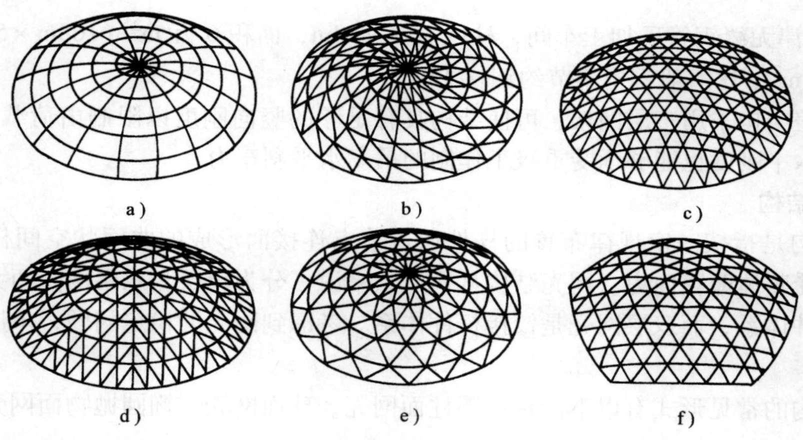

图5-11　球面网壳的网格

a）肋环型　b）肋环斜杆型　c）三向网格　d）扇形三向网格　e）葵花形三向网格　f）短程线型

（3）椭圆抛物面网壳

椭圆抛物面网壳是外形为椭圆抛物面的单层或双层网壳结构。单层椭圆抛物面网壳可采用三向网格（图5-12a）、单向斜杆正交正放网格（图5-12b）等形式。

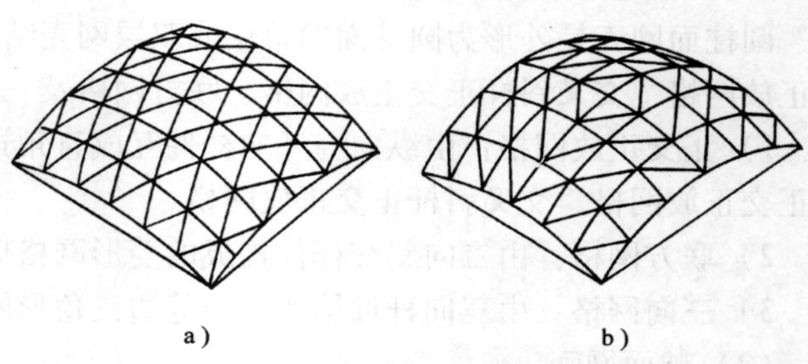

图5-12　椭圆抛物面网壳的网格

（4）双曲抛物面网壳

双曲抛物面网壳是外形为双曲

抛物面的单层或双层网壳结构。单层双曲抛物面网壳宜采用三向网格（图 5-13a），其中两个方向杆件沿直纹布置；也可采用两向正交网格（图 5-13b），杆件沿主曲率方向布置，局部区域可加设斜杆。

以上各种形式的网壳做成双层时，可由两向、三向交叉的桁架体系或由四角锥体系、三角锥体等组成，其上、下弦网格可采用单层网壳的方式布置。

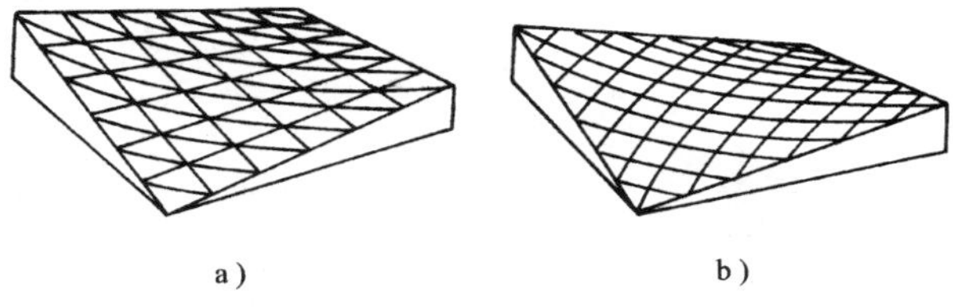

图 5-13　双曲抛物面网壳的网格

20 世纪 80 年代后期，由于对建筑功能和建筑造型多样化的要求，以及网壳结构与网架结构生产条件相同，国内已具备现成的基础，网壳呈现了快速发展的趋势。其构造采用了与网架相同的钢管构件与球节点。

1990 年为第十一届亚洲运动会兴建的体育馆中就有两个造型各异的网壳结构。拥有 3000 座的石景山体育馆，屋盖平面为正三角形，边长 99.7m，由 3 片四边形的双曲抛物面双层网壳组成，所有杆件采用圆钢管并以焊接空心球连接，总面积为 $8400m^2$。北京体育学院体育馆同样为 3000 座席，面积为 $7200m^2$，外围尺寸 59m×59m 的屋盖由 4 片双曲抛物面双层网壳组成。

1991 年兴建的中国科技馆球幕影院，采用了直径 35m 的短程线形双层球面网壳。

1994 年兴建的天津体育中心比赛馆，采用了肋环斜杆型双层球面网壳，平面直径 108m，周围的悬挑 13.5m，网壳厚度 3m。整个网壳耗用了 7441 根圆钢管、1906 个焊接空心球，耗钢量为 $42kg/m^2$。

1995 年建成的黑龙江速滑馆用以覆盖 400m 的速滑跑道的主体结构，采用由中央圆柱面壳和两端半球壳组成的双层网壳，其轮廓尺寸为 86m×195m。网壳的中央部分采用正放四角锥体系，两端采用三角锥体系，网格的尺寸在 3m 左右，双层网壳的厚度取为 2.1m（图 5-14）。网壳支承在由环梁和一系列三角形框架组成的下部结构上。网壳采用螺栓球节点连接，共有 16000 多根杆件和近 4000 个球节点，总用钢量为 745t，折合单位水平面积的耗钢量为 $50kg/m^2$。

2007 年建成的国家大剧院主体结构采用了双层网壳结构形式，建筑外壳由 18000 多块钛金属板拼接而成。网壳呈半椭球形，东西方向长轴长度为 212.20m，南北方向短轴长度为 143.64m，建筑物高度为 46.285m。整个网壳由顶环梁、梁架构成骨架，梁架之间由连杆、斜撑连接。斜撑及连杆均采用钢管，短轴梁架之间连杆节点采用铸钢节点连接，长轴梁架连杆采用钢套筒连接。

2010 年建成的上海世博轴阳光谷工程，由 6 个“喇叭花”形状的阳光谷组成，是世博轴标志性建筑之一。阳光谷结构体系均为三角形网格组成的单层网壳钢结构，网壳单元由节点和杆件组成，单元面层铺设有三角形玻璃幕墙。每个阳光谷高度均为 41.5m，最大的底部直径约 20m，最大顶部直径约 90m，6 个总面积为 $31500m^2$。

网壳结构在工业建筑的散料仓库中也得到了广泛应用，比起传统的刚架或拱在材料消耗与造价上都有明显的优势。对于贮存松散材料，落地的筒状壳体的外形最符合散料堆放的要求。河南中原化肥厂的尿素仓库采用了跨度为 58m 的双层圆柱面网壳，其长度为 138m，净

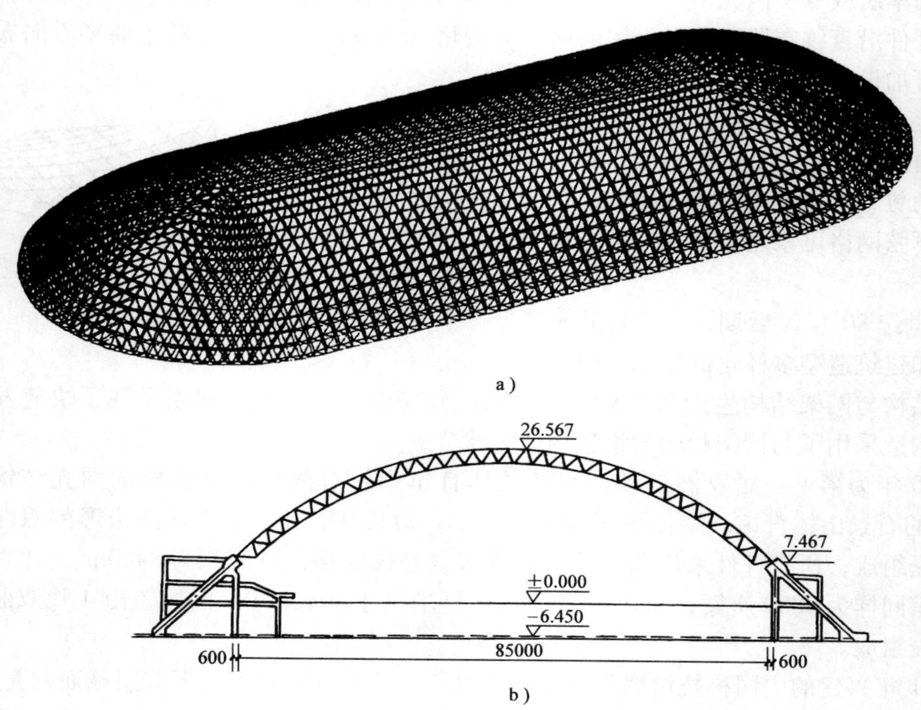

图 5-14 黑龙江速滑馆网壳
a）网壳结构全貌 b）屋盖结构剖面

高 22.5m。嘉兴发电厂干煤棚（103.5m×88m）网壳外形曲线采用了接近于椭圆的三心圆柱面，即曲面分为三段，由半径为 63m 的大圆与两段半径为 37.4m 的小圆组成，矢高为 37.2m。网壳的布置为斜置正放四角锥，网格尺寸 4m×4m，厚 3.5m，耗钢量 $62kg/m^2$。

3. 立体桁架

立体桁架是指由上弦、腹杆与下弦杆构成的横截面为三角形或四边形的格构式桁架。横截面为倒三角形或正三角形的立体桁架，如图 5-15 所示。这种结构的最大优点是：桁架本身是立体的，平面外刚度大，自成一稳定体系，有利于吊装，因而可以简化甚至取消平面桁架需要设置的支撑。立体桁架虽然是由空间立体交叉的杆件构成，但仍能简化为平面桁架来分析，只要将计算所得的内力平均分配给弦杆或腹杆即可。

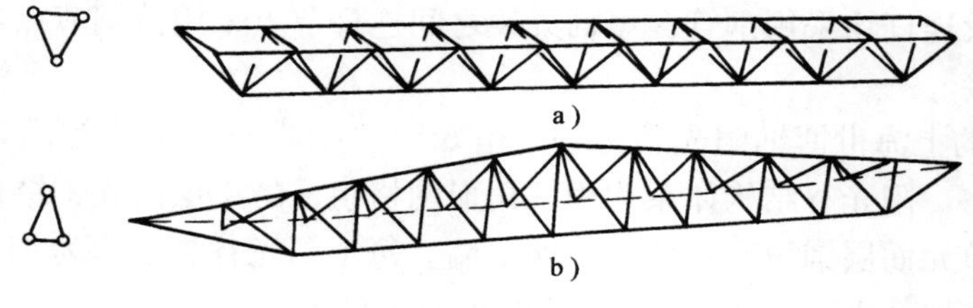

图 5-15 立体桁架
a）倒三角形 b）正三角形

由于立体桁架节省了支撑，比一般的平面桁架可节省钢材 1/3。它也相当于整个节间都抽空的四角锥网架，耗钢量甚至比网架都低，加之构造简单，可以单独吊装，在我国应用相当普遍。如广西体育馆和内蒙古体育馆，采用了 54m 跨度的倒三角形立体桁架；由我国设计的援外工程贝宁科托努体育馆，跨度达 66m。

近十几年来，大跨度立体拱形钢管桁架在机场航站楼、会展中心等大型建筑中广泛应用。这类结构轻巧美观、受力合理、刚度大、重量轻、杆件单一、制作安装方便。如南京国际展览中心屋盖结构，采用了跨度为 75m 的立体拱形钢管桁架（图 5-16）；首都国际机场新航站楼中央大厅屋盖结构，采用了跨度为 36m 的立体钢管拱架，钢管材料为 ϕ244.5 × 6.3、ϕ139.7 ×5、ϕ114.3 ×5，每榀 15t，最大安装标高 +28.700m（图 5-17），该钢管拱架安装采用现场卧拼（拱形不宜立拼）、空中翻身、分条单元组装（2 ~3 榀桁架组装成一个单元）、滚动滑移法就位等工艺。

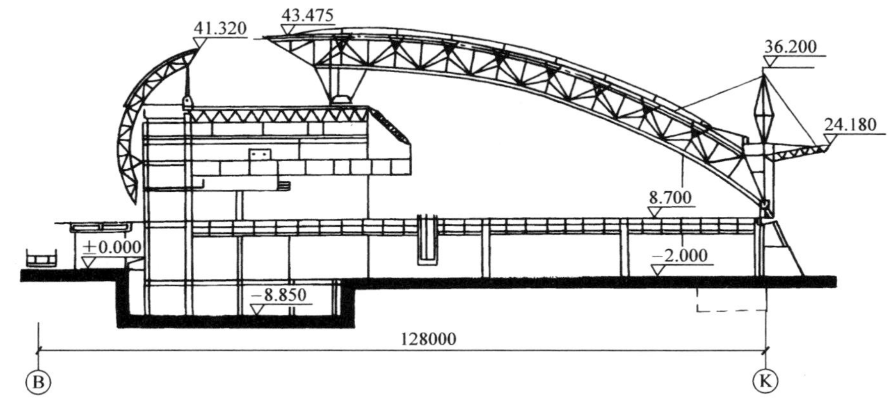

图 5-16　南京国际展览中心立体钢管拱架

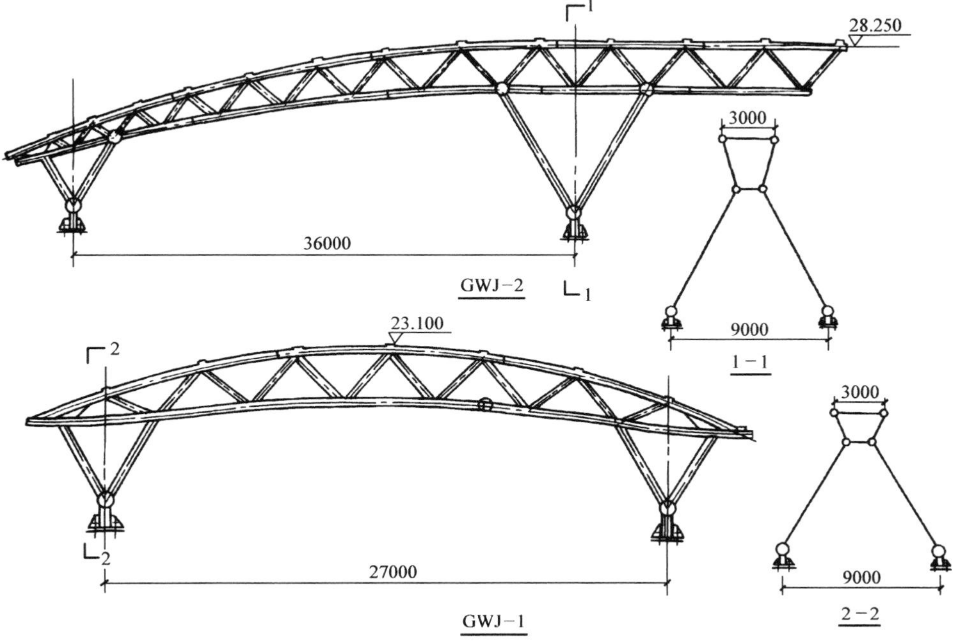

图 5-17　首都国际机场新航站楼中央大厅立体钢管拱架

5.1.3 张力结构

张力结构是指以现代高强度金属材料（或复合材料）作为结构主要受力构件，以张力作为构件主要受力形式的一种新型结构体系。它包括索结构和膜结构等。

1. 索结构

索结构是指以拉索作为主要承重构件而形成的预应力结构体系，包括悬索结构、斜拉结构、张弦结构及索穹顶等。

（1）悬索结构

悬索结构由一系列作为主要承重构件的悬挂拉索按一定规律布置而组成的结构体系，包括单层索系（单索、索网）、双层索系及横向加劲索系。

悬索结构最突出的优点是所用的钢索只承受拉力，因而能充分发挥高强度钢材的优越性，这样就可以减轻屋盖的自重，使悬索结构的跨度增大。此外，悬索结构还适用于多种多样的平面与立体图形，能充分满足建筑造型的需要。

1）单索。当平面为矩形或多边形时，可将拉索平行布置构成单曲下凹屋面（图5-18a），拉索端部悬挂在水平刚度大的横梁上，也可直接由柱子支承。当平面为圆形时，拉索可按辐射状布置构成碟形的屋面，拉索的周边支承在受压圈梁上，中心宜设置受拉环（图5-18b）。当平面为圆形并允许在中心设置立柱时，拉索可按辐射状布置构成伞形屋面（图5-18c）。

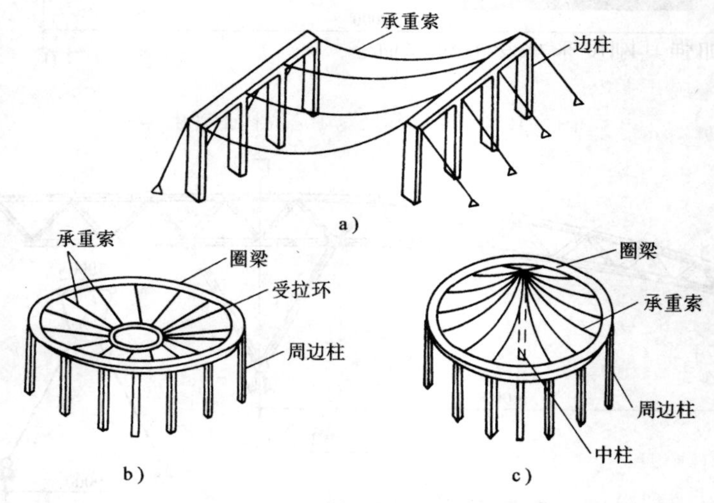

图5-18 单层索系

2）索网。由两组正交的、曲率相反的拉索直接叠交组成，其中下凹的一组是承重索，上凸的一组是稳定索（图5-19）。在施加一定的预应力后，索网可以具有很大的刚度。索网也称为鞍形悬索，其曲面大都采用双曲抛物面，适用于各种形状的建筑平面，如矩形、圆形、椭圆形、菱形等。为了锚固索网，沿屋盖周边应设置强大的边缘构件，如圈梁、拱、斜梁、桁架等，以承受由于拉索而引起的应力和弯矩。

3）双层索系。其特点是除了如单索所具有的承重索外，还有曲率与之相反的稳定索。承重索与稳定索可采用不同的组合方式构成上凸、下凹或凹凸形屋面，两索之间可分别以受压撑杆或拉索相联系。当平面为矩形或多边形时，承重索、稳定索可平行布置，构成索桁架形式（双层索系的承重索、稳定索、受压撑杆和拉索一般布置在同一竖向平面内，由于其外形与受力特点与传统平面桁架相似，所以被称为“索桁架”）的双层索系（图 5-20a）；当平面为圆形时，承重索、稳定索可按辐射状布置，中心宜设置受拉环（图 5-20b）。

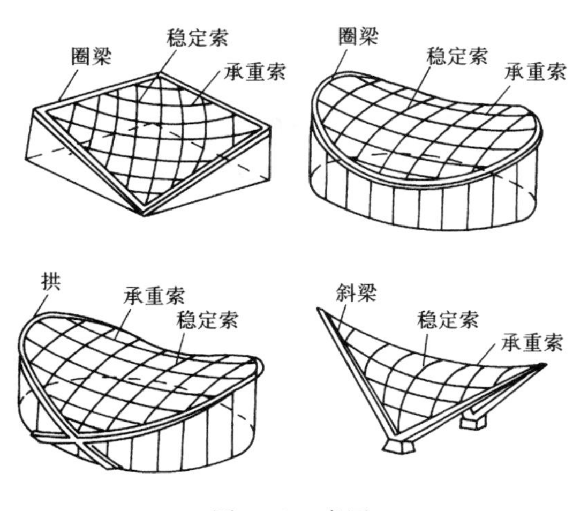

图 5-19　索网

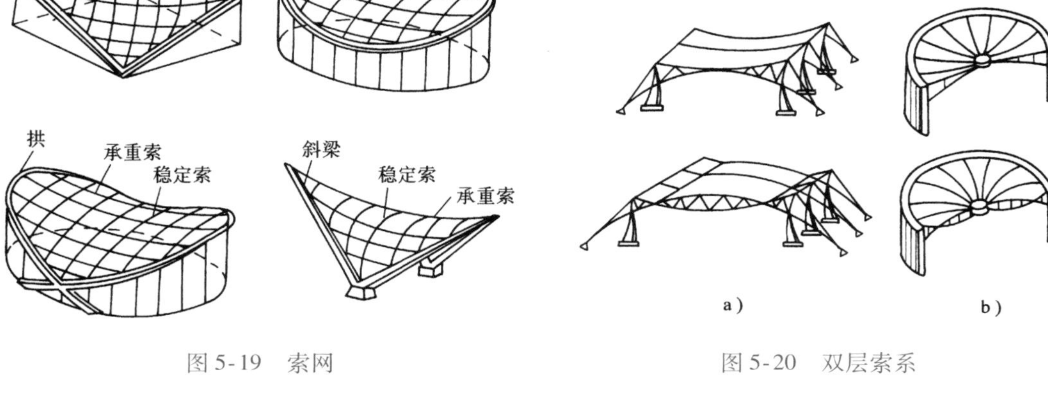

图 5-20　双层索系

4）横向加劲索系。对于采用轻型屋面的单层索系，为了加强其刚度来承受不对称荷载或动荷载，可在单层悬索上设置横向加劲构件（桁架或梁），如图 5-21 所示。作为横向加劲构件的桁架与索垂直相交，在开始时横向加劲构件的两端支座与支承柱之间空开一段距离，然后对端部支座下压而产生强迫位移，从而在结构中建立预应力，使横向加劲构件与索共同受力。在外荷载作用下，横向加劲构件能有效地分担并传递荷载。当建筑物平面为方形、矩形或多边形时，拉索沿纵向平行布置。

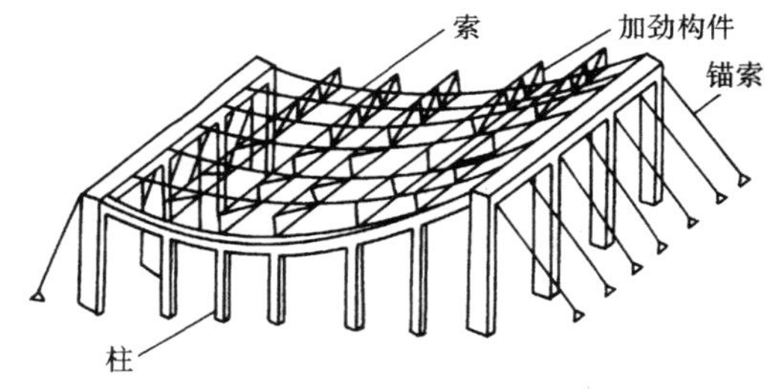

图 5-21　横向加劲索系

（2）斜拉结构

将斜拉体系引用到屋盖结构中来，可形成一系列混合结构体系。这种体系利用由塔柱顶端伸出的斜拉索为屋盖的横跨结构（主梁、桁架、平板网架等）提供了一系列中间弹性支承，使这些横跨结构不需增大结构高度和构件断面就可跨越很大的跨度（图 5-22）。

（3）张弦结构

张弦结构是自平衡体系，屋盖平面可采用方形、矩形、圆形或多边形。张弦结构的上弦为刚性构件，下弦为拉索，上下弦之间以撑杆相连。根据不同的上弦构件，张弦结构可采用如下形式：张弦梁（图 5-23a）、张弦拱（图 5-23b）、张弦桁架（图 5-23c）、张弦网壳（图 5-23d）。张弦结构可按单向、双向和辐射式布置以适应不同形状的平面（图 5-24）。

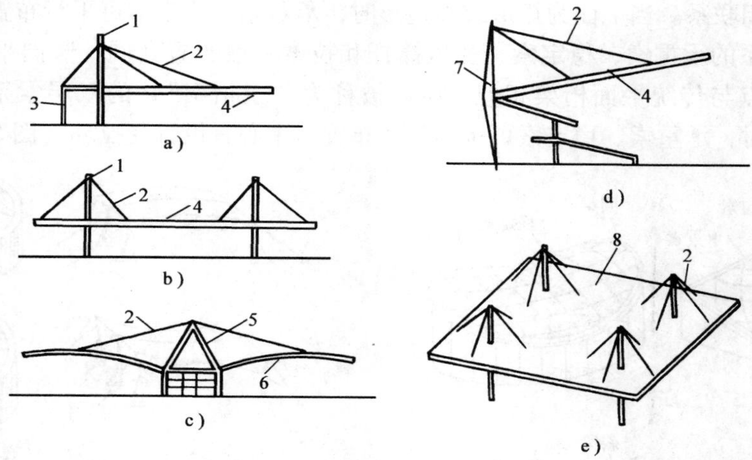

图5-22 斜拉式混合悬挂体系

a）不对称布置的斜拉梁 b）对称布置的斜拉梁 c）斜拉拱 d）斜拉挑棚 e）斜拉网架

1—塔柱 2—斜拉索 3—框架 4—刚性梁 5—塔架 6—刚性拱 7—框架柱 8—平板网架

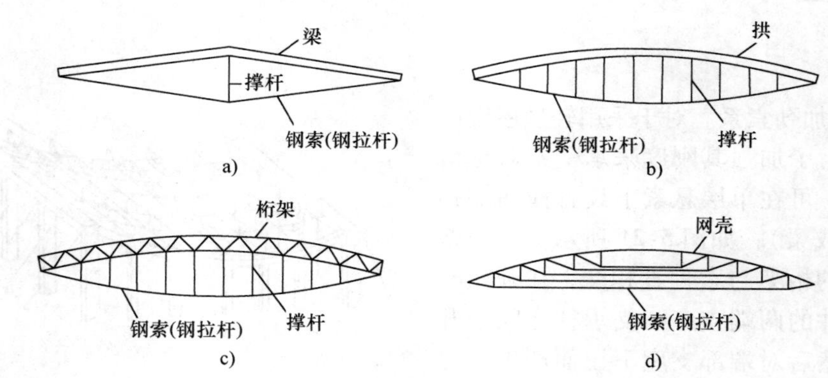

图5-23 张弦结构形式

a）张弦梁 b）张弦拱 c）张弦桁架 d）张弦网壳

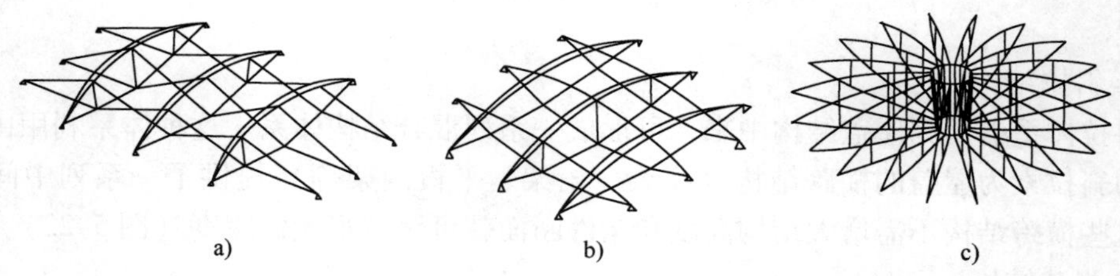

图5-24 张弦结构布置方式

a）单向布置 b）双向布置 c）辐射布置

（4）索穹顶

索穹顶是一种索系支承式膜结构。其中，空间索系是主要承重结构，而膜材主要起维护作用。当屋盖平面为圆形或椭圆形时，索穹顶的网格可采用梯形（图5-25a）、联方形（图

5-25b）或其他适宜的形式。索穹顶的上弦可设脊索及谷索，下弦可设若干层的环索，上下弦之间以斜索及撑杆连接。

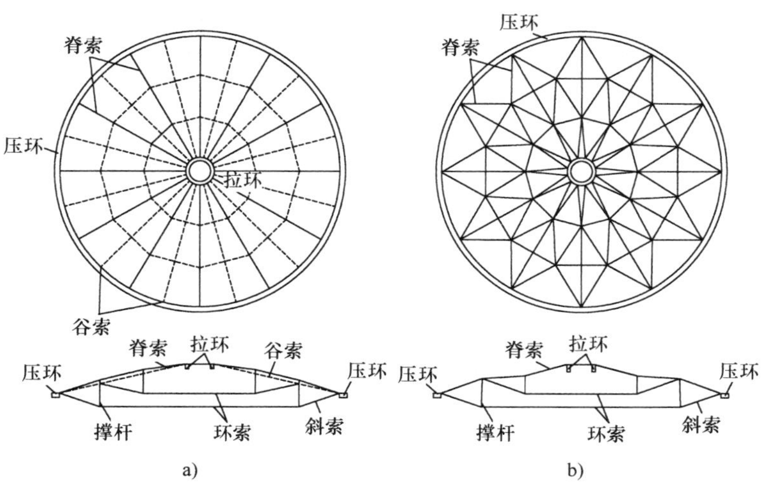

图 5-25　索穹顶
a）梯形　b）联方形

我国早在 20 世纪 60 年代即开始对索结构进行研究并应用于工程实践，如北京工人体育馆的辐射式圆形双层悬索结构（直径为 94m）和浙江人民体育馆的椭圆形鞍形索网（长短轴分别为 80m 与 60m）。进入 20 世纪 80 年代，索结构进入快速发展阶段，在吉林滑冰馆、安徽体育馆等体育场馆中广泛应用。近年来，索结构在新建会展中心、火车站、飞机场等建筑结构中越来越多地得到应用，其建造技术也得到迅速发展。

吉林滑冰馆采用了预应力双层悬索体系，悬索屋盖的尺寸为 59m × 76.8m。这种悬索体系下垂的承重索与相反曲率的稳定索沿建筑物的纵向布置，但不在同一竖向平面内，而是相互错开半个柱距。在跨度中央的 2/3 部分，稳定索高出承重索，形成筒形屋面，其间设置纵向桁架式檩条。在两端的 1/6 部分，稳定索低于承重索，用折线形檩条将两索拉紧并形成波形屋面（图 5-26）。通过施加预应力，使两组相反曲率的索始终保持足够大的张紧力。同时檩条不仅传递荷载给索，也是两索之间的连系杆并共同受力，这样就保证了悬索体系具有必要的形状稳定性。

安徽体育馆和上海杨浦体育馆等采用了横向加劲悬索体系（以梁或桁架构成横向加劲构件）。1989 年建成的安徽体育馆平面为不对称的六边形，纵向主索的跨度为 72m，采用六股 7ϕ4 钢绞线，间距 1.5m；横向加劲构件是跨度 54m 的钢桁架，间距 6m，高度自中间的 3.2m 变化到两端的 1.6m，杆件采用角钢（图 5-27）。

四川省体育馆、北京朝阳体育馆、吉林省速滑馆、郑州新郑国际机场等都采用了索网与中间支承结构相结合的组合悬索体系。四川省体育馆是由两片索网和作为中间支承的一对相互倾斜的钢筋混凝土抛物线拱组成，平面尺寸为 72.4m × 79.4m，落地拱的跨度 102.5m，矢高 39m，两块梯形的索网一边支于拱上，另外三边支于周围的圈梁上（图 5-28）。北京朝阳体育馆由两片索网和中央索拱结构组成，中央索拱结构由两条悬索和两个钢拱组成，索网悬挂在中央索拱结构和边缘构件之间（图 5-29）。

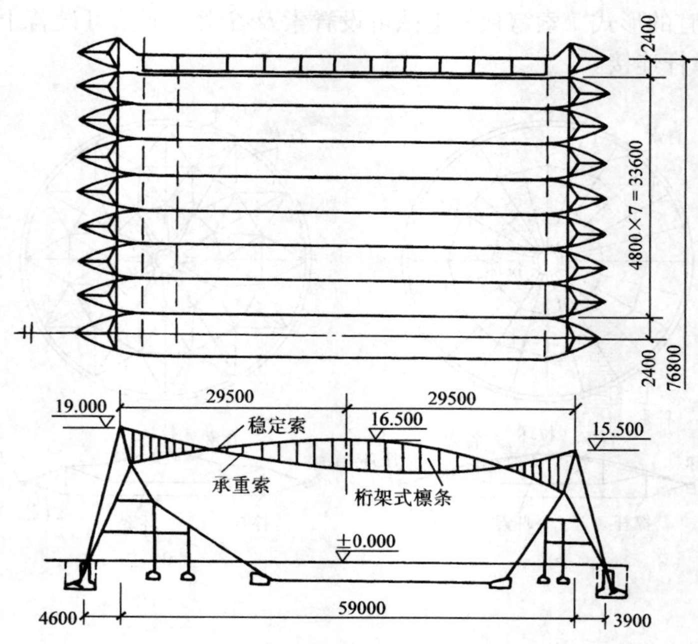

图5-26 吉林滑冰馆预应力双层悬索结构

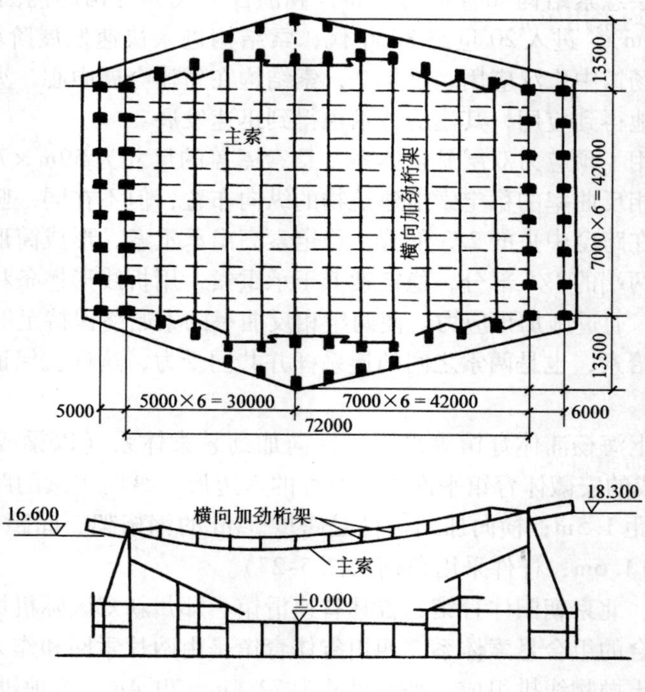

图5-27 安徽体育馆横向加劲悬索体系

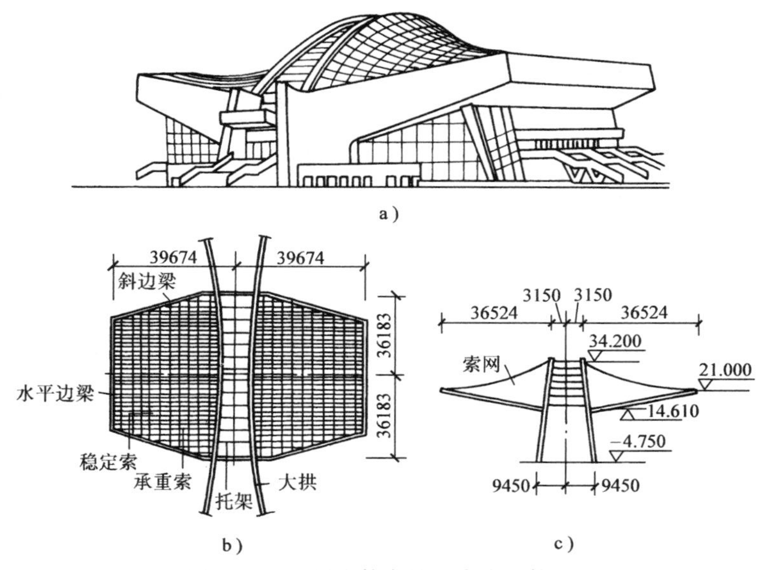

图5-28 四川省体育馆组合索网体系

a）结构全貌 b）结构平面 c）结构剖面（周边柱略）

上海浦东国际机场（一期）航站楼（跨度82.6m）、广州国际会议展览中心（跨度为126.6m）、黑龙江省国际会议展览体育中心（跨度为128m）等均采用了张弦立体桁架。

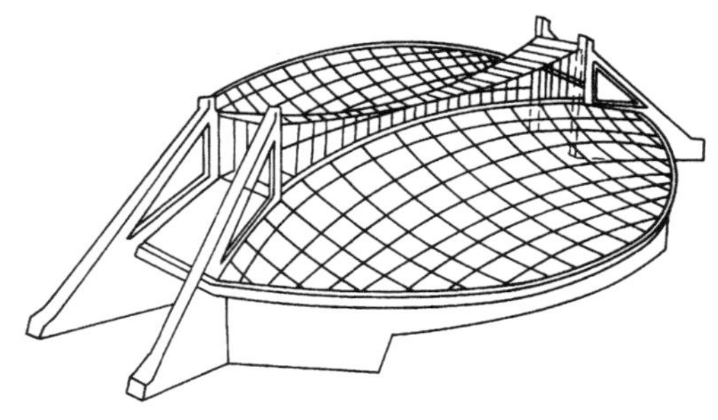

图5-29 北京朝阳体育馆组合索网体系

2. 膜结构

膜结构是指由膜材及其支承构件组成的建筑物或构筑物，是20世纪中叶发展起来的一种新型空间结构形式。它既可应用于大型大跨度的公共建筑，如体育场馆、机场大厅、展览中心、购物中心，也适用于规模较小而造型各异的休闲景观设施、建筑小品等。

我国《膜结构技术规程》（CECS 158：2015）根据膜材及相关构件的受力方式，把膜结构分成四种形式：整体张拉式膜结构、骨架支承式膜结构、索系支承式膜结构和空气支承膜结构。

（1）整体张拉式膜结构

整体张拉式膜结构主要由索、膜构成，是由桅杆等支承构件提供吊点，并在周边设置锚固点，通过张拉索使膜材张紧而形成稳定的膜结构（图5-30）。

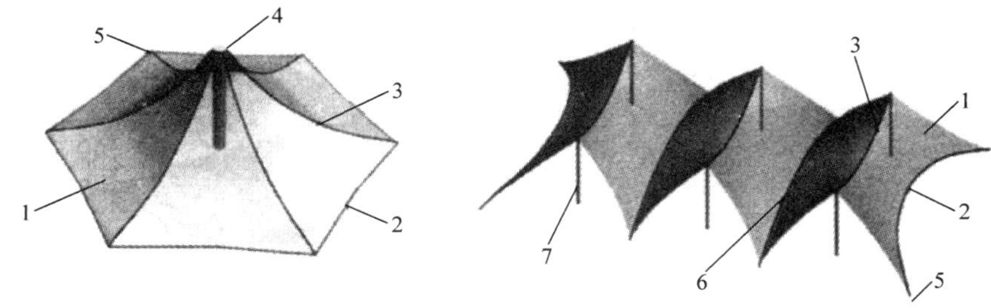

图5-30 整体张拉式膜结构

1—膜 2—边索 3—脊索 4—桅杆 5—锚固点 6—谷索 7—柱

(2) 骨架支承式膜结构

骨架支承式膜结构是由钢构件（如拱、刚架）或其他刚性构件作为承重骨架，并在骨架上布置张紧的膜材而形成的膜结构(图5-31)。

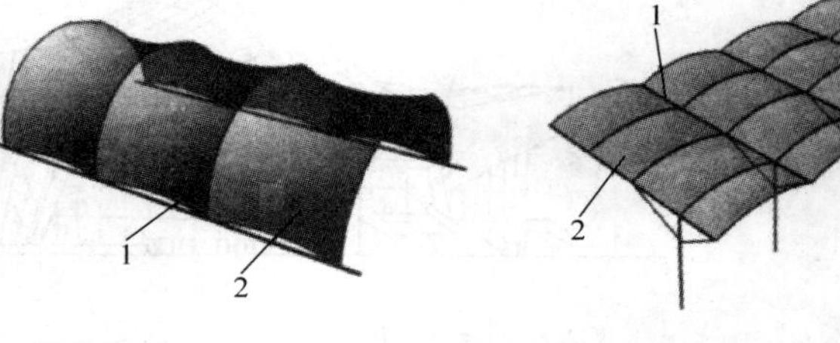

图5-31 骨架支承式膜结构

1—骨架 2—膜

(3) 索系支承式膜结构

索系支承式膜结构主要由索、杆和膜构成，是由空间索系作为主要承重结构，在索系上布置张紧的膜材而形成的膜结构(图5-32)。前述索穹顶结构即属于此类结构。

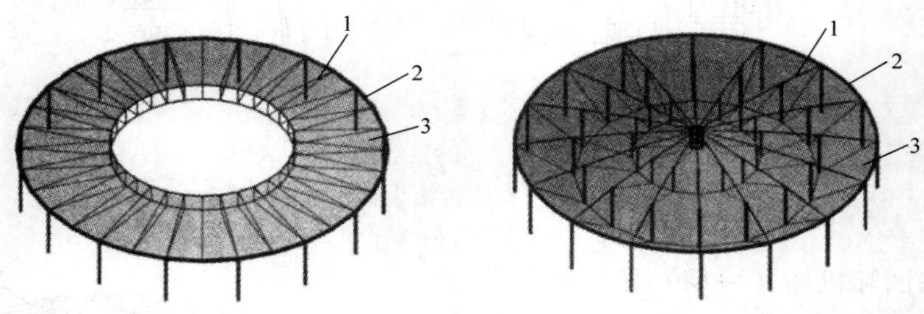

图5-32 索系支承式膜结构

1—索系 2—环梁 3—膜

(4) 空气支承膜结构

空气支承膜结构是以空气作为支承方式，利用膜内外的空气压差保持膜材的张力，形成设计要求的曲面（图5-33）。因此，空气支承膜结构应具有密闭的充气空间，并应设置维持内压的充气装置。

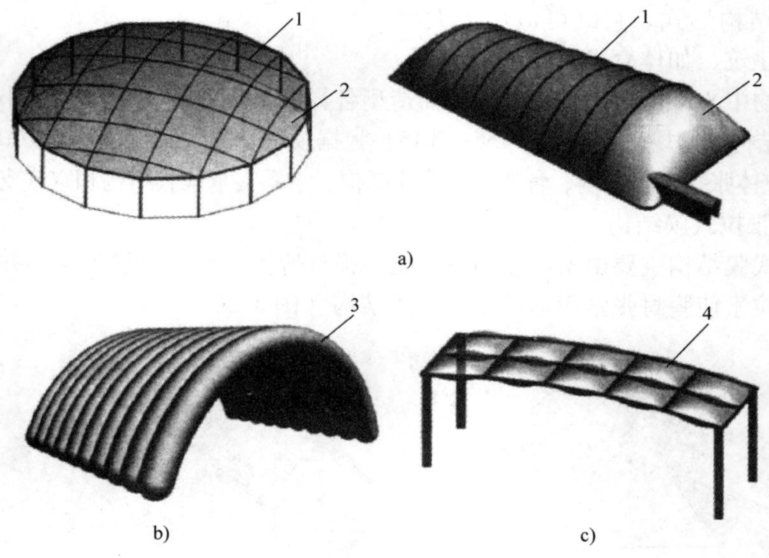

图5-33 空气支承式膜结构

a) 气承式 b) 气肋式 c) 气枕式

1—加劲索 2—膜 3—气肋 4—气枕

1970 年在日本大阪万国博览会的美国馆采用了气承式空气膜结构，其平面为 140m × 83.5m 的准椭圆形，它标志着膜结构时代的开始。此后，膜结构的材料与设计、制造技术得到不断的发展与提高。目前世界上跨度最大的膜结构，是 1998 年英国为迎接千禧之年、世纪之交在伦敦泰晤士河畔建造的千年穹顶（The MilleniumDome），直径 320m。穹顶是由 12 根包括 10m 支座在内的高 100m 桅杆塔柱（柱本身 90m）通过总长度 70km 的钢缆绳悬挂起来的，桅杆塔柱布置在直径 200m 圆周上。穹顶网格由 72 根成对径向索和 7 根环向索做成。穹顶高 50m，中间设有中心索桁架和 70m 直径环，上覆盖 144 块双层巨幅聚四氟乙烯（PTFE）涂层的玻璃纤维织物。

1995 年我国第一个空气支承膜结构——武警总部顺义基地游泳馆（矩形平面 30m × 36m，建筑面积 1075m^2）建成，标志着我国正式开始了膜结构工程建设。1997 年竣工的上海体育场（又称“上海八万人体育场”）看台罩棚采用了张拉膜结构工程，覆盖面积 3.61 万 m^2，由 64 榀径向悬挑桁架和环向次桁架组成的空间结构作为骨架，屋面共有 57 个伞状索膜单元，每个单元由 8 根拉索和一根立柱覆以膜材组成，这是我国首次将膜结构应用到大面积和永久性建筑上。继上海体育场之后我国相继建成了一批膜结构工程，如上海虹口体育场采用了马鞍形大悬挑空间索桁架膜结构，面积 2.6 万 m^2；青岛颐中体育场由 70 个索膜张拉的锥形单元组成，面积 3 万 m^2。

2008 年北京奥运会“水立方”（国家游泳馆）工程使膜结构的应用就得到完美体现。水立方长宽高分别为 177m × 177m × 31m，建筑总面积 8 万 m^2。其上部屋面和墙体结构为新型多面体空间刚架结构，刚架内外表面（包括屋顶上弦和下弦、四面外墙内外表面和两道内隔墙两侧表面）均以空气支承膜结构覆盖。水立方的内外表面膜结构共由 3099 个乙烯 - 四氟乙烯共聚物（ETFE）膜材充气枕组成（其中最小的 1m^2，最大的达到 70m^2），覆盖面积达到 10 万 m^2，展开面积达到 30 万 m^2，是世界上规模最大的膜结构工程，也是唯一一个完全由膜结构来进行全封闭的大型公共建筑。

2010 年建成的上海世博轴膜结构顶篷与阳光谷顶端相连，是整个世博轴建筑形象的主要组成部分之一。该膜结构为连续张拉膜结构，包括膜面系统和膜面支点系统。膜面边界和内部布置了辅助膜面成形的边索、脊索和谷索，是荷载从膜面传递到支点的主要传力构件。膜面南北长 843m，东西最大投影宽度 102.6m，总展开面积约 6.4 万 m^2。膜材为聚四氟乙烯（PTFE）涂层的玻璃纤维织物。

5.1.4　大跨结构施工方法分析

大跨结构安装施工方法与结构的选型密切相关：

1）对于平面结构来说，由于构件有主次之分，只要将构件逐件顺序安装即可。

2）对于网架、网壳和空间桁架等空间网格结构，由于组成的构件或杆件没有主次之分，如何把一个空间结构架设到设计位置就成为施工的关键问题。

网架结构施工安装方法基本上分为两大类，即高空拼装和地面拼装后起吊。前一类方法的主要问题是如何在高空进行有效的施工，而后一类方法是应该采用什么样的吊装机具与工艺的问题。

3）对于索结构来说，主要问题是钢索的架设与张拉，其他构件如檩条、屋面板等可以利用已架设的钢索进行吊装。

4）膜结构安装施工同索结构一样，也主要是柔性钢索或刚性支撑结构的安装，以及膜片的固定和施加预张力的问题。

5.2 轻型门式刚架与彩板围护结构安装施工

大跨轻型门式刚架，一般采用变截面或等截面实腹式焊接 H 型钢或轧制 H 型钢（大跨建筑多采用变截面实腹式焊接 H 型钢）。主刚架构件的连接通常采用高强度螺栓，直径为 M16 ~ M24。檩条和墙梁，一般采用卷边槽形、Z 型冷弯薄壁型钢或高频焊接轻型 H 型钢，通常与焊于刚架斜梁和柱上的角钢支托连接。檩条和墙梁端部与支托的连接可采用 M12 普通螺栓（螺栓不少于两个）。

轻型门式刚架的围护结构，目前主要采用彩色钢板（简称彩板）。彩板围护结构是指将彩色有机涂层钢板按设计要求经工厂或现场加工成的屋面板或墙面板，用各种紧固件和各种泛水配件组装成的围护结构。

轻型门式刚架的安装施工，应符合《门式刚架轻型房屋钢结构技术规程》（CECS 102：2002）（2012 年版）的规定。

5.2.1 轻型门式刚架结构安装施工

轻型门式刚架结构的安装，必须根据施工图和施工组织设计进行。安装程序必须保证形成稳定的空间结构，并不导致结构永久变形。

刚架安装宜先立柱子，然后将在地面组装好的斜梁吊起就位，并与柱连接。安装工艺流程如图 5-34 所示。

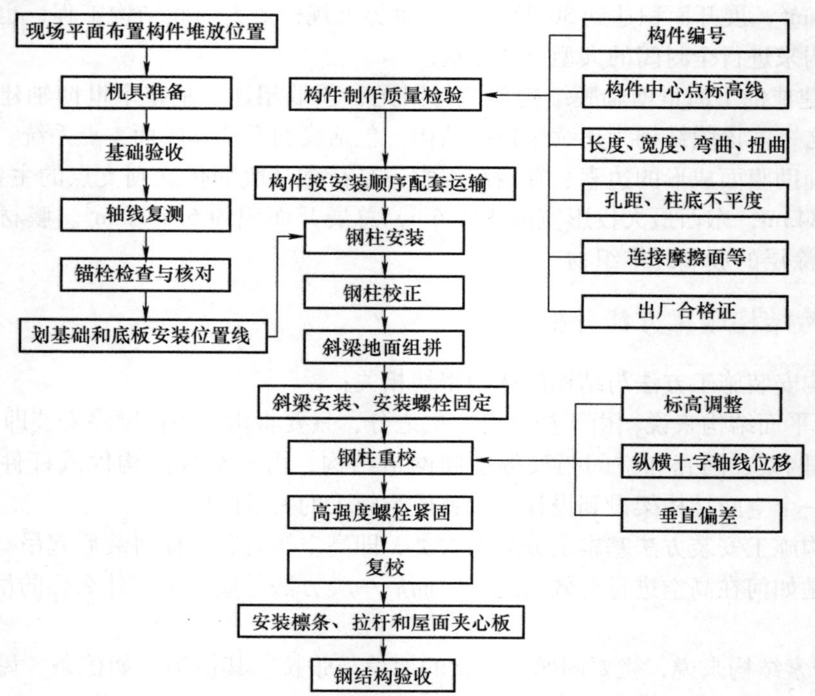

图 5-34 轻型门式刚架结构安装工艺流程

1. 起重机选择

轻型门式刚架结构构件重量较轻，且一般单层建筑安装标高为 10m 左右，所以起重机选择以大跨度斜梁起重高度（包括索具高度）为原则，可采用履带式起重机、汽车式起重机，多跨可采用轻便式小型塔式起重机。

根据现场条件和构件大小，可采用单机起吊或双机抬吊；根据工期要求也可采用多机流水作业。

2. 刚架柱安装

轻型门式刚架钢柱的安装顺序是：吊装单根钢柱→柱标高调整→纵横十字线位移→垂直度校正。

刚架柱一般采用一点起吊，吊耳放在柱顶处。为防止钢柱变形，也可两点或三点起吊。钢柱的安装方法及标高、轴线、垂直度的调整，参见一般钢柱的安装工艺。

对于大跨轻型门式刚架变截面 H 型钢柱，由于柱根小、柱顶大，头重脚轻，且重心是偏心的，因此安装固定后，为防止倾倒必要时需加临时支撑。

门式刚架柱脚一般采用平板式铰接柱脚，如图 5-35 所示；也可采用刚接柱脚，如图 5-36 所示。柱脚的锚栓应精确定位，除测量直角边长外，尚应测量对角线长度。在混凝土浇筑前和浇筑后及钢结构安装前，均应校对锚栓位置，确保基础的平面尺寸和标高符合设计要求。

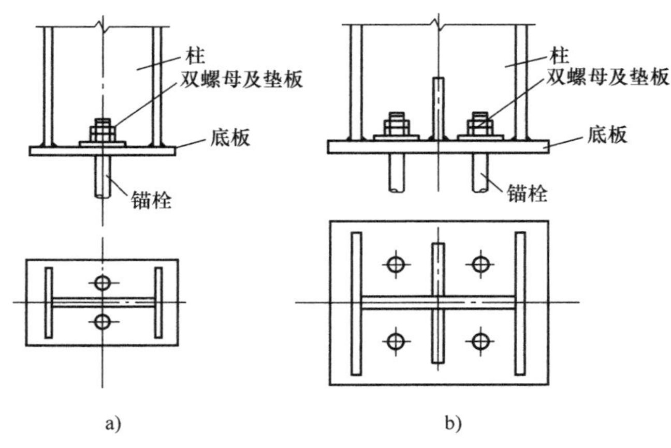

图 5-35　铰接柱脚

a）一对锚栓铰接柱脚　b）两对锚栓铰接柱脚

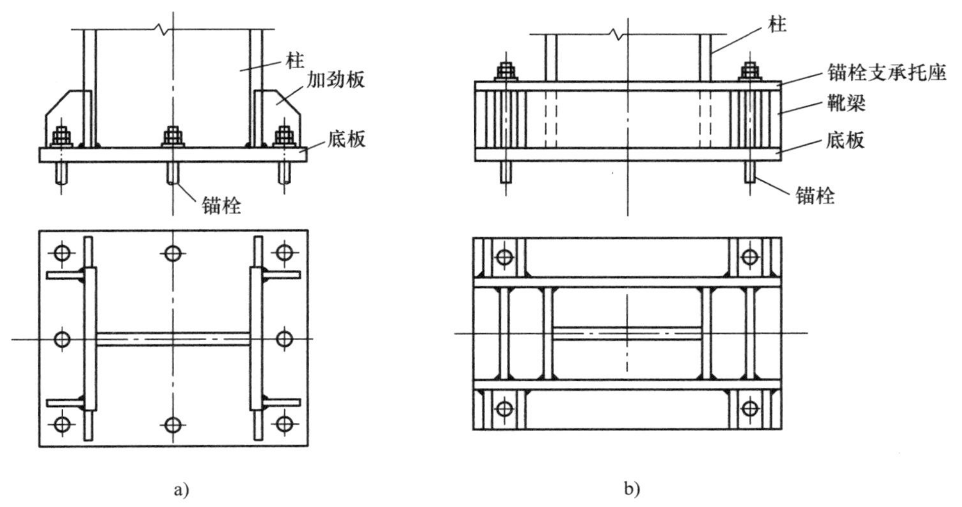

图 5-36　刚接柱脚

a）带加劲肋的刚接柱脚　b）带靴梁的刚接柱脚

3. 刚架斜梁的拼接与安装

轻型门式刚架斜梁的特点是跨度大（即构件长）、侧向刚度小，为确保安装质量和安全施工，提高生产效率，减小劳动强度，应根据场地和起重设备条件，最大限度地将扩大拼装工作在地面完成。

刚架斜梁一般采用立放拼接，拼装程序是：将要拼接的单元放在拼装平台上→找平→拉通线→安装普通螺栓定位→安装高强度螺栓→复核尺寸（图5-37）。

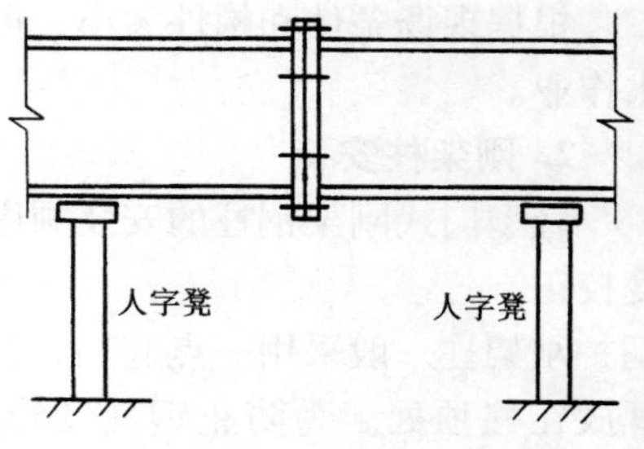

图5-37 斜梁拼接示意

刚架横梁与柱的连接，可采用端板竖放、端板斜放和端板平放三种形式（图5-38a～c）。横梁拼接时宜使板端与构件外缘垂直（图5-38d）。

斜梁的安装顺序是：先从靠近山墙的有柱间支撑的两榀刚架开始，在刚架安装完毕后应将其间的檩条、支撑、隅撑等全部装好，并检查其垂直度。然后以这两榀刚架为起点，向建筑物另一端顺序安装。除最初安装的两榀刚架外，所有其余刚架间的檩条、墙梁和檐檩的螺栓均应在校准后再拧紧。

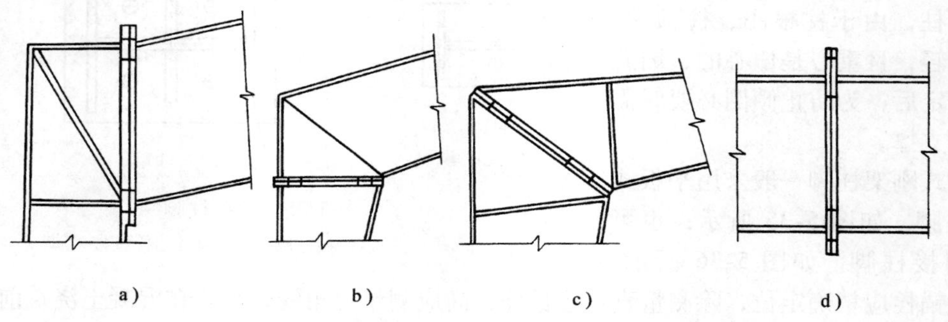

图5-38 刚架斜梁与柱的连接及斜梁间的拼接
a）端板竖放 b）端板斜放 c）端板平放 d）横梁拼接

斜梁的起吊应选好吊点，大跨度斜梁的吊点须经计算确定。斜梁可选用单机两点或三点、四点起吊，或用铁扁担以减小索具对斜梁产生的压力（图5-39）。对于侧向刚度小、腹板宽厚比大的斜梁，为防止构件扭曲和损坏，应采取多点起吊及双机抬升。对吊点部位，为防止局部变形和损坏，应放置加强肋板或用木方填充好，进行绑扎。

大跨度刚架斜梁的安装参见本章工程示例。

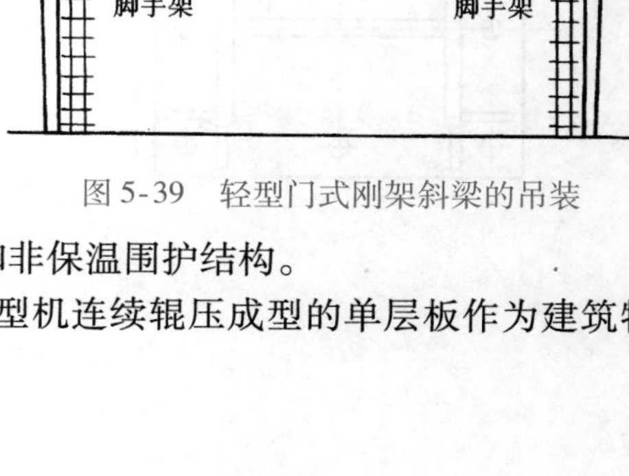

图5-39 轻型门式刚架斜梁的吊装

5.2.2 彩板围护结构安装施工

彩板围护结构按使用功能分为保温围护结构和非保温围护结构。

1）非保温彩板围护结构是指用彩色钢板经压型机连续辊压成型的单层板作为建筑物的

屋面和墙面构成的围护结构。多用在无保温要求的仓库、生产车间及仅要求防风、挡雨和装修用的工程中。

2）保温彩板围护结构分为现场多层拼装型和整体保温板材型两类。

① 现场多层拼装型是将单层彩色钢板压型板和轻质保温材料，用紧固件和配件在施工过程中分层安装成的围护结构。可根据要求不同分为单层压型板下铺轻质保温材料、双层压型板中间铺轻质保温材料、单层压型板上铺轻质保温材料和防水材料、单层压型板下喷粘保温材料等多种形式。不论哪种形式，各种材料都是在施工现场各自独立分层施工完成的。

② 整体保温板材型是在工厂内将两层彩色钢板与中间的轻质保温板材，通过专用机械设备和方法将其复合成的整体保温板材，也称为夹芯板。这种板材可现场直接拼装成保温的围护结构。

下面主要介绍彩板夹芯板围护结构的安装施工。

1. 彩板夹芯板的种类及配件、连接件和密封材料

（1）彩板夹芯板的种类

彩板夹芯板按芯材不同，分为聚苯乙烯泡沫塑料（EPS）夹芯板，岩棉夹芯板和聚氨酯泡沫塑料（PU）夹芯板；按功能不同分为屋面夹芯板和墙面夹芯板。屋面夹芯板按形状分为波形屋面夹芯板和平面夹芯板（图 5-40）。墙面夹芯板按连接方式分为工字形铝材连接和承插口连接两类（图 5-41）；按布置方式分为竖向布置夹芯板和横向布置夹芯板（图 5-42）。

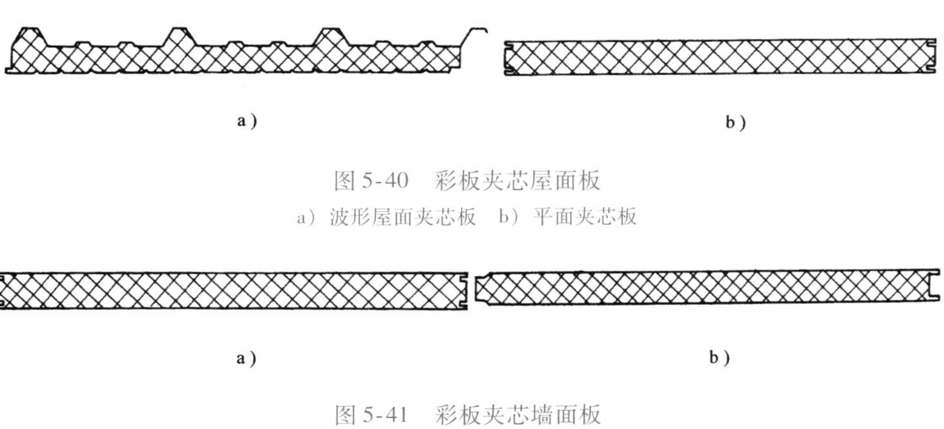

图 5-40　彩板夹芯屋面板

a）波形屋面夹芯板　b）平面夹芯板

图 5-41　彩板夹芯墙面板

a）平边夹芯墙板　b）承插口边夹芯墙板

彩板夹芯板的质量应按《建筑用金属面绝热夹芯板》（GB/T 23932—2009）的规定进行验收。

1）外观质量：夹芯板的板面要平整，各块板的色彩一致，无明显凹凸、翘曲和变形。表面清洁、无胶痕、无油污、无明显划痕、磕痕及伤痕。切口平直，板边无明显翘角、脱胶及波浪形，芯材无大块剥落，芯材饱满。

2）尺寸允许偏差：夹芯板的尺寸允许偏差见表 5-1。

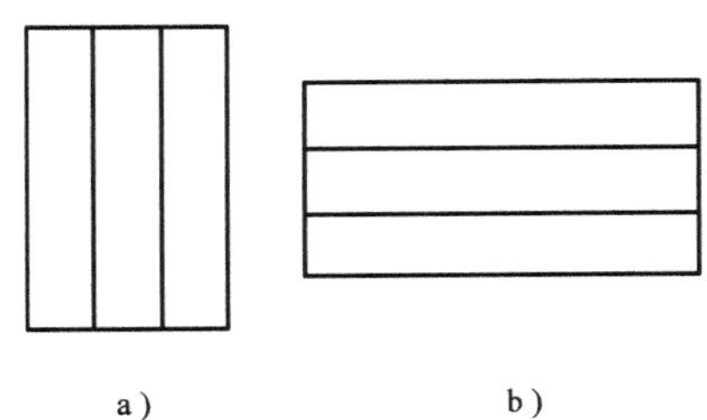

图 5-42　墙板布置方式

a）竖向布置　b）横向布置

表5-1 夹芯板尺寸允许偏差

项目	长度/mm		宽度/mm	厚度/mm	对角线差/mm	
	≤3000	>3000			≤6000	>6000
允许偏差	±3	±5	±2	±2	≤4	≤6

（2）彩板围护结构的配件

彩板围护结构的屋面和墙面板的边缘部位，都要设置彩色钢板制成的配件，用来防风雨和装饰建筑外形。彩板配件的质量直接影响到建筑物的使用和外观形象。

彩板配件分为屋面配件和墙面配件。屋面配件有屋脊件、封檐件、山墙封边件、高低跨泛水件、天窗泛水件、屋面洞口泛水件等；墙面配件有转角件、板底泛水件、板顶封边件、门窗洞口包边件等。

（3）彩板连接件

彩板连接件分为结构连接件和构造连接件两类。

结构连接件是将建筑物的围护板材与承重构件连成整体的重要部件。其连接形式主要有三种：一是自攻螺钉直接将板与钢檩条连在一起；一是通过连接支座上的挂钩板或扣压板与板材相连，支座通过自攻螺钉固定在钢檩条上；三是大开花螺栓连接件。

构造连接件是将板与板、板与配件、配件与配件等相连的连接件，用于防水、密封、美观，同时也起着承受风压的作用。构造连接件有铝合金拉铆钉、自攻螺钉和小开花螺栓。

常用连接件如下：

1）自攻螺钉：分为自攻自钻螺钉和打孔后自攻螺钉。自攻自钻螺钉，前面有钻头，后面有螺纹，在专用电钻卡头的卡固下转动，紧固质量好，目前已被广泛使用。打孔后自攻螺钉，施工程序多，紧固质量不如前者。自攻螺钉常用直径为4～6mm，长度规格有多种。图5-43a、b为两种用于固定上部彩色钢板与钢檩条连接的自攻螺钉；图5-43c、d多为长自攻螺钉。

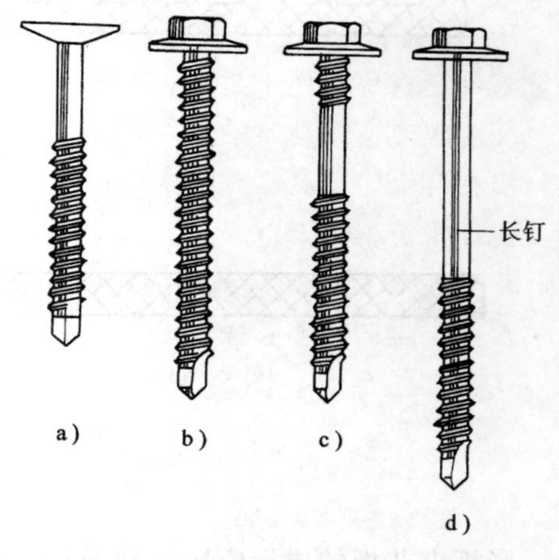

图5-43 自攻螺钉示意
a）打孔后用的螺钉 b）通长螺纹的自攻螺钉
c）两端有螺纹的自攻螺钉
d）端部有螺纹的自攻螺钉

2）拉铆钉：由铝合金和铁钉制成，分为开孔和闭孔两种。开孔的多用在室内装修，闭孔的用在室外工程中。直径多为4mm、5mm两种，长度种类较多。施工时，利用拉铆枪将两层钢板夹紧（图5-44）。

3）开花螺栓：分为大开花螺栓和小开花螺栓，主要用于高波板型的连接（图5-45）。它们均为单向施工操作连接件。

（4）彩板建筑的密封材料

彩板建筑的密封材料分为防水密封材料和保温隔热密封材料两种。

1）防水密封材料主要有密封胶和密封胶条。密封胶应为中型硅酮胶，包装多为筒装，并用推进器（挤膏枪）挤出；也有软包装，用专用推进器挤出。密封胶条是一种双面有胶黏剂的带状胶条，多用于彩板与彩板之间的纵向缝搭接。

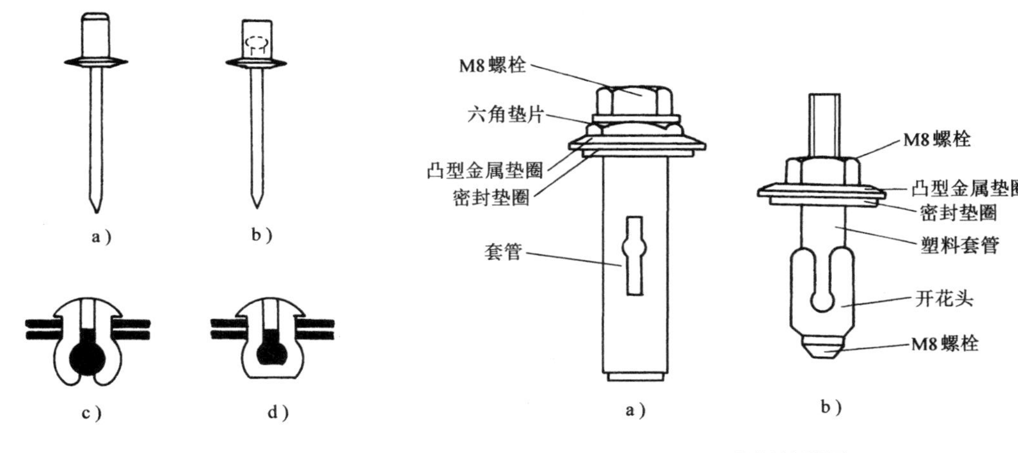

图 5-44　拉铆钉示意

a）开孔拉铆钉　b）闭孔拉铆钉

c）紧固后的开孔拉铆钉　d）紧固后的闭孔拉铆钉

图 5-45　开花螺栓详图

a）大开花螺栓　b）小开花螺栓

防水密封材料的选用要求是：密封材料应为中性，对钢板和彩色涂层无腐蚀作用；要进行黏结性能测试，以保证密封材料与彩板间的黏结；要有明确的施工操作温度规定，一般应在 5～40℃温度下有良好的挤出性能和触变性；要有良好的抗老化性能，耐紫外线、耐臭氧和耐水性能；固化后要有良好的低温下延展性，高温下不变软、不降解，保持良好的弹性；要有出厂合格证书、操作工艺规定和产品技术性能参数。

2）保温隔热密封材料主要有软泡沫条、玻璃棉、聚苯乙烯泡沫板、岩棉材及聚氨酯现场发泡封堵材等，用于封堵保温房屋的保温板材或板材不能达到的位置。

保温隔热密封材料的选用要求是：要有良好的隔热密封性能，并与建筑物使用的保温隔热材料相匹配；要有良好的施工操作性能；要有良好的耐老化、耐候性能；要有出厂合格证书及操作工艺说明书。

2. 夹芯板围护结构节点构造

目前，国内许多彩板生产厂家研制和开发了多种保温夹芯复合屋面板和墙板，其典型的节点构造如图 5-46～图 5-54 所示。

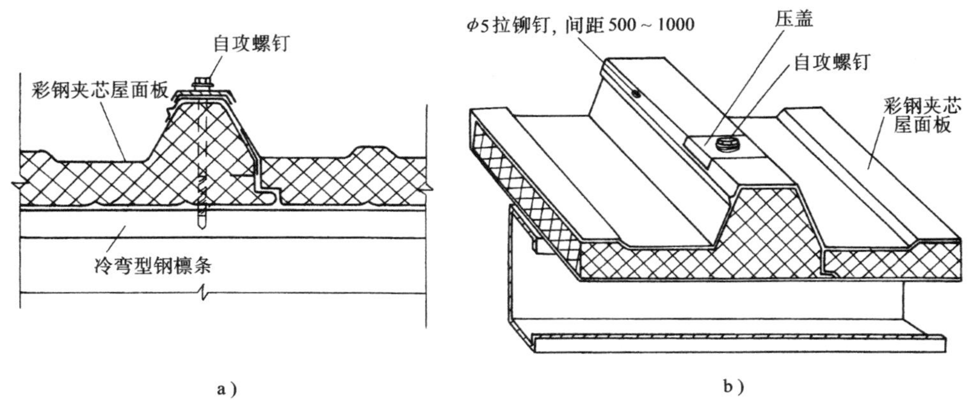

图 5-46　屋面板纵向连接节点

a）屋面板纵向连接节点构造　b）屋面板纵向连接节点透视图

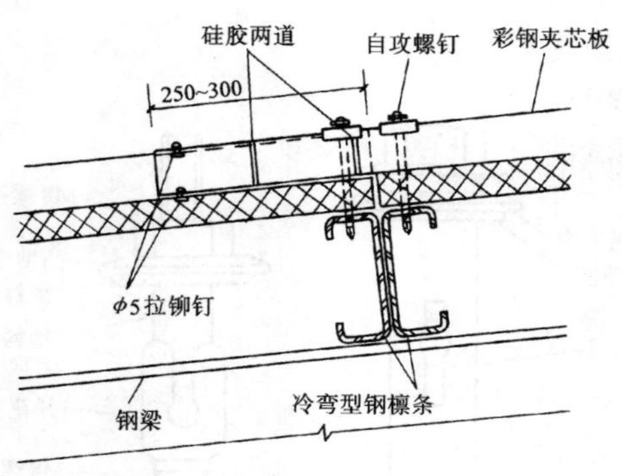

图5-47　屋面板横向搭接节点

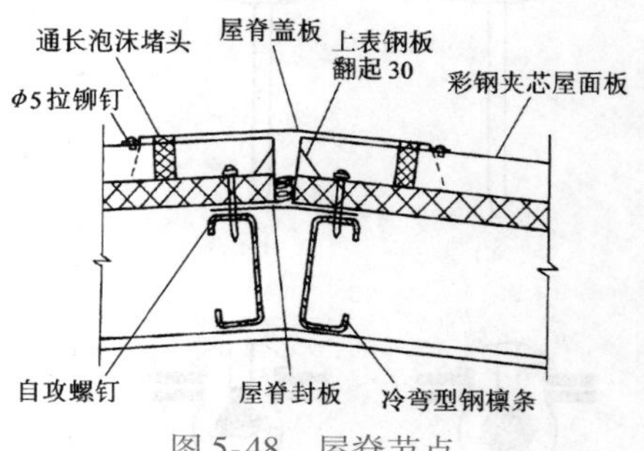

图5-48　屋脊节点

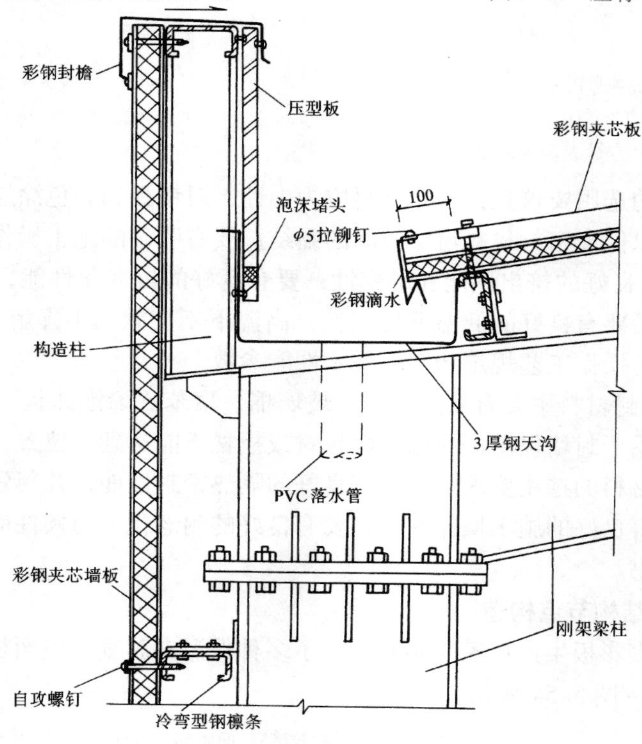

图5-49　内天沟檐口节点

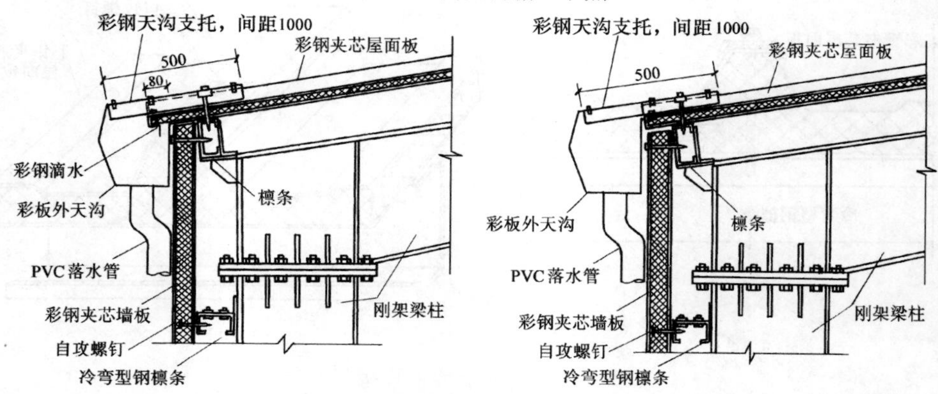

图5-50　外天沟檐口节点

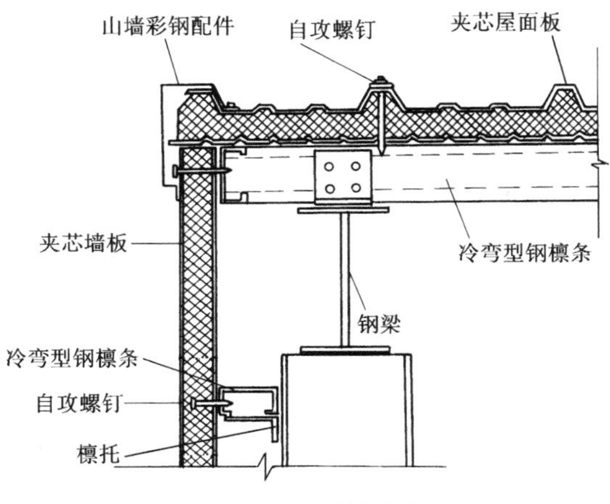

图 5-51　山墙檐节点

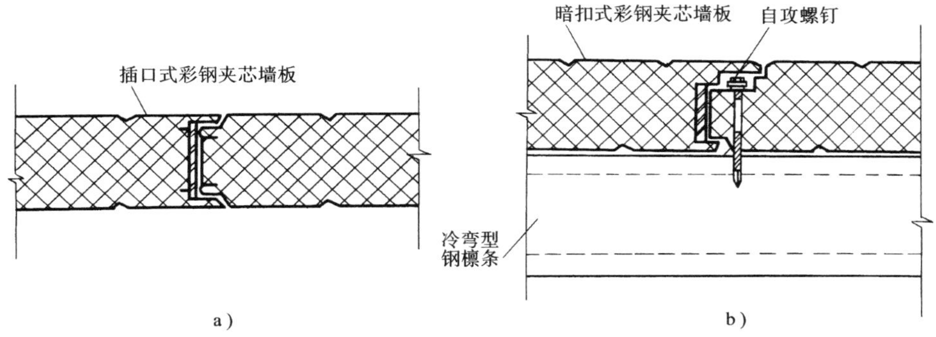

图 5-52　墙板连接节点

a）插口式墙板连接节点　b）暗扣式墙板连接节点

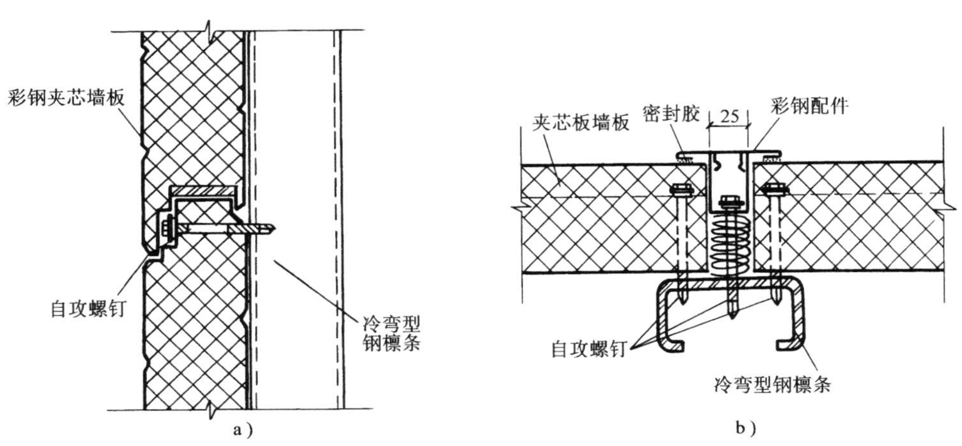

图 5-53　横向布置墙板水平缝与竖缝节点

a）横向布置墙板水平缝节点　b）横向布置墙板竖缝节点

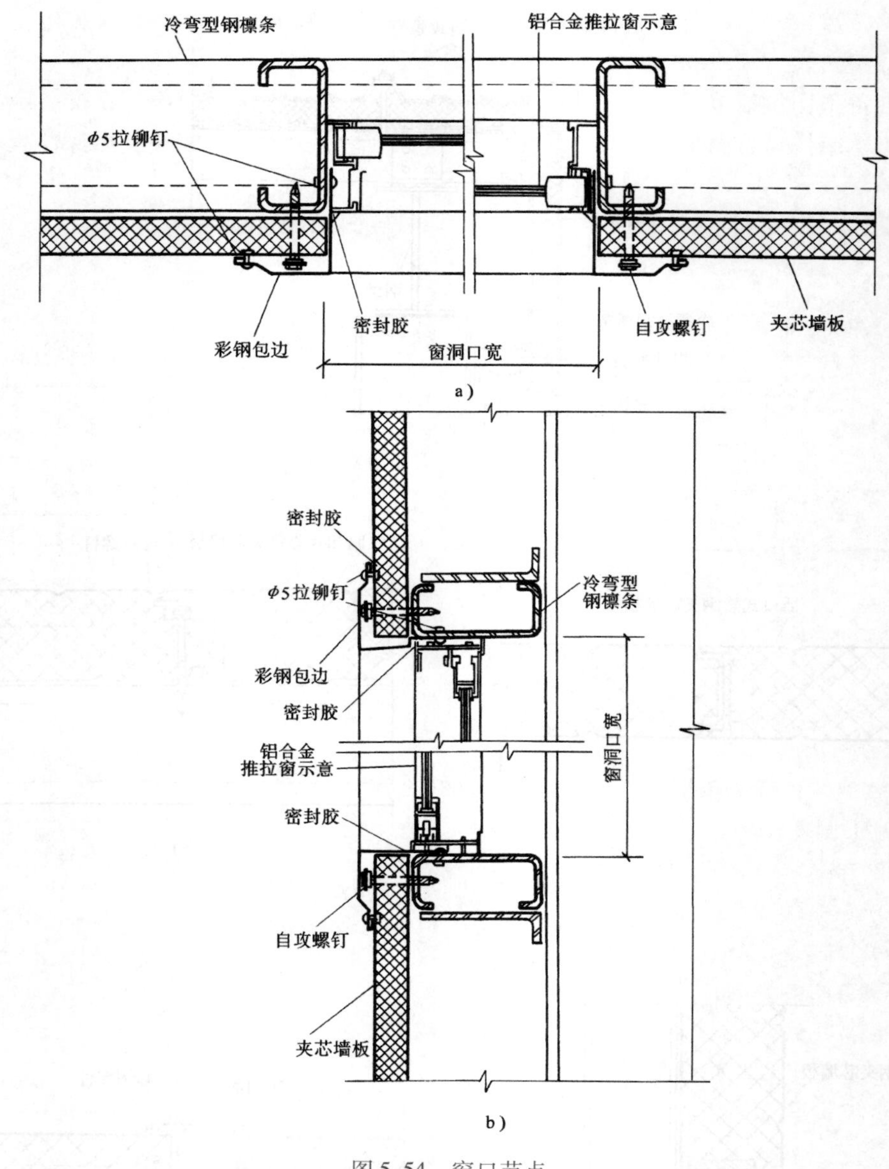

图5-54 窗口节点
a）窗口水平节点 b）窗口上下节点

3. 彩板围护结构安装

（1）安装准备

彩板围护结构施工前的准备工作，包括材料准备、机具准备、技术准备、场地准备、组织和临时设施准备等。

对大型工程，材料准备需按施工组织计划分步进行，并向彩板生产厂家提出分步供应清单，清单中应注明每批板材的规格、型号、数量及连接件、配件的规格数量等，并应规定好到货时间和指定堆放位置。到货后应立即清点，并核对与实际数量是否相符。

彩板围护结构常用提升设备有汽车式起重机、卷扬机、滑轮、拔杆、吊盘等；常用手提工具有电钻、自攻枪、拉铆枪、手提圆盘锯、螺钉旋具、铁剪、钳子等。手提电动工具应合理配置电源接入线。

技术准备工作包括审读施工详图、排板图、节点构造及施工组织设计；准备施工详细资料；检查支承结构是否满足围护结构安装条件；下达开工、竣工时间及安全操作规定等。

（2）安装工序

屋面工程的施工工序如图 5-55 所示。墙面板的施工工序与此相似。

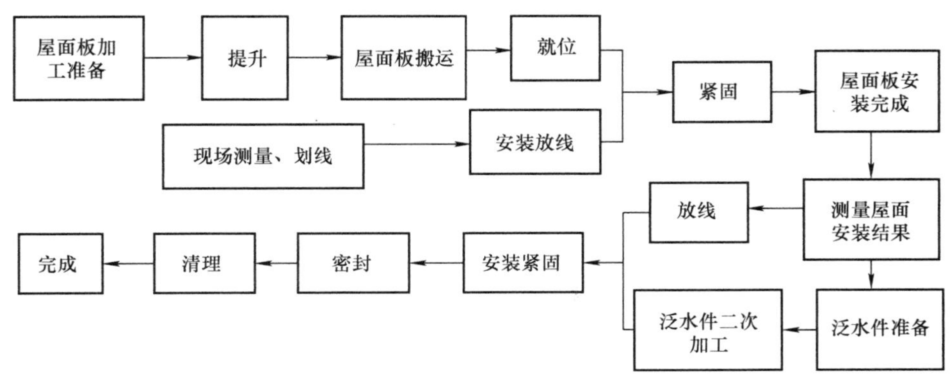

图 5-55　屋面工程的施工工序

1）放线

① 安装放线前应对安装面上的已有建筑成品进行测量，对达不到安装要求的部分提出修改。对施工偏差作出记录，并针对偏差提出相应的安装措施。

② 根据排板设计确定排板起始线的位置。屋面施工中，先在檩条上标定出起点，即沿跨度方向在每个檩条上标出排板起点，各个点的连线应与建筑物的纵轴线相垂直，然后在板的宽度方向每隔几块板继续标注一次，以限制和检查板的宽度安装偏差积累（图 5-56）。

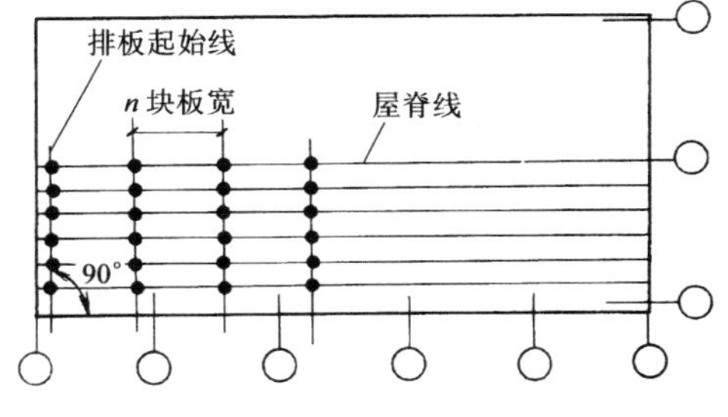

图 5-56　安装放线示意

同样墙板安装也应用类似的方法放线，除此之外还应标定其支承面的垂直度，以保证形成墙面的垂直平面。

③ 屋面板及墙面板安装完毕后，应对配件的安装作二次放线，以保证檐口线、屋脊线、门窗口和转角线等的水平度和垂直度。

2）板材吊装

彩板吊装方法很多，如汽车式起重机吊升、塔式起重机吊升、卷扬机吊升和人工提升等。

塔式起重机、汽车式起重机多采用吊装钢梁多点提升的方法（图 5-57）。这种吊装方法一次可提升多块板，提升方便，被提升板材不易损坏。但往往在大面积工程中，提升的板材不易送到安装点，增大了屋面的长距离人工搬运，屋面上行走困难，易破坏已安装好的彩板，不能发挥大型起重机大吨位提升能力的特长，使用率低，机械费用高。

卷扬机提升，由于不用大型机械，设备可灵活移动到需要安装的地点，故而提升方便，费用低。这种方法每次提升数量少，但是屋面运距短，是一种被经常采用的方法。

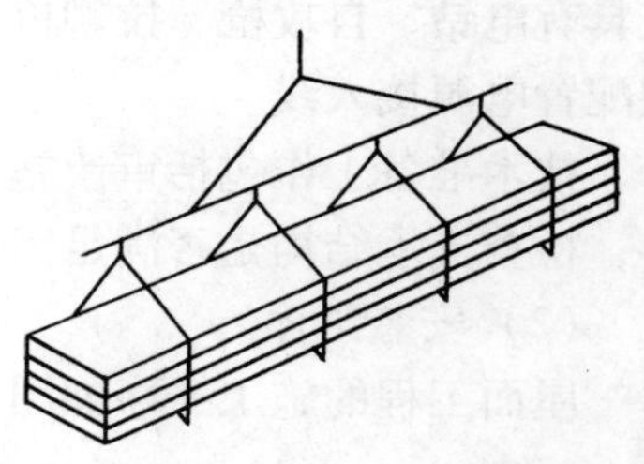

图5-57 板材吊装示意

人工提升也经常用于板材不长的工程中。这种方法最方便和低价，但必须谨慎从事，否则易损伤板材，同时使用的人力较多，劳动强度较大。

提升特长板用以上几种方法都较困难时，可采用钢丝滑升法（图5-58）。这种方法是在建筑的山墙处设若干道钢丝，钢丝上设套管，板置于钢管上，屋面上工人用绳沿钢丝拉动钢管，则特长板即可被提升到屋面上，然后由工人搬运到安装地点。

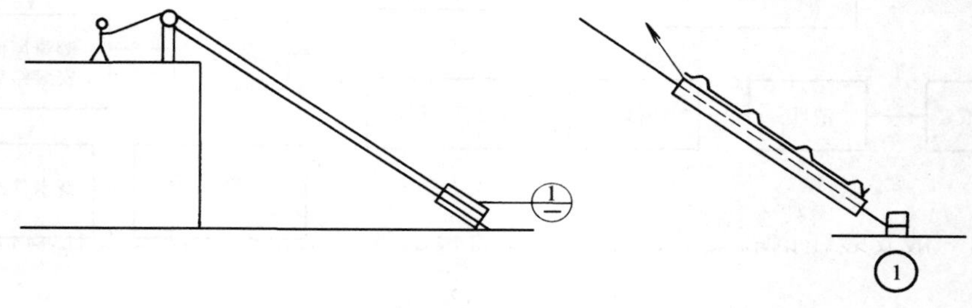

图5-58 钢丝滑升法示意

3）板材安装

① 测量安装板材的实际长度，按实测长度核对对应板号的板材长度，需要时对该板材进行剪裁。

② 将提升到屋面的板材按排板起始线放置，并使板材的宽度覆盖标志线，对准起始线，并在板长方向两端排出设计的构造长度（图5-59）。

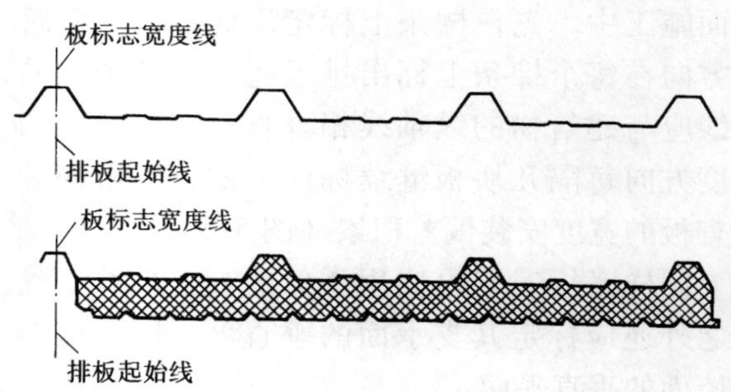

图5-59 板材安装示意

③ 用紧固件紧固两端后，再安装第二块板，其安装顺序为先自左（右）至右（左），后自上而下。

④ 安装到下一放线标志点处，复查板材安装的偏差，当满足设计要求后进行板材的全面紧固。不能满足要求时，应在下一标志段内调正，当在本标志段内可调正时，可调整本标志段后再全面紧固。依次全面展开安装。

⑤ 安装夹芯板时，应挤密板间缝隙。当就位准确，仍有缝隙时，应用保温材料填充。

⑥ 安装完后的屋面应及时检查有无遗漏紧固点。对保温屋面，应将屋脊的空隙处用保温材料填满。

⑦ 在紧固自攻螺钉时应掌握紧固的程度，不可过度，过度会使密封垫圈上翻，甚至将板面压的下凹而积水；紧固不够会使密封不到位而出现漏雨（图5-60）。我国已生产出新一

代自攻螺钉，在接近紧固完成时可发出一响声，可以控制紧固的程度。

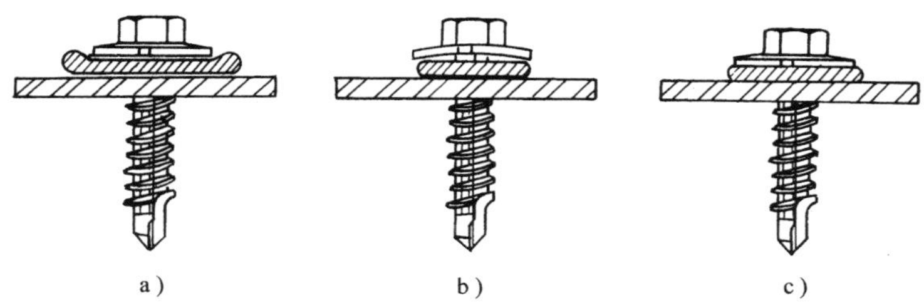

图 5-60　自攻螺钉紧固程度

a)、b) 不正确的紧固　c) 正确的紧固

⑧ 板的纵向搭接，应按设计铺设密封条和设密封胶，并在搭接处用自攻螺钉或带密封胶的拉铆钉连接，紧固件应拉在密封条处。

4）门窗安装

① 在彩板围护结构中，门窗的外廓尺寸与洞口尺寸为紧密配合，一般应控制门窗尺寸比洞口尺寸小 5mm 左右。过大的差值会导致安装中的困难。

② 门窗一般安装在钢墙梁上，在夹芯墙面板的建筑中也有门窗安装在墙板上的做法，这时应按门窗的外廓的尺寸在墙板上开洞。

③ 门窗安装在墙梁上时，应先安装门窗四角的包边件，并使泛水边压在门窗的外边沿处。

④ 门窗就位并做临时固定后，应对门窗的垂直度和水平度进行检查，无误后再做固定。

⑤ 安装完的门窗应对门窗周边做密封。

5）泛水件安装

① 在彩板泛水件安装前应在泛水件的安装处放出准线，如屋脊线、檐口线、窗上下口线等。

② 安装前检查泛水件的端头尺寸，挑选搭接口处的合适搭接头。

③ 安装泛水件的搭接口时，应在被搭接处涂上密封胶或设置双面胶条，搭接后立即紧固。

④ 安装泛水件至拐角处时，应按交接处的泛水件断面形状加工拐折处的接头，以保证拐点处有良好的防水效果和外观效果。

⑤ 应特别注意门窗洞的泛水件转角处搭接防水口的构造方法，以保证建筑的立面外观效果。

（3）安装注意事项

1）彩板保护要求

彩板围护结构安装完毕后即为最终产品，保证安装全过程中不损坏彩板表面是十分重要的环节，因此应注意以下几点：

① 现场搬运彩板制品应轻抬轻放，不得拖拉，不得在上面随意走动。

② 现场切割过程中，切割机械的底面不宜与彩板面直接接触，最好垫以薄三合板材。

③ 吊装中不得将彩板与脚手架、柱子等碰撞和摩擦。

④ 在屋面上施工的工人应穿胶底不带钉子的鞋。

⑤ 操作工人携带的工具等应放在工具袋中，如放在屋面上应放在专用的布或其他片材上。

⑥ 不得将其他材料散落在屋面上，或污染板材。

2）安全要求

彩板围护结构是以不到1mm的钢板制成，屋面施工荷载不能过大，因此保证结构安全和施工安全是十分重要的。

① 施工中工人不可聚堆，以免集中荷载过大，造成板面损坏。

② 施工的工人不得在屋面上奔跑、打闹、乱扔垃圾。

③ 当天吊至屋面上的板材应安装完毕，如果有未完成的板材应做临时固定，以免被风刮下，造成事故。

④ 早上屋面易有露水，坡屋面上彩板面滑，应特别注意采取防护措施。

3）其他应注意问题

① 板面在切割和钻孔中产生的铁屑应及时清除，不可过夜。因为铁屑在潮湿空气条件下或雨天中会立即生锈，在彩板上形成一片片红色锈斑，附着于彩板面上很难清除。同样其他切除的彩板头，铝合金拉铆钉上拉断的铁杆等均应及时清除。

② 在用密封胶封堵缝时，应将附着面擦干净，以使密封胶在彩板上有良好的结合面。

③ 用过的密封胶等杂物应及时装在各自的随身垃圾袋中带出现场。

④ 电动工具的连接插座应加防雨措施，避免造成事故。

⑤ 在彩板表面上的塑料保护膜在竣工后应全部清除。

5.3 空间网格结构安装施工

空间网格结构的安装方法，应根据结构的类型、受力和构造特点，在确保质量、安全的前提下，结合进度、经济及施工现场技术条件综合确定。常用的安装方法有高空散装法、分条或分块安装法、高空滑移法、整体吊装法、整体提升法、整体顶升法等。

空间网格结构的安装施工应符合《空间网格结构技术规程》（JGJ 7—2010）规定。

5.3.1 杆件与节点构造

1. 杆件

空间网格结构的杆件可采用普通型钢或薄壁型钢。管材宜采用高频焊管或无缝钢管，当有条件时应采用薄壁管型截面。杆件采用的钢材牌号和质量等级应按现行国家标准《钢结构设计规范》GB 50017的规定执行，严禁采用非结构用钢管。

杆件截面的最小尺寸应根据结构的跨度与网格大小按计算确定，普通型钢不宜小于L50×3，钢管不宜小于$\phi48\times3$。对大、中跨度空间网格结构，钢管不宜小于$\phi60\times3.5$。

空间网格结构杆件分布应保证刚度的连续性，受力方向相邻的弦杆其杆件截面面积之比不宜超过1.8。

在杆件与节点构造设计时，应考虑便于检查、清刷与油漆，避免易于积留湿气或灰尘的死角与凹槽，钢管端部应进行封闭。

2. 节点构造

空间网格结构是由杆件、构件通过节点连接构成的结构体系，所以节点是结构体系中的重要组成部分。下面介绍几种常用网架、网壳结构的节点构造。

（1）焊接空心球节点

焊接空心球在我国已广泛用作网架结构的节点，近年来在单层网壳结构中也得到了应用。由两个半球焊接而成的空心球，可根据受力大小分别采用不加肋（图 5-61a）和加肋（图 5-61b）两种，适用于连接圆钢管杆件，其杆件连接节点构造如图 5-62 所示。焊接空心球的产品质量应符合《钢网架焊接空心球节点》（JG/T 11—2009）的规定。

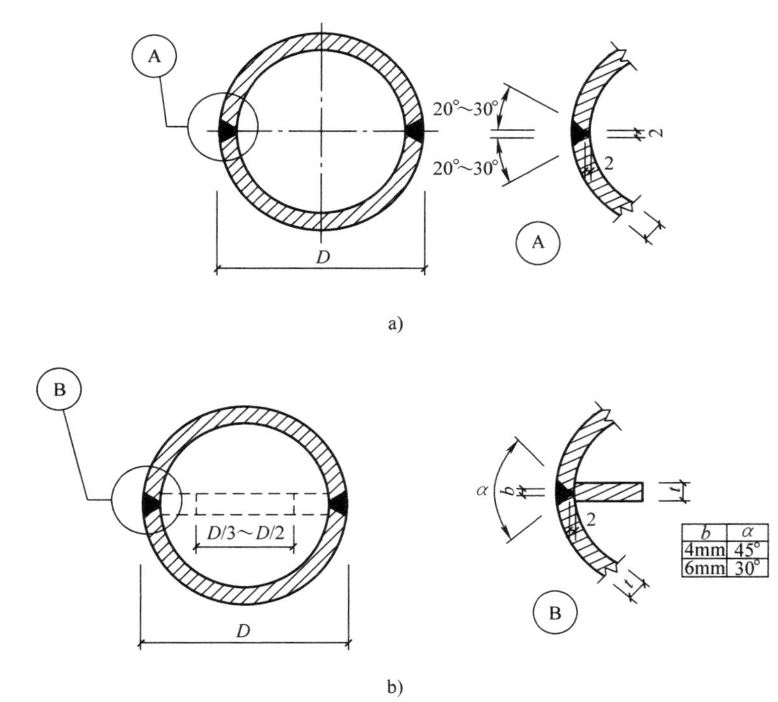

b	α
4mm	45°
6mm	30°

图 5-61　焊接空心球

a）不加肋焊接空心球　b）加肋焊接空心球

D—焊接空心球直径

钢管杆件与空心球连接，钢管应开坡口，在钢管与空心球之间应留有一定缝隙并予以焊透，以实现焊缝与钢管等强。钢管端头可加套管与空心球焊接（图 5-63）。套管壁厚不小于 3mm，长度可为 30～50mm。

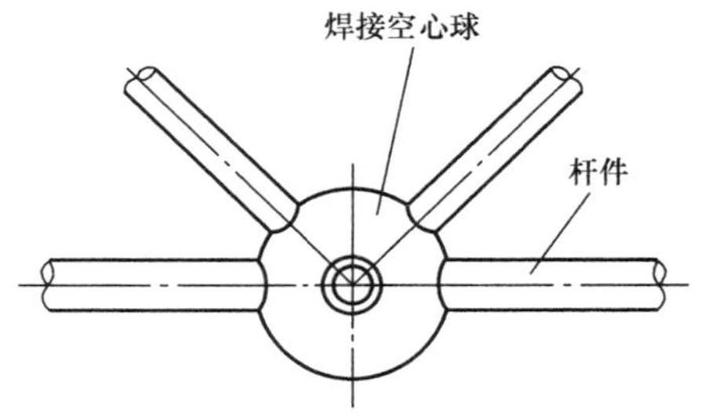

图 5-62　焊接空心球节点

（2）螺栓球节点

利用高强度螺栓将圆钢管与螺栓球连接而成的螺栓球节点，在构造上比较接近于铰接计算模型，因此适用于网架和双层网壳等空间网格结构的圆钢管杆件的连接。螺栓球节点应由高强度螺栓、钢球、紧固螺钉、套筒、锥头或封板等零件组成（图 5-64），产品质量应符合《钢网架

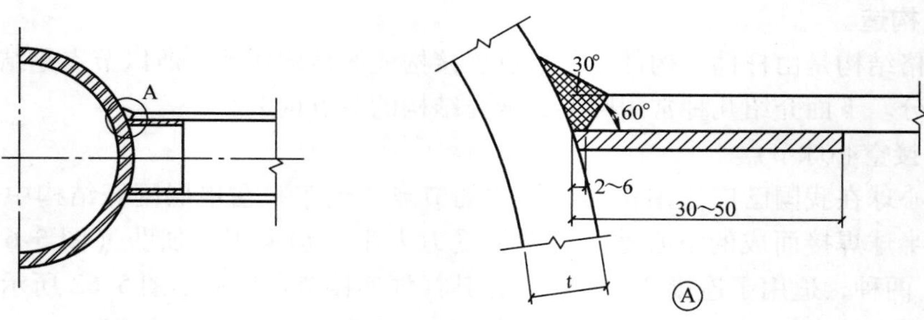

图 5-63 钢管加套管的连接

螺栓球节点》（JG/T 10—2009）的规定。

螺栓球节点上沿各汇交杆件的轴向端部设有相应螺孔，当分别拧入杆件中的高强度螺栓后即形成网架整体。

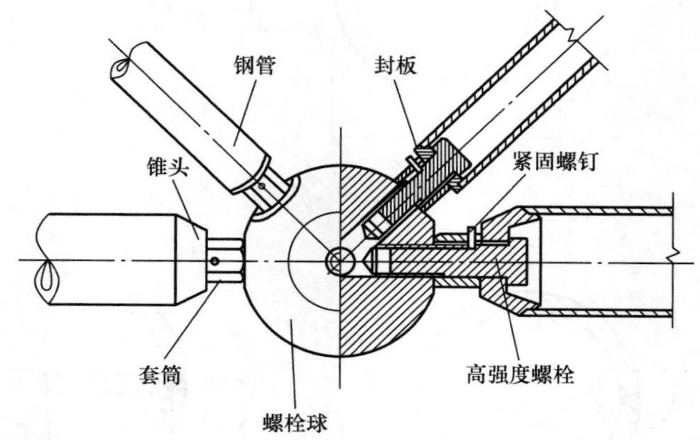

图 5-64 螺栓球节点

杆件端部应采用锥头（图 5-65a）或封板连接（图 5-65b），其连接焊缝以及锥头任何截面的强度必须不低于连接钢管，焊缝底部宽度 b 可根据连接钢管壁厚取 2～5mm。封板厚度应按实际受力大小计算决定，封板及锥头底部厚度不应小于表 5-2 中数值。锥头或封板是圆钢管杆件通过高强度螺栓与钢球连接的过渡零件，它与钢管焊接成一体，因此其材料钢号宜与钢管材料一致，以方便施焊。

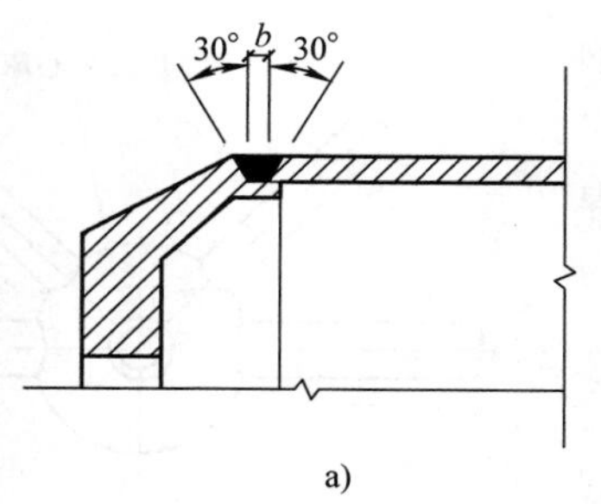

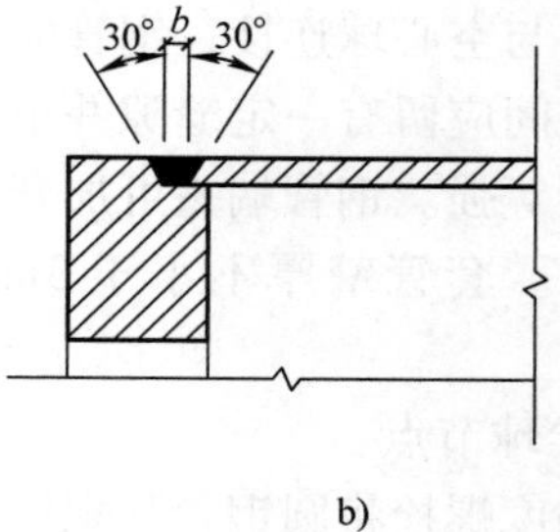

图 5-65 杆件端部连接焊缝

a）锥头连接 b）封板连接

锥头底板外径宜较套筒外接圆直径或螺栓头直径大 1 ~ 2mm，锥头内平台直径宜比螺栓头直径大 2mm。锥头倾角应小于 40°。

表 5-2　封板及锥头底部厚度　（单位：mm）

螺纹规格	封板/锥头底厚	螺纹规格	锥头底厚
M12、M14	12	M36 ~ M42	30
M16	14	M45 ~ M52	35
M20 ~ M24	16	M56 ×4 ~ M60 ×4	40
M27 ~ M33	20	M64 ×4	45

（3）支座节点

空间网格结构的支座节点根据结构的形式及支座节点主要受力特点，可分为压力支座节点、拉力支座节点、可滑移与转动的弹性支座节点以及兼受轴力、弯矩与剪力的刚性支座节点等。常用压力支座节点构造形式如图 5-66 ~ 图 5-69 所示，其他支座节点构造参见《空间网格结构技术规程》(JGJ 7—2010)。

1）平板压力支座（图 5-66），适用于较小跨度的空间网格结构。

2）单面弧形压力支座节点（图 5-67），适用于要求沿单方向转动的中小跨度空间网格结构。支座反力较大时可采用图 5-67b 所示支座。

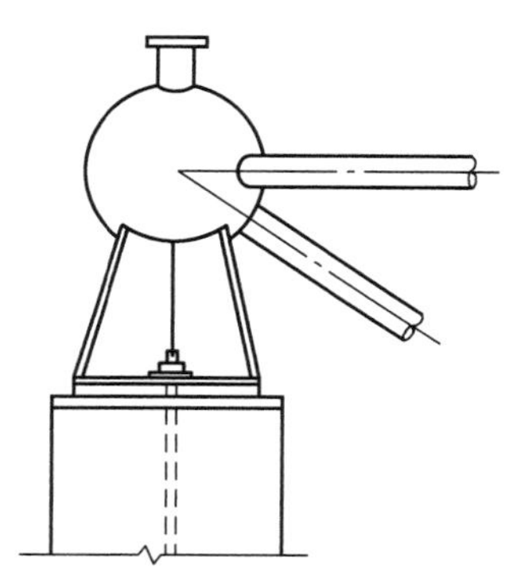

图 5-66　平板压力支座

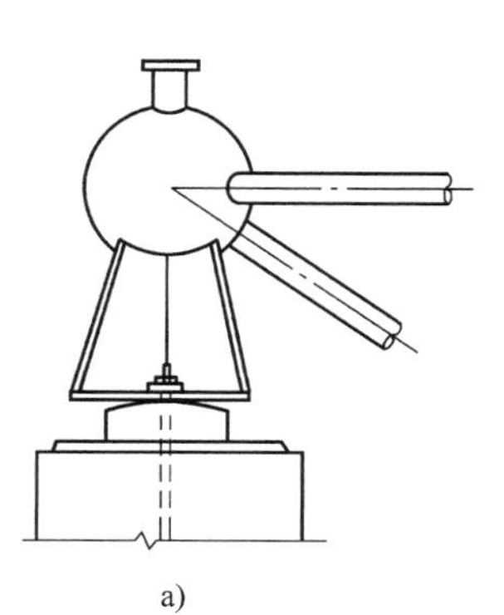

a)

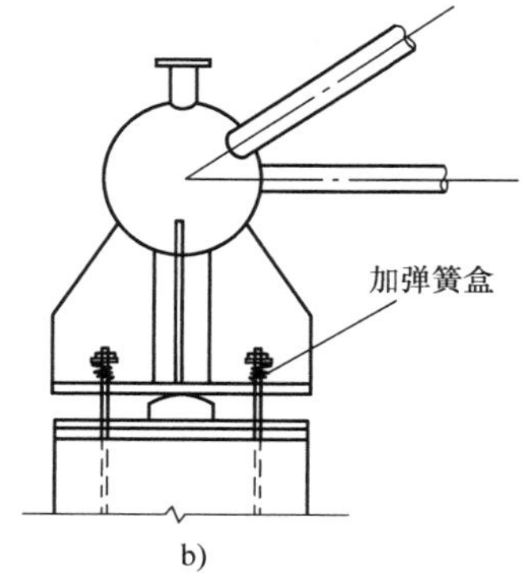

b)

图 5-67　单面弧形压力支座

3）双面弧形压力支座节点（图 5-68），适用于温度应力变化较大且下部支承结构刚度较大的大跨度空间网格结构。

4）球铰压力支座节点（图 5-69），适用于有抗震要求、多支点的大跨度空间网格结构。

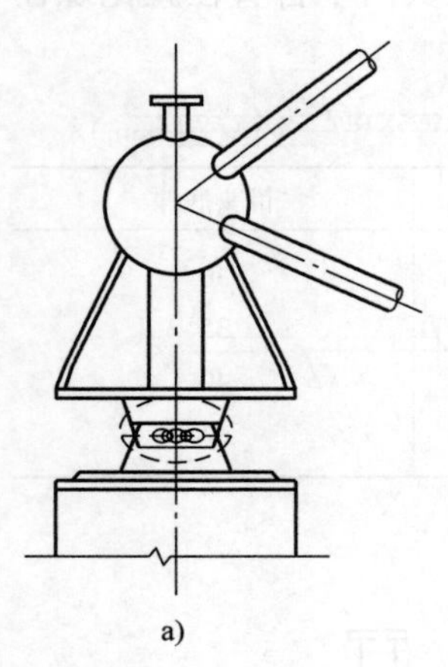

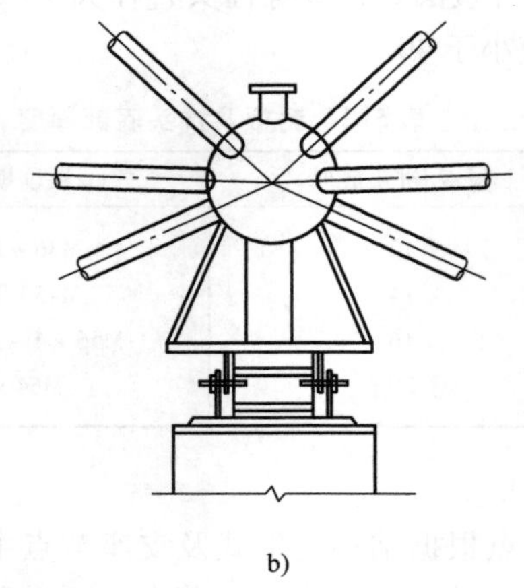

图 5-68 双面弧形压力支座

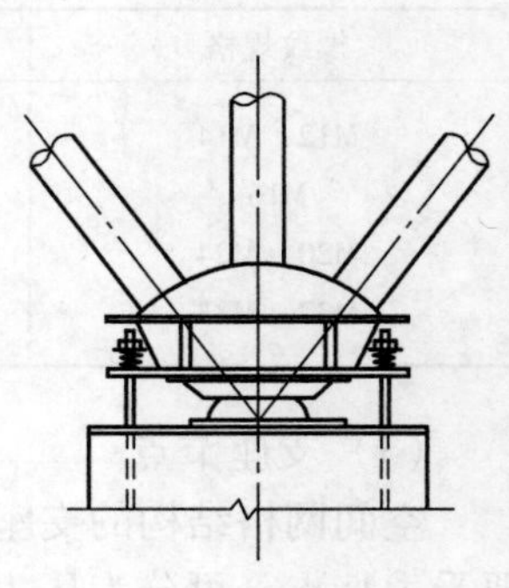

图 5-69 球铰压力支座

5.3.2 高空散装法

高空散装法是指网格结构的杆件和节点或事先拼成的小拼单元直接在设计位置总拼的安装方法，适用于全支架拼装的各种类型的空间网格结构，尤其适用于螺栓连接、销轴连接等非焊接连接的结构，并可根据结构特点选用少支架（局部支架）的悬挑拼装施工方法，即内扩法（由边支座向中央悬挑拼装）和外扩法（由中央向边支座悬挑拼装）。

采用小拼单元或杆件直接在高空拼装时，其顺序应能保证拼装精度，减少积累误差。悬挑法施工时，应先拼成可承受自重的几何不变结构体系，然后逐步扩拼。为减少扩拼时结构的竖向位移，可设置少量支撑。

高空散装法不需要大型起重设备，无特殊施工要求，是一种最直接的安装方法，但脚手支架用量大、高空作业多、工期长、需占用建筑物内场地。

1. 拼装支架搭设

拼装支架宜采用扣件式钢管脚手架搭设，其施工层作业面用脚手板铺设，也可用大型活动操作平台代替脚手板（图 5-70）。

当选用扣件式钢管搭设拼装支架时，应在立杆柱网中纵横每相隔 15～20m 设置格构柱或格构框架，作为核心结构。格构柱或格构框架必须设置交叉斜杆，斜杆与立杆或水平杆交叉处节点必须用扣件连接牢固，并优先选用直角扣件。

拼装支架搭设应符合下列要求：

1）为确保支架体系的整体稳定性，必须设置足够完整的垂直剪刀撑和水平剪刀撑。

2）支架应与土建结构连接牢固。如无连接条件可设置安全缆风绳、抛撑等。

3）支架立杆安装每步高允许垂直偏差不大于 7mm；支架总高 20m 以下时，全高允许偏差不大于 30mm；支架总高 20m 以上时，全高允许垂直偏差不大于 48mm。

4）扣件拧紧力矩大于或等于 40N·m，抽检率不低于 20%。

5）支架在结构自重及施工荷载作用下，其立杆总沉降量应小于 10mm。

6）支架搭设的其余技术要求应符合《建筑施工扣件式钢管脚手架安全技术规范》（JGJ

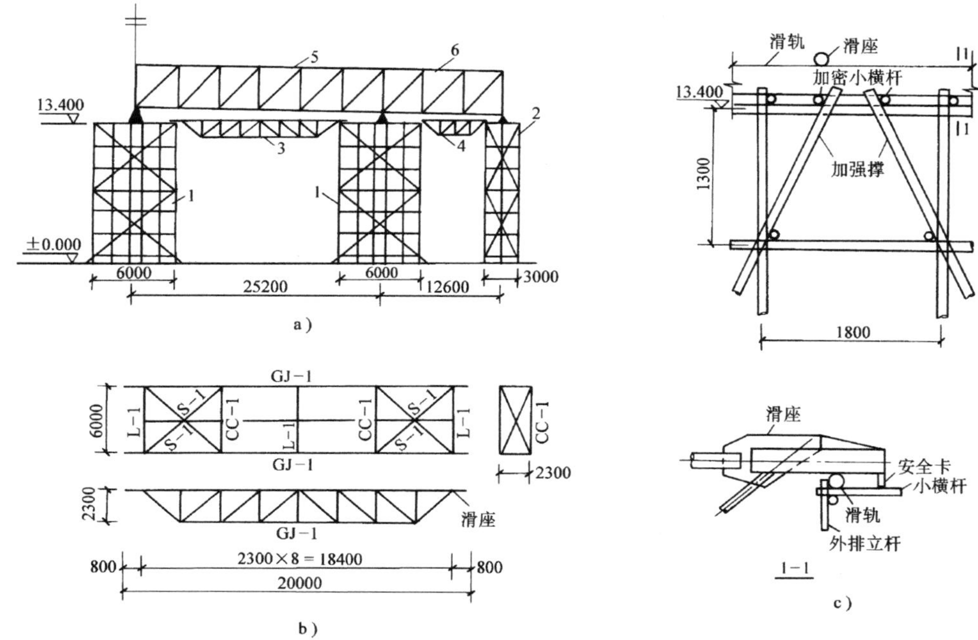

图 5-70　活动操作平台施工实例

a）活动操作平台施工　b）活动操作平台构造　c）活动操作平台滑道

1—条状主承重架　2—条状檐口承重架　3—20m 活动架　4—9m 活动架　5—25.2m 网片　6—12.6m 网片

130—2011）的相关规定。

搭设拼装支架时，支架上支承点的位置应设在下弦节点处或支座处。支架顶部用钢板或型钢作柱帽，钢板或型钢直接与立杆焊接牢固（应在支架顶标高调整好后焊接牢固）形成临时支座（图5-71）。

采用悬挑法施工时，如网架结构在拼接过程中产生较大的挠度及内力，可在部分节点下设置独立的支承点或拼装支架。

2. 基准轴线、标高及垂直偏差控制

网格结构安装的基准轴线（即建筑物的定位轴线），要求用精确的角度交汇法放线定位，并用长度交汇法进行复测，其允许偏差不超过 $L/10000$（L 为短边长度，mm）。

安装过程中应对网格结构的支座轴线、支承面标高（或网架下弦标高），网架屋脊线、檐口线位置和标高进行跟踪控制测量，并及时调整至设计要求值。拼装偏差调整可采用千斤顶、倒链、钢丝绳等工具进行。

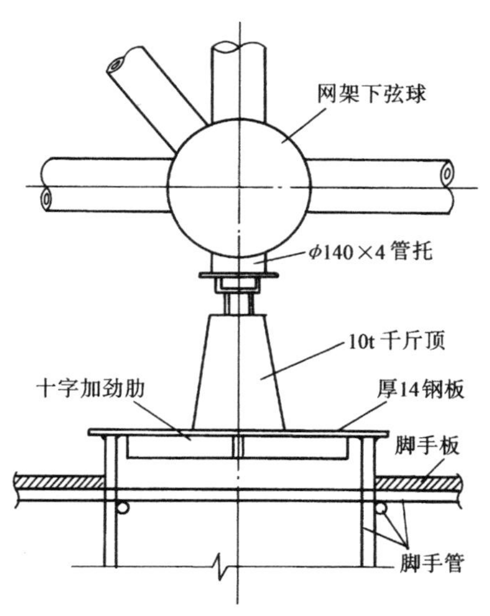

图 5-71　临时安装支座（柱帽）示意

采用网片和小拼单元进行拼装时，要严格控制网片和小拼单元的定位轴线和垂直度。其允许偏差应符合《钢结构工程施工质量验收规范》（GB 50205—2001）的规定。

各杆件与节点连接时中心线应交汇于一点，螺栓球和焊接球应交汇于球心，螺栓连接和焊接钢板节点应与设计图相符。

3. 拼装顺序

网格结构拼装顺序应根据网格形式、支承类型、结构受力特征、杆件小拼单元、临时稳定的边界条件，施工机械设备性能和施工场地情况等综合确定。正确的拼装顺序可有效避免误差积累，加快拼装速度。下面是几种典型网架结构的安装顺序。

(1) 平面呈矩形的周边支承两向正交斜放网架

该类网架安装时，由于各方面的误差积累，以及网架下沉而引起的尺寸不足，将造成节点不能安装。考虑到支座螺栓孔径一般较大，有余量可调，可采用由屋脊向两边柱头安装的方法。其总的拼装顺序是：从建筑物一端开始向另一端以两个三角形同时推进，待两个三角形相交后，即按人字形逐榀向前推进，最后在另一端的正中闭合（图5-72a）。具体分为两步：开始时，由两个工作面同时从两角屋脊分别向两边拼装网片（图5-72b）；合拢后，则采取由合拢点呈人字形向两面顺序逐榀拼装（图5-72c）。

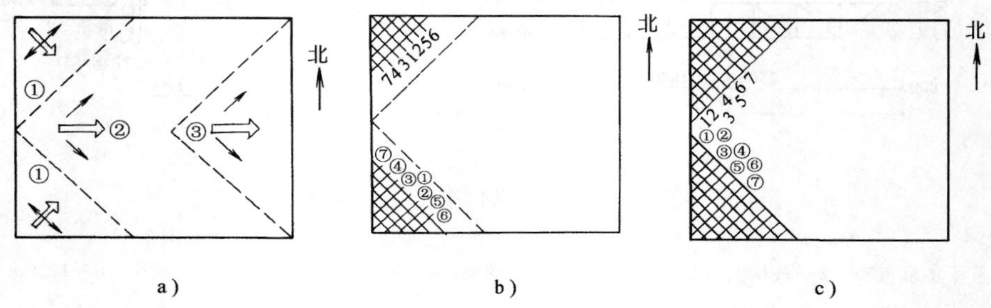

图5-72 周边支承网架拼装顺序

a) 总安装顺序（大箭头表示安装方向，小大箭头表示安装顺序）

b) 屋脊向两边柱头的安装顺序（此安装顺序仅使用到图中虚线止）

c) “人”字形安装顺序（两种符号代表两个不同工作面安装顺序）

(2) 平面呈矩形的三边支承两向正交斜放网架

该类网架安装时，考虑到网架三边支承的受力特性及网架安装过程中的误差积累，可在大门桁架与屋盖网架相接处消除的因素，采取由内侧网架向外侧（大门方向）安装的方法。其总的拼装顺序是：在纵向由建筑物一端向另一端呈平行四边形推进；在横向由三边框架内侧逐步向外侧（大门方向）安装。图5-73所示为某飞机库155m×70m屋盖网架，根据起重机作业半径性能，沿短跨方向将网架划分为A、B、C、D四个安装长条区，各长条区按A~D顺序依次流水安装网架。

(3) 平面呈椭圆形悬挑式钢罩棚网架

图5-74所示悬挑式看台罩棚网架（罩棚网架用伸缩缝分割成若干区段），根据悬挑受力特性采用高空散装和单元体高处拼装相结合的施工方法。总的拼装顺序是：在接近支承柱部分，因与看台较接近仍采用高空散装法在脚手架上完成；在与看台段较远的悬挑段，采取先在地面上拼成块体（吊装单元体），吊到高空后通过拼装段与根部散装段组成完整网架。单元体划分要考虑起重设备的能力、单元体吊装时尤其是落位后的受力条件以及高空连接的方便程度等。一般在平面上每一个伸缩缝区段按奇数划分单元体（如一个伸缩缝区段划分3个或5个单元体），这样每个区段可先安中间单元体，再对称安两侧单元体，累计误差在伸

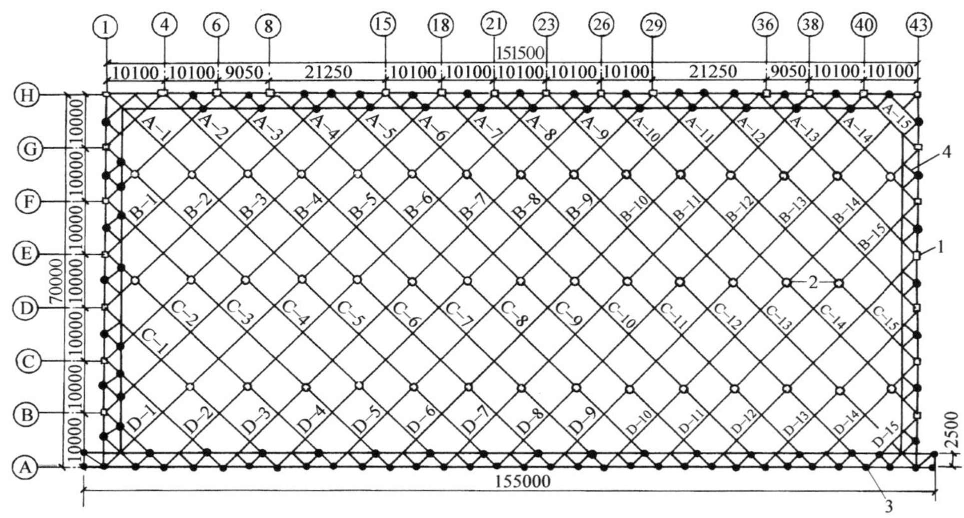

图 5-73　三边支承网架拼装顺序（编号 A 为 A 区，依次类推）

1—柱子　2—临时支点　3—拱架　4—网架

缩缝处调整。

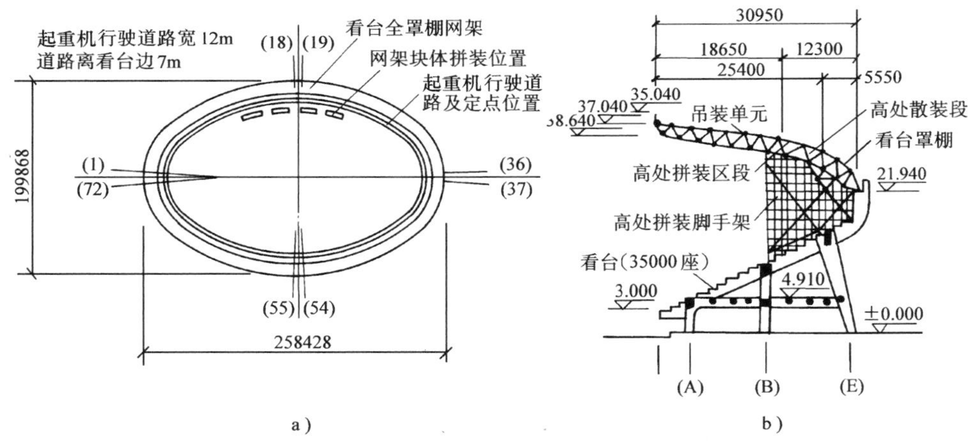

图 5-74　悬挑式钢罩棚网架拼装顺序图

a）看台全罩棚施工平面　b）悬挑式钢罩棚网架拼接

根部散装顺序：径向杆件由支座向悬挑方向安装；环向杆件由中间向两侧对称安装。先安装支座环向杆件，再由支座向悬挑方向安装径向杆件。

根部散装段与网架块体接缝拼装顺序：每一个伸缩缝区段除第一块体只有环向接缝外，其余块体均有环向和径向两处接缝，接缝宽度都是一个网格。网架块体依照上弦杆、腹杆、下弦杆的次序和由里向外的方向，按下列顺序拼接：插环向接缝的杆件→插径向接缝的杆件→环向接缝处每杆件紧固 1/2→径向接缝处每杆件紧固 1/2→环向接缝各杆件同步紧固到位→径向接缝各杆件同步紧固到位。

4. 支座落位措施

支座落位是指空间网格结构拼装完成后拆除支架上支承点（即临时支座），使网格结构由临时支承状态平稳过渡到设计永久支座的操作过程，此过程亦称为“网格结构落位”。

网格结构落位过程是使屋盖网格缓慢协同空间受力的过程，此时网格结构发生较大的内力重分布，并逐渐过渡到设计状态。因此，网格结构落位工作至关重要，必须针对不同结构和支承情况，确定合理的落位顺序和正确的落位措施。

拼装支承点（临时支座）拆除必须遵循“变形协调、卸载均衡”的原则。卸载过程中，可通过放置在支架上的可调节支承装置（柱帽、千斤顶），多次循环微量下降来实现荷载平衡转移。卸载的顺序为由中间向四周，中心对称进行。

网格结构支架拆除过程中，对少量可能超载的杆件应事先采取措施，局部加强或根据计算事先换加强杆件。为防止个别支承点集中受力，可根据各支承点处的结构自重挠度值，采用分区分阶段按比例下降或用每步不大于10mm的等步下降的办法拆除支承点。

网格结构落位注意事项：

1）落位前，应检查可调节支承装置（千斤顶）的下降行程量是否符合该点挠度值的要求。计算千斤顶行程时，要考虑由于支架下沉引起的行程量增大值，据此留足行程余量（应大于50mm）。关键支承点要增设备用千斤顶，以防应急使用。

2）落位过程中要精心组织、精心施工，要编制专门的“落位责任制”，设总指挥和分指挥分区把关，整个落位过程要在总指挥统一指挥下进行工作。操作人员要明确岗位职责，上岗后应按指定位置“对号入座”。发现问题应及时向所在地分指挥报告，由分指挥向总指挥报告，由总指挥统一处理。

3）千斤顶每次下降时间间隔应大于10min，以确保结构各杆件之间内力的调整与重分布。

4）落位后，要按设计要求固定支座，并做出记录。同时要继续检测挠度值，直至全部设计荷载到位为止。

以上注意事项，不仅适用于高空散装法，同样也适用于其他空间网格结构安装方法。

5.3.3 分条或分块安装法

分条分块安装法是将整个空间网格结构分成条状或块状单元，吊装就位后再在高空拼成整体，适用于分割后结构的刚度和受力状况改变较小的空间网格结构。该安装法减少了高空作业量和拼装支架用量，在现场施工条件许可（指周边有宽畅的道路和起重设备作业条件）的情况下可以采用。

1. 空间网格结构条块单元划分

条状单元是指在空间网格结构的长跨方向上分割，其宽度为1~3个网格，长度一般是空间网格结构的短向跨度。块状单元是指沿空间网格结构纵横方向分割成几个矩形或正方形单元。分条或分块的大小应根据起重设备的起重能力而定。图5-75、图5-76分别为网架分条和分块吊装工程实例。

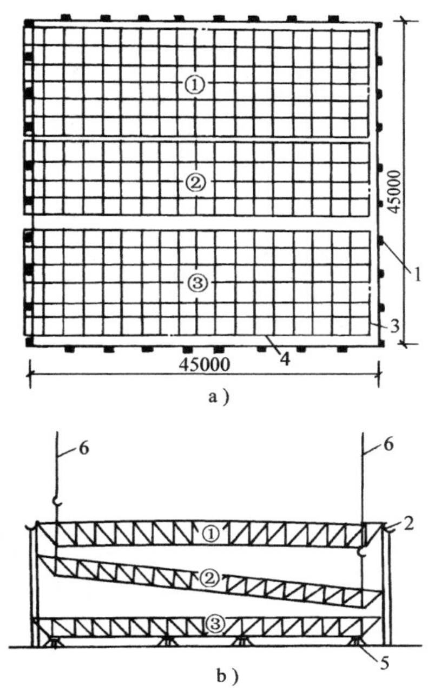

图 5-75　网架分条吊装工程实例
1—柱　2—天沟梁　3—网架　4—拆去的杆件
5—拼装支架　6—起重机吊钩

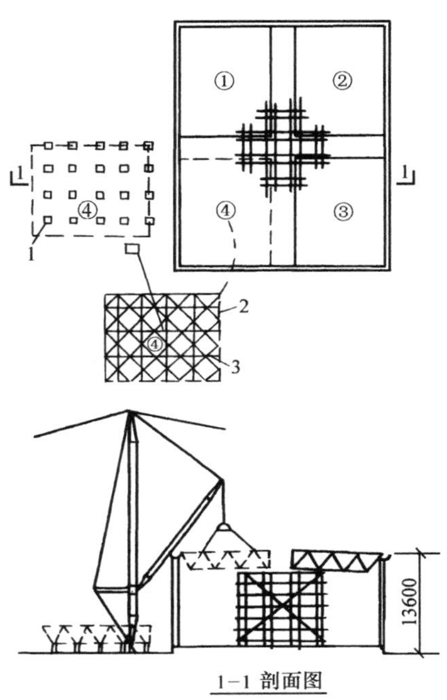

图 5-76　网架分块吊装工程实例
1—中拼用砖墩　2—临时封闭杆件　3—吊点

空间网格结构条块单元划分如图 5-77 所示。对于正放类空间网格结构，可将下弦双角钢分在两个单元上（图 5-77a）；对于斜放类空间网格结构，单元可上弦用剖分式安装节点连接（图 5-77b）；同时，两向正交正放或斜放四角锥等网格单元，可将单元之间空一节间，在网格单元安装后再在高空拼装（图 5-77c），上述工程实例即用此法。

当空间网格结构分割成条状或块状单元后，对于正放类空间网格结构，在自重作用下若能形成稳定体系，可不考虑加固措施；而对于斜放类空间网格结构，分割后往往形成几何可变体系，因而需要设置临时加固杆件（图 5-78）。各种加固杆件在空间网格结构形成整体后方可拆除。

空间网格结构被分割成条（块）状单元后，在合拢处产生的挠度值一般均超过空间网格结构形成整体后该处的自重挠度值。因此，在总拼前应用千斤顶等设备调整其挠度，使之与空间网格结构形成整体后该处挠度相同，然后进行总拼。为保证空间网格结构顺利拼装，在条与条或块与块合拢处，可采用安装螺栓或其他临时定位措施。

2. 网格单元安装和施焊顺序

分条（块）单元安装顺序应由中间向两端安装，或从中间向四周发展，因为单元网格在向前拼装时，有一端是可以自由收缩的，可以调整累计误差；同时吊装单元网架时，不需要超过已安装的条（块）单元，这样可减少吊装高度，有利于吊装设备的选择。如施工场地限制，也可采用一端向另一端安装，施焊顺序仍应由中间向四周进行。

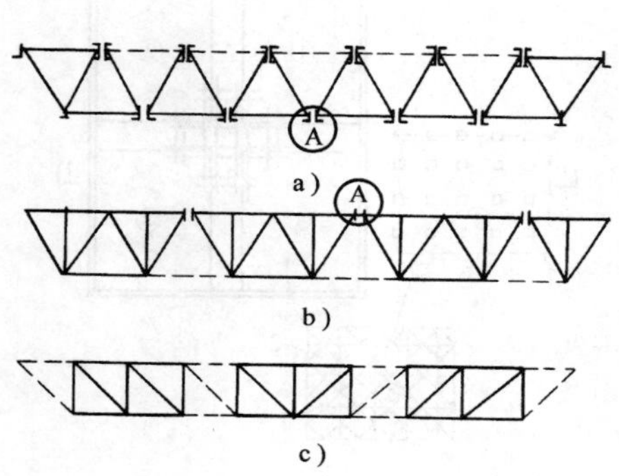

图5-77 网架条（块）单元划分示意
Ⓐ表示剖分式安装节点

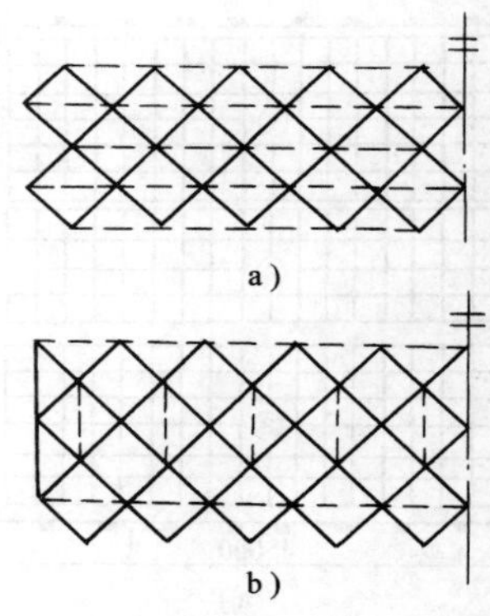

图5-78 斜放四角锥网架上弦加固示意
（虚线表示临时加固杆件）

高空总拼应采取合理的施焊顺序施焊，尽量减少焊接变形和焊接应力。总拼时的施焊顺序也应从中间向两端或从中间向四周发展。焊接完成后应按规定进行焊接质量检查，合格后进行支座固定。

5.3.4 高空滑移法

滑移法是将空间网格结构的条状单元向一个方向滑移的施工方法。网格结构的滑移方向可以水平、向上、向下或曲线方向。滑移法适用于能设置平行滑轨的各种空间网格结构，尤其适用于必须跨越施工（待安装的屋盖结构下部不允许搭设支架或行走起重机）或场地狭窄、起重运输不便等情况。它与分条安装法相比，具有空间网格结构安装与室内土建施工平行作业的优点，因而缩短工期，节约拼装支架，起重设备也容易解决。

滑移法一般分为单条滑移法、逐条累积滑移法和滑架法三种，前两种为结构滑移；而后一种为支架滑移，结构本身不滑移。

1）单条滑移法。单条滑移是将几何不变的空间网格结构单元在滑轨上单条滑移到设计位置后拼接成整体。该方法摩擦阻力小，不需要很大的牵引设备，但每条单元就位拼接时需要活动脚手架支撑。

2）逐条积累滑移法。逐条积累滑移是将几何不变的空间网格结构单元在滑轨上逐条积累作为一个整体滑移到设计位置形成整体结构。该方法随着单元的积累，牵引力也逐渐增大。

3）滑架法。当空间网格结构为大面积且有中间柱子或平面狭长时，可采用滑架法施工。该方法是施工时先搭设一个拼装支架，在拼装支架上拼装空间网格结构，完成相应几何不变的空间网格结构单元后移动拼装支架拼装下一单元。

条状单元可以在地面拼成后用起重机吊到平台上来进行滑移，也可以用散件或小拼单元在拼装平台上拼成条状单元后滑移。拼装台应尽可能利用已建的端部建筑物，或在滑行开始端设置宽度大于两个节间的拼装平台。

滑轨可固定于梁顶面或专用支架上，也可置于地面，轨面标高宜高于或等于空间网格结构支座设计标高。对大跨度空间网格结构，宜在跨中增设中间滑轨（若滑移单元由于增设中间滑轨引起杆件内力变号时，应采取临时加固措施防止杆件失稳）。当空间网格结构两侧框架（连系梁）上不能设置轨道时，滑轨可设置在承重脚手架上（图 5-79）。

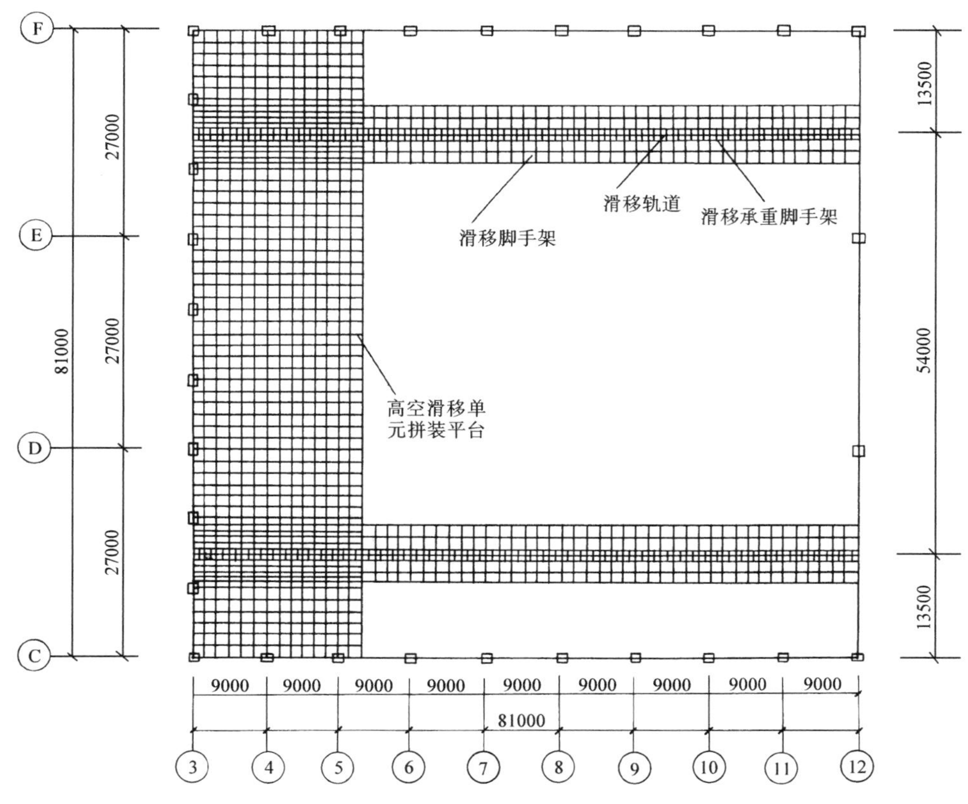

图 5-79　滑轨设置在承重脚手架上的工程实例

空间网格结构滑移时可用卷扬机或手扳葫芦牵引，根据牵引力大小及支座之间的杆件承载力，左右每边可采用一点或多点牵引。牵引速度不宜大于 0.5m/min，不同步值不应大于 50mm。

空间网格结构在滑移施工前，应根据滑移方案对杆件内力、节点位移及支座反力进行验算。当采用多点牵引时，还应验算由于牵引不同步对杆件内力的影响。

5.3.5　整体吊装法

整体吊装法指空间网格结构在地面总拼后，采用多台起重机抬吊或拔杆起吊的施工方法。该方法适用于中小型空间网格结构，吊装时可在高空平移或旋转就位。大型空间网格结构由于重量较大及起吊高度较高，则宜用多根拔杆吊装。

如图 5-80 所示多机抬吊网架，安装前先在地面上对网架进行错位拼装，然后用多台起重机将拼装好的网架整体提升到柱顶以上，在空中移位后落下就位固定。

图 5-81 所示为上海体育中心万人体育馆直径 125m 的网架，采用 6 根拔杆整体吊升时的设备布置情况。

空间网格结构就位总拼时，任何部位与支承柱或拔杆的净距不应小于 100mm，如支承柱上设有凸出构造（如牛腿等），应防止空间网格结构在提升过程中被凸出物卡住。由于空

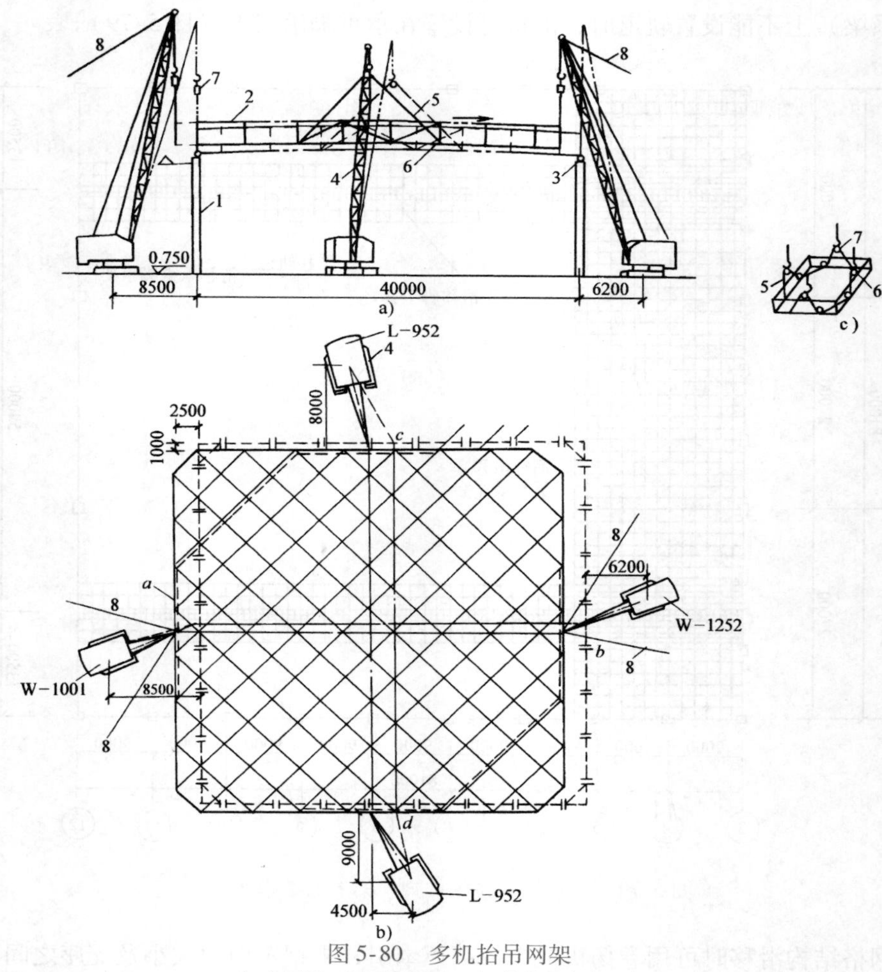

图 5-80 多机抬吊网架

a）立面图 b）平面图 c）吊装吊索穿通方法

1—柱子 2—网架 3—弧形铰支座 4—起重机 5—吊索 6—吊点 7—滑轮 8—缆风绳

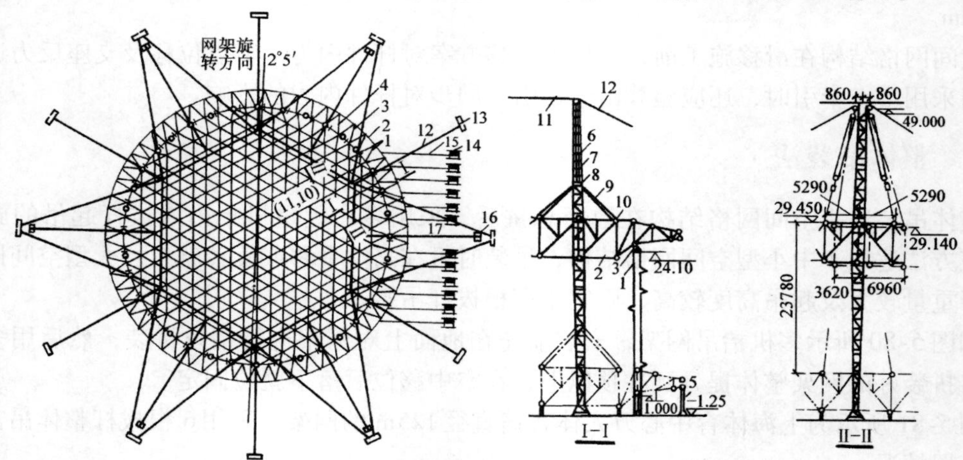

图 5-81 直径为 125m 的钢网架用拔杆整体吊升时的设备布置

1—柱子 2—钢网架 3—网架支座 4—吊升后再焊的杆件 5—拼装用钢支座 6—独脚拔杆 7—滑轮组 8—铁扁担 9—吊索 10—网架的吊点 11—平缆风绳 12—斜缆风绳 13—地锚 14—起重卷扬机 15—起重钢丝绳（从网架边缘到拔杆底座一段未画出） 16—校正用卷扬机 17—校正用钢丝绳

间网格结构错位需要，对个别杆件暂不组装时，应验算后经设计单位确认。拼装时，每榀桁架单元下设 4 个临时支座，且支承柱轴线部位必须设置。为方便焊接，支承柱轴线处临时支座高约 800mm，其余临时支座的高度按网格起拱要求相应提高。对于网架结构，焊接主要是球体与钢管的焊接，一般采用对接焊；拼装时先装上下弦杆，后装斜腹杆，待两榀桁架间的钢管全部放入并校正后再逐根焊接。整体网架拼装参见本章工程示例。

空间网格结构整体吊装时，应保证各吊点起升及下降的同步性。提升高差允许值（是指相邻两拔杆间或相邻两吊点组的合力点间的相对高差）可取吊点间距离的 1/400，且不宜大于 100mm，或通过验算确定。当采用多根拔杆或多台起重机吊装空间网格结构时，宜将额定负荷能力乘以折减系数 0.75；当采用 4 台起重机将吊点连通成两组或用 3 根拔杆吊装时，折减系数取值可适当提高。

当采用多台起重机抬吊时，可将整体结构抬升到高出柱顶标高 30cm 左右，利用网格四角栓的钢丝绳移位，通过倒链进行对线就位。

当采用多根拔杆方案时，可利用每根拔杆两侧起重机滑轮组中产生水平力不等原理推动空间网格结构移动或转动进行就位。矩形网架空中移位时，每根拔杆同一侧的滑轮组钢丝绳徐徐放松，而另一侧不动，这样形成钢丝绳的内力不平衡，从而使网架向目标方向移动，实现空中移位（图 5-82）。圆形网架由于拔杆均布在圆周上，拔杆起重平面垂直于网架半径，当同时放松各拔杆右侧滑轮组钢丝绳时，便产生作用在圆周上的切向力，使网架绕圆心的顺时针旋转（图 5-81）。

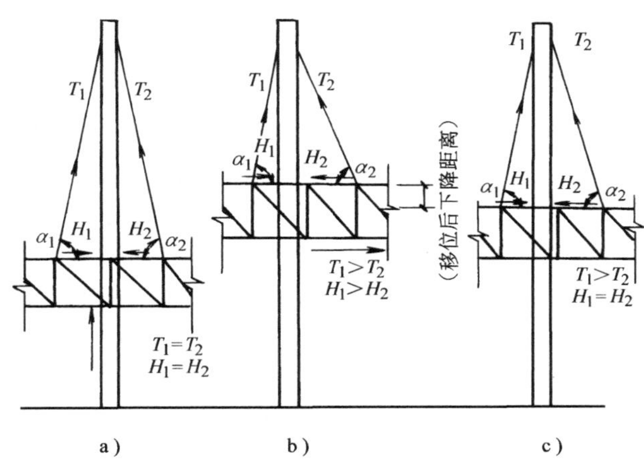

图 5-82　网架高空位移示意

a）提升阶段　b）位移阶段　c）就位阶段

T_1、T_2—起重滑轮组的拉力　H_1、H_2—起重滑轮组产生的水平分力

α_1、α_2—起重滑轮组钢丝绳与水平面的夹角

拔杆的选择取决于其所承受的荷载和吊点布置。拔杆的缆风绳布置应使多根拔杆相互连成整体，以增加整体稳定性，缆风绳的初始拉力值宜取吊装时缆风绳中拉力的 60%。拔杆、缆风绳、索具、地锚、基础及起重滑轮组的穿法等均应进行验算，必要时可进行试验检验。

5.3.6 整体提升法

整体提升法是指空间网格结构在地面整体拼装完毕后提升至设计标高、就位。空间网格结构整体提升可在结构柱上安装提升设备进行提升，也可在进行柱子滑模施工的同时提升，此时结构可作为操作平台。该方法能充分利用现有的结构和小型机具（如液压千斤顶、升板机等）进行施工，可节省安装设施费用，适用于周边支承及多点支承的空间网格结构。

整体提升法与整体吊装法的区别在于：整体提升法只能作垂直起升，不能作水平移动或转动。因此，采用整体提升法安装空间网格结构时应注意：一是网格结构必须按高空安装位置在地面就位拼装，即高空安装位置和地面拼装位置必须在同一投影面上；二是周边与柱子（或连系梁）相碰的杆件必须预留，待空间网格结构提升到位后再进行补装。

当采用整体提升法施工时，应尽量将下部支承柱设计为稳定的框架体系，否则应进行稳定性验算，如稳定性不足时应采取措施加强。提升设备的使用负荷能力为额定负荷能力乘以折减系数：穿心式液压千斤顶为0.5~0.6；电动螺杆升板机为0.7~0.8。

空间网格结构提升时应保证做到同步。相邻两提升点和最高与最低两个点的提升允许高差值应通过验算或试验确定。在通常情况下，相邻两个提升点允许高差值：当用升板机时，应为相邻点距离的1/400，且不应大于15mm；当采用穿心式液压千斤顶时，应为相邻点距离的1/250，且不应大于25mm。最高点与最低点允许高差值：当采用升板机时应为35mm，当采用穿心式液压千斤顶时应为50mm。

为防止起升时空间网格结构晃动，提升设备的合力点应对准吊点，允许偏移值不应大于10mm。

图5-83所示为在结构上安装千斤顶提升网架的工程实例。网架重400t（包括檩条在内），面积为6561m^2，支承在标高为16m的周边混凝土支柱上，共30个支座。吊装时，利用两侧连梁（标高为25.1m）作为提升吊点，根据网架为双坡向受力特点，经计算确定设置10个吊点（均设置在上弦节点上），按顺时针方向编号为1~10。在每个吊点上布置一台提升能力为600kN的穿心式千斤顶，每台千斤顶穿6根直径为15.24mm的高强度钢绞线，每台千斤顶平均载荷为400kN，每根钢绞线的平均载荷为70kN（单根钢绞线的破断力为260kN）。钢绞线下端与网架下弦相连。在10个提升吊点中，以吊点1为主令点，吊点3、4、6、8、9为同步吊点，使用2台泵站及4台比例阀块箱来控制其位置同步，而吊点2、5、7、10为压力吊点，由泵站通过减压阀驱动，进行压力跟踪，整个提升过程由计算机自动控制。

穿心式千斤顶是提升系统的执行机构，提升主油缸两端装有可控的锚具油缸，以配合主油缸对提升过程进行控制。主缸升缸时，上锚自锁紧紧夹住钢绞线，而下锚松开，张拉钢绞线一次，使网架同步提升一个高度。主缸满行程时，主缸缩缸，使荷载转换到下锚上，而上锚松开。如此反复，可使网架结构提升至要求位置（图5-84）。

目前，我国集群千斤顶同步整体提升技术已达国际先进水平。该技术是以集群千斤顶为执行机构，液压泵站为动力设备，以钢绞线悬挂承重，利用千斤顶上、下夹持器（自动工具锚）交替动作和千斤顶活塞与油缸沿钢绞线的相对运动，使大型构件上升或适量下降。

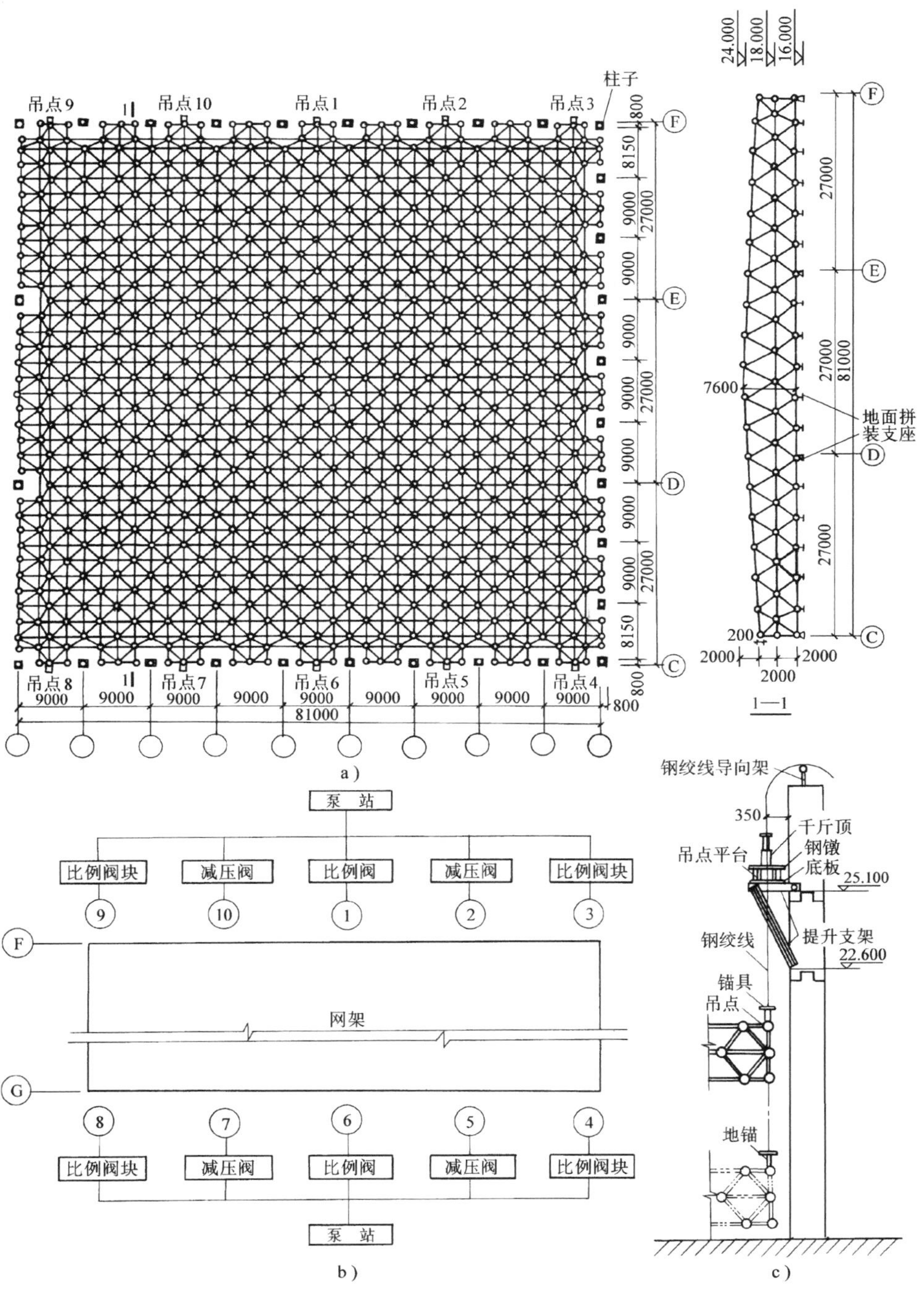

图5-83 在结构上安装千斤顶提升网架实例

a）屋盖网架地面拼装示意图 b）液压系统布置 c）提升设备安装

5.3.7　整体顶升法

整体顶升法是将空间网格结构在地面整体拼装完毕后顶升至设计标高、就位，适用于支点较少的各种空间网格结构。顶升法时，应尽量利用空间网格结构的支承柱作为顶升时的支承结构，也可在原支点处或其附近设置临时顶升支架。

顶升与提升的区别是：当空间网格结构在起重设备的上面称为顶升；当空间网格结构在起重设备的下面称为提升。由于空间网格结构的重心和顶（提）升力作用点的相对位置不同，其施工特点也有所不同。当采用顶升法时，应特别注意由于顶升的不同步、顶升设备作用力的垂直度等原因而引起的偏移问题，应采取措施尽量减少其偏移；而对提升法来说，这不是主要问题。因此，起升、下降的同步控制，顶升法要求更严格。

顶升千斤顶可采用丝杠千斤顶或液压千斤顶，其使用负荷能力应将额定负荷能力乘以折减系数。折减系数：丝杠千斤顶取0.6~0.8，液压千斤顶取0.4~0.6。

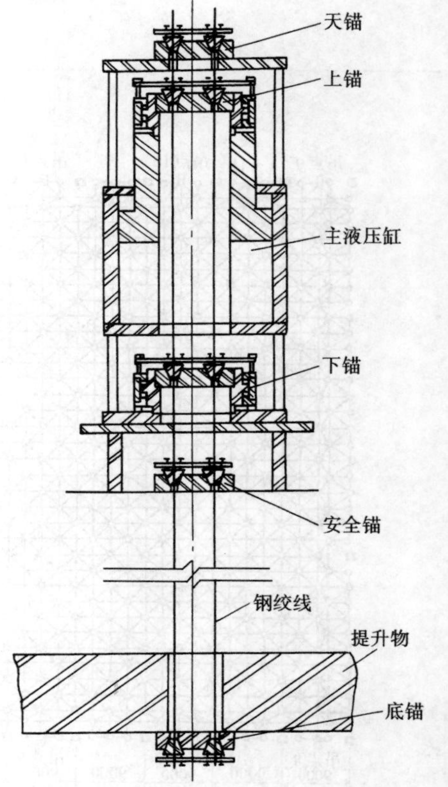

图5-84　提升承载系统原理

顶升时各顶升点的允许高差值应符合下列规定：

1）取相邻两个顶升用的支承结构间距的1/1000，且不应大于15mm。

2）当一个顶升点的支承结构上有两个或两个以上千斤顶时，取千斤顶间距的1/200，且不应大于10mm。

千斤顶或千斤顶合力的中心应与顶升点结构中心线对准，其允许偏移值应不大于5mm。千斤顶应保持垂直。

顶升前及顶升过程中空间网格结构支座中心柱基轴线的水平偏移值不得大于柱截面短边尺寸的1/50及柱高的1/500。

当利用结构柱作为顶升的支承结构时，应注意柱子在顶升过程中的稳定性：

1）对顶升用的支承结构应进行稳定性验算，验算时除应考虑空间网格结构和支承结构自重、与空间网格结构同时顶升的其他静载和施工荷载外，还应考虑上述荷载偏心和风荷载所产生的影响。

2）及时连接上柱间支撑、钢格构柱的缀板；当为钢筋混凝土柱时，如沿柱高度有框架梁及连系梁时，应及时浇筑混凝土。顶升时遇柱的连系结构施工，均应停止顶升，待连系结构施工完毕，并达到要求强度后再继续顶升。

5.3.8　空间网格结构安装要求

1）空间网格结构安装前，应根据定位轴线和标高基准点复核和验收支座预埋件、预埋锚栓的平面位置和标高。支承面顶板及支座锚栓的允许偏差见表 5-3。

表 5-3　支承面顶板、支座锚栓的允许偏差

项　　目		允许偏差/mm
支承面顶板	位置	15.0
	顶面标高	0 -3.0
	顶面水平度	L/1000（L 为短边长度）
支座锚栓	锚栓中心偏移	±5.0
	锚栓露出长度	+30.0 0.0
	螺纹长度	+30.0 0
预留孔中心偏移		10.0

注：按支座数抽查 10%，且不应少于 4 处，用经纬仪和钢尺实测。

2）安装方法确定后，应分别对空间网格结构各吊点反力、竖向位移、杆件内力、提升或顶升时支承柱的稳定性和风载下空间网格结构的水平推力等进行验算，必要时采取临时加固措施。选择吊点时，首先应使吊点位置与空间网格结构支座相接近；其次应使各起重设备的负荷尽量接近，避免由于起重设备负荷悬殊而引起起升时过大的升差。

当空间网格结构分割成条、块状或悬挑法安装时，应对各相应施工工况进行跟踪验算，对有影响的杆件和节点进行调整。安装用支架或起重设备拆除前应对相应各阶段工况进行结构验算，以选择合理的拆除顺序。

3）安装阶段结构的动力系数宜按下列数值选取：液压千斤顶提升或顶升取 1.1；穿心式液压千斤顶钢绞线提升取 1.2；塔式起重机、拔杆吊装取 1.3；履带式、汽车式起重机吊装取 1.4。

4）空间网格结构正式安装前宜进行局部或整体试拼装，当结构较简单或确有把握时可不进行试拼装。

5）空间网格结构安装中所有焊缝应符合设计要求。当设计无要求时应符合下列规定：

① 钢管与钢管的对接焊缝应为一级焊缝。

② 球管对接焊缝、钢管与封板（或锥头）的对接焊缝应为二级焊缝。

③ 支管与主管、支管与支管的相贯焊缝应满足现行行业标准《钢结构焊接规范》（GB 50661—2011）的规定；

④ 所有焊缝均须进行外观检查，检查结果应符合《钢结构焊接规范》（GB 50661—2011）的规定。对一、二级焊缝应作无损探伤检验，一级焊缝探伤比例为 100%，二级焊缝探伤比例不应小于 20%，探伤比例的计数方法为焊缝条数的百分比。焊接球节点网架、螺栓球节点网架及圆管 T、K、Y 节点焊缝的超声波探伤方法及缺陷分级应符合现行行业标准《钢结构超声波探伤及质量分级法》（JG/T 203—2007）的规定。

6）空间网格结构宜在拼装模架上进行小拼，以保证小拼单元的形状和尺寸的准确性。小拼单元的允许偏差应符合表 5-4 的规定。

表 5-4 小拼单元的允许偏差 （单位：mm）

项 目	允许偏差	
节点中心偏移	$D \leqslant 500$	2.0
	$D > 500$	3.0
杆件中心与节点中心的偏移	d（b）$\leqslant 200$	2.0
	d（b）> 200	3.0
杆件轴线的弯曲矢高	$L_1/1000$，且不大于5.0	
网格尺寸	$L \leqslant 5000$	±2.0
	$L > 5000$	±3.0
锥体（桁架）高度	$h \leqslant 5000$	±2.0
	$h > 5000$	±3.0
对角线长度	$L \leqslant 7000$	±3.0
	$L > 7000$	±4.0
平面桁架节点处杆件轴线错位	d（b）$\leqslant 200$	2.0
	d（b）> 200	3.0

注：1. D 为节点直径。
2. d 为杆件直径，b 为杆件截面边长。
3. L_1 为杆件长度，L 为网格尺寸，h 为锥体（桁架）高度。

7）分条或分块的空间网格结构单元长度不大于20m时，拼接边长度允许偏差为±10mm；当条或块单元长度大于20m时，拼接边长度允许偏差为±20mm。

8）空间网格结构在总拼前应精确放线，放线的允许偏差为边长的1/10000。总拼所用的支承点应防止下沉。

总拼时应采取合理的施焊顺序，以减少焊接变形和焊接应力。拼装与焊接顺序应从中间向两端或从中间向四周发展。这样，网格结构在拼接时就可以有一端自由收缩，焊工可随时调节尺寸（如预留收缩量的调整等），既保证网格结构尺寸的准确又使焊接应力较小。

网壳结构总拼完成后应检查曲面形状，其局部凹陷的允许偏差不应大于跨度的1/1500，且不应大于40mm。

9）螺栓球节点及用高强螺栓连接的空间网格结构，按有关规定拧紧高强螺栓后，应设专人对于高强螺栓的拧紧情况逐一检查，压杆不得存在缝隙，确保高强螺栓拧紧。安装完成后拉杆套筒的极小缝隙和多余的螺孔，应用油腻子填嵌密实，并按规定进行防腐处理。

10）支座安装必须严实，必要时可用钢板调整，严禁强迫就位。

11）空间网格结构应在六级以下的风力下进行安装。

12）空间网格结构应在安装完毕、形成整体后再进行屋面板及吊挂构件等的安装。

5.4 索结构安装施工

索结构安装施工与其结构特点密切相关。在各种索结构中，尽管结构体系不同，但它们都是以锚固在支承结构上的钢索作为主要承重构件。由于钢索本身是柔性材料，在自然状态下没有刚度，且形状也不确定，故必须施加一定的预应力才能赋予其一定的形状，成为在外荷作用下具有必要刚度和形状稳定的结构。因此索结构的安装施工，主要是解决钢索的架设及如何施加预应力的问题。

索结构的施工程序是：建立支承结构（柱、圈梁或框架）并预留索孔或设置连接耳板，把经预拉并按准确长度下料的钢索架设就位，调整到规定的初始位置并安上锚具临时固定，然后按规定的步骤进行预应力张拉和屋面铺设。

索结构安装施工应符合《索结构技术规程》（JGJ 257—2012）的规定。

5.4.1　索体与锚具

拉索应由索体及两端的锚具组成。拉索索体可分别采用钢丝束、钢丝绳、钢绞线或钢拉杆。拉索两端的锚具的构造应由建筑外观、索体类型、索力、施工安装、索力调整、换索等多种因素确定，分为浇铸锚具（热铸锚锚具或冷铸锚锚具）、夹片锚具、挤压锚具、压接锚具、钢拉杆锚具等。

1. 索体材料

（1）钢丝束索体

在索结构中最常用的是半平行钢丝束，它由若干根高强度钢丝采用同心绞合方式一次扭绞成型，捻角 2°～4°，扭绞后在钢丝束外缠包高强缠包带，然后热挤高密度聚乙烯（HDPE）护套。钢丝拉索的 HDPE 护套分为单层和双层。双层 HDPE 套的内层为黑色耐老化的 HDPE 层，厚度为 3～4mm；外层为根据业主需要确定的彩色 HDPE 层，厚度为 2～3mm。钢丝束进行精确下料后两端加装冷、热锚进行预张拉。拉索以成盘或成圈方式包装，这种拉索的运输和施工都比较方便。

钢丝的质量、性能应符合《建筑缆索用钢丝》（CJ 3077—1998）的规定；钢丝束的质量、性能应符合现行行业标准《塑料护套半平行钢丝拉索》（CJ/T 3058—1996）的规定。

半平行钢丝束索体可采用图 5-85 的索体截面形式。钢丝直径宜采用 5mm 或 7mm，并宜选用高强度、低松弛、耐腐蚀的钢丝，极限抗拉强度宜采用 1670MPa、1770MPa 等级。

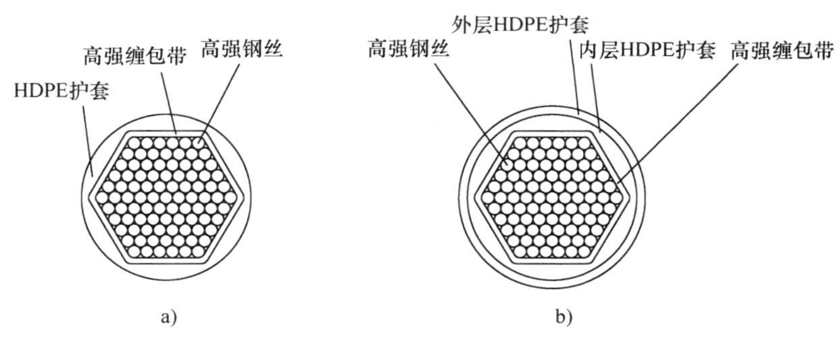

图 5-85　钢丝束索体截面形式

a）单层护套索体　b）双层护套索体

（2）钢丝绳索体

钢丝绳索体可采用单股钢丝绳、密封钢丝绳和多股钢丝绳（图 5-86）。钢丝绳由多股钢丝围绕一核心绳芯捻制而成，绳芯可采用纤维芯或金属芯。纤维芯的特点是柔软性好，便于施工，但强度较低，纤维芯受力后直径会缩小，导致索伸长，从而降低索的力学性能和耐久性，所以结构用钢丝绳应采用无油镀锌钢芯钢丝绳。

密封钢丝绳是以若干平行圆形钢丝束为缆心，外面逐层捻裹截面为“Z”形的钢丝，相邻两层的捻向相反，互相咬合形成防护层，包裹住内部的钢丝束。这种钢丝绳结构紧凑，具有最大面积率，水分不易侵入，成为密封钢丝绳。相对一般钢丝绳而言，密封钢丝绳具有强度高、弹性模量大等优点，但价格较贵。

钢丝绳的质量、性能应符合《一般用途钢丝绳》（GB/T 20118—2006）的规定；密封钢丝绳的质量、性能应符合《密封钢丝绳》（YB/T 5295—2010）的规定；不锈钢钢丝绳的质量、性能应符合《不锈钢丝绳》（GB/T 9944—2015）的规定。

钢丝绳的极限抗拉强度可采用1570MPa、1670MPa、1770MPa、1870MPa、1960MPa等级别。

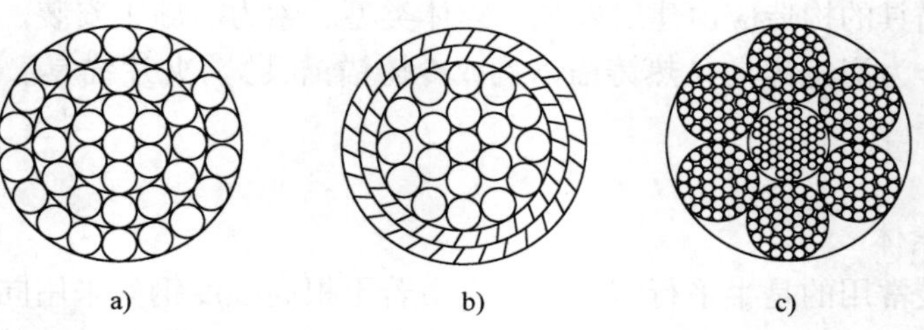

图5-86 钢丝绳索体截面形式
a）单股钢丝绳 b）密封钢丝绳 c）多股钢丝绳

（3）钢绞线索体

钢绞线索体可采用镀锌钢绞线、高强度低松弛预应力热镀锌钢绞线、不锈钢钢绞线（图5-87）。钢绞线由多根高强钢丝呈螺旋形绞合而成，可按1×3、1×7、1×19和1×37等规格选用，钢绞线索体具有破断力大、施工安装方便等特点。

钢绞线的质量、性能应符合《预应力混凝土用钢绞线》（GB/T 5224—2014）、《高强度低松弛预应力热镀锌钢绞线》（YB/T 152—1999）、《镀锌钢绞线》（YB/T 5004—2012）的规定。不锈钢绞线的质量、性能应符合《建筑用不锈钢绞线》（JG/T 200—2007）的规定。

钢绞线的极限抗拉强度可采用1570MPa、1720MPa、1770MPa、1860MPa、1960MPa等级别。

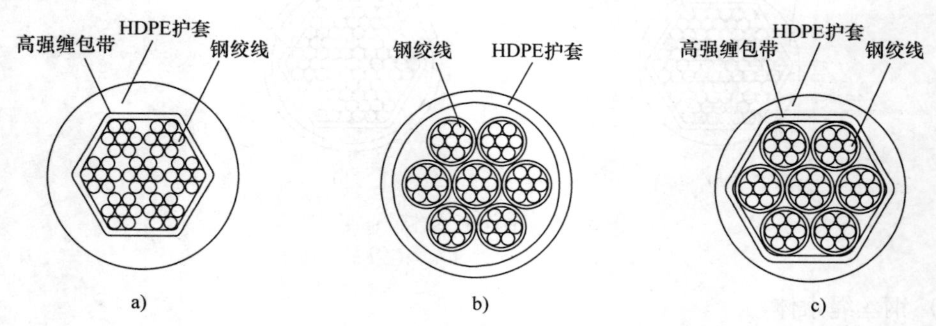

图5-87 钢绞线索体截面形式
a）整体型 b）单根防腐整体型 c）单根防腐型

(4) 钢拉杆索体

钢拉杆是近年来开发的一种新型拉锚构件，主要由圆柱形杆体、调节套筒、锁母和两端形式各异的接头拉环组成，由碳素钢、合金钢制成，具有强度高、韧性好等特点，可广泛用于空间结构、桥梁等。

钢拉杆的质量、性能应符合《钢拉杆》（GB/T 20934—2007）的规定。杆体的屈服强度可分别采用 345MPa、460MPa、550MPa、650MPa 等级别。

2. 锚具

锚具起到锚固拉索的作用，是一个重要的结构部件，拉索的张力通过锚具与其他构件的连接传递到其他构件上。

钢拉索常用锚具及连接可采用图 5-88a ~ g 所示的构造形式。钢丝束、钢丝绳索体可采用热铸锚锚具或冷铸锚锚具。钢绞线索体可采用夹片锚具，也可采用挤压锚具或压接锚具。承受低应力或动荷载的夹片锚具应有防松装置。锚具可采用图 5-88h 的方式进行调节。

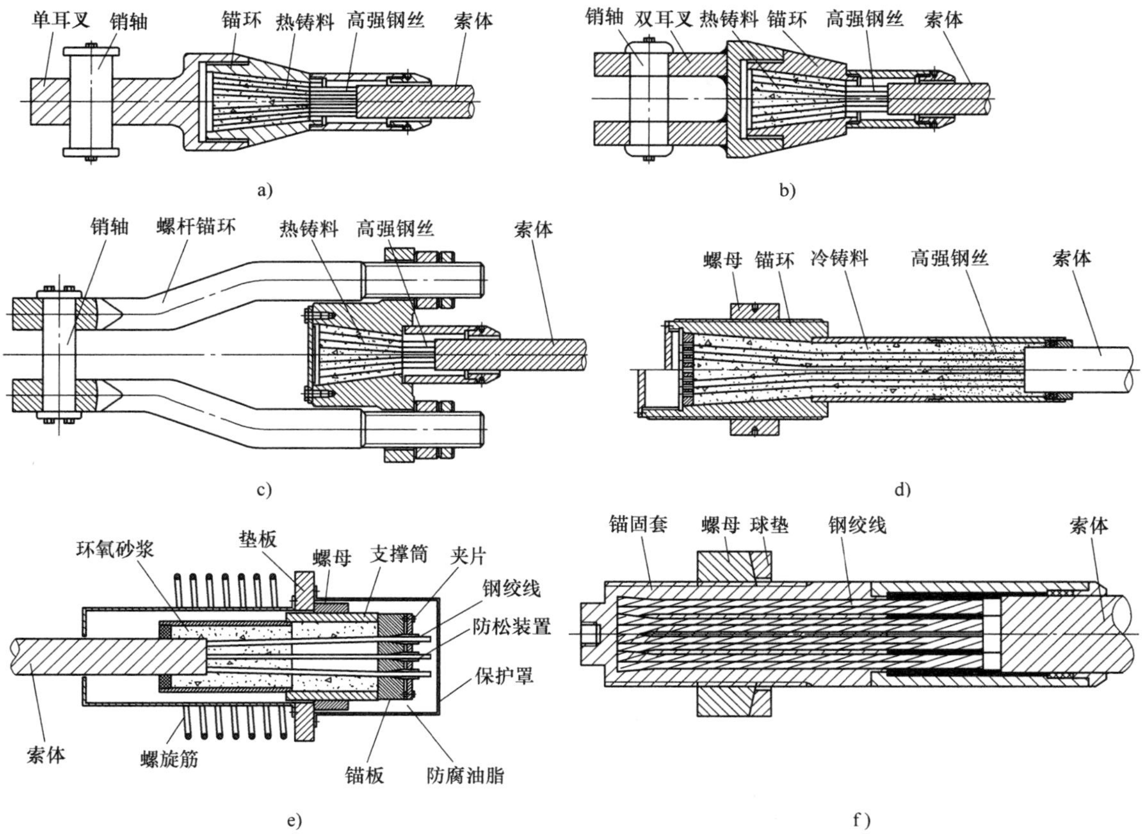

a)　b)　c)　d)　e)　f)

图 5-88　钢拉索锚具构造形式及调节方式

a）单耳连接热铸锚锚具　b）双耳连接热铸锚锚具　c）双螺杆连接热铸锚锚具

d）螺纹螺母连接热铸锚锚具　e）夹片锚具　f）挤压锚具

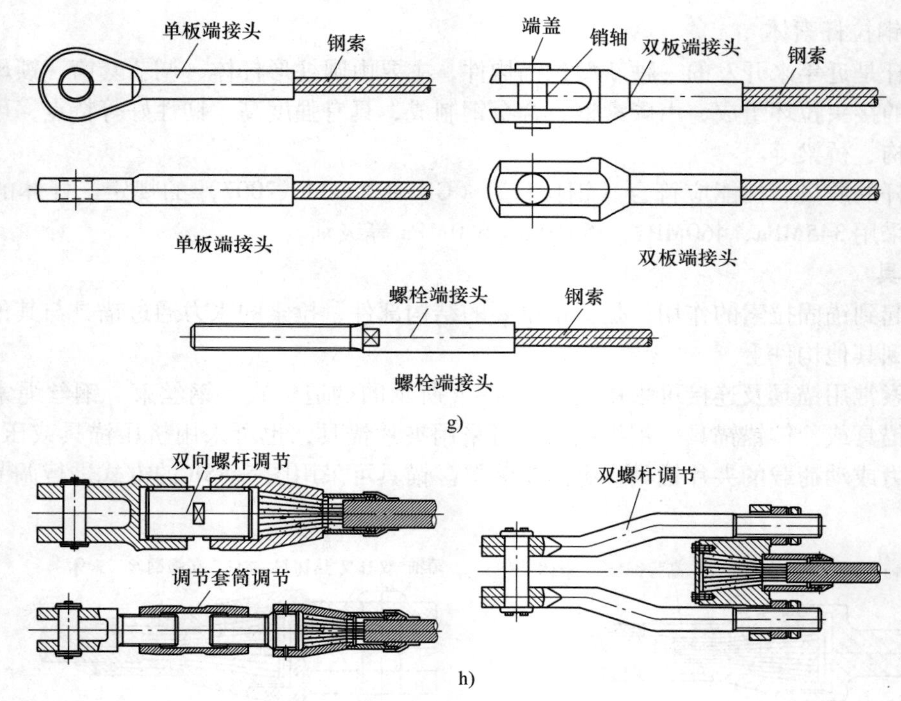

图 5-88 钢拉索锚具构造形式及调节方式（续）

g）压接锚具 h）锚具调节方式

钢拉杆宜采用单耳板、双耳板或螺纹螺母连接接头（图 5-89a、b、c），并宜采用连接器进行连接或调节（图 5-89d）。

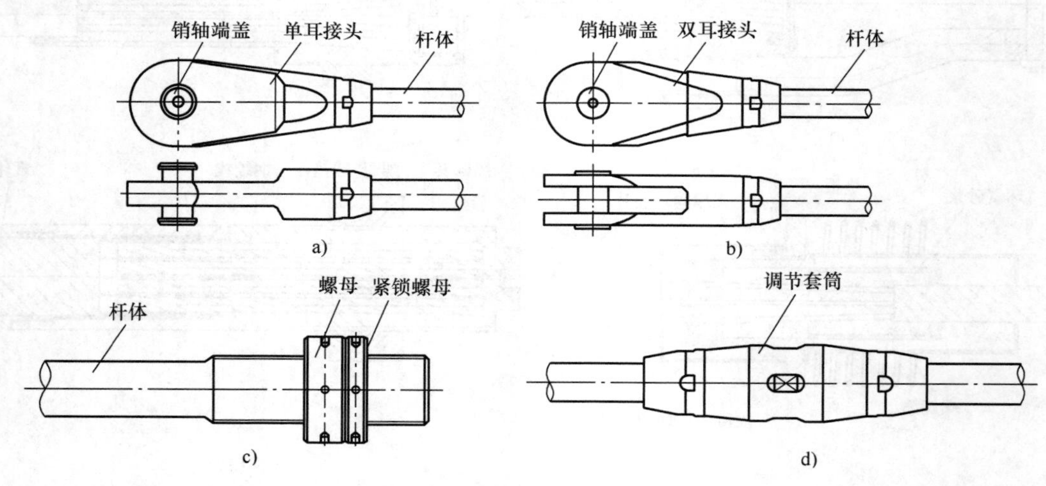

图 5-89 钢拉杆接头及连接构造形式

a）单耳板连接钢拉杆接头 b）双耳板连接钢拉杆接头

c）螺纹螺母连接钢拉杆接头 d）钢拉杆连接器

热铸锚锚具和冷铸锚锚具的质量、性能应符合《塑料护套半平行钢丝拉索》(CJ 3058—1996）的规定；挤压锚具、夹片锚具的质量、性能应符合《预应力筋用锚具、夹具和连接器》(GB/T 14370—2007）和《预应力筋用锚具、夹具和连接器应用技术规程》(JGJ 85—2010）的规定；钢拉杆锚具的制作、验收应符合《钢拉杆》(GB/T 20934—2007）的规定。

锚具及其组装件的极限承载力不应低于索体的最小破断拉力。钢拉杆接头的极限的承载力不应低于杆体的最小破断拉力。

5.4.2 制索

索体制作一般包括索体放盘（索体展开）、预张拉、测长、标记、下料、挂锚等工序。放索时，索应放在索盘支架上。在放索过程中因索盘自身的弹性和牵引产生的偏心力，索盘转动会使转盘时产生加速，导致散盘，甚至易危及工人安全，因此对转盘应设置刹车和限位装置。钢索下料应采用砂轮机切割，下料长度必须准确。在每束钢索上应标明所属索号和长度，以供穿索时对号入座。索在室外堆放时应采取保护措施。

索体制作应符合下列规定：

1）非低松弛索体（钢丝绳、不锈钢钢绞线等）下料前应进行预张拉，以消除钢索的非弹性变形影响。预张拉值取钢索抗拉强度标准值的 55%，持荷时间不小于 1h，预张拉次数不应少于 2 次。

预张拉应在其相匹配的张拉台座上进行。预张拉时，可将预张拉数值相同的钢索串联，并用工具索配长，同时张拉。

2）钢丝束、钢丝绳索体应根据设计要求对索体进行测长、标记和下料。应根据应力状态下的索长，进行应力状态标记下料或经弹性模量换算进行无应力状态标记下料。

3）钢丝束、钢绞线下料时，应考虑环境温度对索长的影响，采取相应的补偿措施。

4）钢丝束、钢绞线进行无应力状态下料时，宜取 200 ~ 300N/mm^2 张拉应力，以保证索的平直及克服自重挠度对索长的影响。

5）成品钢索交货长度为设计长度，其允许偏差应符合表 5-5 的规定。

表 5-5 钢索长度允许偏差

钢索长度 L/m	允许偏差/mm
≤50	±15
$50 < L \leqslant 100$	±20
>100	±L/5000

6）钢拉杆应按《钢粒杆》（GB/T 20934—2007）要求进行制作。成品钢粒杆交货长度为设计长度，钢拉杆成品长度允许偏差应符合表 5-6 的规定。

表 5-6 钢拉杆长度允许偏差

单根杆长度/m	允许偏差/mm
≤5	±5
5 ~ 10	±10
>10	±15

5.4.3 拉索安装

拉索的安装工艺应满足整体结构对索的安装顺序和初始态索力的要求，并应计算出每根拉索的安装索力和伸长量。安装顺序宜先安装承重索，后安装稳定索，并应根据设计的初始几何形态曲面和预应力值进行调整。

1. 索与支承构件的连接

对于混凝土支承结构（柱、圈梁或框架），拉索与混凝土支承构件的连接宜通过预埋钢管将拉索锚固，通过端部的螺母与螺杆调整拉索力（图5-90）。施工时，在混凝土支承结构钢筋绑扎完成后，先进行索孔钢管定位放线，然后用钢筋井字架将钢管焊接在支承结构钢筋上，并标注编号；模板安装后，再对钢管的位置进行检查和校核，确保准确无误。钢管端部应用麻丝堵严，以防止浇混凝土时流进水泥浆。

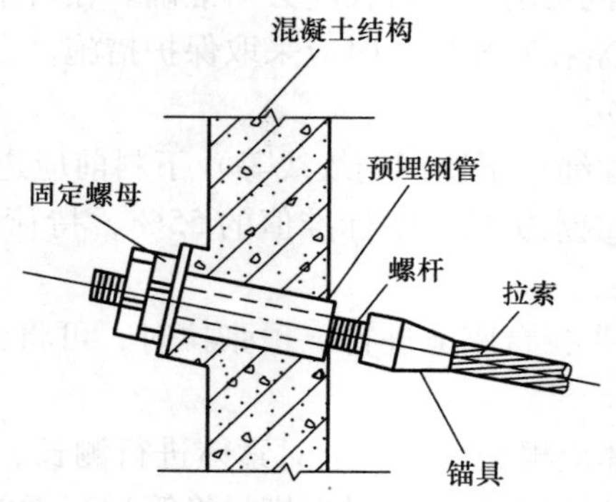

图5-90 拉索与钢筋混凝土支承结构的锚固连接

对于钢支承结构，拉索与钢支承构件的连接宜通过加肋钢板（耳板）将拉索锚固。安装时，将拉索锚具用销子与焊接的耳板连接。

可张拉的拉索锚具与支座连接可采用图5-91所示的构造形式；不可张拉的拉索锚具与支座连接可采用图5-92所示的构造形式。

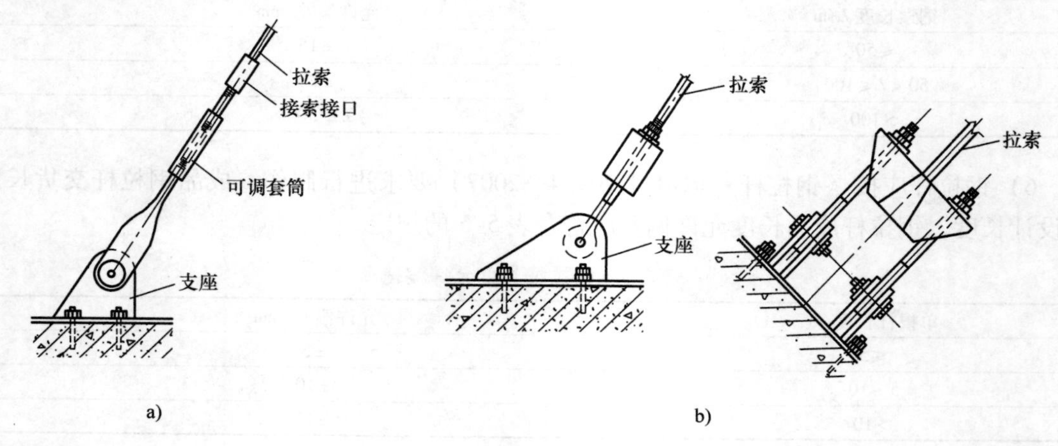

图5-91 可张拉的拉索锚具与支座连接

拉索两锚固端间距的允许偏差为 $L/3000$（L 为两锚固端的距离）和 20mm 两者之间的较小值。

2. 挂索

当支承结构施工完成，并对支承结构或边缘构件上用于拉索锚固的锚板、锚栓、孔道等的空间坐标、几何尺寸及倾角等检查验收后，即可挂索。挂索顺序应根据施工方案的规定程序进行，并按照钢索上的标记线将锚具安装到位，然后初步调整钢索内力及控制点的标高位置。

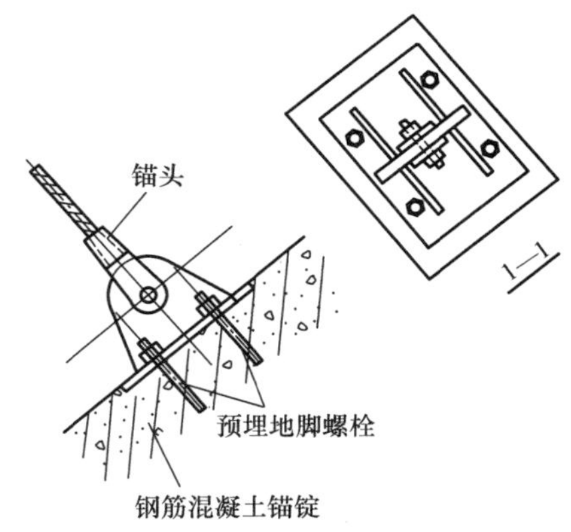

图 5-92　不可张拉的拉索锚具与支座连接

对于索网结构，先挂主索（承重索），后挂副索（稳定索），在所有主副索都安装完毕后，按节点设计标高对索网进行调整，使索网曲面初步成型，此即为初始状态。

索网初步成型后开始安装索夹。传力索夹的安装，应考虑拉索张拉后直径变小对索夹夹持力的影响。在拉索张拉前可将索夹螺栓初拧，索张拉后进行中拧，结构承受全部恒载后对索夹进行检查并终拧。拧紧程度可用扭矩扳手控制。

拉索安装时受风力影响较大，宜在风力不大于四级的情况下进行。在安装过程中应注意风速和风向，应采取安全防护措施避免拉索发生过大摆动。有雷电时，应停止作业。

拉索在安装过程中，应防止雨水进入索体及锚具内部。

3. 索与索的连接

索与索的连接主要指承重索与稳定索之间的连接。双向拉索的连接（图 5-93）、拉索与柔性边索的连接（图 5-94）以及径向索与环索的连接（图 5-95）宜分别采用 U 形夹具、螺栓夹板或铸钢夹具。由于连续索夹具节点两侧索体的索力在一般情况下都不相等，为保证结构的几何稳定，应确保索体在夹具中不能滑移，即夹具与索体之间的摩擦力应大于夹具两侧索体的索力之差，并应采取措施保证索体防护层（护套）不被挤压损坏。

在同一平面内不同方向多根拉索之间的连接可采用连接板连接（图 5-96），在构造上应使拉索轴线汇交于一点，避免连接板偏心受力。

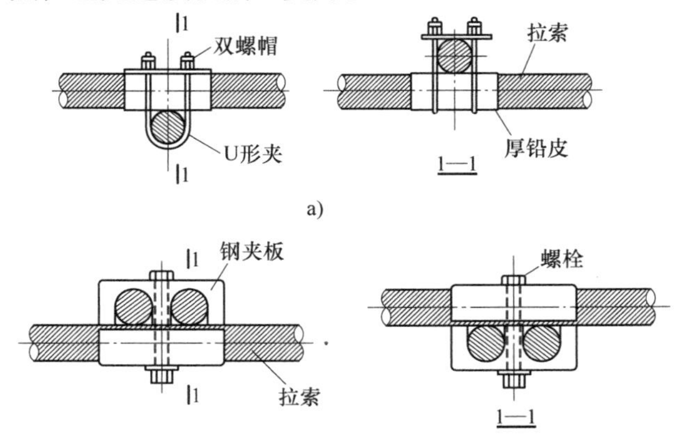

图 5-93　拉索的钢夹具连接

a）双向拉索的 U 形夹具连接　b）双向拉索的螺栓夹具连接

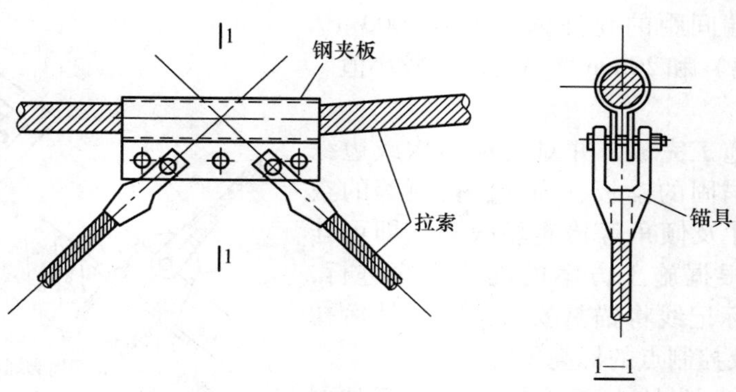

图5-94 拉索与柔性边索的连接

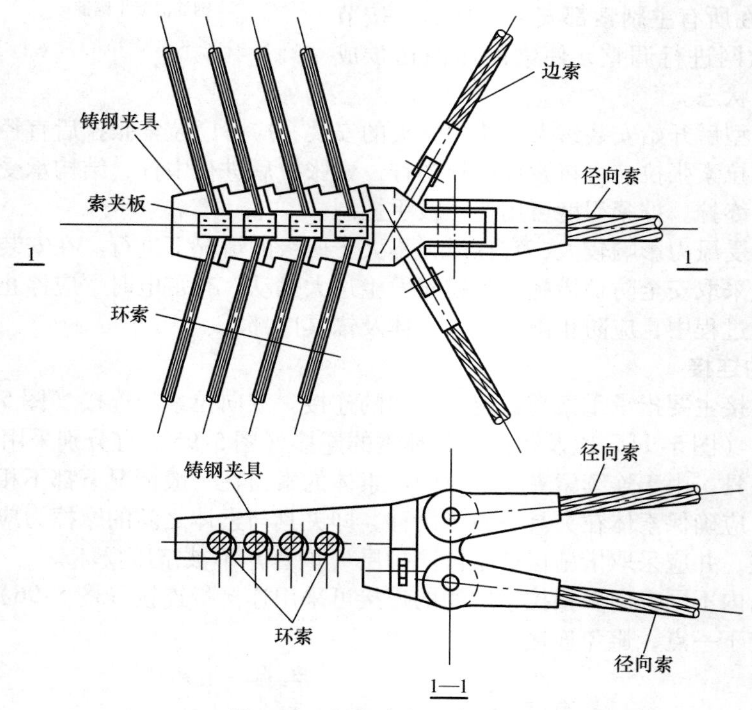

图5-95 径向索与环索的连接

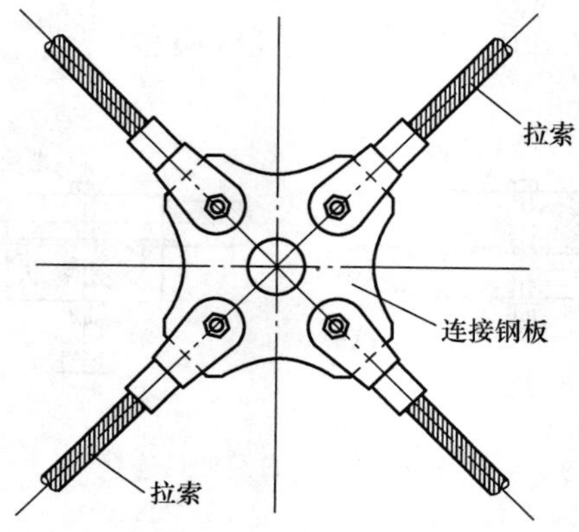

图5-96 同一平面多根拉索连接板连接

4. 索与桁架下弦的连接

在横向加劲索系中，拉索与桁架下弦的连接构造如图 5-97 所示。

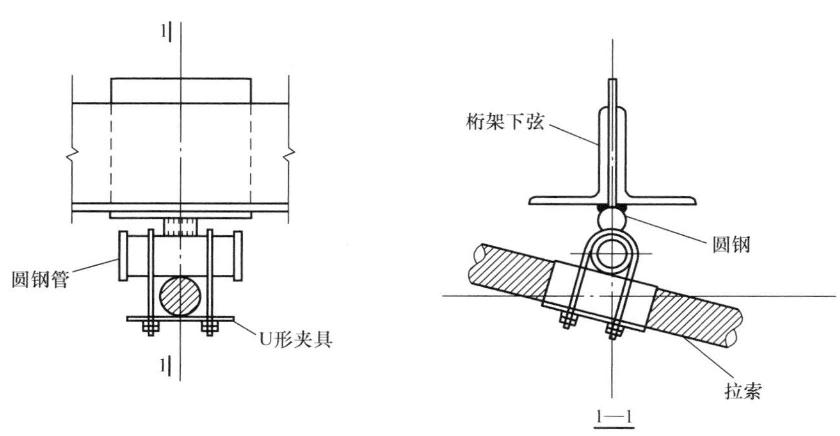

图 5-97　拉索与桁架下弦连接

5.4.4　张拉及索力调整

1）拉索张拉前，宜建立索结构和支承结构的整体结构模型进行拉索的张拉力计算，并模拟施工过程的各个阶段进行计算，应使各个张拉阶段的结构内力和变形均在规定的结构安全工作范围内，从而确定合理的拉索张拉方案。同时，张立前应对张拉系统的设备和仪表进行标定，标定时应由千斤顶主动顶加载试验设备，并应绘出图表供现场使用。

2）拉索张拉应遵循分阶段、分级、对称、缓慢匀速、同步加载的原则。由于可能存在的预应力传递过程摩擦损失、索松弛及锚具锚固效率等问题造成的预应力损失，因此，可根据具体情况确定是否需要超张拉，超张拉值应控制在规定的结构安全工作范围内。

3）索张拉前应确定以索力控制为主或结构位移控制为主的原则。对结构重要部位宜进行索力和位移双控，并确定索力和位移的允许偏差。一般宜控制在 10% 以内。

4）索张拉过程中应检测并复核拉力、实际伸长量和油缸伸出量，每级张拉时间不少于 0.5min，并做好记录。记录内容应包括：日期、时间、环境温度、索力、索伸长量和结构位移的测量值。

5）预制的钢索应进行整体张拉，由单根钢绞线组成的群锚，可逐根钢索张拉。

6）对索施加预应力可采用液压千斤顶直接张拉；也可采用结构局部下沉或抬高、支座位移、沿与索正交的横向牵拉或顶推等多种方式对索施加预应力。如安徽体育馆、上海杨浦体育馆等索桁屋盖，利用钢桁架整体下压在悬索上，对悬索施加预应力，具体做法是借助于边柱顶部预埋螺杆，通过拧紧螺母将每榀桁架端支座同时压下（图 5-27）。当采用张拉设备施加预应力时其作用点形心必须与索形心在同一轴线上。

张拉千斤顶常用的有：100 ~ 250t 群锚千斤顶（YCQ、YCW 型）（图 5-98）、60t 穿心千斤顶（YC 型）、18 ~ 25t 前卡千斤顶（YCN、YDC 型）（图 5-99）等。前两者可用于钢绞线束与钢丝束张拉，后者仅用于单根钢绞线张拉。

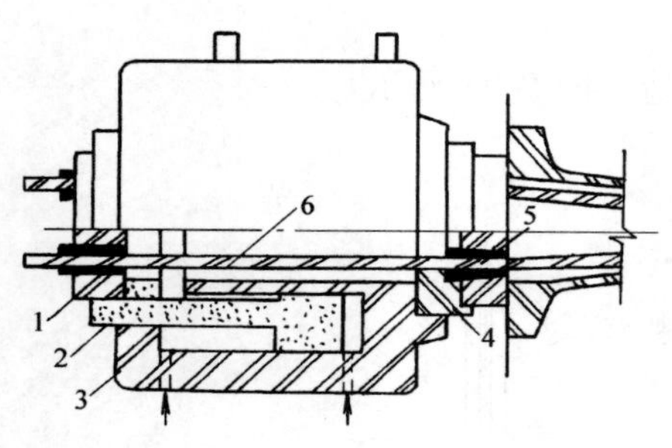

图5-98 YCW型群锚千斤顶

1—工具锚 2—活塞杆 3—缸体
4—限位板 5—工作锚 6—钢绞线束

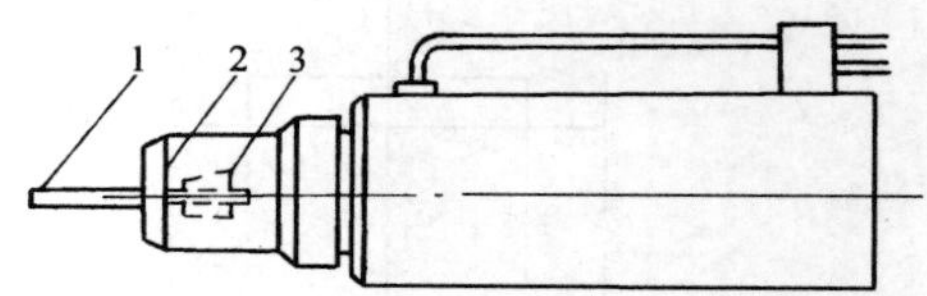

图5-99 YCN型前卡千斤顶

1—钢绞线 2—张拉头 3—夹片

7）索张拉时可直接用千斤顶与经计量标定的配套压力表监控拉索的张拉力，也可用其他测力装置同步监控索的张拉力。

8）悬索结构的索张拉还应满足下列要求：张拉时，应综合考虑边缘构件及支承结构刚度与索力间的相互影响；索分阶段分级张拉时，应防止边缘构件与屋面构件变形过大；各阶段张拉后，应检查张拉力、拱度及挠度。张拉力允许偏差不应大于设计值10%，拱度及挠度允许偏差不应大于设计值5%。

9）在索力、位移调整完成后，对于钢绞线拉索的夹片锚具应采取防松措施，使夹片在低应力状态下不松动。对钢丝拉索端的连接螺纹应检查螺纹咬合数量和螺母外露螺扣长度是否满足设计要求，并在螺纹上加装防松装置。

10）在采光顶的拉索张拉施工完成后，在面板安装前可根据索体分布情况进行配重检测，配重量取1.1至1.2倍的面板自重。

5.4.5 钢索与屋面构件连接

悬索结构张拉后，可铺设檩条、屋面板等各种屋面构件。屋面板可以采用预制钢筋混凝土薄板、彩色压型钢板等轻质材料。因拉索是柔性构件，易变形，为使结构变形对称，最终形成设计要求的曲面，屋面构件应分级对称进行安装。

屋面板采用预制钢筋混凝土薄板时，拉索与混凝土屋面板连接宜采用连接板或钢筋钩连接（图5-100）。采用连接板连接时，先将连接板用螺栓连到拉索上，再将屋面板搭于连接板的角处，并与连接板焊接（图5-100a）；采用钢筋钩连接时，可在预制板内预埋挂钩，安装时直接将屋面板挂在悬索上即可（图5-100b）。

屋面板采用彩色压型钢板时，可通过薄壁型钢檩条与拉索的连接。拉索与屋面钢檩条的连接宜采用夹具或螺栓夹具连接（图5-101）。对于索网结构，为使索网受荷均匀且与受力分析相对应，檩条可架设在索网节点立柱上。钢檩条安装完毕以后，开始铺设彩钢屋面板。

预应力张拉和屋面铺设常需交替进行，以减少支承结构的内力。在铺设屋面的过程中要随时监测索系的位置变化，必要时作适当调整，以使整个屋盖达到预定的位置。

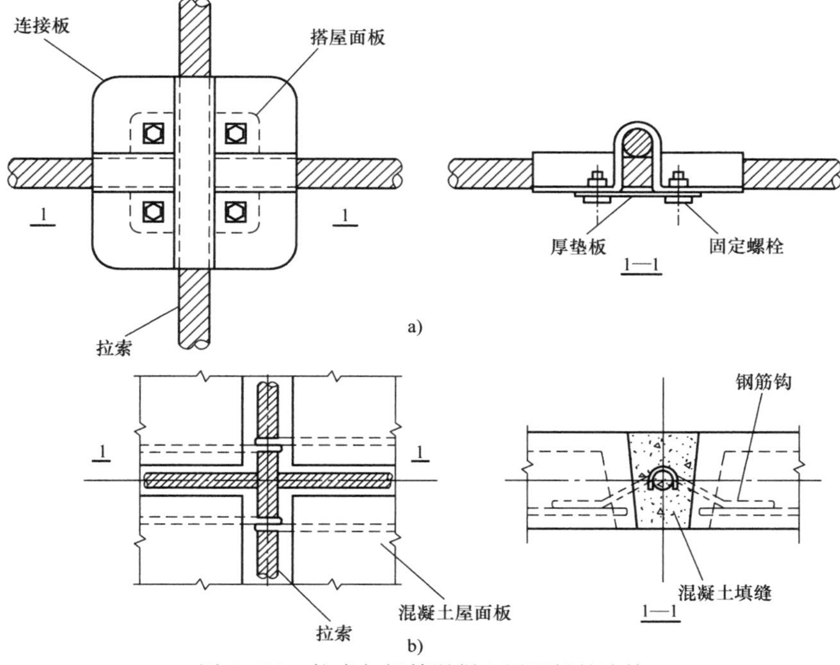

图 5-100　拉索与钢筋混凝土屋面板的连接

a）连接板连接　b）钢筋钩连接

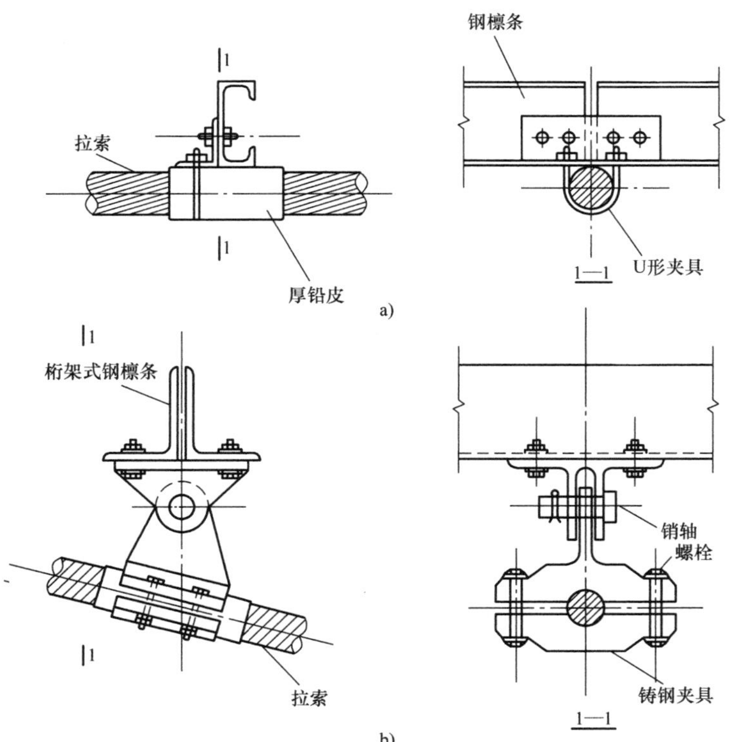

图 5-101　拉索与屋面钢檩条的连接

a）U 形夹具连接　b）螺栓夹具连接

5.4.6 防护要求

1）对室外拉索应采取可靠的密封防水、防腐蚀和耐老化措施，对室内拉索应采取可靠的防火措施和相应的防腐蚀措施。

2）索体的普通防腐蚀可对高强钢丝或钢绞线进行镀锌、镀铝、防腐漆、环氧喷涂处理或对光索体包裹护套；索体的多层防护可对高强钢丝和钢绞线经防腐蚀处理后再在索体外包裹护套。两端锚具应采用表面镀层防腐蚀或喷涂防腐涂料。

3）当拉索体系中外露的塑料护套有耐老化要求时，制作时可采用双层塑料，内层添加抗老化剂和抗紫外线成分，外层满足建筑色彩要求。

4）索体防火宜采用钢管内布索、钢管外涂敷防火涂料保护的方法。当拉索体系中外露的塑料护套有防火要求时，应在塑料护套中添加阻燃材料或外涂满足防火要求的特殊涂料。

5.5 膜结构安装施工

膜结构的安装施工过程，包括钢构件（如钢柱、钢桁架、钢拱架等）、钢索及膜片的连接安装定位与张拉。由于膜片的裁剪制作、钢索及钢构件等制作均在工厂内完成，故在现场的安装施工比较文明、迅速快捷。膜片安装应在支承结构按施工方案安装完毕，并符合图纸要求后进行。

膜结构安装施工应符合《膜结构技术规程》（CECS 158：2015）的规定。

5.5.1 膜结构材料

1. 膜材

膜材是由高强度纤维织成的基材和聚合物涂层构成的复合材料。基材为膜材提供抗拉与抗撕裂的强度，而涂层及表面附加涂层则分别对基材起保护作用和使基材免受紫外线侵蚀并使膜材具有自洁性。目前常用的膜材有以下三类：

1）G类膜材。基材采用玻璃纤维，以聚四氟乙烯（PTFE）、有机硅（Si）等为涂层。这类膜材强度高，在高应力和温度变化条件下不易伸长、松弛，具有良好的材料尺寸稳定性。同时，这类膜材还具有较好的焊接性能，优良的抗紫外线、抗老化性能和不然性能，它们自洁性好、透光率高，使用年限可在25年以上，适用于大跨度永久性建筑。不足之处是价格昂贵，对加工制作要求较高。

2）P类膜材。基材采用聚酯纤维，以聚氯乙烯（PVC）为涂层。这类膜材强度较高，但弹性模量较低，材料尺寸稳定性也略差。其优点是价格便宜，加工制作容易，但耐久性较差，使用年限一般为5~10年，可用于中小跨度的临时性或半临时性建筑。为了改进聚氯乙烯涂层的性能，可再加一层面层，常用的有聚氟乙烯（PVF）与聚偏氟乙烯（PVDF）。这样可将其使用年限提高到15年，在永久性建筑中也可采用。

3）E类膜材。由乙烯－四氟乙烯共聚物（ETFE）生料直接制成ETFE薄膜。这类膜材具有透光率高，抗老化性、自洁性好等优点，适用于对透光率有较高要求的建筑物。但由于其强度低，可应用于较小跨度的单元。

G 类和 P 类膜材以“基布纤维/涂层材料/防污面层”的英文缩写字母表示。例如：
P/PVC/PVF：聚酯纤维织物/聚氯乙烯（PVC）/聚氟乙烯（PVF）；
P/PVC/PVDF：聚酯纤维织物/聚氯乙烯（PVC）/聚偏氟乙烯（PVDF）；
P/PVC/TiO_2：聚酯纤维织物/聚氯乙烯（PVC）/二氧化钛（TiO_2）；
G/PTFE：玻璃纤维织物/聚四氟乙烯（PTFE）；
G/Si：玻璃纤维织物/有机硅（Si）。
膜材的代号包括产品名称、规格和幅宽，形式为

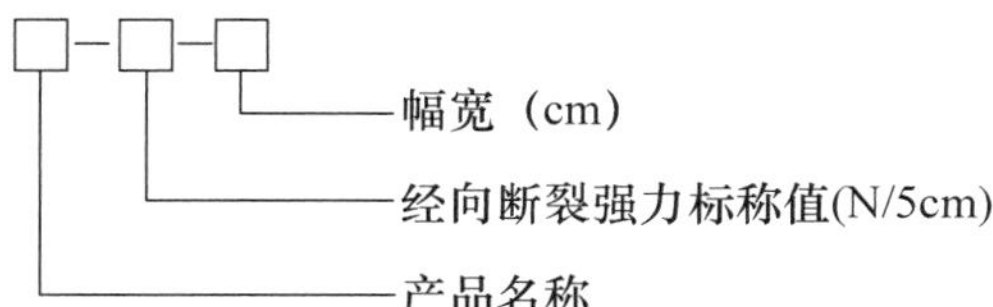

示例 1：玻璃纤维机织物 + 聚四氯乙烯，规格为 6000N/5cm，幅宽 400cm，其代号为 G/PTFE－6000－400。

示例 2：聚酯纤维机织物 + 聚氯乙烯 + 聚氟乙烯，规格为 5500N/5cm，幅宽 250cm，其代号为 P/PVC/PVF－5500－250。

对于 G 类和 P 类膜材，设计时应根据结构承载力要求采用不同级别和代号。G 类膜材可根据其经/纬向极限抗拉强度标准值、丝径、厚度和质量按表 5-7 选用，P 类膜材可根据其经向、纬向极限抗拉强度标准值、厚度和质量按表 5-8 选用。

表 5-7　常用 G 类膜材等级

代号	经/纬向极限抗拉强度标准值 /(N/5cm)	丝径 /μm	厚度 /mm	质量 /(g/m²)
G3	3200/2500	3、4 或 6	0.25～0.45	≥400
G4	4200/4000	3、4 或 6	0.40～0.60	≥800
G5	6000/5000	3、4 或 6	0.50～0.95	≥1000
G6	6800/6000	3、4	0.65～1.0	≥1100
G7	8000/7000	3、4	0.75～1.15	≥1200
G8	9000/8000	3、4	0.85～1.25	≥1300

表 5-8　常用 P 类膜材等级

代号	经/纬向极限抗拉强度标准值 /(N/5cm)	厚度 /mm	质量 /(g/m²)
P2	2200/2000	0.45～0.65	≥500
P3	3200/3000	0.55～0.85	≥750
P4	4200/4000	0.65～0.95	≥900
P5	5300/5000	0.75～1.05	≥1000
P6	6400/6000	1.00～1.15	≥1100
P7	7500/7000	1.05～1.25	≥1300

2. 钢索与锚具

膜结构的拉索可采用热挤聚乙烯高强钢丝拉索、钢绞线或钢丝绳，也可根据具体情况采用钢棒等。钢丝绳宜采用无油镀锌钢芯钢丝绳。

拉索的锚接可采用浇铸式（冷铸锚、热铸锚）、压接式或机械式锚具。锚具表面应做镀锌镀铬等防腐处理。

钢索、锚具应符合现行国家有关标准及规范规定。

3. 钢构件

钢材及钢构件制作应符合现行国家有关标准及规范规定。特殊部位超过规范标准，应标明具体要求。

5.5.2 膜材与支承骨架、钢索、边缘构件的连接构造

1. 膜材与支承骨架的连接

对骨架支承式膜结构膜材间的接缝可设在支承骨架上，并以夹具固定（图5-102）。当支承在直径较小的钢索上时，可在膜材与钢索间设置加强膜片。

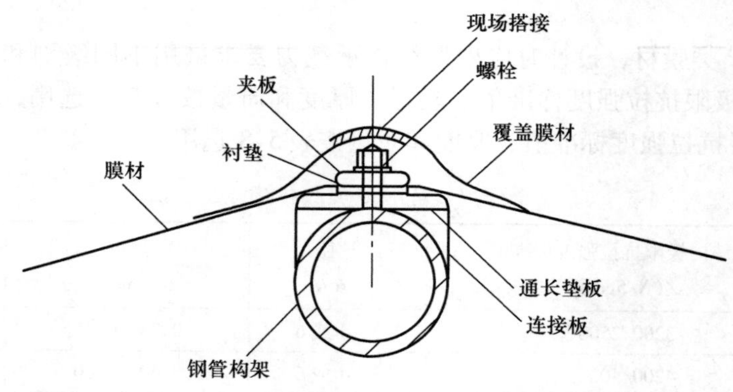

图5-102 膜材与支承骨架的连接

2. 膜材与边钢索、脊索和谷索的连接

膜材与边钢索可以单边或双边连接，如图5-103所示。简单连接方法是将钢索穿入与膜材热合的边套中（图5-103a）；对重要工程，可采用铝合金或不锈钢夹板和连接件来连接膜材与钢索（图5-103b）。

膜材与脊索的连接可采用图5-104所示构造，膜材与谷索的连接可采用图5-105所示构造。

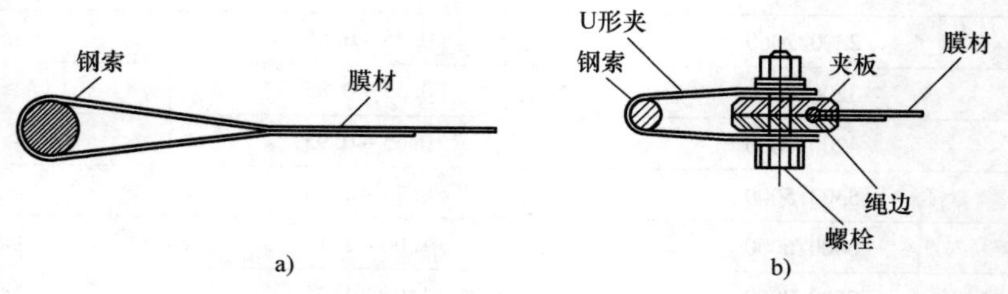

图5-103 膜材与边钢索的连接

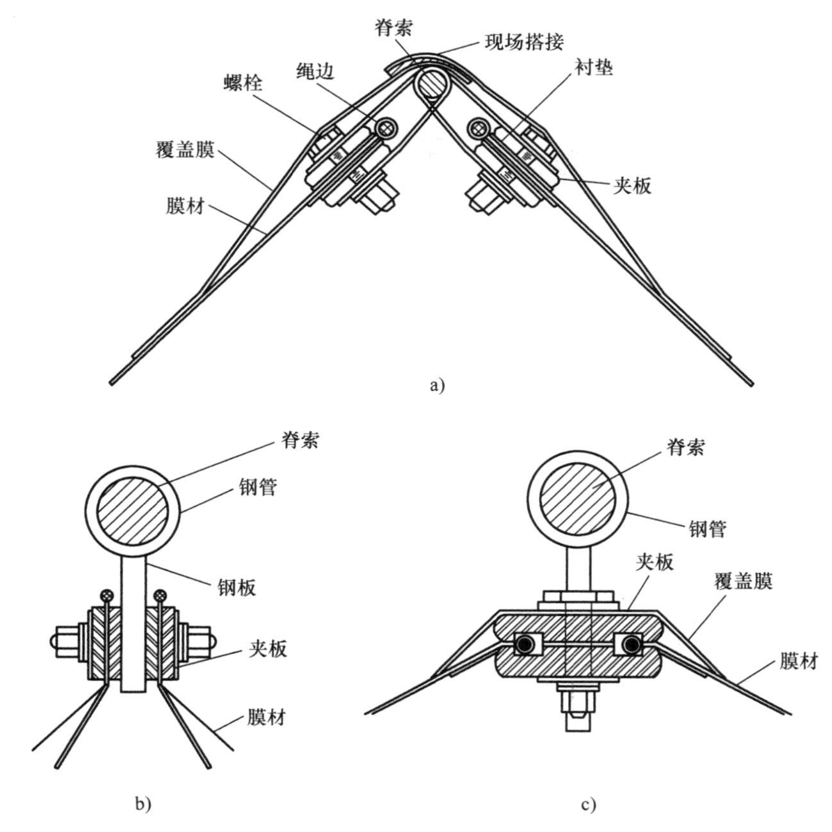

图 5-104　膜材与脊索的连接

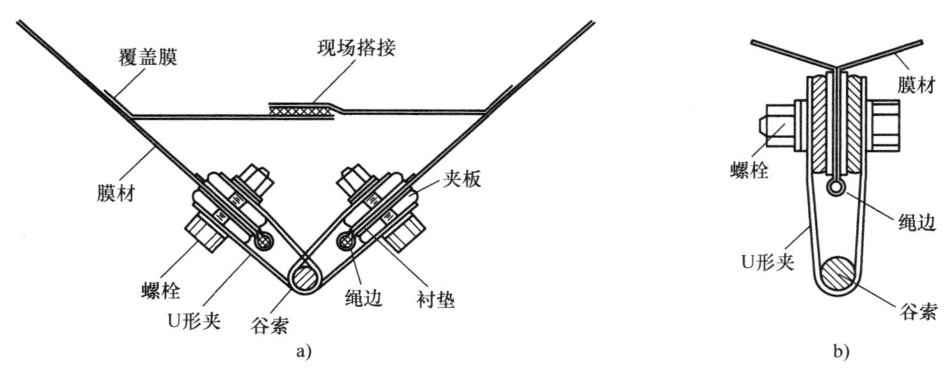

图 5-105　膜材与谷索的连接

3. 膜材与刚性边缘构件的连接

膜材与刚性边缘构件的连接可采用图 5-106 所示构造。夹具应连续、可靠地夹住膜材边缘，夹具与膜材间应设置衬垫。当刚性边缘构件有棱角时，应先倒角，使膜材光滑过渡。

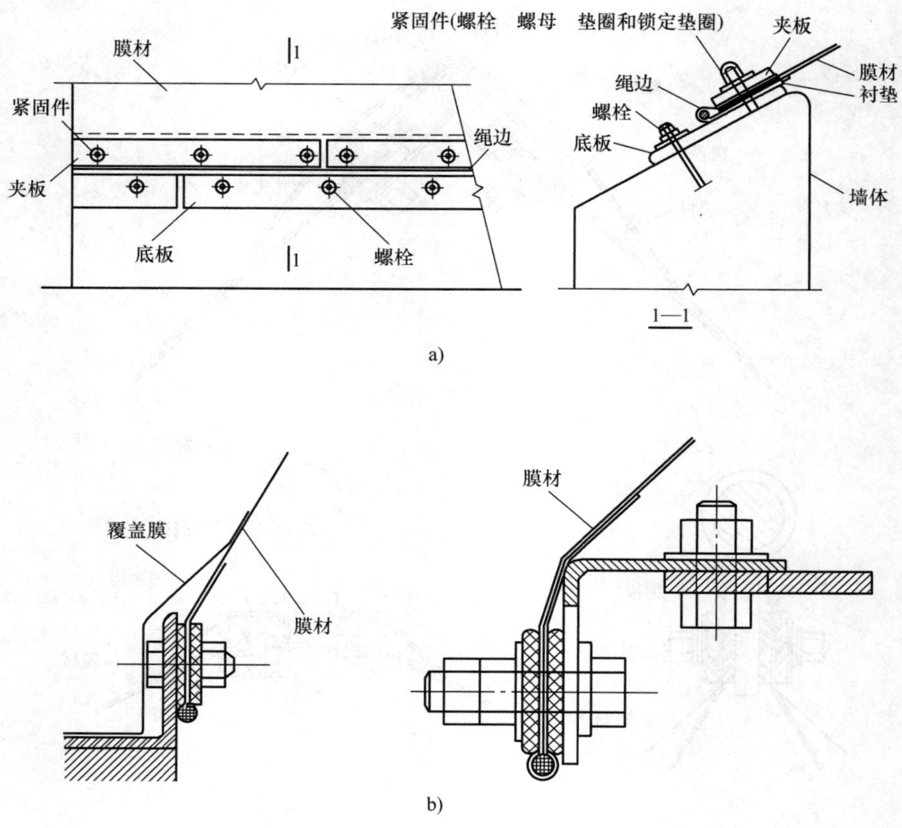

图5-106 膜材与边缘构件的连接

5.5.3 膜材的加工制作

膜材的加工制作一般包括两个方面，即裁剪和热合，其过程就是要将由找形得到并经荷载效应分析复核后的预应力状态下的空间膜曲面进行剖分，再转换成无应力状态的平面下料图，然后热合并施加预应力以张成设计曲面。

1. 膜结构的裁剪分析

(1) 裁剪分析

膜结构建成后的膜面是预应力作用下的空间曲面。裁剪分析的目的就是用无应力、平面状态并有幅宽限制的膜材（卷材）去制作膜面，使这个膜面在张拉后符合找形所得的形状和应力分布，且膜面接缝布置美观，膜材用料节省。

膜结构的裁剪分析应在初始平衡曲面的基础上，在空间曲面上确定膜片间的裁剪线，然后获得与空间膜片最接近的平面展开膜面。裁剪线是指空间膜曲面上膜条与膜条之间的连接线，也就是裁剪片与裁剪片拼接时的接缝。

确定膜结构的裁剪线，可采用测地线法和平面相交法等。

测地线法又称短程线法，是指在膜结构初始预应力平衡曲面上寻找测地线作为裁剪线。测地线通常被理解为经过曲面上两点并存在于曲面上的最短的曲线。对于可展曲面，展开平面上的测地线为直线；对于不可展曲面，展开平面上的测地线接近直线。测地线法就是以测地线来剖分空间膜面，其得到的膜片宽度较为接近，节省膜材，但在曲面上形成的热合线美观性和视觉效果稍差。

平面相交法是指在膜结构初始预应力平衡曲面上用一组平面（通常用竖向平面）按一定规律与曲面相交，并将各交线作为裁剪线。平面相交法常用于对称膜面的裁剪，所得到的裁剪线比较整齐、美观。

确定裁剪线时应考虑下列因素：

1）裁剪线布置的美观性。

2）根据膜材幅宽，尽量有效利用材料适应膜材。

2）正交异性的特点，使膜材的纤维方向与计算的主受力方向一致。

膜结构的裁剪分析中必须考虑初始预张力和膜材徐变特性的影响，应根据所用膜材的材性，合理确定各膜片的收缩量，并对膜片的裁剪尺寸进行调整。

（2）裁剪分析步骤

1）在找形得到的空间膜面上布置裁剪线，将空间膜面划分成若干个空间膜条。

2）将空间膜条展开为平面膜片。

3）释放预应力，对平面膜片进行应变补偿（即考虑预应力释放后膜材的弹性回缩）。

4）根据以上结果，加上膜片接缝处及边角处放量，得到平面裁剪片；给出膜材的下料图及膜面的加工图。

2. 膜材的加工制作

膜材加工制作应严格按照设计图纸和工艺文件的规定进行，专业操作人员应持证上岗。制作前操作人员应熟悉图纸和技术要求，了解工艺特点和关键环节。膜材的裁剪热合等制作过程应采用专用设备，相关的计量仪器应经计量标定合格。

膜材的加工制作工序是：准备工作→放样、排版与下料→膜材连接→边角处理→清洗、包装。

（1）准备工作

膜材的加工准备工作包括技术准备、场地及设备准备、膜材料进场检测等。

膜材加工的技术准备工作，主要是阅读、领会设计图纸（包括结构外形图及膜面下料、加工图），查看相关数据文件；对制作人员进行技术交底。

场地及设备准备的要求是：加工制作场地应平整，加工环境应满足一定的温、湿度要求；承放膜材的工作平台应干燥无污物，整个加工制作过程应保持膜材清洁；加工设备应保养良好。

膜材的进场检测主要包括外观检查和物理性能检测两方面：

1）外观检查：主要是检查膜面色泽是否一致、有无斑点、小孔等，一般通过目测结合专用灯箱进行。待用膜材的品牌与型号应与设计图纸一致，并为同一批号（不同批号的膜材色泽会有差异）；要求无直径 2mm 以上的油污、瑕疵，无直径 1mm 以上的针孔，色泽均匀一致。

2）物理性能检测：主要是检测厚度、重量、抗拉强度及撕裂强度等，检测结果应不低于膜材性能表所列指标。由于各国的检测方法不一致，检测结果也会有出入。膜材进场时可对各项技术指标进行抽检，并检查膜材出厂时的材料检测报告和质量保证书。当抽检数据与出厂检测报告出入较大时，应通知膜材供应商并取样送权威检测机构检测、鉴定。

（2）放样、排版与下料

放样有自动放样与手工放样之分，取决于加工厂商的设备情况。自动放样是将包含各膜片 X、Y 坐标的数据文件输入电脑，经排版、优化后打印在膜布上或直接由电脑控制的切割机将膜布裁剪成片。当采用手工放样时，通常要先做出1∶1的纸样，再将纸样放置在膜布上排版，最后划线、下料。

膜片裁剪后应全部进行检验，10m以下膜片各向尺寸偏差应控制在±3mm之内，10m以上膜片各向尺寸偏差应控制在±6mm内。热合后的膜单元，周边尺寸与设计尺寸的偏差不应大于1%。

（3）膜材连接

膜结构的空间曲面是由许多平面膜材经裁剪设计搭接而成，膜材幅宽较小，因此膜片间需经接缝连接。膜材连接有热合连接、黏结、缝合连接及机械连接（夹具连接或螺栓连接）等方法。膜材之间的主要受力缝宜采用热合连接。

热合连接又称焊接，是通过高频电磁波、或让膜材接触加热物体、或向膜材吹热空气等方法，使膜材获得相应的热量从而使织物上的涂层熔融，然后施加压力并冷却使膜片结合在一起。对PVC膜材料，多用高频熔合（高频焊接），局部修补可用热风熔合（热风焊接）；PTFE膜材则采用热板熔合（热板焊接）。接缝可以是搭接（图5-107a），也可以采用“背贴条”对接的方式（图5-107b）。搭接连接时，应使上部膜材覆盖在下部膜材上。热合连接的搭接缝宽度，应根据膜材类别、厚度和连接强度的要求确定，对G类膜材不宜小于50mm，对P类膜材不宜小于25mm，对E类膜材不宜小于10mm。

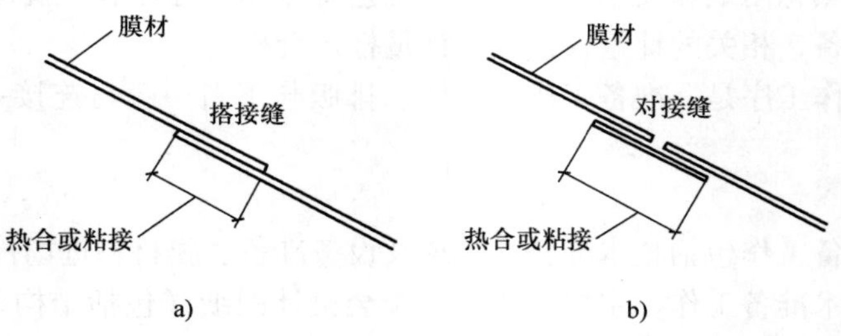

图5-107 膜材连接（热合连接）

a）搭接 b）对接

当膜面在15m或更大距离内无支承时，宜增设加强索对膜材局部加强。对空气支承膜结构和整体张拉式膜结构，加强索可按下列方式设置：钢索缝进膜面内（图5-108a）；钢索设在膜面外（图5-108b）。

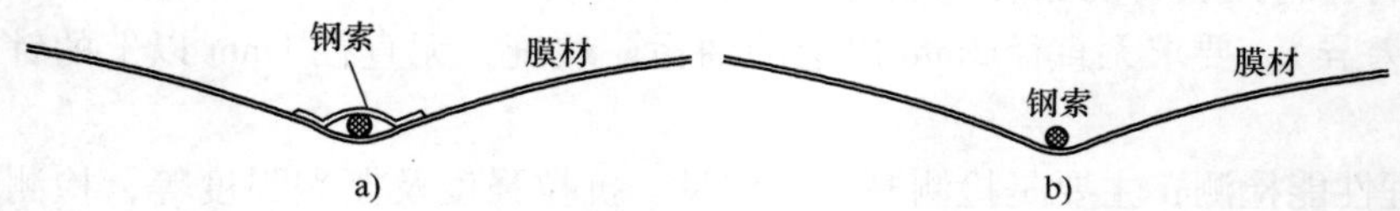

图5-108 膜面局部加强

a）加强索缝进膜面内 b）加强索缝在膜面外

热合加工制作前，应根据膜材的特点，对连接方式、搭接或对接宽度等进行试验。G 类、P 类膜材热合处的拉伸强度应不低于母材强度的 80%，E 类膜材热合处的拉伸强度应不低于 30MPa。符合要求后方可正式进行热合加工。在热合过程中应严格按照试验参数进行作业，并做好热合加工记录。

正式加工时，先将膜片在接缝处对齐，检查膜材的正反面及接缝顺序是否正确；清洁待焊区域；根据热合试验所得到的参数进行加工。最后根据设计图纸对边角进行诸如埋绳、焊接穿钢索的索套及补强处理。

热合时宜采用张拉焊接，即要对待焊区域的膜材施加一定的预张力，以减小因热合造成的膜材收缩，改善张拉成型后焊缝处的应力状态。

热合缝应均匀平整、饱满、线条清晰，热合后膜面不得有污渍、划伤、破损现象。对 G 类、P 类膜材热合宽度的误差值不应超过 5%，对 E 类膜材热合宽度的误差值不应超过 ±1mm。

经加工制作并检验合格的膜单元，应先行清洁，然后单独存放。

（4）包装

膜单元的包装方式，应根据膜材的特性、具体工程的特点确定。包装时，P 类膜材可采用折叠方式；G 类膜材宜采用卷装方式。包装袋应结实、平滑、清洁，其内表面应无色或不褪色，与膜成品之间不得有异物，且应严密封口。在包装的醒目位置上应有标识，标明膜单元的编号、包装方式和展开方向。为便于膜单元现场安装，折叠或卷装的顺序宜与施工时的展开方向相反。

5.5.4　膜结构安装

膜结构安装工艺流程：钢构件、拉索安装→展开膜单元、连接配件→膜单元吊装、连接固定→膜结构张拉→定位→调整→验收。

1. 钢构件、拉索安装

支承结构安装前，应根据土建基础图和膜结构对基础工程的要求进行验收，验收范围包括基础工作点坐标、预埋件的位置和数量、地脚螺栓的位置和数量等。支承结构预埋件位置的允许偏差为 ±5mm；同一支座地脚螺栓相对位置的允许偏差为 ±2mm。

钢构件可采取单件吊装、局部组装后吊装或整体组装后吊装等施工方法。吊装前要严格检查钢索与钢构件连接部位的各项尺寸是否符合设计要求，如有偏差，应在地面修正后再吊装。

钢索可采取高空安装法。安装时，可搭设高空作业平台，并根据施工图和施工方案要求，依次吊装就位。

钢构件、钢索安装时，凡暂时不能按施工图进行正式连接的部位，应采取安全可靠、便于拆卸的临时固定措施。

小型工程，可采取钢构件、钢索、膜材料在地面组装后同时吊装的施工方案。

膜结构的钢构件安装应符合现行国家标准《钢结构工程施工质量验收规范》（GB 50205—2001）的有关规定。拉索的安装应按现行行业标准《索结构技术规程》（JGJ 257—2012）的规定执行。

2. 膜单元安装

膜单元安装应在全部土建和外装饰工程完工后进行。安装单位应按设计单位提供的膜单元总装图和分装图进行安装。安装前应制定安全措施，并应对安装现场可能伤及膜材的物件采取防护措施。在现场打开膜单元的包装前，应先检查包装在运输过程中有无损坏。打开包装后，膜单元成品应经安装单位验收合格。

1）搭设安全稳固的高空作业平台；将高空作业平台或预先选定的场地平整清洁后，铺设洁净的地面保护膜；准备好连接附件。

2）在高空作业平台或地面保护膜上按安装方向展开膜单元，根据施工方案安装附件。

3）根据施工方案要求吊装膜单元。目前，索膜结构吊装较多采用多点整体提升法，该工艺要求整个过程必须同步，起吊过程中控制各吊点的上升速度和距离，确保膜面的传力均匀。展开和吊装膜单元时，可使用临时夹板。吊装前，必须确定膜单元的准确安装位置，保证一次吊装成功。吊装时各方面应紧密配合、协调工作、同一指挥。

4）膜单元连接固定。所有膜单元安装完毕后，对膜索连接处进行适当调整，达到连接均匀、到位。如遇膜较大，膜单元不能连续安装就位时，收工前应采取可靠的临时固定措施。安装过程中，应严格检查膜片受力处有无裂口，发现裂口及时修补。现场热合的防水膜应无漏水、渗水现象。

5）膜结构安装完毕后，应对膜体内、外表面进行清洁。

6）当风力大于三级或气温低于4℃时，不宜进行膜单元安装；当风力达到五级及以上时，严禁进行膜单元安装。

3. 膜结构张拉

膜结构可考虑采用下列方法施加预张力：在边缘直接张紧膜面（图5-109a）；拉紧周围边索（图5-109b）；拉紧稳定索（图5-109c）；顶升中间支柱（图5-109d）等。

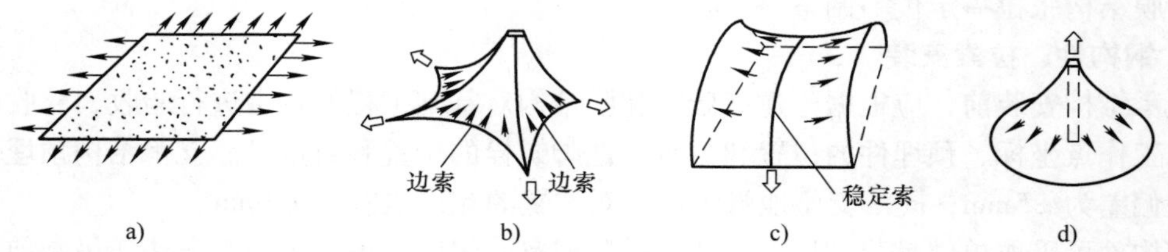

图5-109 膜面施加预张力的方法

a）在边缘直接张紧膜面 b）拉紧周围边索 c）拉紧稳定索 d）顶升中间支柱

（1）膜结构安装调试

对于通过集中施力点施加预张力的膜结构，在施加预张力前应将支座连接板和所有可调部件调节到位。

（2）施加预张力

1）严格检查千斤顶、测力传感器、仪表和施力机构是否完好。

2）对膜片与钢索和钢构件的连接点进行全面检查，确认膜片边缘及折角处的所有附件连接完好，不会有膜片直接受力的情况。发现膜片有直接受力的部位，应立即采取补救措施。

3）认真核对施工图，仔细确认施力位置、施力点的位移量和预应力状态下的受力值。施力位置、位移量、施力值应符合设计规定。常用膜材预张力水平为：G 类 A 级膜材 5～8kN/m；G 类 B、C、D、E 级膜材 3～8kN/m；P 类膜材 1～4kN/m。

4）按施工安装方案要求，用千斤顶等施力工具和测力仪器，在施力点对整体结构体系施加预张力。预张力可通过张拉定位索或顶升支撑杆实现。对伞形膜单元，一般先在底部周边张拉到位，然后升起支撑杆在膜面内形成预应力；马鞍形单元则要对角方向同步或依次调整，逐步加至设定值；而对于由一列平行桁架支撑的膜结构，常见做法是当膜布在各拱架两侧初步固定（轻轻系住但不加力）的情况下，首先沿膜的纬线方向将膜布张拉到设计位置。

5）施力过程按施工方案确定的步数和每步的位移量进行，如有必要可视现场具体情况做有效的调整。同时在膜片上适当位置观察绷紧均匀程度和整体结构体系的受力情况；观察施力设备的施力值。最后一步施加预张力与上一步的间隔时间应大于 24h，以消除膜材料的徐变。对膜施加预张力时应以施力点位移达到设计值为控制标准，允许误差为 ±10%。对有代表性的施力点还应进行力值抽检，允许误差为 ±10%。

6）施加预张力过程中，应对各施力点的施力次数，以及每次的位移量和力值做详细记录。

4. 其他部件安装和工程收尾

其他部件如柱帽、雨水斗、有组织排水沟、排水管等，应按施工方案规定程序安装。收尾工程包括清洁膜片内外表面、补涂钢构件表面的防锈漆、清理现场等工作。

5. 膜结构工程实例

图 5-110 所示为浙江省义乌市体育会展中心体育场篷盖示意图。篷盖由两片沿主看台对

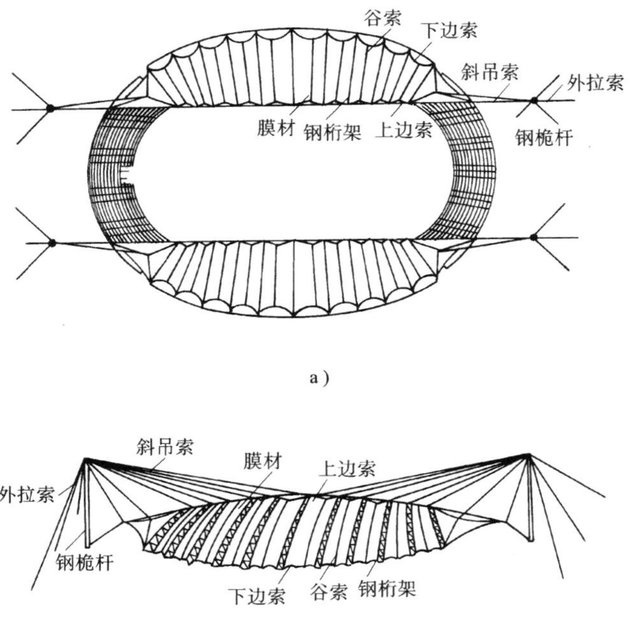

图 5-110 浙江省义乌市体育会展中心体育场篷盖示意图

a）索膜篷盖平面图 b）索膜结构轴侧示意图

称布置的索状膜结构体系组成，总覆盖面积约16000m²。整个体系是由悬挑钢桁架、钢桅杆、主拉杆和谷索、边索、吊索和拉索组成。每片膜篷盖由10个波浪式膜单元和两个三棱锥形膜单元组成。波浪式膜单元的波峰是悬挑钢桁架，波谷是谷索。

谷索与上边索采用预应力成品拉索。谷索上端与上边索端头为双耳板，利用节点板销接（图5-111）；上边索另一端连接于钢桁架悬挑端顶部。谷索下端为张拉端，通过传力架与钢支座连接，钢支座锚固在包厢顶（图5-112）；下边索一端与钢支座销接，另一端连接与钢桁架固定端顶部连接。

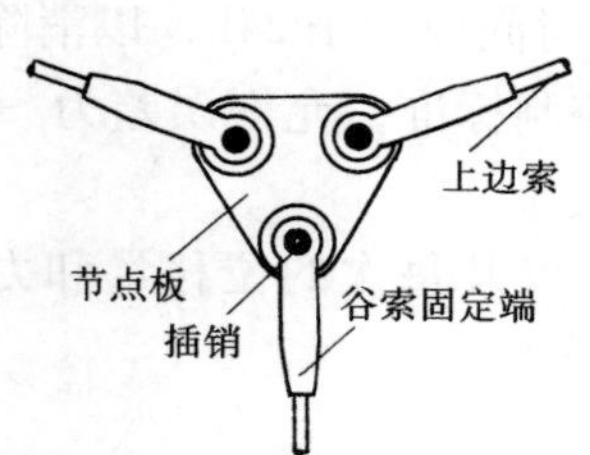

图5-111 谷索上端与上边索的连接示意

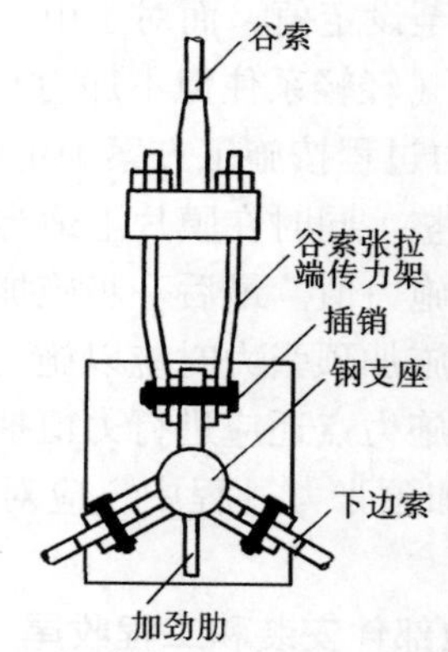

图5-112 谷索下端与钢支座连接示意

篷盖膜结构安装程序：安装悬挑钢桁架，前端设置临时钢支撑固定→安装悬挑钢桁架前的主拉杆→安装钢桅杆→由两侧向中间对称安装吊索→安装外拉索及边索→张拉外拉索对承力结构施加预应力，形成具有一定刚度的承力体系→安装膜单元→对膜片施加预张力。

篷盖波浪式膜单元采用逐个安装方法。膜片两侧与钢桁架上弦固定，形成波峰。在波峰盖板安装后，将相邻盖板用拉杆拉牢。膜片通过手板葫芦张拉谷索，形成光滑的具有一定张力的膜面。对两侧两个三棱锥形的膜单元，通过张拉膜顶处吊索施加预张力。

工程示例5-1 北京西郊机场机库72m跨刚架梁安装

一、工程概况

北京西郊机场波音机库建筑面积5212m²，主体结构为轻钢门式刚架，跨度72m，柱高15m，跨中高度19.75m，是目前国内较大跨度的轻钢结构工程之一。本工程的主要技术难点为72m跨刚架梁分段吊装。刚架梁平面布置如图5-113所示。

主梁为长72m的焊接实腹梁，共9榀，每榀梁重约17t，由6个节段组成，每节段长12m，靠两端支座（柱）的节段为变截面梁。梁翼缘板宽250mm；跨中截面高1524mm，腹板厚7mm，翼缘厚9mm；梁端截面高1828mm，腹板厚9mm，翼缘厚16mm。

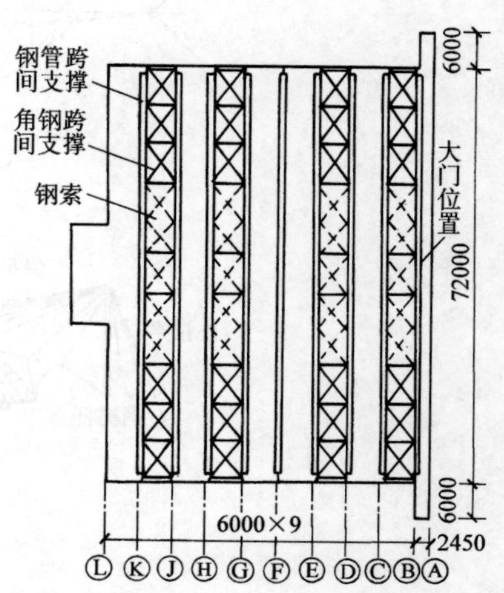

图5-113 刚架梁平面布置

二、刚架梁吊装方案的选择

刚架梁吊装的难点在于单榀梁跨度大，稳定性差，柱梁结构弹性大，如控制不好梁会出现下挠和侧向失稳，且由于在北方冬期施工，梁上的风载较大。如果将 72m 刚架梁在地面上拼装成设计坡度，跨中高度 4650mm，必须考虑拼装平台设置和吊装时梁对钢柱的水平推力。如果将刚架梁分成两段，在地面分别拼装为 36m 的半榀梁，在空中对接，则可以较好地解决水平推力问题，但仍然易出现侧向失稳。

经过对比分析，决定在有支撑的跨间，将两榀梁都在地面拼装成 36m 长的半跨刚性单元，由 2 台汽车式起重机（以下均简称吊机）通过铁扁担吊起两个左半榀梁与各自轴线柱连接后，2 号吊机使两个左半榀梁空中定位，1 号吊机摘钩后与 3 号吊机吊起两个右半榀梁与各自轴线柱对接，最后对接中间节点，即形成整体刚架（图 5-114）。

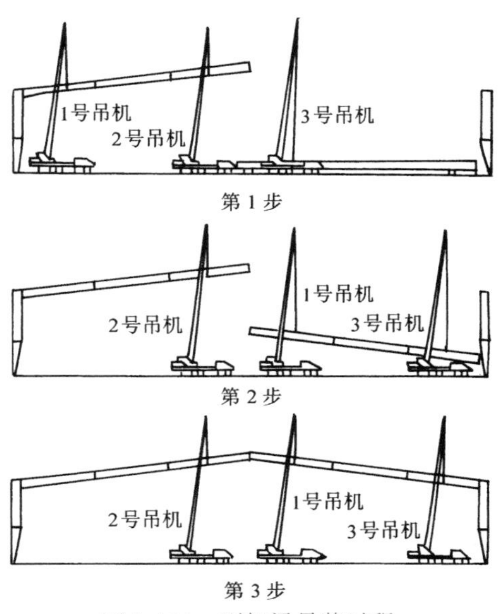

图 5-114　刚架梁吊装过程

依据轻钢刚架结构的特点，为使大梁形成后应力释放均匀，并能控制好建筑的跨中高度，半榀拼装和空中对接是最好的办法。而两个半榀梁在安装好跨间支撑和檩条的条件下同时起吊，则大大加强了吊装过程中结构的稳定性。若相邻的两榀梁重量不等，各自的半榀梁吊装用手拉葫芦将铁扁担调平。由于Ⓕ轴两侧跨间均无支撑，只能采用单榀梁起吊，起吊前将梁两侧用钢管等加固，仍采用 3 台吊机空中对接的安装方法。

三、刚架梁吊装

1. 吊点设置

双榀起吊的梁吊点选在梁的跨间支撑节点处，单榀起吊的梁吊点选在腹板加劲板处。

2. 吊装顺序

从抗风柱Ⓛ轴向大门Ⓑ轴方向顺序吊装。

3. 起吊设备

选用 50t 汽车式起重机 2 台（1 号、3 号吊机），45t 汽车式起重机 1 台（2 号吊机）。

4. 地面拼装

将两榀梁在地面都分成两个半榀立放拼装，所有高强度螺栓终拧，除吊点处檩条外其余所有檩条和跨间支撑均安装到位。吊点处腹板两侧、下翼缘底部加垫木方。

5. 吊装步骤

第一步：1、2 吊机同时抬吊左边两个半榀梁，离地 1m 左右，检查连接螺栓是否终拧完毕，然后 2 号吊机将梁起升至设计要求的坡度。2 台吊机同时缓慢、平稳起吊至高于就位标高 2～3cm 处，穿入梁与柱节点螺栓，并初拧。此时 1 号机适当卸荷，待此节点全部螺栓终拧完毕后，2台吊机交替卸荷，2号吊机卸至多53kN时停止，1号吊机摘钩。

第二步：1、3号吊机同时抬吊右半榀梁，做法同第一步。

第三步：刚架梁左右两个半榀在屋脊处对接，采用铝合金挂篮作操作平台。穿入螺栓并初拧，2台吊机交替缓慢卸荷，并按从上至下的顺序终拧螺栓。2台吊机再交替缓慢卸荷，卸荷过程中注意控制标高。

整个安装过程采用经纬仪全过程同步监测，并有专人检测各吊机荷载情况。在梁安装就位后，及时安装梁与相邻梁间的支撑和檩条，2/3的支撑和檩条安装后，2台吊机才能全部卸荷摘钩。吊装过程中产生梁的跨间少量侧向偏移，通过梁间钢索调整。

工程示例5-2 首都机场机库屋盖网架地面拼装施工

一、工程概况

首都机场四机位机库屋盖网架为正交斜放抽空双层四角锥焊接球－管网架。其面积为306m×84m，矢高6m。由中梁分成为对称的两部分。共有焊接球3860个，规格为$\phi500\times16\sim\phi800\times32$，分不带肋球、带单肋球及带双肋球共7种形式。无缝钢管15044根，规格为$\phi101.6\times5.0\sim\phi273.1\times16$共8种，组成球管焊接节点及管板插入式节点。网架总重约为1700t。网架下设悬挂式10t起重机2台，有三道吊轨支座。

主体网架有三层：上、中、下弦球；上、中、下三层弦杆；上、下二层腹杆。中梁处在网架上增加一层球，二层腹杆，混凝土柱支座上增加腹杆及弦杆各一层，如图5-115所示。

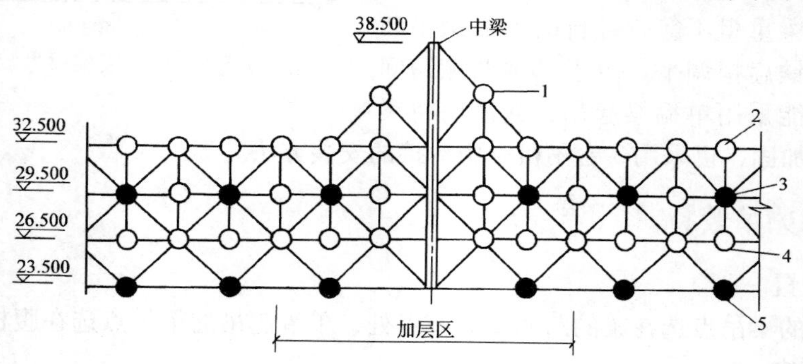

图5-115 网架分层示意

1层—中梁加强球、加强上腹杆及下腹杆 2层—上弦杆、上弦球 3层—中弦杆、中弦球
4层—下弦杆、下弦球 2~3层—上腹杆 3~4层—下腹杆 5层—支座球、支座弦杆 4~5层—支座腹杆

二、网架组拼顺序

网架结构安装施工，采用了集群液压千斤顶分四大块同步提升方案，80%以上的杆件在地面拼装。

根据设计要求的双向起拱值，地面组拼时将网架分成26块不同拱度形式的块体，每一块体都在胎模上组焊成标准尺寸的四角锥，严格控制球心的三维坐标点值。

分块组拼在地面胎具上进行，其组拼顺序为：

1）小拼：包括上标准件锥（倒锥）、下标准锥（正锥）及半锥体的组拼，如图5-116a、

b 所示。

2）中拼：包括下弦球管的平拼、下锥体与中弦杆的组拼、上锥体与上弦杆及上腹杆的组拼，如图 5-116c、d、e 所示。

3）提升与合拢：提升与合拢顺序如图 5-117 所示。其中①、②块同时合拢，防止中梁受偏荷载作用。

原则上每块网架由中心向四周扩展组拼，中间 4 个标准锥网格与支墩固定，以防止焊接时收缩变形向一端集中。在拼装过程中随时测量球心坐标，根据测量数据的反馈，采用卡管坡口切削机修正管长，焊后再次检测验线，及时控制焊接变形。

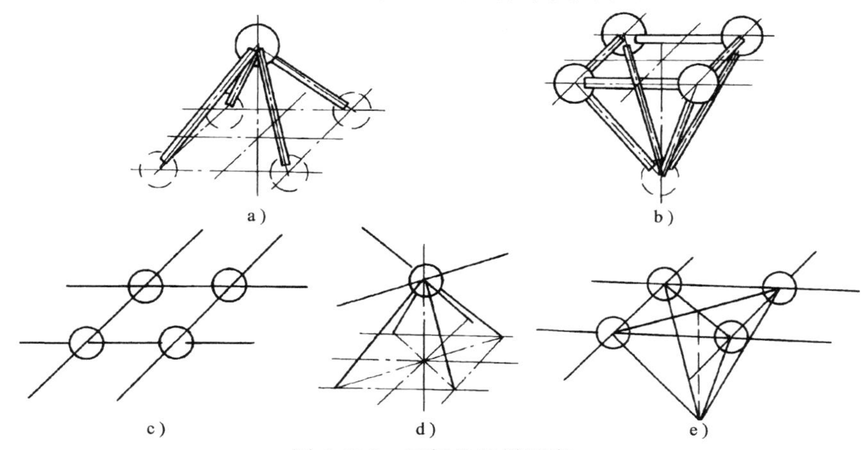

图 5-116　网架的组拼顺序

a）小拼下锥体（3 层球、3 ~ 4 层腹杆）　b）小拼上锥体（2 层球、2 层弦杆、2 ~ 3 层腹杆）
c）中拼 1（4 层球、4 层弦杆）　d）中拼 2（下锥体 +3 层弦杆）　e）中拼 3（上锥体 +2 层弦杆）

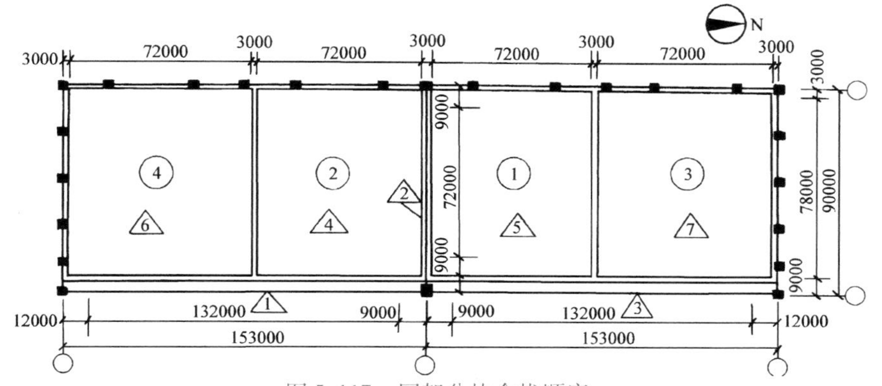

图 5-117　网架分块合拢顺序

△—钢结构提升顺序　○—网架分块编号

三、焊接工艺

球 – 管焊接接头优化设计。按照《网架结构设计与施工规程》（JGJ 7—1991）⊖的规定，球管焊接接头采用内衬套管，钢管端为 30°坡口，间隙为 2 ~ 6mm。这种接头形式需加工内

⊖《网架结构设计与施工规程》（JGT 7—1991）现已废止，国家现行标准为《空间网格结构技术规程》（JGJ 7—2010）

衬套管1.5万件左右，工作量和工程成本增加，并且插活动套管虽有利于调节管长，却不利于控制变形、球管对中及结构的总体尺寸。为此设计采用了不加衬管、不留间隙的接头形式。当管壁厚5~7mm时，坡口角度为45°；管壁厚大于等于10mm时采用60°和30°折线斜坡口，以减小坡口内焊缝填充量。考虑到本工程网架下弦悬挂两台10t起重机，故要求焊缝表面以30°角度向球侧表面形成斜坡状平缓过渡，以提高接头疲劳强度，如图5-118所示。

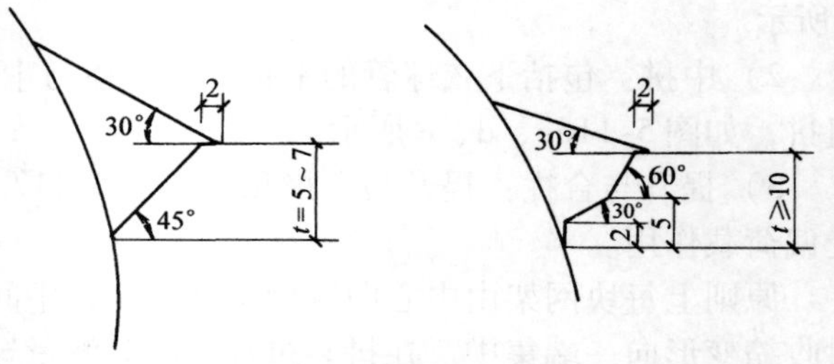

图5-118 球-管焊接接头坡口形式和尺寸

钢材：板材厚度大于或等于22mm时采用日本JIS SM490B抗层状撕裂钢；其他为国产16Mn钢及Q235钢。钢管为日本JIS STK490无缝管。

安装焊接工艺要点如下：

1）焊接工艺参数与工艺评定参数相同。焊工需经全位置焊接培训及考核合格。

2）每个焊口3处定位焊缝，各30~50mm长，在正式施焊前，定位焊缝头尾均需用砂轮磨薄，与未焊坡口处成斜坡过渡，这是坡口根部稳定、均匀焊透的关键。

3）球-管接头焊接顺序为从6时位置起弧，经9（或3）时位置焊至于12时位置收弧。打磨收弧、起弧处后，再以上述顺序施焊。

4）厚板坡口内填充焊接，可用月牙形或锯齿形运条方法；盖面焊要填满焊道并达到要求的加强高。

5）平拼下弦球管由中间向四周扩散；下四角锥焊完后焊腹杆，再焊中弦杆；上四角锥焊完后焊上弦杆，再焊上腹杆。

6）一个球的两对称侧钢管同时施焊，并且先焊主杆后焊次要杆件。

7）焊后24h，100%焊缝经超声波探伤和磁粉探伤，并按不同位置分一级，二级评定等级验收。

8）组拼焊接单锥体的尺寸允许偏差内控指标为：弦杆长、四角锥高度允许偏差为±1.0mm；对角线长度允许偏差为±1.5mm；下弦节点中心偏移允许偏差为±1.0mm。

9）冬季施工预热要求：经低温条件下抗裂试验，确定预热温度见表5-9。预热范围为坡口两侧各150mm。

表5-9 冬季低温预热温度

环境温度/℃	钢　材	板厚/mm	预热温度/℃
10~0	16Mn、SM490B	<25	20
0~-10	16Mn、SM490B	<25	80
		≥25	150

工程示例5-3 珠海市保税区东大门斜拉索施工

一、工程概况

珠海市保税区东大门位于横琴大桥北桥头旁。其屋盖结构平面尺寸为56m×12m，由两跨 21.5m 波浪式钢筋混凝土井式梁板（梁高 60cm）组成，两端成悬臂状态。中间设一根 1.2m×2.5m 的钢筋混凝土柱，用 20 根斜拉索拉住屋面梁板，如图 5-119 所示。

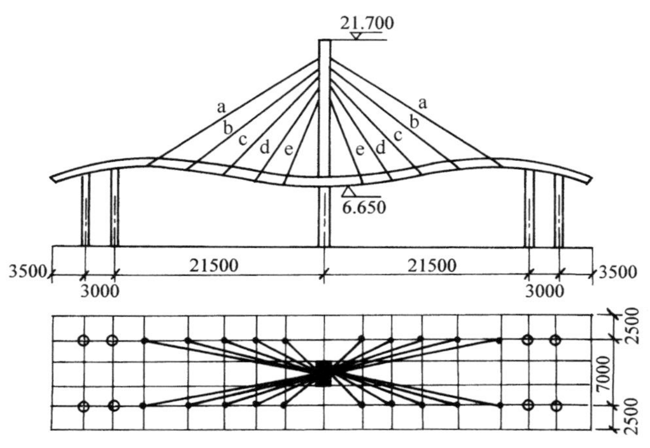

图 5-119　珠海市保税区东大门结构布置示意图

二、斜拉索构造

1. 拉索材料

拉索材料选用 1860 级 ϕ^s15.24 低松弛钢绞线。拉索设计索力一般为钢索极限索力的 1/3。所需的钢绞线根数见表 5-10。

表 5-10　斜拉索设计索力与钢绞线根数

拉索编号	拉索根数	设计索力/kN	每束钢绞线
a	4	320	4ϕ^s15.24
b	4	340	4ϕ^s15.24
c	4	250	3ϕ^s15.24
d	4	200	3ϕ^s15.24
e	4	200	3ϕ^s15.24

2. 拉索防腐处理

第一道采用涂防腐油脂外包 PE 管，壁厚增至 1.2mm；第二道采用直径 75mm 的 PVC 硬塑料管，壁厚 4mm；第三道采用水泥浆将管道内的空隙灌满，达到全封闭要求。

3. 锚具选用

拉索张拉端位于屋盖井式梁交点处，采用 OVM XG15－4（3）系杆锚具。该锚具为三片式，特殊齿形，有防松装置，以防低应力状态下滑索；其锚板具有外螺纹并配有螺母，供最后整体张拉用。拉索固定端采用 OVM 15P 挤压锚具。

4. 节点构造

拉索张拉端的构造见图 5-120，由钢垫板、螺旋筋及 ϕ70（60）金属波纹管组成。在屋面处插一段 ϕ60×2.5 无缝钢管，并设置一道止水钢环。

拉索固定端的构造见图 5-121，由锚垫板（钻有 3 或 4 个 ϕ20 孔）、螺旋筋及 ϕ80 金属波纹管组成。为防止锚板与金属波纹管连接处漏浆，在锚板上焊有封口钢管。

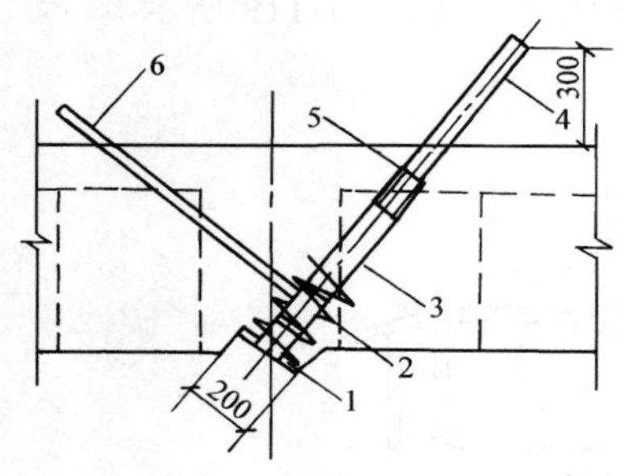

图5-120 拉索张拉端构造

1—钢垫板 2—螺旋筋 3—金属波纹管

4—钢管 5—止水钢环 6—灌浆管

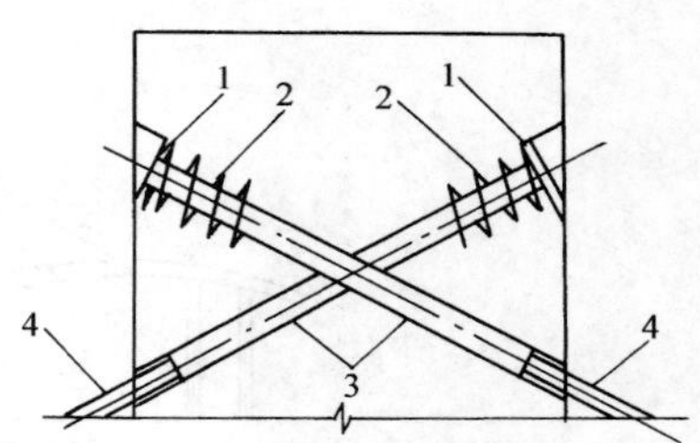

图5-121 拉索固定端构造

1—锚垫板 2—螺旋筋

3—金属波纹管 4—PVC管（φ75×4）

三、斜拉索施工

1. 工艺流程

屋盖梁板模板钢筋安装→张拉端埋件安装→屋盖混凝土浇筑→中间立柱模板钢筋安装→固定端埋件安装→中间立柱混凝土浇筑→穿拉索→装PVC套管→拉索单根张拉→拉索整体张拉→拉索张拉端锚具封头→PVC竖向灌浆。

2. 预埋件安装

根据设计图纸要求，计算每个张拉端预埋孔道的水平偏移角及垂直偏移角，按此角度严格控制预埋孔道的安装位置及角度，并与周围钢筋焊牢，混凝土浇筑时派人跟踪检查，以确保预埋孔道的位置与角度符合要求。

3. 穿束、装套管

无黏结钢绞线下料后，固定端装挤压锚具；在钢绞线两端750mm范围内剥皮，用柴油清洗后用锯末擦净，以确保灌浆黏结。

中间立柱混凝土浇筑后，将斜拉索钢绞线逐根从顶部穿入。每束穿完后理顺，隔2m扎一个钢筋对中器。

PVC套管从下向上依次套入。套接时外接口朝下，涂专用胶水黏合打紧。PVC套管上端插入波纹管内不小于100mm，下端套在露出屋面的钢管上；同时将钢绞线穿过屋面梁内的预埋孔道。

4. 斜拉索张拉

张拉设备选用2台YDC240Q型前卡式千斤顶（配液压顶压器）、2台YC60型千斤顶（配连接套筒）、2台ZB4－500油泵及2台ZB1－630油泵。

张拉工作分三次循环：第一循环用前卡式千斤顶将每根钢绞线拉至索力的40%，第二循环再用前卡式千斤顶将每根钢绞线拉至索力的80%，并用液压顶压器将夹片顶紧，安装防松装置；第三循环用YC60千斤顶整束张拉至设计索力的90%（由于屋盖反拱大，索力减小10%），用螺母拧紧（图5-122）。张拉顺序为两跨对称从e索→c索→a索→b索→d索进行（图5-118）。

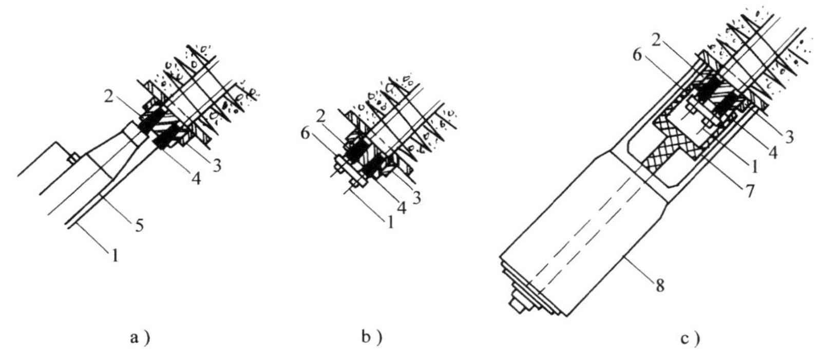

图 5-122　斜拉索张拉过程

a）单根张拉　b）装防松装置　c）整体张拉

1—钢绞线　2—锚垫板　3—螺母　4—夹片　5—前卡式千斤顶

6—防松装置　7—连接器　8—YC60 型千斤顶

5. 管道压浆

PVC 管道压浆前先将张拉端锚具封头，并将固定端凹槽堵口。灌浆材料采用 42.5 级普通水泥，掺 10% UEA 膨胀剂和 1.5% 液态 CSP－4 高效减水剂，水胶比为 0.38。

灌浆设备采用 UBJ1.8 型挤压式灰浆泵。灌浆工作从下向上，压力为 0.6～0.8MPa，待顶部固定端凹槽灌满为止。

参考文献

[1] 中华人民共和国建设部．建筑地基基础工程施工质量验收规范：GB 50202—2002 [S]．北京：中国计划出版社，2002.

[2] 中华人民共和国住房和城乡建设部．建筑基坑支护技术规程：JGJ 120—2012 [S]．北京：中国建筑工业出版社，2012.

[3] 中华人民共和国住房和城乡建设部．高层建筑混凝土结构技术规程：JGJ 3—2010 [S]．北京：中国建筑工业出版社，2011.

[4] 中华人民共和国住房和城乡建设部．混凝土结构工程施工质量验收规范：GB 50204—2015 [S]．北京：中国建筑工业出版社，2015.

[5] 中华人民共和国建设部．建筑工程大模板技术规程：JGJ 74—2003 [S]．北京：中国建筑工业出版社，2003.

[6] 中华人民共和国建设部．滑动模板工程技术规范：GB 50113—2005 [S]．北京：中国计划出版社，2005.

[7] 中华人民共和国住房和城乡建设部．液压爬升模板工程技术规程：JGJ 195—2010 [S]．北京：中国建筑工业出版社，2010.

[8] 中华人民共和国住房和城乡建设部．钢结构工程施工规范：GB 50755—2012 [S]．北京：中国建筑工业出版社，2012.

[9] 中华人民共和国建设部．高层民用建筑钢结构技术规程：JGJ 99—2015 [S]．北京：中国建筑工业出版社，2016.

[10] 中华人民共和国建设部．钢结构工程施工质量验收规范：GB 50205—2001 [S]．北京：中国计划出版社，2002.

[11] 中华人民共和国建设部．建筑装饰装修工程质量验收规范：GB 50210—2001 [S]．北京：中国建筑工业出版社，2002.

[12] 中华人民共和国建设部．玻璃幕墙工程技术规范：JGJ 102—2003 [S]．北京：中国建筑工业出版社，2004.

[13] 中华人民共和国建设部．金属与石材幕墙工程技术规范：JGJ 133—2001 [S]．北京：中国建筑工业出版社，2001.

[14] 中国工程建设标准化协会．门式刚架轻型房屋钢结构技术规程：CECS 102：2002 [S]．2012 年版．北京：中国计划出版社，2012.

[15] 中华人民共和国住房和城乡建设部．空间网格结构技术规程：JGJ 7—2010 [S]．北京：中国建筑工业出版社，2011.

[16] 中华人民共和国住房和城乡建设部．索结构技术规程：JGJ 257—2012 [S]．北京：中国建筑工业出版社，2012.

[17] 中国工程建设标准化协会标准．膜结构技术规程：CECS 158：2015 [S]．北京：中国计划出版社，2016.

[18] 郝临山，陈晋中．高层与大跨建筑施工技术 [M]．北京：机械工业出版社，2004.

[19] 赵志缙，应惠清．简明深基坑工程设计施工手册 [M]．北京：中国建筑工业出版社，2000.

[20] 王允恭．逆作法设计施工与实例 [M]．北京：中国建筑工业出版社，2011.

[21] 杨嗣信．高层建筑施工手册 [M]．2 版．北京：中国建筑工业出版社，2001.

[22] 赵志缙，赵帆．高层建筑施工 [M]．2 版：北京：中国建筑工业出版社，2005.

[23] 陈禄如，等．建筑钢结构施工手册 [M]．北京：中国计划出版社，2002.

[24] 吴欣之，胡玉银．钢结构施工新技术及应用 [M]．北京：中国电力出版社，2011.

[25] 王宏. 超高层钢结构施工技术 [M]. 北京：中国建筑工业出版社，2013.

[26] 蓝天，张毅刚. 大跨度屋盖结构抗震设计 [M]. 北京：中国建筑工业出版社，2000.

[27] 本书编辑委员会. 轻型钢结构设计指南（实例与图集） [M]. 2 版. 北京：中国建筑工业出版社，2005.

[28] 傅学怡，顾磊，施永芒，等. 北京奥运国家游泳中心结构初步设计简介 [J]. 土木工程学报，2004 (2).

[29] 杨嗣信. 建国 60 年来我国建筑施工技术的重大发展 [J]. 建筑技术，2009 (9).

[30] 覃文清. 薄型钢结构防火涂料施工工艺的研究 [J]. 上海涂料，2009 (11).

[31] 林金旋. 索膜结构的制作和施工技术 [J]. 广州建筑，2009 (3).

[32] 汪道金，曾繁娜. 大跨度屋面钢网架（壳）结构施工技术 [J]. 施工技术，2010 (2).

[33] 张其林. 膜结构技术研究和应用进展 [J]. 重庆建筑，2010 (6).

[34] 赵基达，蓝天. 中国空间结构三十年的进展及今后展望 [J]. 工业建筑，2013 (4).